高等职业教育系列教材

电气控制与PLC应用技术（S7-1200）

主　编　侍寿永　夏玉红

副主编　史宜巧　王　玲

参　编　居海清　王立英

主　审　成建生

机 械 工 业 出 版 社

本书介绍了机电设备的继电器控制系统中常用的低压电器的结构、外形、工作原理及西门子 S7-1200 PLC 的基础知识与应用。通过大量案例，通俗易懂地介绍了继电器控制系统相关的电气控制线路、S7-1200 PLC 的基本指令、功能指令、程序结构、通信指令、顺控系统及应用，并融入了 1+X 职业技能等级证书的部分考核内容。

本书每个案例均配有详细的电路原理图、I/O 地址分配表、I/O 接线图、控制程序、调试步骤及相关训练，每个案例都紧密联系工业应用，既经典又易于操作与实现，可以激发读者的学习热情。本书内容和形式的安排旨在让读者通过本书的学习，尽快地掌握继电器控制系统识图、故障分析与排除，以及 S7-1200 PLC 的基础知识及其应用技能。

本书可作为高职高专院校电气自动化技术、机电一体化技术等相关专业及技术培训的教材，也可作为工程技术人员自学或参考用书。

本书配套电子资源包括多个微课视频、电子课件、习题解答、源程序和参考资料等，需要的教师可登录 www.cmpedu.com 免费注册、审核通过后下载，或联系编辑索取（微信：13261377872，电话：010-88379739）。

图书在版编目（CIP）数据

电气控制与 PLC 应用技术：S7-1200 / 侍寿永，夏玉红主编．—北京：机械工业出版社，2022.7（2024.9 重印）

高等职业教育系列教材

ISBN 978-7-111-70312-9

Ⅰ．①电…　Ⅱ．①侍…　②夏…　Ⅲ．①电气控制-高等职业教育-教材　②PLC 技术-高等职业教育-教材　Ⅳ．①TM571.2　②TM571.6

中国版本图书馆 CIP 数据核字（2022）第 039979 号

机械工业出版社（北京市百万庄大街 22 号　邮政编码 100037）

策划编辑：李文轶　　责任编辑：李文轶

责任校对：张艳霞　　责任印制：李　昂

天津光之彩印刷有限公司印刷

2024 年 9 月第 1 版 • 第 4 次印刷

184mm×260mm • 18 印张 • 445 千字

标准书号：ISBN 978-7-111-70312-9

定价：69.00 元

电话服务

客服电话：010-88361066

010-88379833

010-68326294

网络服务

机　工　官　网：www.cmpbook.com

机　工　官　博：weibo.com/cmp1952

金　　书　　网：www.golden-book.com

机工教育服务网：www.cmpedu.com

Preface

前 言

本书是根据高职高专技术技能型人才培养目标，并结合高职学生学情和课程改革要求，本着“教、学、做”一体化的原则编写而成。

传统的继电器控制系统在小型简单机床设备中的应用仍然较为普遍，它是分析、检查和排除 PLC 控制系统故障的基础，也是学好和用好 PLC 的前提。

诸多 PLC 已深入应用到智能制造业中，而 S7-1200 PLC 是西门子公司推出的面向离散自动化系统和独立自动化系统的一款性价比非常高的小型控制器，代表了新一代 PLC 的发展方向，它采用模块化设计并集成了以太网接口，具有很强的工艺集成性，适用于多种应用现场，可满足不同的自动化需求，必将在中小型自动化系统中得到广泛应用。因此，在企业技术人员大力支持下，编者结合多年的工程经验及电气自动化方面的教学经验编写了本书，旨在使初学者或具有一定电气控制基础知识的工程技术人员能较快地熟悉并掌握继电器控制系统及 S7-1200 PLC 的基础知识及应用技能。

本书分为 7 章，第 1 章介绍了电动机的工作原理，开关电器、接触器、主令电器、保护电器、变压器及信号电器等的结构原理、电气图文符号以及电动机的基本控制线路等；第 2 章介绍了继电器的结构原理、电气图文符号以及电动机的起动、调速及制动等典型控制线路；第 3 章介绍了 PLC 的基础知识、硬件的安装与拆卸、博途编程软件的安装与使用、基本指令及定时器与计数器指令的使用、程序调试的方法等；第 4 章介绍了数据处理、运算、程序控制等功能指令的编程及应用；第 5 章介绍了用户程序结构中函数、函数块、组织块的创建、编程及应用；第 6 章介绍了串行通信中的自由口通信的编程与应用，S7-1200 PLC 之间与 S7-200 SMART PLC、S7-300 以太网通信的编程与应用；第 7 章介绍了顺序控制系统中顺序功能图的绘制、顺序功能图的结构、顺序控制程序的设计方法及其编程与应用。

为了便于教学和自学，并更好地激发读者的学习热情，书中列举的案例均较为简单，且易于操作和实现。为了帮助读者巩固所学知识，各章均配有相关的习题及训练。

本书是按照项目化教学的思路进行编排的，具备一定实验条件的院校可以按照本书的编排顺序进行教学。本书电子资源包括各项目的源程序、电子课件和习题答案等，可在机械工业出版社教育服务网（www.cmpedu.com）免费注册后下载。

本书的编写得到了江苏电子信息职业学院领导和智能制造学院领导的关心和支持，得到江苏省“青蓝工程”项目的资助，陆成军及秦德良两位企业高级工程师在本书的编写过程中也给予了很多的帮助，并提供了很好的建议和素材，在此表示衷心的感谢。

本书由江苏电子信息职业学院侍寿永和夏玉红担任主编，史宜巧和王玲担任副主编，居海清和王立英参编，成建生担任主审。侍寿永编写第 1～4 章，夏玉红、史宜巧编写第 5、6 章，王玲、居海清编写第 7 章，王立英对本书程序源代码进行了调试。

由于编者水平有限，书中难免存在疏漏和不妥之处，恳请广大读者批评指正。

编 者

目 录 Contents

第1章 低压电器及基本控制线路

本章重点介绍三相异步电动机的基本组成及工作原理，开关电器、接触器、主令电器、保护电器、变压器和信号电器等组成、工作原理及图文符号，通过 5 个案例介绍电动机的点动、连动、可逆运行控制的线路原理、电气元件的选用及调试方法，并对机床设备的照明及指示线路的连接、电气识图与故障诊断的步骤和方法进行简要介绍。通过本章学习，读者应能掌握小型机床设备中电动机的基本控制线路的连接及工作原理，并能通过电气原理图对机床设备故障进行检测和排除。

1.1 三相异步电动机

电动机是将一种将电能转化为机械能的电力拖动装置，它为机床和很多动力系统提供原动力。三相异步电动机因其结构简单、制造方便、运行可靠和价格低廉等一系列优点，在各行各业中应用最为广泛。本书中如果没有特殊说明，所使用的电动机均为三相交流笼型异步电动机。

1.1.1 电动机的组成

三相异步电动机主要由定子和转子组成，定子是静止不动的部分，转子是旋转部分，在定子与转子之间有一定的气隙，其结构图如图 1-1 所示。

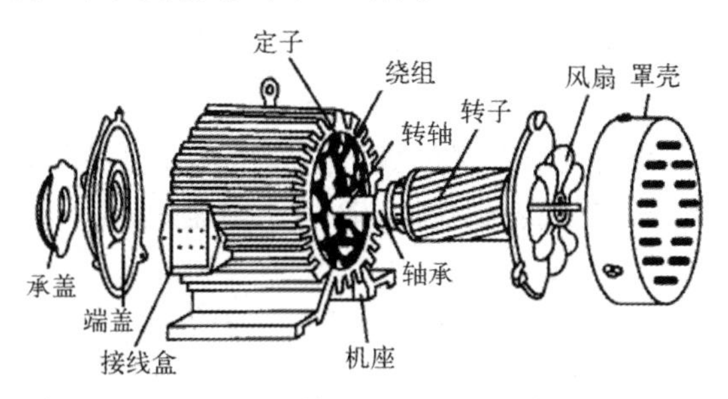

图 1-1　三相笼型异步电动机结构图

1. 定子

异步电动机的定子由机座、定子铁心和定子绕组三部分组成。

（1）机座

机座的作用主要是固定与支撑定子铁心，它必须具备足够的机械强度和刚度。另外，它也是电动机磁路的一部分。

（2）定子铁心

定子铁心是异步电动机磁路的一部分，铁心内圆上有均匀分布的槽，用以嵌放定子绕组。为降低损耗，定子铁心用 0.5mm 厚的硅钢片叠压而成，硅钢片的两面涂有绝缘漆。

（3）定子绕组

定子绕组是三相对称绕组，当通入三相交流电时，能产生旋转磁场，并与转子绕组相互作用，实现能量的转换与传递。

2．转子

异步电动机的转子是电动机的转动部分，由转子铁心、转子绕组及转轴等部件组成，它的作用是带动其他机械设备旋转。

（1）转子铁心

转子铁心的作用和定子铁心的作用相同，也是电动机磁路的一部分，在转子铁心外圆均匀地冲有许多槽，用来嵌放转子绕组。转子铁心也是用 0.5mm 厚的硅钢片叠压而成，整个转子铁心固定在转轴上。

（2）转子绕组

三相异步电动机按转子绕组的结构可分为绕线转子和笼型转子两种，较为常用的是笼型三相异步电动机，本书后续项目若无特殊说明则均笼型三相异步电动机。

3．气隙

异步电动机的气隙一般为 0.12～2mm。异步电动机的气隙过大或过小都将对异步电动机的运行产生不良影响。若气隙过大则降低了异步电动机的功率因数；若气隙过小则装配困难，转子还有可能与定子发生机械摩擦。

1.1.2 电动机的铭牌

异步电动机的机座上都有一个铭牌，铭牌上标有型号和各种额定数据。

1．型号

为了满足工农业生产的不同需要，我国生产多种型号的电动机，每一种型号代表一系列电机产品。

型号是选用产品名称中最有代表意义的大写拼音字母及阿拉伯数字表示的，如图 1-2 所示，其中：Y 表示异步电动机，R 代表绕线式，D 表示多速等。

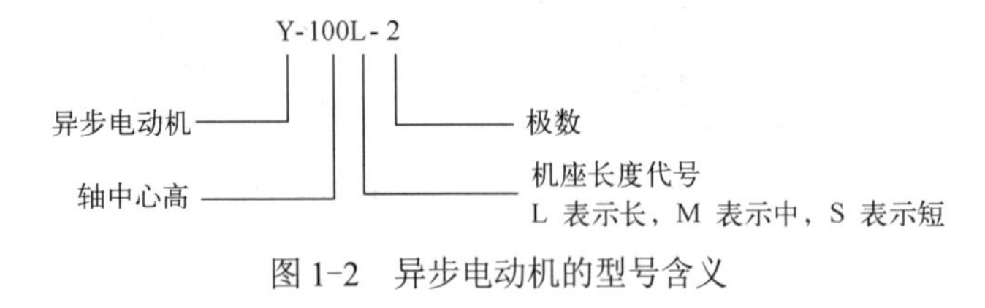

图 1-2　异步电动机的型号含义

2．额定值

额定值是设计、制造、管理和使用电动机的依据。

（1）额定功率 P_N——是指电动机在额定负载运行时，轴上所输出的机械功率，单位是 W 和 kW。

（2）额定电压 U_N——是指电动机正常工作时，定子绕组所加的线电压，单位是 V。

（3）额定电流 I_N——是指电动机输出功率时，定子绕组允许长期通过的线电流，单位是 A。

（4）额定频率 f_N——我国的电网频率为 50Hz。

（5）额定转速 n_N——是指电动机在额定状态下转子的转速，单位是 r/min。

（6）绝缘等级——是指电动机所用绝缘材料的等级，它规定了电动机长期使用时的极限温度与温升。温升是绝缘材料允许的温度减去环境温度（标准规定为 40℃）和测温时方法上的误差值（一般为 5℃）。

（7）工作方式

电动机的工作方式分为连续工作制、短时工作制与断续周期工作制三类，选用电动机时，不同工作方式的负载应选用对应工作方式的电动机。

此外，铭牌上还标明绕组的相数与接法（接成Y形或△形）等。对绕线式转子异步电动机，还应标明转子的额定电势及额定电流。

3．铭牌举例

以 Y 系列三相异步电动机的铭牌为例，如表 1-1 所示。

表 1-1　三相异步电动机的铭牌

三　相　异　步　电　动　机					
型号	Y90L-4	电压	380V	接法	Y
功率	1.5kW	电流	3.7A	工作方式	连续
转速	1400r/min	功率因数	0.79	温升	75℃
频率	50Hz	绝缘等级	B	出厂年月	×年×月
	×××电机厂	产品编号	重量	公斤	

1.1.3　电动机的工作原理

1．旋转磁场的产生

所谓旋转磁场就是一种极性和大小不变，且以一定转速旋转的磁场。通过理论分析和实践证明，当对称三相绕组中流过对称三相交流电时会产生这种旋转磁场。

（1）对称三相绕组

所谓三相对称绕组就是三个外形、尺寸、匝数都完全相同、首端彼此互隔 120°、对称地放置到定子槽内的三个独立的绕组。下面以最简单的对称三相绕组为例来进行分析。

按图 1-3 的外形，顺时针方向绕制三个线圈，每个线圈绕 N 匝。它们的首端分别用字母 U_1、V_1、W_1 表示，末端分别用 U_2、V_2、W_2 表示。线圈采用的材料和线径相同。这样，每个线圈呈现的阻抗是相同的。线圈又分别称为 U、V、W 相绕组。

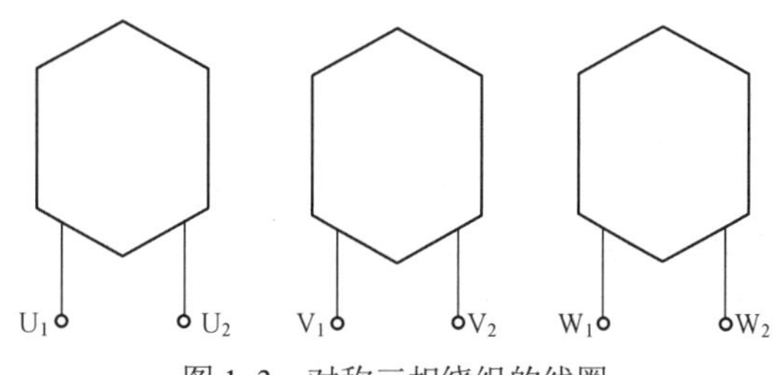

图 1-3　对称三相绕组的线圈

图 1-4a 是三相绕组的端面布置图。在定子的内圆上均匀地开出六个槽，并给每个槽编上序

号，将 U_1U_2 相绕组分别放进 1 号和 4 号槽中；V_1V_2 相绕组分别放进 3 号和 6 号槽中；W_1W_2 相绕组分别放进 5 号和 2 号槽中。1、3、5 号槽在定子空间互差 120°，分别放入 U、V、W 相绕组的首端，这样排列的绕组，就是对称三相绕组。

将各相绕组的末端 U_2、V_2、W_2 连接在一起，首端 U_1、V_1、W_1 分别接到三相电源上，可以得到对称三相绕组的Y形接法，如图 1-4b 所示。

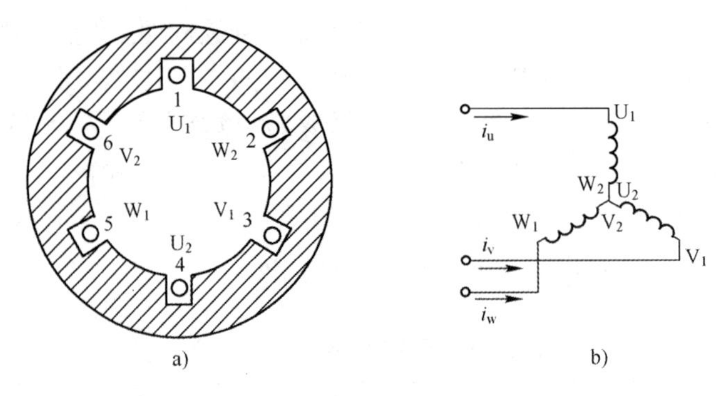

图 1-4　三相对称定子绕组

a) 端面图　b) Y形接法

（2）对称三相电流

由电网提供的三相电压是对称三相电压，由于对称三相绕组组成的三相负载是对称三相负载，每相负载的复阻抗都相等，所以，流过三相绕组的电流也必定是对称三相电流。

对称三相电流的瞬时表达式表示为：

$$i_u = I_m \sin \omega t$$

$$i_v = I_m \sin(\omega t - 120°)$$

$$i_w = I_m \sin(\omega t + 120°)$$

对称三相电流的波形如图 1-5 所示。

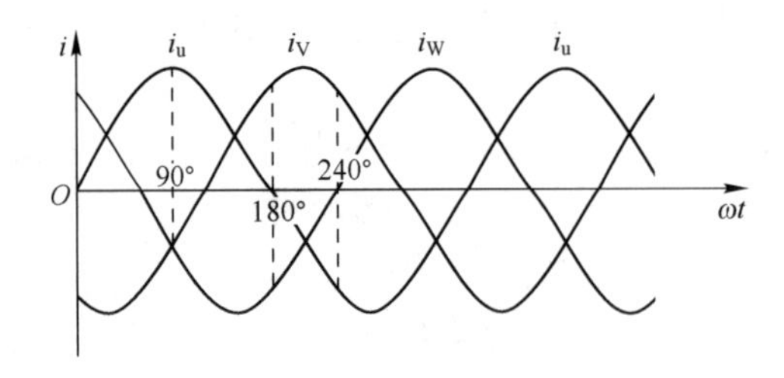

图 1-5　对称三相电流波形图

（3）旋转磁场的产生

由于三相电流随时间的变化是连续的，且极为迅速，为了能考察它所产生的合成磁效应，说明旋转磁场的产生，在此选定 ωt=90°、ωt=180°、ωt=240° 三个特定瞬间，以窥全貌，如图 1-6 所示。规定：电流为正值时，从每相线圈的首端入、末端出；电流为负值时，从末端入、首端出。用符号“•”表示电流流出，用“×”表示电流流入。由于磁力线是闭合曲线，对它的磁极的性质进行如下假定：磁力线由定子进入转子时，该处的磁场呈现 N 极磁性；反之，则呈现 S 极磁性。

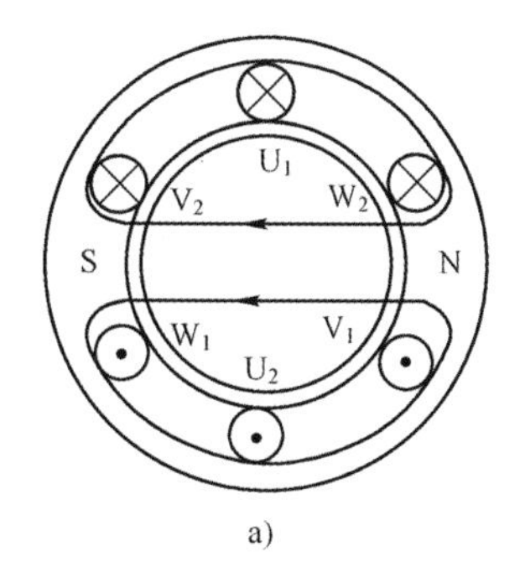

a)

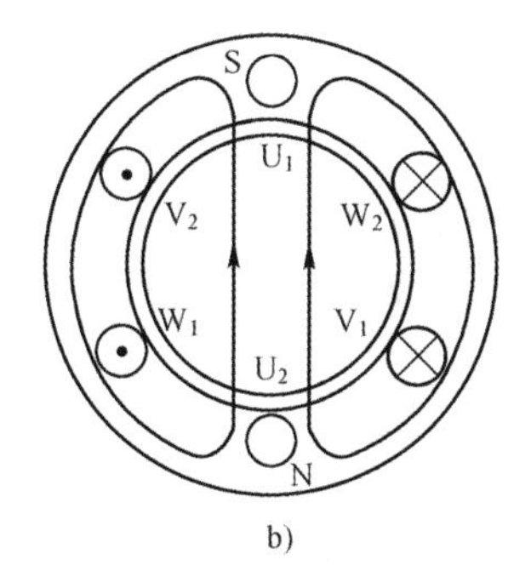

b)

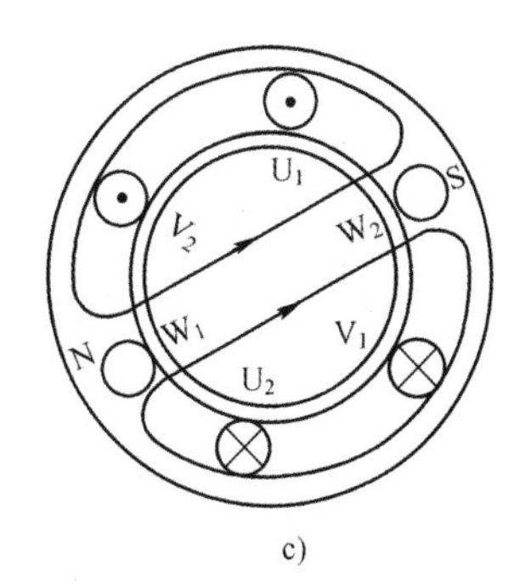

c)

图 1-6　两极旋转磁场的产生

a) ωt=90°　b) ωt=180°　c) ωt=240°

先看 ωt=90° 这一瞬间，由电流瞬时表达式和波形图均可看出，此时：$i_{\mathrm{u}}=I_{\mathrm{m}}>0$，$i_{\mathrm{v}}=i_{\mathrm{w}}=-\dfrac{1}{2}I_{\mathrm{m}}<0$，将各相电流方向表示在各相线圈剖面图上，如图 1-6a 所示。从图中可以看出，V_2、U_1、W_2 均为电流流入，W_1、U_2、V_1 均为电流流出。根据右手螺旋定则，它们合成磁场的磁力线方向是由右向左穿过定、转子铁心，是一个二极（一对极）磁场。用同样方法，可画出 ωt=180°、ωt=240° 这两个特定瞬间的电流与磁力线分布情况，分别如图 1-6b 和图 1-6c 所示。

依次仔细观察图 1-6a、1-6b、1-6c 就会发现这种情况下建立的合成磁场，既不是静止的，也不是方向交变的，而是如一对磁极在旋转的磁场。且随着三相电流相应的变化，其合成的磁场在空间按 $U_1 \to V_1 \to W_1$ 顺序旋转（图中为顺时针方向）。

由上面的分析可得出如下的结论：

1）当三相对称电流通入三相对称绕组，必然会产生一个大小不变，且在空间以一定的转速不断旋转的旋转磁场。

2）旋转磁场的旋转方向是由通入三相绕组中的电流的相序决定的。当通入三相对称绕组的对称三相电流的相序发生改变时，即将三相电源中的任意两相绕组接线互换，旋转磁场就会改变方向。

旋转磁场转速的大小是多少呢？从图 1-6 所示的情况，可清楚地看出，当三相电流变化一个周期，旋转磁场在空间相应地转过 360°。即电流变化一次，旋转磁场转过一圈。因此可得出：电流每秒钟变化 f 次（即频率），则旋转磁场每秒钟转过 f 转。由此可知，旋转磁场为一对极情况下，其转数 n_0（r/s）与交流电流频率 f 是相等的，即 $n_0=f$。

如果将三相绕组按图 1-7 所示排列。U 相绕组分别由两个线圈 $1U_1$-$1U_2$ 和 $2U_1$-$2U_2$ 串联组成。每个线圈的跨距为 1/4 圆周。用同样的方法将 V 相和 W 相的两个线圈也按此方法串联成 V 相和 W 相绕组。用上述方法决定三相电流所建立的合成磁场，可以发现其仍然是一个旋转磁场。不过磁场的极数变为四个，即为两对磁极，并且当电流变化一次，可以看出旋转磁场仅转过 1/2 转。依此类推，如果将绕组按一定规则排列，可得到 3 对、4 对或 p 对磁极的旋转磁场。并可看出旋转磁场的转数 n_0 与磁极对数 p 之间是一种反比例关系。即具有 p 对极的旋转磁场，电流变化一个周期，磁场转过 $1/p$ 转，它的转数为：

$$n_0=\frac{f}{p}(\mathrm{r/s})=\frac{60f}{p}(\mathrm{r/min})$$

用 n_0 表示旋转磁场的这种转数，称为同步转速。

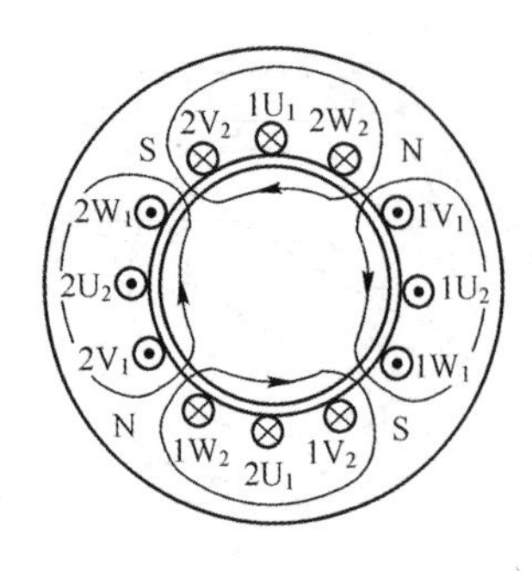

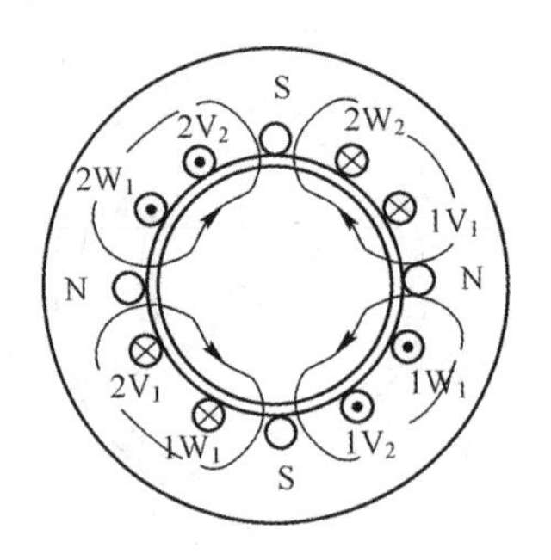

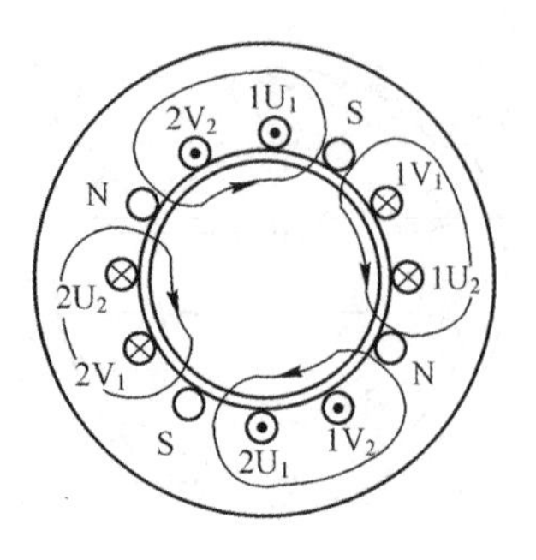

图 1-7　四极旋转磁场示意图

2．电动机的工作原理

图 1-8 是三相异步电动机的原理图。定子上装有对称三相绕组，在圆柱体的转子铁心上嵌有均匀分布的导条，导条两端分别用铜环把它们连接成一个整体。当定子接通三相电源后，即在定、转子之间的气隙内建立了一同步转速为 n_0 的旋转磁场。磁场旋转时将切割转子导体，根据电磁感应定律可知，在转子导体中将产生感应电动势，其方向可由右手定则确定。磁场逆时针方向旋转，导体相对磁极为顺时针方向切割磁力线。转子上半边导体感应电动势的方向为进去的，用“×”表示；下半边导体感应电动势的方向为出来的，用“•”表示。因转子绕组是闭合的，导体中有电流，电流方向与电势相同。载流导体在磁场中要受到电磁力，其方向由左手定则确定，如图 1-8 所示。这样，在转子导条上形成一个逆时针方向的电磁转矩。于是转子就跟着旋转磁场逆时针方向转动。这样从工作原理看，不难理解三相异步电动机为什么又叫感应电动机了。

综上所述，三相异步电动机能够转动的必备条件是：一电动机的定子必须产生一个在空间不断旋转的旋转磁场；二电动机的转子必须是闭合导体。

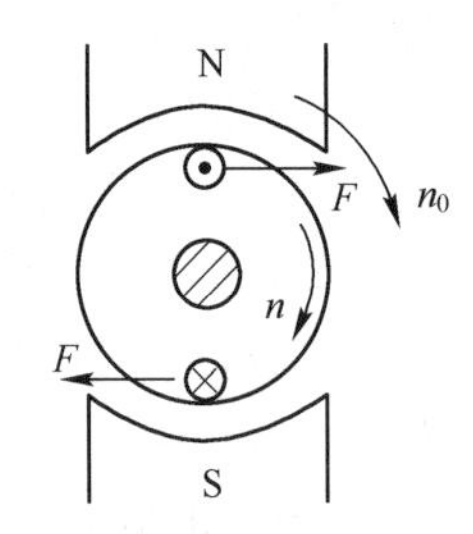

图 1-8　三相异步电动机的工作原理

3．转差率

异步电动机中，转子因旋转磁场的电磁感应作用而产生电磁转矩，并在电磁转矩的作用下旋转，那么转子的转速是多少？与旋转磁场的同步转速相比又如何呢？

转子的旋转方向与旋转磁场的转向相同，但转子的转速 n 不能等于旋转磁场的同步转速 n_0，否则磁场与转子之间便无相对运动，转子就不会有感应电动势、电流与电磁转矩，转子也就根本不可能转动了。因此，异步电动机的转子转速 n 总是略小于旋转磁场的同步转速 n_0，即与旋转磁场“异步”地转动，所以称这种电机为“异步”电动机。若三相异步电动机带上机械负载，负载转矩越大，则电动机的“异步”程度也越大。在分析中，用“转差率”这个概念来反映“异步”的程度。n_0 与 n 之差称为“转差”。转差是异步电动机运行的必要条件。将其与同步转速之比称为“转差率”，用 s 表示，即：

$$s = \frac{n_0 - n}{n_0}$$

转差率是异步电机的一个基本参数。一般情况下，异步电动机的转差率变化不大，空载转差率在 0.005 以下，满载转差率在 0.02～0.06 之间。可见，额定运行时异步电动机的转子转速非常接近同步转速。

1.2 开关电器

凡是能自动或手动接通和断开电路，以及能对电路或非电路现象进行切换、控制、保护、检测、变换和调节的元器件统称为电器。我国现行标准将电器按电压等级分为高压电器和低压电器。工作在交流 50Hz、额定电压 1200V 及以下和直流额定电压 1500V 及以下电路中的电器称为低压电器。

低压电器按控制作用分执行电器（如电磁铁）、控制电器（如继电器）、主令电器（如按钮）、保护电器（如熔断器）；按动作方式分自动切换电器（如接触器）、非自动切换电器（如行程开关）；按动作原理分电磁式电器（如中间继电器）、非电磁式电器（如转换开关）。

1.2.1 刀开关

刀开关属于开关电器类的一种，常作为机床电路的电源开关，或用于局部照明电路的控制及小容量电动机的起动、停止等控制。

普通刀开关是一种结构最简单且应用最广泛的手控低压电器，主要类型有：负荷开关（如胶盖闸刀开关和铁壳开关）、板形刀开关。这里主要对胶盖闸刀开关（俗称闸刀）进行介绍，在断路器使用没有普及的时候，它广泛用于照明电路和小容量、不频繁起动的动力电路和控制电路中。

1. 外形及结构

闸刀开关的外形及主要结构如图 1-9 所示。

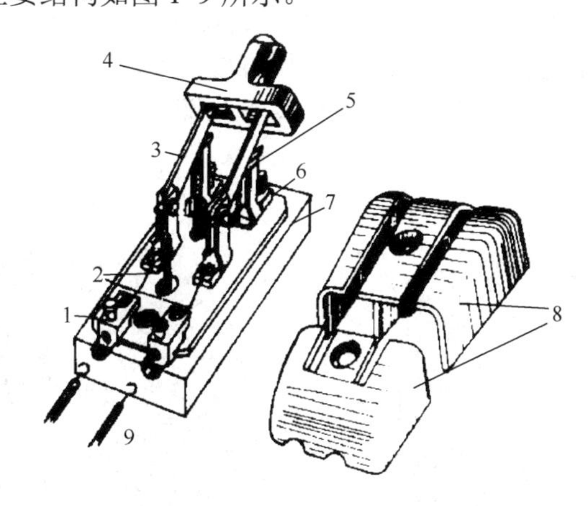

图 1-9　胶盖瓷底闸刀开关的外形及结构

1—出线盒　2—熔丝　3—动触头　4—手柄　5—静触头　6—电源进线座　7—瓷座　8—胶盖　9—接用电器

刀开关安装时，瓷底应与地面垂直，手柄向上，易于灭弧，不得倒装或平装。倒装时手柄可能因自重落下而引起误合闸，危及人身和设备安全。

2. 型号含义

刀开关的型号含义如图 1-10 所示。

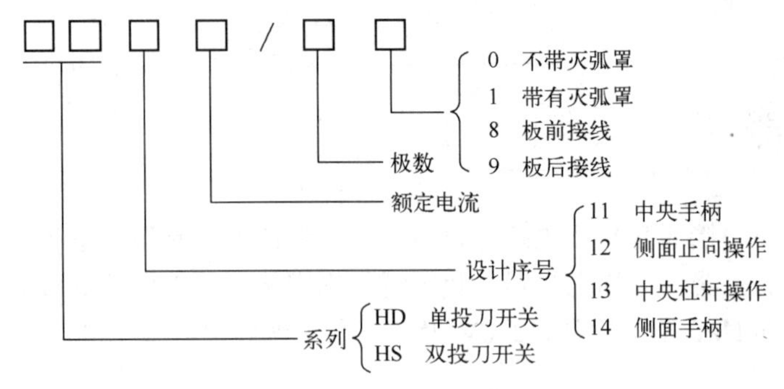

图 1-10 刀开关的型号含义

3. 电气图文符号

刀开关的电气图文符号如图 1-11 所示。

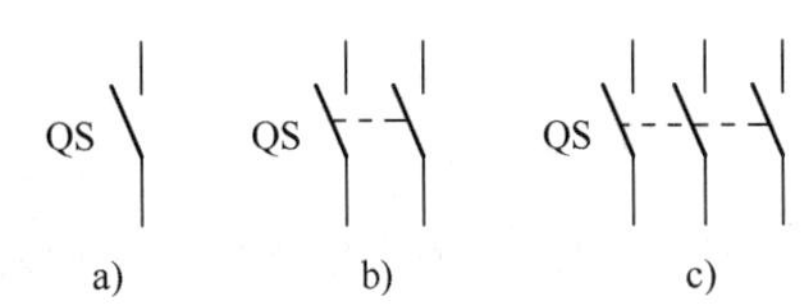

图 1-11 刀开关的电气图文符号

a) 单极 b) 双极 c) 三极

刀开关的主要技术参数有额定电流、额定电压、极数和控制容量等。

1.2.2 自动开关

自动开关又称自动空气开关或空气断路器。它集控制和多种保护功能于一身，除能控制完成接通和分断电路外，还能对电路或电气设备发生的短路、过载和失压等故障进行保护。它的动作参数可以根据用电设备的要求人为调整，使用方便可靠。

常用自动开关有各种各样的结构外形，外形举例如图 1-12a 所示。

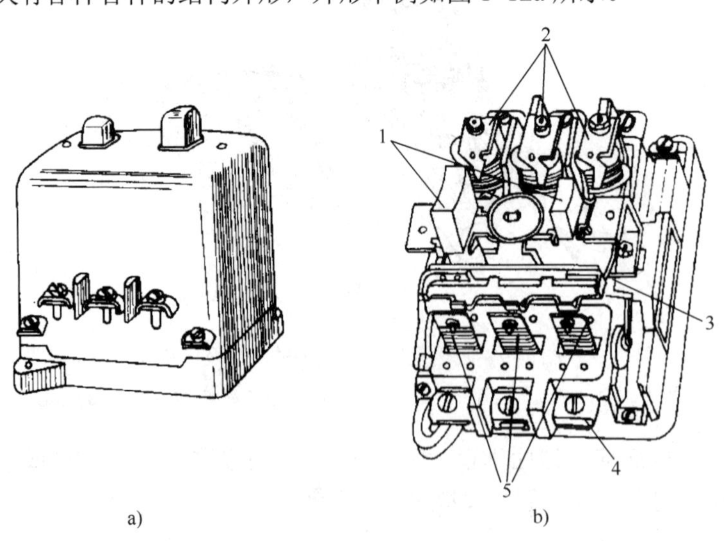

图 1-12 装置式自动开关的结构图

a) 外形图 b) 内部结构图

1—按钮 2—电磁脱扣器 3—自由脱扣器 4—接线柱 5—热脱扣器

自动开关种类繁多，这里以塑壳式自动开关为例进行介绍。

1. 结构及原理

这种开关一般作为配电线路的保护开关，电动机及照明电路的控制开关等。其结构如图 1-12b 所示。其主要部分由触点系统、灭弧装置、自动与手动操作机构、脱扣器和外壳等组成。

自动开关的工作原理如图 1-13 所示。正常状态，触点 2 闭合，与转轴相连的锁键扣住搭钩 4，使弹簧 1 受力而处于储能状态。此时，热脱扣器的热感应元器件双金属片 12 温升不高，不会使双金属片弯曲到顶住连杆 7 的程度。过电流脱扣器 6 的线圈磁力不大，不能吸住衔铁 8 去拨动连杆 7，开关处于正常吸合供电状态。若主电路发生过载或短路，电流超过热脱扣器或电磁脱扣器动作电流时，双金属片 12 或衔铁 8 将拨动连杆 7，使搭钩 4 顶离锁键 3，弹簧 1 的拉力使触点 2 分离切断主电路。当电压出现失压或低于动作值时，欠电压脱扣器 11 的磁力减弱，衔铁 10 受弹簧 9 的拉力向上移动，顶起连杆 7，使搭钩 4 与锁键 3 分开切断回路，起到失压保护作用。

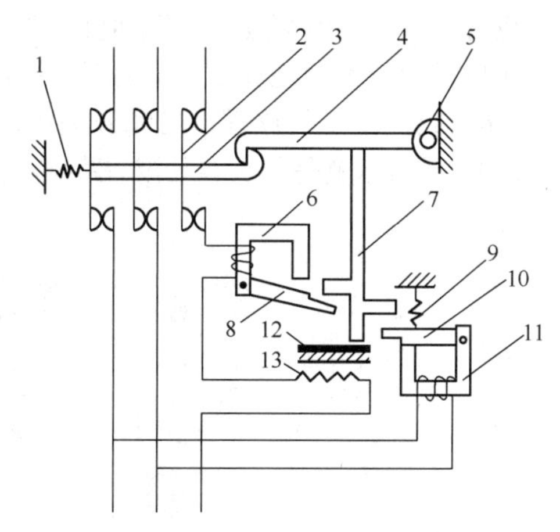

图 1-13　自动开关的原理图

1、9—弹簧　2—触点　3—锁键　4—搭钩　5—轴　6—过电流脱扣器
7—连杆　8、10—衔铁　11—欠电压脱扣器　12—双金属片　13—电阻丝

脱扣器是自动开关的主要保护装置，包括电磁脱扣器（用于短路保护）、热脱扣器（用于过载保护）、失压脱扣器以及由电磁和热脱扣器组合而成的复式脱扣器等。电磁脱扣器的线圈串联在主电路中，若电路或设备短路，主电路电流增大，线圈磁场增强，吸动衔铁，使操作机构动作，断开主触点，分断主电路而起到短路保护作用。电磁脱扣器有调节螺钉，可以根据用电设备容量和使用条件手动调节脱扣器动作电流的大小。

热脱扣器是一个双金属片热继电器。它的发热元器件串联在主电路中。当电路过载时，过载电流使发热元器件温度升高，双金属片受热弯曲，顶动自动操作机构产生动作，断开主触点，切断主电路而起到过载保护作用。热脱扣器也有调节螺钉，可以根据需要调节脱扣电流的大小。

2. 技术参数和型号

自动开关的主要技术参数有：额定电压、额定电流、极数、脱扣器类型及其额定电流、脱扣器整定电流、主触点与辅助触点的分断能力和动作时间等。

自动开关的型号含义如图 1-14 所示。

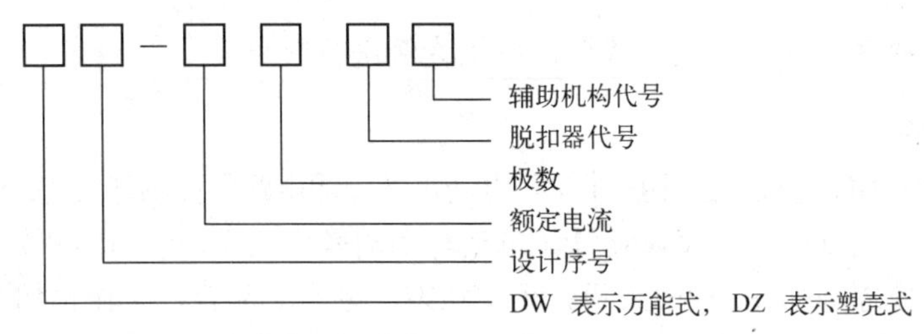

图1-14　自动开关的型号含义

3. 电气图文符号

自动开关的电气图文符号如图1-15所示。

目前，自动化设备或用家供电线路中多使用如图1-16所示的低压断路器，其工作原理与自动开关相同，是低压配电网络和电力拖动系统中非常重要的开关电路和保护电器，它集控制和多种保护功能于一身。除了能完成接通和分断电路外，还能对电路或电气设备发生的短路、严重过载及欠电压等进行保护，也可以用于不频繁地启动电动机。在保护功能方面，它还可以与漏电器、测量和远程操作等模块单元配合使用完成更高级的保护和控制。它主要由触头、灭弧系统和各种脱扣器三个基本部分组成，其工作原理与自动开关相同。低压断路器按极数有单极、两极、三极和四极之分，图1-16所示就是单极和三极断路器。其电气图文符号与自动开关相同，如图1-15所示。

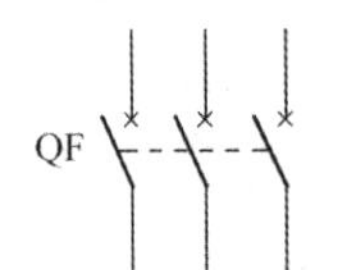

图1-15　自动开关的电气图文符号

图1-16　低压断路器实物图

1.3 案例1　电动机的手动控制

1.3.1 目的

1）掌握低压电器QS和QF的结构、作用及电气图文符号。

2）掌握三相异步电动机的组成及工作原理。

3）掌握电动机手动控制电气线路的连接、安装与控制原理。

1.3.2 任务

手动直接起停小功率三相异步电动机。很多设备中的冷却电动机、润滑电动机和冷却风扇等小功率电动机的起动或停止均由手动直接控制。

1.3.3 步骤

直接起动的缺点是起动电流很大，约为额定电流的 5～7 倍，如果负载惯性较大，起动时间过长，可能熔断保险；过大的起动电流使电网电压有一定波动，并影响同电网中其他设备的正常运行；过大的起动电流会使电动机中绝缘材料变脆，缩短电动机使用寿命。所有电动机功率小于 10kW，或在电网容量大于电动机功率 10 倍时可以直接起动。

1．电动机的连接

三相异步电动机定子是由三相对称绕组构成的，每相绕组都有首尾两端，绕组的首端一般用 U_1、V_1、W_1 表示，绕组的末端一般用 U_2、V_2、W_2 表示。在电动机接入电源时务必看清其铭牌数据，这里主要指看清电动机的额定电压和绕组接法，若额定电压为 380V，则电动机在正常工作时绕组电压为 380V，如果电动机功率较小，则采用三角形（△）接法即可；如果电动机功率较大，则需采用减压起动，这将在后续章节中介绍。若额定电压为 220V，则电动机在正常工作时线圈电压为 220V，采用星形（Y）接法。

△接法是将三相绕组首尾端相连，即 U_1 和 W_2 相接，V_1 和 U_2 相接，W_1 和 V_2 相接，从 U_1、V_1、W_1 端接入三相电源；Y接法是将三相绕组尾端相连，即 U_2、V_2 和 W_2 端相连，从 U_1、V_1、W_1 端接入三相电源。

2．电动机手动控制线路

电动机手动直接起动的控制线路比较简单，只需将三相电源经自动开关后直接与电动机连接即可，请注意电动机的铭牌，将绕组接成指定形式（在电动机的接线盒中），在此接为 Y 形。同时，从操作和用电安全角度考虑，电动机的外壳要接地，具体连接线路如图 1-17 所示。因本项目接线较少，故可不用套号码管，但接线端子需使用（自动开关的下接线端子经接线端子排后与电动机的三相电源进线端相连）。

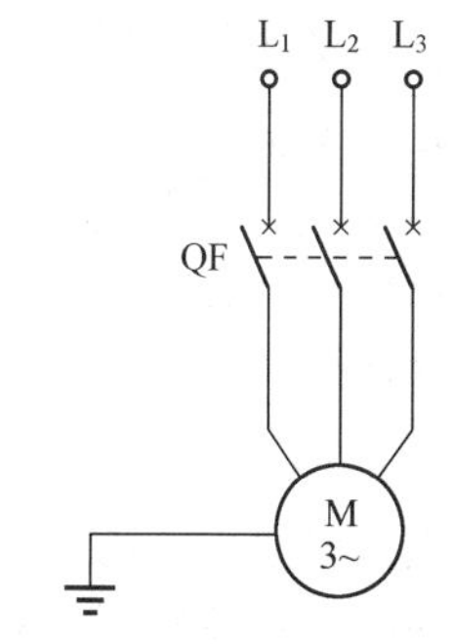

图 1-17　冷却电动机手动控制电路

工作原理：当手动合上自动开关 QF 时，三相异步电动机因接入三相电源而起动，电动机驱动水泵输出冷却液；当手动断开自动开关 QF 时，三相异步电动机因断开三相电源而停止运行。

3．电气元器件选用

元器件及仪表的选用如表 1-2 所示。

表 1-2　元器件及仪表的选用

序号	名称	型号及规格	数量	备注
1	三相笼型异步电动机	YS7124-370W	1	
2	断路器	DZ47-63	1	
3	接线端子	DT1010	1	
4	万用表	MF47	1	

本书所有项目都需要维修电工类工具来完成任务，工具主要为剥线钳、老虎钳、尖嘴钳、螺钉旋具（一字、十字）、测电笔和万用表等。

1.3.4 拓展

两台电动机的手动直接起动控制。某台机床除主轴电动机外，还有润滑电动机和冷却电动机，该控制系统要求润滑电动机和冷却电动机均为直接起动，在冷却电动机起动后，方可手动起、停润滑电动机。

1.4 接触器

1.4.1 电磁式低压电器的构成

电磁式低压电器一般都由两个基本部分组成：感受部件和执行部件。感受部件能感受外界的信号，做出有规律的反应。在自动切换电器中，感受部件大多由电磁机构组成；在手控电器中，感受部件通常为操作手柄等。执行部件是根据指令，执行电路的接通、切断等任务，如触点和灭弧系统。自动开关类的低压电器还具有中间（传递）部分，它的任务是把感受部件和执行部件两部分联系起来，使它们协调一致，按一定的规律动作。

1．电磁机构

电磁机构是电器元器件的感受部件，它的作用是将电磁能转换成机械能并带动触点闭合或断开。它通常采用电磁铁的形式，由电磁线圈、静铁心（铁心）和动铁心（衔铁）等组成，其中动铁心与动触点支架相连。电磁线圈通电时产生磁场，使动、静铁心磁化互相吸引，当动铁心被吸引向静铁心时，与动铁心相连的动触头也被拉向静触头，令其闭合接通电路。电磁线圈断电后，磁场消失，动铁心在复位弹簧作用下，回到原位，并牵动动、静触头，分断电路。电磁机构如图 1-18 所示。

电磁铁按励磁电流方式可分为直流电磁铁和交流电磁铁。直流电磁铁在稳定状态下通过恒定磁通，铁心中没有磁滞损耗和涡流损耗，只有线圈产生热量。因此，直流电磁铁的铁心是用整块钢材或工程纯铁制成的，电磁线圈没有骨架，且做成细长形，以增大它和铁心直接接触的面积，利于线圈热量从铁心散发出去。交流电磁铁中通过交变磁通，铁心中有磁滞损耗和涡流损耗，铁心和线圈都会产生热量。因此，交流电磁铁的铁心一般用硅钢片叠成，以减小铁损，并且将线圈制成粗短形，由线圈骨架把它和铁心隔开，以免铁心的热量传递给线圈使其过热而烧坏。

由于交流电磁铁的磁通是交变的，线圈磁场对衔铁的吸引力也是交变的。当交流电流过零时，线圈磁通为零，对衔铁的吸引力也为零，衔铁在复位弹簧作用下将产生释放趋势，这就使动、静铁心之间的吸引力随着交流电的变化而变化，从而产生振动和噪声，加速动、静铁心接触部分的磨损，引起接触不良，严重时还会使触点烧蚀。为了消除这一弊端，在铁心柱面的一部分，嵌入一只铜环，名为短路环，如图 1-19 所示。该短路环相当于变压器二次侧绕组，在线圈通入交流电时，不仅线圈产生磁通，短路环中的感应电流也将产生磁通。短路环相当于纯电感电路，从纯电感电路的相位关系可知，线圈电流磁通与短路环感应电流磁通不同时为零，即电源输入的交流电流通过零值时，短路环感应电流不为零，此时，它的磁场对衔铁起着吸引作用，从而克服了衔铁被释放的趋势，使衔铁在通电过程总是处于吸合状态，这样明显减小了振动和噪声。所以短路环又叫减振环，它通常由铜、康铜或镍铬合金制成。

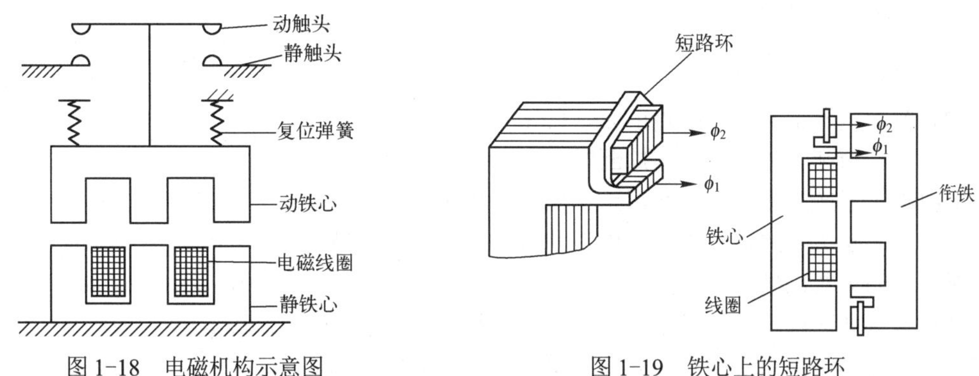

图 1-18　电磁机构示意图　　图 1-19　铁心上的短路环

电磁铁的线圈按接入电路的方式可以分为电压线圈和电流线圈。电压线圈并联在电源两端，获得额定电压时线圈吸合，其电流值由电路电压和线圈本身的电阻或阻抗决定。由于线圈匝数多、导线细、电流较小而匝间电压高，所以一般用绝缘性能好的漆包线绕制。电流线圈串联在主电路中，当主电路的电流超过其动作值时吸合，其电流值不取决于线圈的电阻或阻抗，而取决于电路负载的大小。由于主电路的电流一般比较大，所以线圈导线比较粗，匝数较少，通常用紫铜条或粗的紫铜线绕制。

2. 触头系统

触头系统属于执行部件，按功能不同可分为主触头和辅助触头两类。主触头用于接通和分断主电路；辅助触头用于接通和分断二次电路，还能起互锁和联锁作用。小型触头一般用银合金制成，大型触头用铜制成。

触头系统按形状不同分为桥式触头和指形触头。桥式触头如图 1-20a、1-20b 所示，分为点接触桥式触头和面接触桥式触头。其中点接触桥式触头适用于工作电流不大，接触电压较小的场合，如辅助触头。面接触桥式触头的载流容量较大，多用于小型交流接触器主触头。图 1-20c 为指形触头，其接触区为一直线，触头闭合时产生滚动接触，适用于动作频繁、负荷电流大的场合。

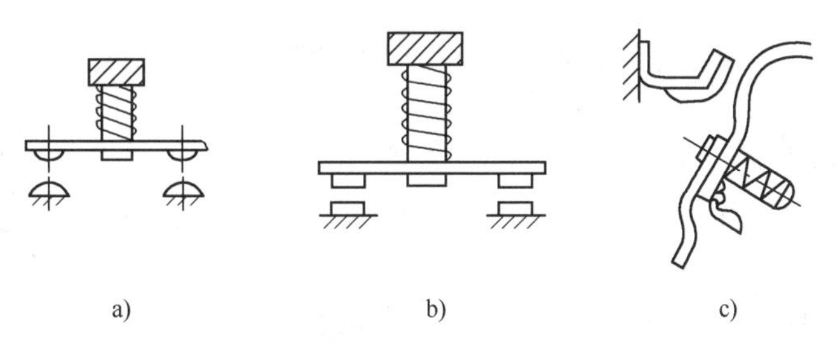

图 1-20　触头的结构形式

a) 点接触桥式触头　b) 面接触桥式触头　c) 指形触头

触头按位置可分为静触头和动触头。静触头固定不动，动触头能由联杆带着移动，如图 1-21 所示。触头通常以其初始位置，即“常态”位置来命名。对电磁式电器来说，是指电磁铁线圈未通电时的位置；对非电学量电器来说，是指没有受外力作用时的位置。常闭触头（又称动断触头）常态时动、静触头是相互闭合的。常开触头（又称动合触头）常态时动、静触头是分开的。

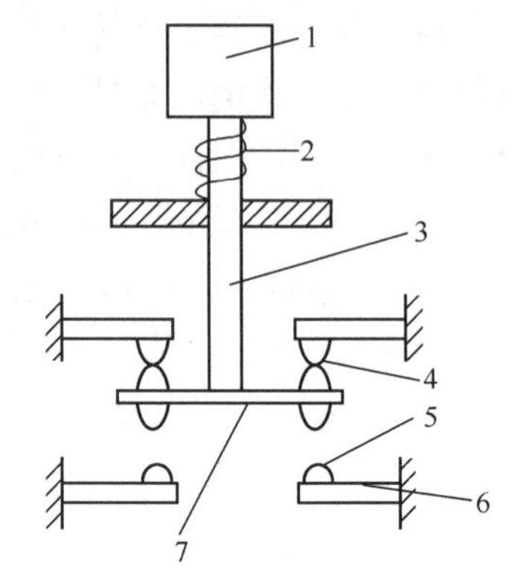

图 1-21　触头的分类

1—推动机构　2—复位弹簧　3—连杆　4—常闭触头　5—常开触头　6—静触头　7—动触头

3．灭弧装置

各种有触点电器都是通过触点的开、闭来通、断电路的，其触头在闭合和断开（包括熔体在熔断时）的瞬间，都会在触头间隙中由电子流产生弧状的火花，这种由电气原因造成的火花，称为电弧。触头间的电压越高，电弧就越大；负载的电感越大，断开时的火花也越大。在开断电路时产生电弧，一方面使电路仍然保持导通状态，延迟了电路的开断；另一方面会烧损触点，缩短电器的使用寿命。因此，要采取一些必要的措施来灭弧，常用的灭弧装置是灭弧栅和灭弧罩。

1.4.2　接触器原理和选型

接触器是一种能频繁接通和断开远距离用电设备主回路及其他大容量用电负载的自动控制电器，它具有低压释放保护功能，可进行频繁操作，是电力拖动自动控制线路中使用最广泛的电器元器件。由于它不具备短路保护作用，常和熔断器、热继电器等保护电器配合使用。

接触器分为交流和直流两类，控制对象主要是电动机、电热设备、电焊机及电容器组等。由于交流接触器应用极为普遍，所以其型号规格繁多，外形结构各异。常用国产交流接触器的结构外形如图 1-22 所示。

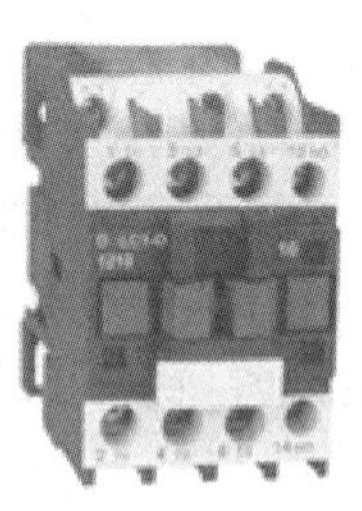

图 1-22　常用国产交流接触器外形

1．结构和原理

码 1-1
交流接触器

交流接触器的主要部分是电磁系统、触点系统和灭弧装置，其结构如图 1-23 所示。

交流接触器有两种工作状态：得电状态（动作状态）和失电状态（释放状态）。接触器主触点的动触头装在与衔铁相连的绝缘连杆上，其静触头则固定在壳体上。当线圈得电后，线圈产生磁场，使静铁心产生电磁吸力，将衔铁吸合。衔铁带动动触头动作，使常闭触点断开，常开触点闭合，以分断或接通相关电路。当线圈失电时，电磁吸力消失，衔铁在反作用弹簧的作用下释放，各触点随之复位。

交流接触器有三对常开的主触点，它们的额定电流较大，用来控制大电流的主电路的通断，还有一对常开辅助触点和一对常闭辅助触点，它们的额定电流较小，一般为 5A，用来接通或分断小电流的控制电路。

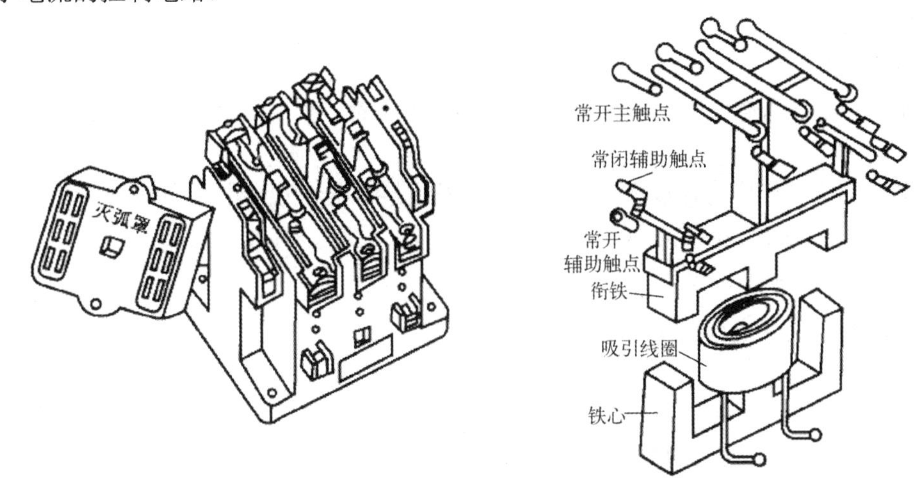

图 1-23　交流接触器的结构图

直流接触器的结构和工作原理基本上与交流接触器相同，不同的是电磁铁系统。触头系统中，直流接触器主触头常采用滚动接触的指形触头，通常为一对或两对。灭弧装置中，由于直流电弧比交流电弧更难以熄灭，直流接触器常采用磁吹灭弧。

2. 技术参数

常用的交流接触器有 CJ10、CJ12 系列。常用的直流接触器有 CZ0 系列。表 1-3 列出了交流接触器的技术数据。

（1）额定电压

接触器铭牌上的额定电压是指主触头的额定电压。交流有 127V、220V、380V 和 500V 等；直流有 110V、220V 和 440V 等。

（2）额定电流

接触器铭牌上的额定电流是指主触头的额定电流。有 5A、10A、20A、40A、60A、100A、150A、250A、400A 和 600A 等。

表 1-3　CJ10 系列交流接触器的技术数据表

型号	额定电压值 U_N/V	额定电流值 I_N/A	可控电动机最大功率值 P_{max}/kW			线圈消耗功率值 VA、W		最大操作频率/（次/小时）
			220V	380V	500V	起动	吸持	
CJ10-5	380 500	5	1.2	2.2	2.2	35、(-)	6、2	600
CJ10-10		10	2.2	4	4	65、(-)	11、5	
CJ10-20		20	5.5	10	10	140、(-)	22、9	
CJ10-40		40	11	20	20	230、(-)	32、12	
CJ10-60		60	17	30	30	485、(-)	95、26	
CJ10-100		100	30	50	50	760、(-)	105、27	
CJ10-150		150	43	75	75	950、(-)	110、28	

（3）线圈额定电压

交流有36V、110V、127V、220V和380V等；直流有24V、48V、220V和440V等。

（4）接通与分断能力

指接触器的主触点在规定的条件下能可靠地接通和分断的电流值，而不应该发生熔焊、飞弧和过分磨损等现象。

（5）额定操作频率

指每小时接通的次数。交流接触器最高为600次/小时；直流接触器可高达1200次/小时。

（6）动作值

指接触器的吸合电压与释放电压。国家标准规定接触器在额定电压85%以上时，应可靠吸合，释放电压不高于额定电压的70%。

3. 电气图文符号

接触器的电气图文符号如图1-24所示。

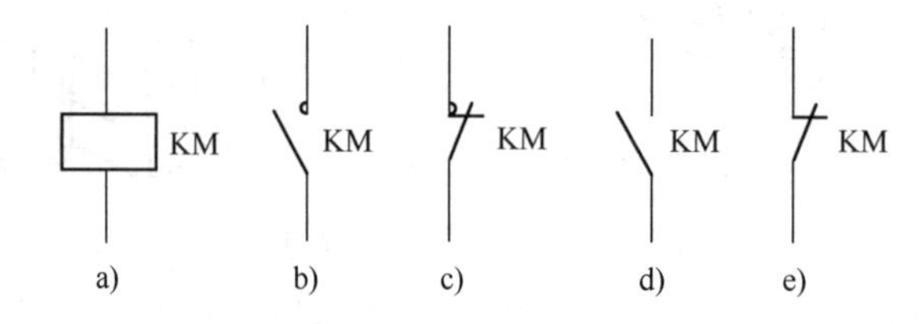

图1-24　接触器的电气图文符号

a) 线圈　b) 常开主触点　c) 常闭主触点　d) 辅助常开触点　e) 辅助常闭触点

4. 型号含义

常用接触器的型号含义如图1-25和图1-26所示。

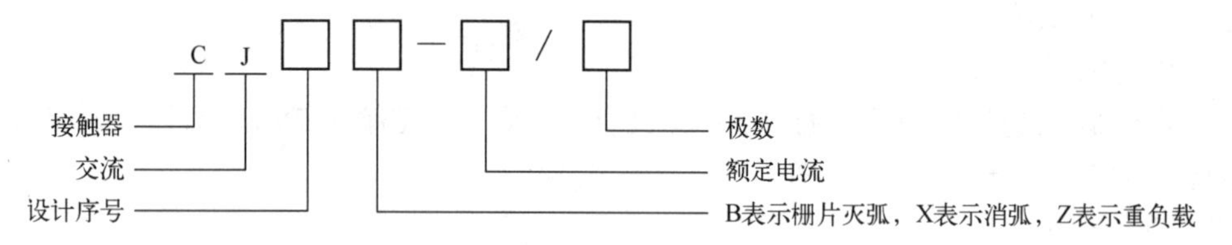

图1-25　交流接触器的型号含义

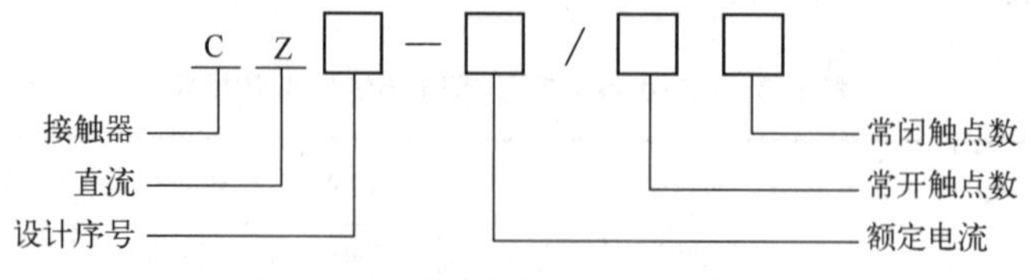

图1-26　直流接触器的型号含义

5. 接触器的选择

下面介绍接触器的选择依据。

1）根据接触器所控制的负载性质来选择接触器的类型。

2）接触器的额定电压不得低于被控制电路的最高电压。

3）接触器的额定电流应大于被控制电路的最大电流。对于电动机负载有下列经验公式：

$$I_C \geqslant \frac{P_N \times 10^3}{KU_N}$$

式中，I_C 为接触器的额定电流；P_N 为电动机的额定功率；U_N 为电动机的额定电压；K 为经验系数，一般取 1～1.4。

接触器在频繁起动、制动和正反转的场合，一般其额定电流要降一个等级来选用。

4）电磁线圈的额定电压应与所接控制电路的电压一致。

5）接触器的触头数量和种类应满足主电路和控制线路的要求。

1.5 主令电器

1.5.1 控制按钮

按钮是主令电器的一种，主令电器是指在电气自动控制系统中用来发出信号指令的电器。它的信号指令将通过接触器和其他电器的动作，接通和分断被控制电路，以实现对电动机和其他生产机械的远距离控制。常用的主令电器有按钮、行程开关、接近开关、万能转换开关和主令控制器等。

码 1-2
按钮

按钮是一种手动控制电器，是具有自动复位功能的控制开关。它只能短时接通或分断 5A 以下的小电流电路，向其他电器发出指令性的电信号，控制其他电器动作。由于按钮载流量小，不能直接用于控制主电路的通断。

为满足不同的工作环境的要求，铵钮有多种结构外形，主要分点按式（用于点动操作）、旋钮式（用手进行旋转操作）、指示灯式（在按钮内装入信号指示灯点动操作）、钥匙式（为使用安全插入钥匙才能旋转操作）、蘑菇帽紧急式（点动操作外凸红色蘑菇帽）。其外形如图 1-27 所示。

图 1-27　常用按钮外形

1. 结构原理

按钮主要由按钮帽、复位弹簧、常闭触点、常开触点、支柱连杆及外壳等部分组成，其结构原理如图 1-28 所示。

图 1-28 中按钮是一个复合按钮，工作时常闭和常开触点是联动的，当按下按钮时（一定要按到位或按到底），常闭触点先断开，常开触点随后闭合；松开按钮时，其动作过程与按下时相反，即复位弹簧先将常开触点分断，通过一定行程后常闭触点才闭合。在分析实际控制电路过

程时应特别注意的是：常闭和常开触点在改变工作状态时，先后有个很短的时间差，这个时间差不能忽视。

2. 电气图文符号

按相关国标要求，按钮在电路中的电气图文符号如图1-29所示。

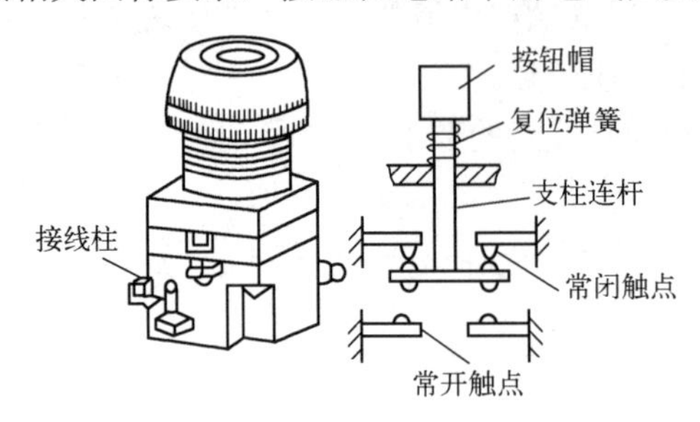

图1-28　按钮的外形与结构

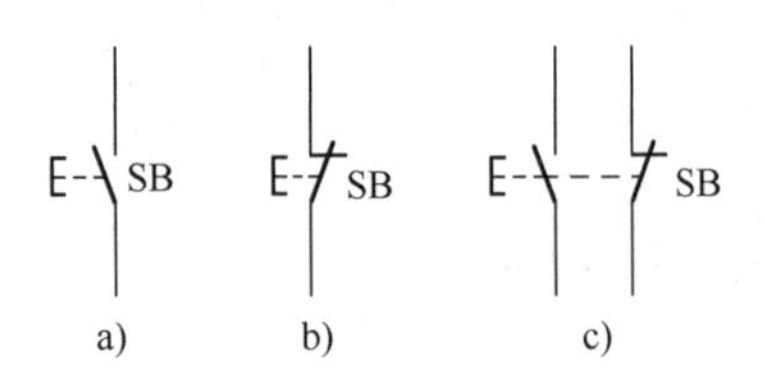

图1-29　按钮的电气图文符号

a) 常开触点　b) 常闭触点　c) 复合触点

3. 型号含义

按钮按点按式、旋钮式、指示灯式、钥匙式、蘑菇帽紧急式进行分类的型号很多，具体型号含义如图1-30所示。为便于操作人员识别，避免发生误操作，按国标要求，在生产中用不同的颜色和符号标志来区分按钮的功能及作用。通常将按钮的颜色分成黄、绿、红、黑、白和蓝等，供不同场合选用。按安全操作规程，一般选红色为停止按钮，绿色为起动按钮。

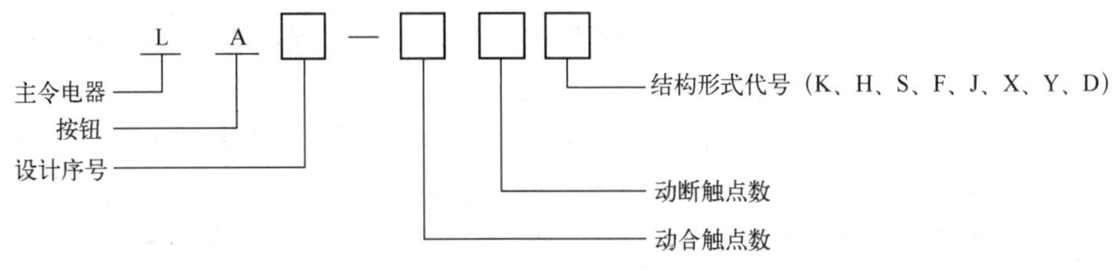

图1-30　按钮的型号含义

其中，结构形式代号的含义是：K为开启式，H为保护式，S为防水式，F为防腐式，J为紧急式，X为旋钮式，Y为钥匙操作式，D为带指示灯式。

4. 按钮选用

下面介绍按钮选用原则。

1）根据使用场合和具体用途的不同要求，按照电器产品选用手册来选择国产品牌、国际品牌的不同型号和规格的按钮。

2）根据控制系统的设计方案对工作状态指示和工作情况要求合理选择按钮或指示灯的颜色，如起动按钮选用绿色，停止按钮选用红色，干预按钮选用黄色等。

3）根据控制回路的需要选择按钮的数量，如单联钮、双联钮和三联钮等。

1.5.2 转换开关

转换开关又称组合开关，是一种可供两路或两路以上电源或负载转换用的开关电器，在电气设备中，多用于非频繁地接通和分断电路。由于应用范围广、能控制多条回路，故称为“万能转换开关”。为了适用于不同的工作环境，转换开关可以做成各种各样的结构外形，常用的几种转换开关外形如图 1-31 所示。

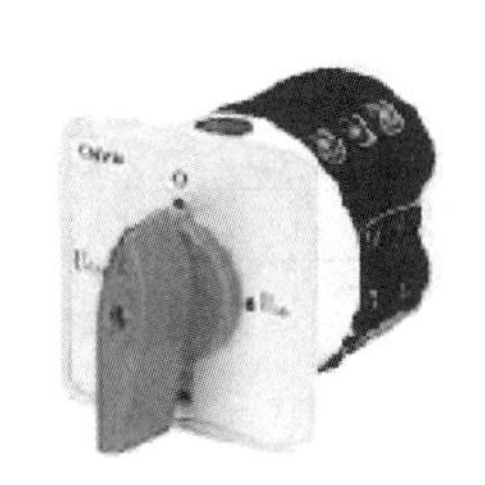

图 1-31　常用的几种转换开关外形

1. 结构原理

转换开关按其结构分为普通型、开启型、防护型和组合型，按其用途分为主令控制和电动机控制两种。其主要由操作结构、手柄、面板、定位装置和触点系统等组成。手柄可向正反方向旋转，由各自的凸轮控制其触点通断。定位装置采取刺爪式结构，不同的刺轮和凸轮可组成不同的定位模式，使手柄在不同的转换角度时，触点的通断状态得以改变。常用转换开关的结构如 1-32 所示。

2. 转换开关电气图文符号

按国标要求，转换开关在电路中的图文符号如图 1-33 所示，其中“×”表示闭合。

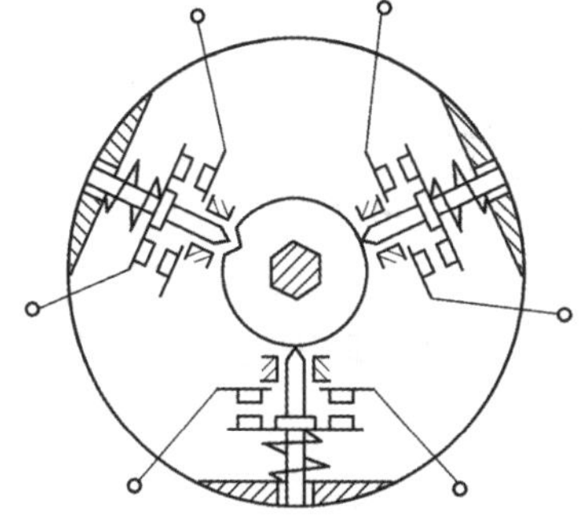

图 1-32　常用转换开关结构

45°　0°　45°

1　2
3　4
5　6
7　8

LW5-15D043/2				
触点编号		45°	0°	45°
	1-2	×		
	3-4	×		
	5-6	×	×	
	7-8			×

图 1-33　转换开关在电路中的图文符号

转换开关的结构多种多样，其中有一种在小容量控制电路中使用较为频繁的转换开关称为按钮开关，外形与按钮相似，其触点容量与按钮相同，应急时可代替按钮使用，常用于转换触点对数较少的控制电路中，如只有“手动/自动”之分，“高速/低速”之分等，其外形如图 1-31 最右边的 LAY37 型转换开关。电气图文符号如图 1-34 所示。

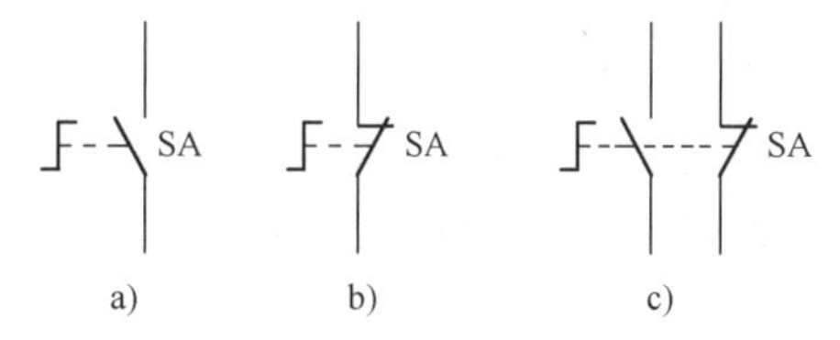

图 1-34　按钮式转换开关的电气图文符号

a) 常开触点　b) 常闭触点　c) 复合触点

3. 型号含义

转换开关的型号含义如图1-35所示。

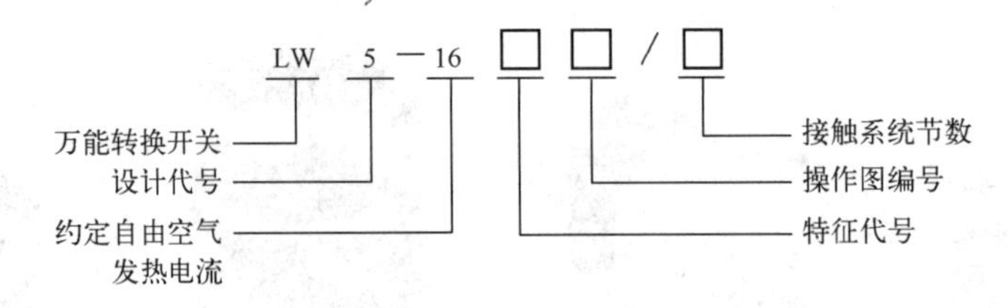

图1-35 转换开关型号含义

4. 主要用途

转换开关可作为机床电气控制线路中电源的引入，小容量异步电动机不频繁的起动和停止控制，电工设备供电电源的切换，电动机的正反转切换，测量回路中电压、电流的换相，等等。转换开关一般应用于交流电频率50Hz、电压为380V及以下，直流电压220V及以下电路中，常用于转换电气控制线路和电气测量仪表。例如，LW5/YH2/2型转换开关常用于转换测量三相电压。

5. 转换开关的选用

下面介绍转换开关的选用原则。

1）转换开关的额定电压应不小于安装地点线路的电压等级。

2）用于照明或电加热电路时，转换开关的额定电流应不小于被控制电路中的负载电流。

3）用于电动机电路时，转换开关的额定电流是电动机额定电流的1.5～2.5倍。

4）当操作频率过高或负载的功率因数较低时，转换开关要降低容量使用，否则会影响开关寿命。

5）转换开关的通断能力差，控制电动机进行可逆运转时，必须在电动机完全停止转动后，才能反向接通。

1.5.3 行程开关

码1-3
行程开关

行程开关又叫限位开关，在机电设备的行程控制中其动作不需要人为操作，而是利用生产机械某些运动部件的碰撞或感应使其触点动作后，发出控制命令以实现近、远距离行程控制或限位保护。行程开关的主要结构由操作机构、触点系统和外壳三部分组成。按其结构分为直动式（按钮式）、滚轮式（旋转式，有单滚轮和双滚轮之分）及微动式；按其复位方式可以分为自动及非自动复位；按其触头性质可分为触点式和无触点式。为了适用于不同的工作环境，行程开关可以做成各种各样的结构外形，图1-36是LX19系列的行程开关外形。

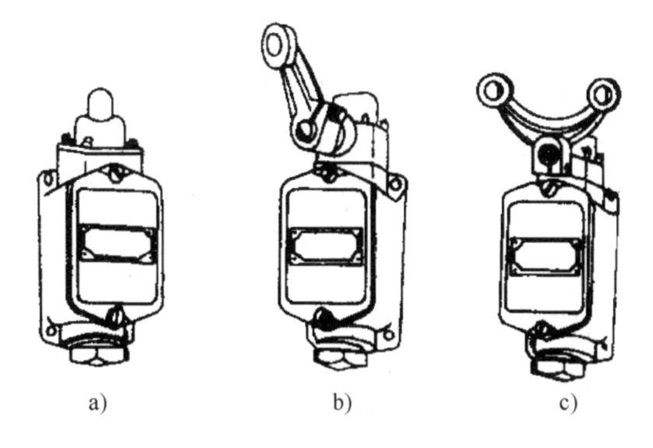

图 1-36　常用行程开关外形

a) 按钮式　b) 单滚轮式　c) 双滚轮式

1．结构原理

行程开关的结构与控制按钮有些类似，外形种类很多，但基本结构相同，都是由推杆及弹簧、常开及常闭触点和外壳组成。直动式、滚轮式、微动式行程开关内部结构分别如图 1-37、图 1-38、图 1-39 所示。其动作原理是当运动部件的挡铁碰压行程开关的滚轮时，推杆连同转轴一起转动，使凸轮推动撞块，当撞块被压到一定位置时，推动微动开关快速动作，使其常开触点闭合，常闭触点断开。

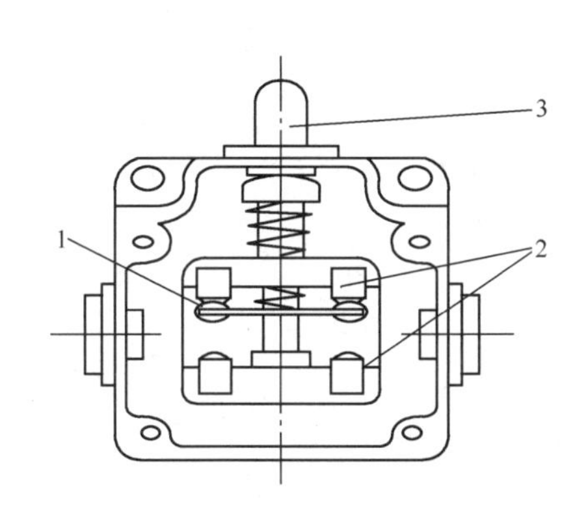

图 1-37　直动式行程开关结构

1—动触点　2—静触点　3—推杆

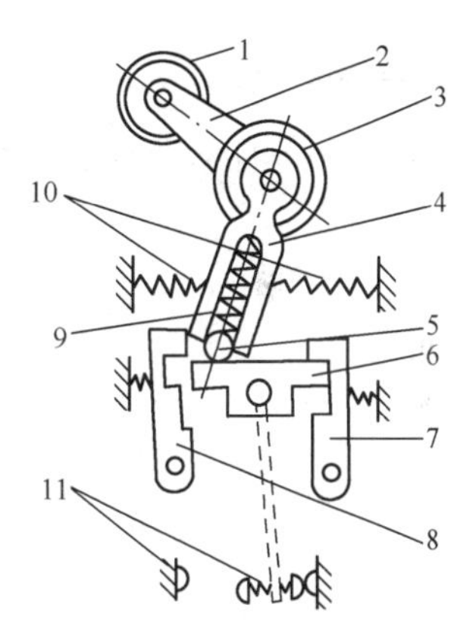

图 1-38　滚轮式行程开关结构

1、3—滚轮　2—上转臂　4—套架　5—滚珠　6—横板　7、8—压板　9、10—弹簧　11—触点

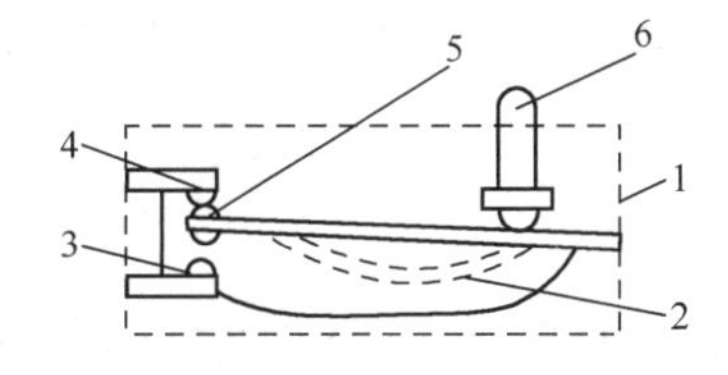

图 1-39　微动式行程开关结构

1—壳体　2—弓形簧片　3—常开触点　4、5—常闭触点　6—推杆

直动式、滚轮式、微动式行程开关是瞬动型。对于单滚轮自动复位式行程开关，当产生机械运动部件的挡铁碰压滚轮时，压板侧向下移动另一侧向上移动，使触点动作，同时使复位弹

簧受到压缩。当挡铁离开滚轮后，复位弹簧将已经动作的触点恢复到动作前的状态，为下一次动作做好准备。而双滚轮行程开关在生产机械碰撞到第一个滚轮时，内部微动开关动作，发出信号指令，生产机械离开滚轮后不能自动复位，必须在生产机械碰撞到第二个滚轮时方能复位。

2. 型号含义

常用行程开关的型号含义如图1-40所示。

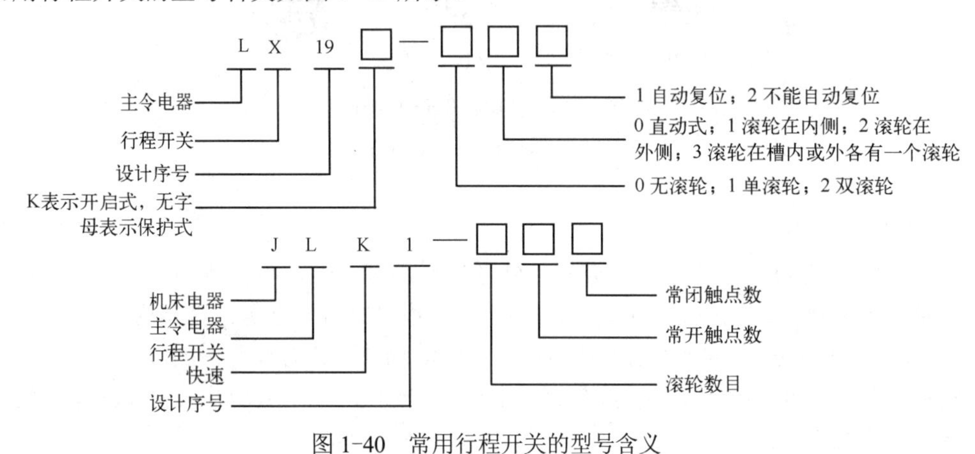

图1-40 常用行程开关的型号含义

3. 电气图文符号

行程开关的电气图文符号如图1-41所示。

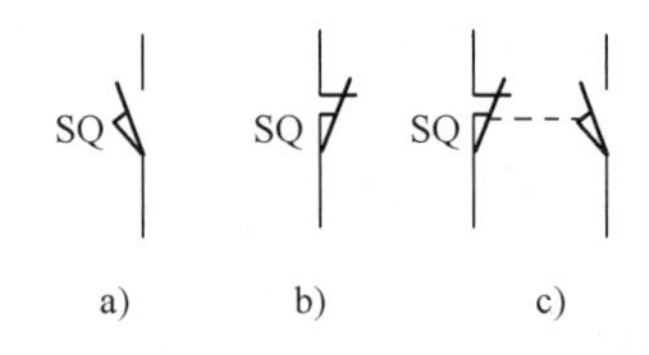

图1-41 行程开关的电气图文符号

a) 常开触点 b) 常闭触点 c) 复合触点

4. 行程开关的选用

根据使用场合和具体用途进行行程开关的型号、规格和数据的选择。常用国产行程开关的型号有：LX1、JLX1 系列，LX2、JLXK2 系列，LXW-11、JLXK1-11 系列以及 LX19、LXW5、LXK3、LXK32、LXK33 系列等。实际选用时可参照电器产品手册。

1.5.4 接近开关

在实际生产中，有一种无机械触点的开关叫作接近开关，它具有行程开关的功能，其动作原理是当物体接近到开关的一定距离时就发出“动作”信号，不需要施加机械外力。接近开关可广泛用于产品计数、测速、液面控制和金属检测等领域。由于接近开关具有体积小、可靠性高、使用寿命长、动作速度快以及无机械碰撞和无电气磨损等优点，因此在机电设备自动控制系统中得到了广泛应用。接近开关各种各样的结构外形如图1-42所示。

图 1-42　常用接近开关的外形

1．分类

接近开关按工作原理可以分为高频振荡型（用以检测各种金属体）、电容型（用以检测各种导电或不导电的液体或固体）、光电型（用以检测所有不透光物质）、超声波型（用以检测不透过超声波的物质）、电磁感应型（用以检测导磁或不导磁金属）；按其形状可分为圆柱形、方形、沟型、穿孔（贯通）型和分离型；按供电方式可分为直流型和交流型；按输出型式可分为直流两线制、直流三线制、直流四线制、交流两线制和交流三线制。

2．工作原理

以电感式接近开关工作原理为例，其原理框图如图 1-43 所示。

电感式接近开关由三大部分组成：振荡器、开关电路及放大输出电路。振荡器产生一个交变磁场，并达到感应距离时，在金属目标内产生涡流，从而导致振荡衰减，以至停振。振荡器振荡的变化被后级放大电路处理并转换成开关信号，触发驱动控制器件，从而达到非接触式的检测目的。

3．电气图文符号

接近开关的电气图文符号如图 1-44 所示。

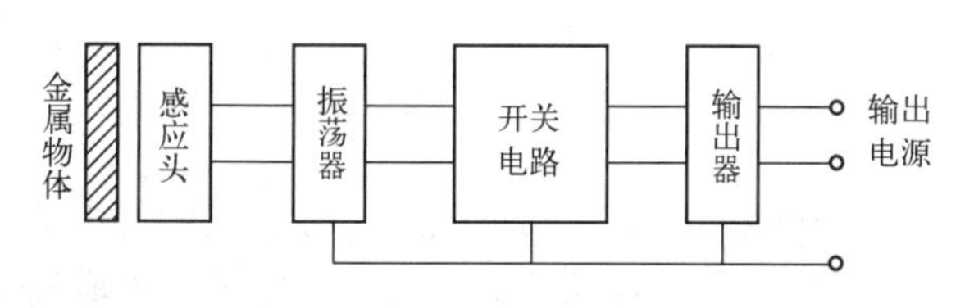

图 1-43　电感式接近开关的原理框图

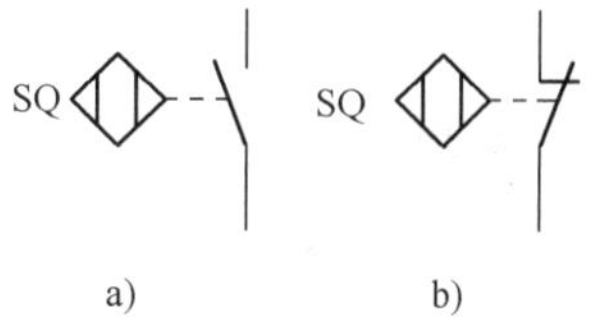

SQ　a)　SQ　b)

图 1-44　接近开关的电气图文符号

a) 常开触点　b) 常闭触点

1.5.5　光电开关

光电开关（光电传感器），也称光电接近开关，是通过光电转换进行电气控制的开关，它是利用被检测物对光束的遮挡或反射，由同步回路选通电路，从而检测物体有无的。目标物体不限于金属，所有能反射光线的物体均可被检测。光电开关将输入电流在发射器上转换为光信号射出，接收器再根据接收到的光线的强弱或有无对目标物体进行探测。由于光电开关可以实现人与物体或物体与物体的无接触，所以可以有效降低磨损，并具有快速响应的特点。

1. 外形

常用光电开关的外形如图 1-45 所示。

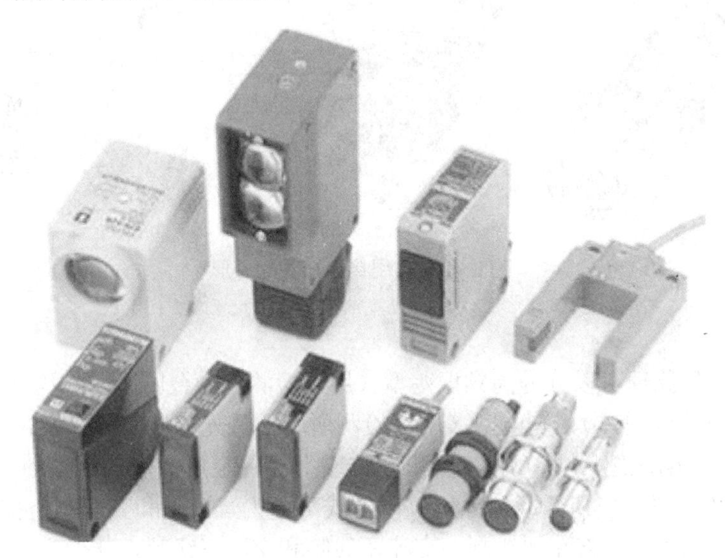

图 1-45　常用光电开关的外形

2. 工作原理

光电开关的重要功能是能够处理光的强度变化：利用光学元器件，在传播媒介中使光束发生变化；利用光束来反射物体；使光束发射经过长距离后瞬间返回。光电开关由发射器、接收器和检测电路三部分组成。发射器对准目标发射光束，发射的光束一般来源于发光二极管（LED）和激光二极管。光束不间断地发射，或者改变脉冲宽度。受脉冲调制的光束辐射强度在发射中经过多次选择，朝着目标不间接地运行。接收器由光电二极管或光电晶体管组成。在接收器的前面，装有光学元器件如透镜和光圈等。在其后面是检测电路，它能滤出有效信号并应用该信号。光电式接近开关广泛应用于自动计数、安全保护、自动报警和限位控制等方面。

3. 分类

光电开关按检测方式可分为反射式、对射式和镜面反射式三种类型。对射式检测距离远，可检测半透明物体的密度（透光度）。反射式的工作距离被限定在光束的交点附近，以避免背景影响。镜面反射式的反射距离较远，适宜进行远距离检测，也可检测透明或半透明物体。

光电开关按结构可分为放大器分离型、放大器内藏型和电源内藏型三类。

4. 电气图文符号

光电开关的电气图文符号如图 1-46 所示。

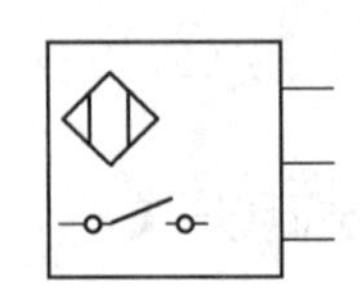

图 1-46　光电开关的电气图文符号

1.6 保护电器

1.6.1 熔断器

熔断器是保护电器的一种，主要用于短路或严重过载保护。在使用时，熔断器串接在所保护的电路中。当电路发生故障，流过熔断器的电流达到或超过某一规定值时，使熔体产生热量而熔断，从而自动分断电路，起到保护作用。

码 1-4
熔断器

1. 结构原理

熔断器主要由熔体（俗称保险丝）和安装熔体的熔管（或熔座）两部分组成。熔体由易熔金属材料铅、锡、锌、银、铜及其合金制成，通常做成丝状或片状。熔管是装熔体的外壳，由陶瓷、绝缘钢纸或玻璃纤维制成，在熔体熔断时兼有灭弧作用。熔断器的结构外形如图 1-47 所示。

图图 1-47　熔断器的结构外形

2. 电气图文符号

熔断器的电气图文符号如图 1-48 所示。

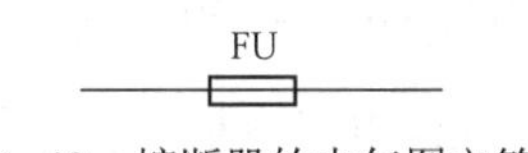

图 1-48　熔断器的电气图文符号

3. 型号含义

熔断器的型号和含义如图 1-49 所示。

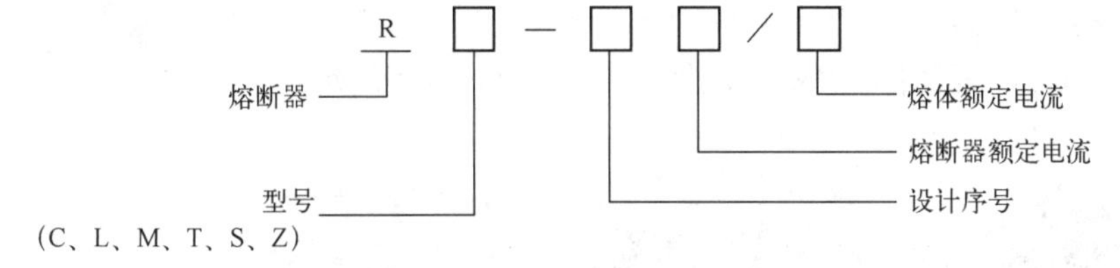

图 1-49　熔断器的型号和含义

其中，型号的含义是：C 为瓷插式、L 为螺旋式、M 为无填料封闭式、T 为有填料封闭管式、S 为快速式、Z 为自复式。

4. 技术参数

熔断器主要技术参数有额定电压、额定电流、熔体额定电流和额定分断能力等。

（1）额定电压

额定电压是指能保证熔断器长期正常工作的电压。若熔断器的实际工作电压大于额定电压，熔体熔断时可能发生电弧不能熄灭的危险。

（2）额定电流

额定电流是指能保证熔断器在长期工作时，各部件温升不超过极限允许温升所能承载的电流值。它与熔体的额定电流是两个不同的概念。

（3）熔体额定电流

熔体额定电流指在规定工作条件下，长时间通过熔体而熔体不熔断的最大电流值。通常一个额定电流等级的熔断器可以配用若干个额定电流等级的熔体，但熔体的额定电流不能大于熔断器的额定电流值。

（4）额定分断能力

额定分断能力指熔断器在规定的使用条件下，能可靠分断的最大短路电流值。通常用极限分断电流值来表示。

（5）时间-电流特性

时间-电流特性又称保护特性，表示熔断器的熔断时间与流过熔体电流的关系。熔断器的熔断时间随着电流的增大而减少，即反时限保护特性。

5. 熔断器的选用

常用的熔断器型号有 RC1A、RL1、RT0、RT15、RT16（NT）和 RT18 等，在选用时可根据使用场合进行选择。选择熔断器的基本原则如下：

1）根据使用场合确定熔断器的类型。

2）熔断器的额定电压必须不低于线路的额定电压。其额定电流必须不小于所装熔体的额定电流。

3）熔体额定电流的选择应根据实际使用情况进行计算。

4）熔断器的分断能力应大于电路中可能出现的最大短路电流。

1.6.2 热继电器

热继电器也是保护电器的一种，主要用于电动机的过载、断相、三相电流不平衡运行及其他电气设备发热引起的不良状态而进行的保护控制。它是利用流过继电器热元器件的电流所产生的热效应而反时限动作的保护继电器。其种类较多，典型结构外形如图 1-50 所示。

码 1-5 热继电器

图 1-50 热继电器的结构外形

1. 结构原理

热继电器的结构主要由加热元器件、动作机构和复位机构三大部分组成。动作系统常设有温度补偿装置，保证在一定的温度范围内，热继电器的动作特性基本不变。典型的双金属片式热继电器结构如图 1-51 所示。

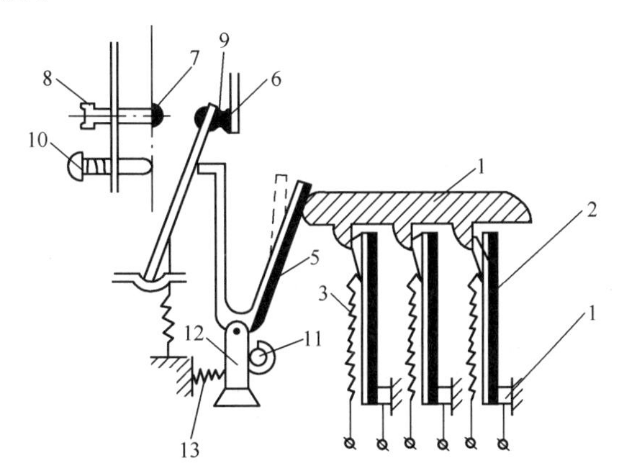

图 1-51　热继电器的工作原理图

1—主触头　2—主双金属片　3—热元器件　4—推动导板　5—补偿双金属片　6—常闭静触点　7—常开静触点
8—复位调节螺钉　9—动触点　10—复位按钮　11—调节凸轮　12—支撑件　13—弹簧

在图 1-51 中，主双金属片 2 与加热元器件 3 串接在接触器负载（电动机的电源端）的主回路中，当电动机过载时，主双金属片受热弯曲推动推动导板 4，并通过补偿双金属片 5 与推杆将常闭静触点 6 和动触点 9（即串接在接触器线圈回路中的热继电器常闭触点）分开，以切断电路保护电动机。调节凸轮 11 是一个偏心轮。改变它的半径即可改变补偿双金属片 5 与推动导板 4 的接触距离，从而达到调节整定动作电流值的目的。此外，靠调节复位按钮 10 来改变常开静触点 7 的位置，使热继电器能动作在自动复位或手动复位两种状态。调成手动复位时，在排除故障后要按下手动复位按钮 10 才能使动触点 9 恢复与常闭静触点 6 接触的位置。

2．电气图文符号

在使用时，热继电器的热元器件串联在主电路中，常闭触点串联在控制电路中，常开触点可接入报警信号电路或 PLC 控制时的输入接口电路。按相关国标要求，热继电器的电气图文符号如图 1-52 所示。

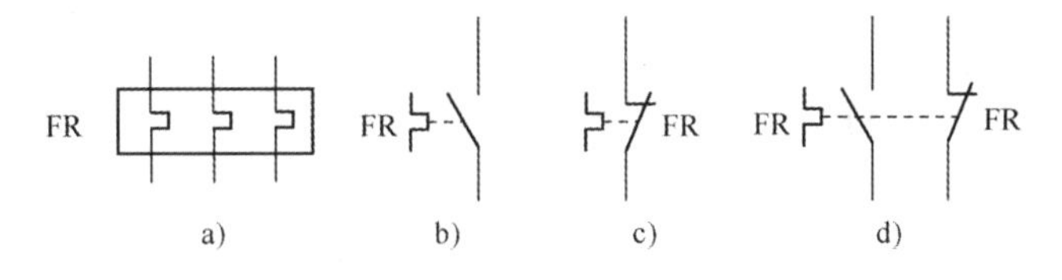

图 1-52　热继电器的电气图文符号

a) 热元器件　b) 常开触点　c) 常闭触点　d) 复合触点

3．型号含义

热继电器的型号含义如图 1-53 所示，其种类较多，其中双金属片式热继电器应用最多。按极数可分单极、两极和三极三种，其中三极的又包括带断相保护装置和不带断相保护装置的；按复位方式可分自动复位式和手动复位式。目前常用的有国产的 JR0、JR10、JR15、JR16、JR20、JR36、JRS 等系列以及国外的 T 系列和 3UA 等系列产品。

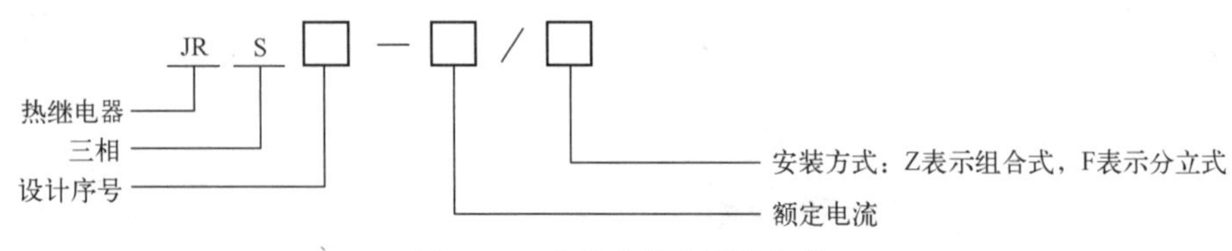

图 1-53 热继电器的型号含义

4. 热继电器的选用

下面介绍热继电器的选用原则。

1）热继电器有三种安装方式，应按实际情况选择。

2）原则上热继电器的额定电流应按略大于电动机的额定电流来选择。一般情况下，热继电器的整定值为电动机额定电流的 0.95～1.05 倍。但如果电动机拖动的负载是冲击性负载或起动时间较长，热继电器的整定值为电动机额定电流的 1.1～1.5 倍。如果电动机的过载能力较差，热继电器的整定值为电动机额定电流的 0.6～0.8 倍。当然，整定电流应留有一定的上、下限调整范围。

3）在不频繁起动的场合，要保证热继电器在电动机起动过程中不产生误动作。若电动机 $I_s=6I_N$，起动时间不大于 6s，很少频繁起动，可按电动机额定电流配置。

4）对于三角形接法的电动机，应选用带断相保护装置的热继电器。

5）当电动机工作于重复短时工作制时，要注意确定热继电器的允许操作频率。

1.7 低压电器的安装附件及配线原则

1.7.1 低压电器的安装附件

电器元器件在安装时，要有安装附件，电气控制柜中元器件和导线的固定和安装中，常用的安装附件如下。

1. 走线槽

由锯齿形的塑料槽和盖组成，有宽、窄等多种规格。用于导线和电缆的走线，可以使柜内走线美观整齐，如图 1-54 所示。

2. 扎线带和固定盘

尼龙扎线带可以把一束导线扎紧到一起，根据长短和粗细有多种型号，如图 1-55 所示。固定盘上有小孔，背面有黏胶，它可以粘到其他屏幕物体上，用来配扎线带。

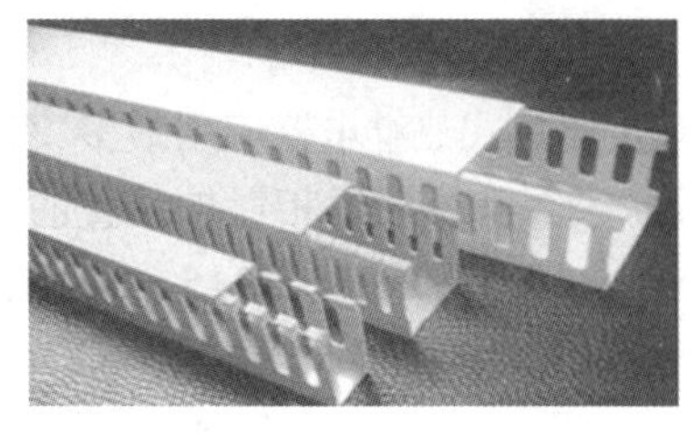

图 1-54 走线槽

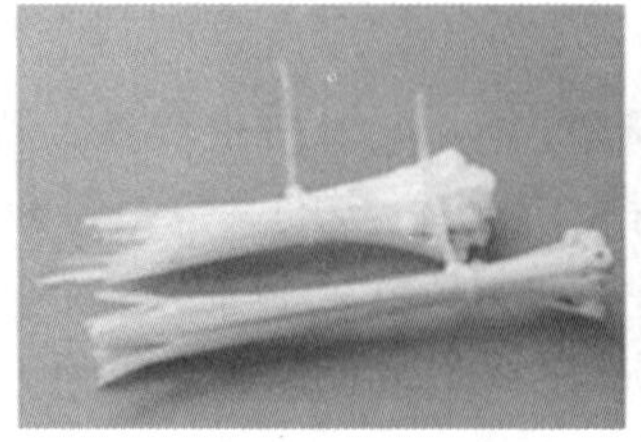

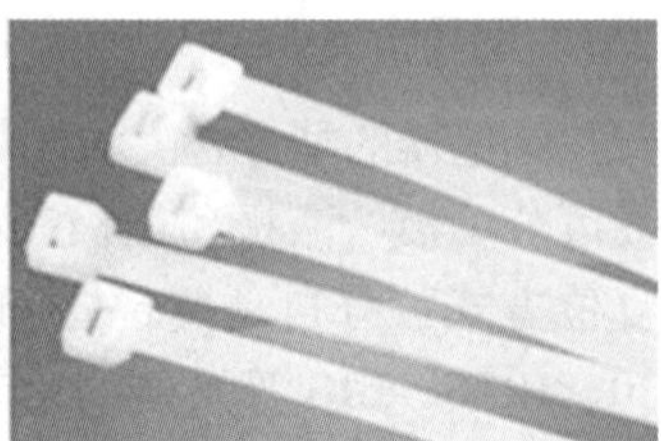

图 1-55 扎线带

3．波纹管

用于控制柜中裸露出来的导线部分的缠绕或作为外套，保护导线，一般由 PVC 软质塑料制成。

4．号码管

空白号码管由 PVC 软质塑料制成，号码管可用专门的打号机打印上各种需要的符号，或选用已经打印好的号码，套在导线的接头端，用来标记导线，如图 1-56 所示。

5．接线插、接线端子

接线插俗称线鼻子，用来连接导线，并使导线方便、可靠地连接到端子排或接线座上，它有各种型号和规格，如图 1-57 所示。接线端子为两端分断的导线提供连接。接线插可以方便地连接到导线上面，现在新型的接线端子技术含量很高，接线更加方便快捷，导线可直接连接到接线端子的插孔中，如图 1-58 所示。

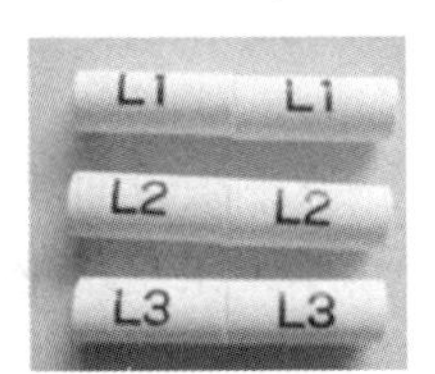

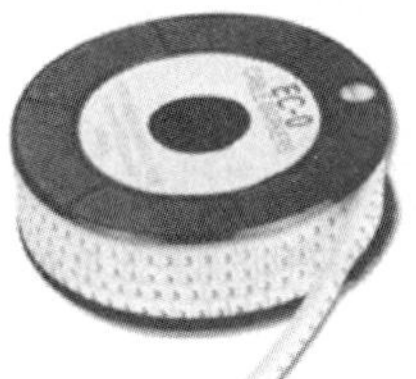
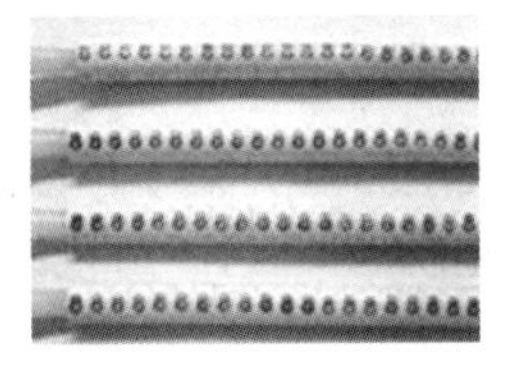

图 1-56　号码管

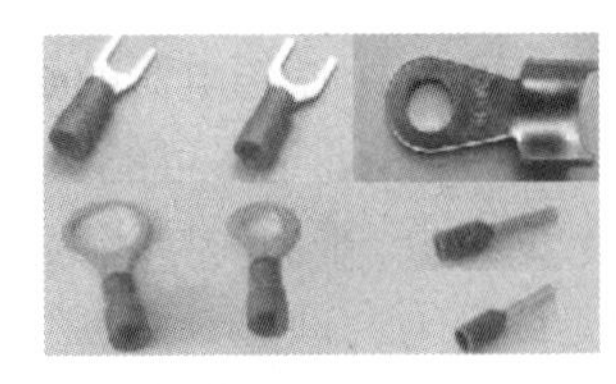

图 1-57　接线插

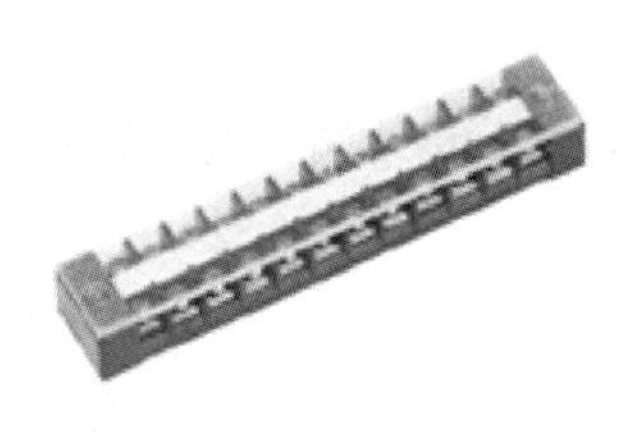

图 1-58　接线端子

6．安装导轨

用来安装各种有双卡槽的元器件，用合金或铝材料制成，如图 1-59 所示。

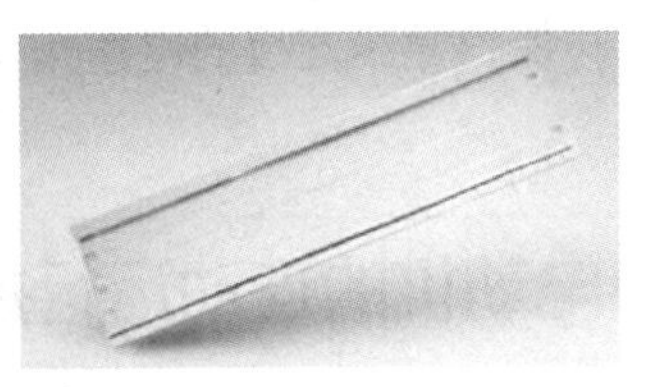

图 1-59　安装导轨

7．缠绕管

缠绕管主要用于对有耐磨要求的电线电缆进行保护。缠绕管一般采用尼龙材质或聚丙烯材质制成。缠绕管耐磨性能好，抗老化、抗腐蚀性能强，更能有力地对外表面进行防老化和抗摩擦的保护。常用的缠绕管如图 1-60 所示。

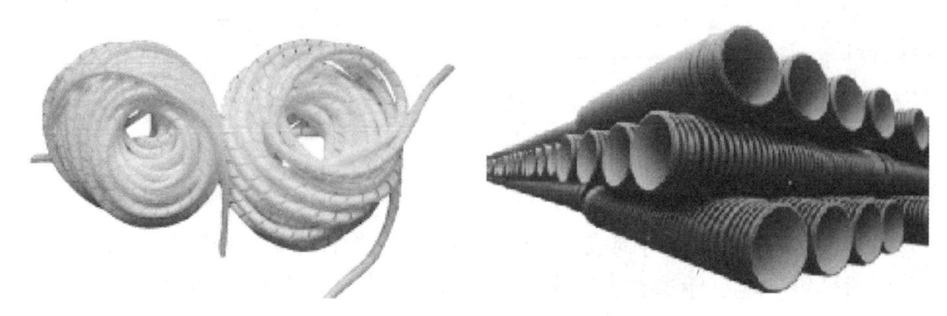

图 1-60　缠绕管

8．热收缩管

遇热后能够收缩的特种塑料管，用来包裹导线或导体的裸露部分，起绝缘保护作用。

1.7.2　低压电器的配线原则

下面介绍低压电器的配线原则。

1）走线通道尽可能少，按主、控电路分类集中，单层平行密排或成束，应紧贴敷设面。

2）同一平面的导线应高低一致或前后一致，不能交叉。当必须交叉时，可水平架空跨越，但走线必须合理。

3）布线应横平竖直，变换走向应垂直 90° 布线。

4）导线与接线端子或线桩连接时，应不压绝缘层、不反圈及露铜不大于 1mm，并做到同一元器件、同一回路的不同接点的导线间距离保持一致。

5）一个电器元器件接线端子上的连接导线不得超过两根，每节接线端子板上的连接导线一般只允许连接一根。

6）布线时，严禁损伤线芯和导线绝缘层。

7）控制电路必须套编码套管。

8）为了便于识别，导线应有相应的颜色标志：

① 保护导线（PE）必须采用黄绿双色，中性线（N）必须是浅蓝色。

② 交流或直流动力电路应用黑色，交流控制电路采用红色，直流控制电路采用蓝色。

③ 用作控制电路联锁的导线，如果是与外围控制电路连接，而且当电源开关断开仍带电时，应采用橘黄色，与保护导线连接的电路采用白色。

1.8　案例 2　电动机的连动运行控制

1.8.1　目的

1）理解电磁式低压电器的工作原理。

2）掌握 KM 的结构、工作原理及电气图文符号。

3）掌握 SB、FU、FR 的作用及电气图文符号。

4）熟练掌握电动机连动运行的控制原理。

1.8.2　任务

电动机的连动（也称连续）运行控制，要求电动机的起动或停止均由按钮控制，并有必要的保护环节。在很多机床设备中电动机起动后都要求连动运行，在按下停止按钮或发生过载时停止运行。

1.8.3　步骤

本案例的电动机功率只有 3.7kW，可采用全压起停控制，有时候电动机需要频繁起停，所以一般不宜采用刀开关或自动开关手动直接控制（频繁对刀开关或自动开关进行操作比较危险），而采用按钮进行自动控制。即按下按钮后，控制某种低压电器，使接有电动机的主电路与三相电源连接或分离。

1．电动机连动运行控制线路

本案例控制线路分主电路和控制电路，主电路线路设计为：三相电源经自动开关、熔断器、接触点主触点、热继电器的热元器件后接至电动机的电源端；控制线路设计为：两相电源经主电路熔断器的出线端接控制线路的熔断器、热继电器的常闭触点、停止按钮、起动按钮后接入交流接触器的线圈，线路具体连接如图 1-61 所示。

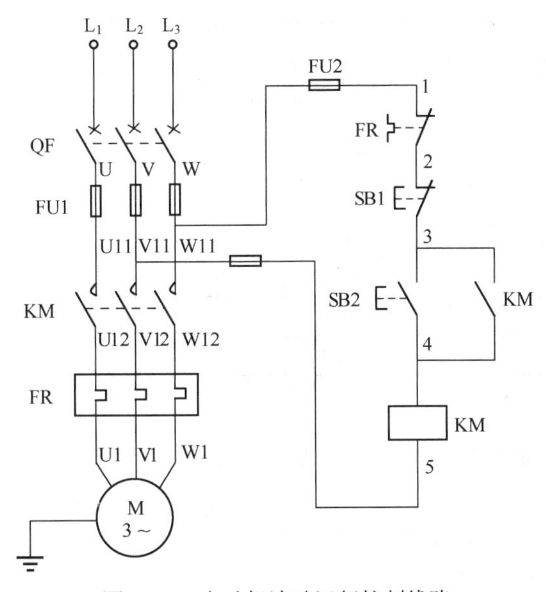

图 1-61　电动机连动运行控制线路

具体工作原理如下：

1）电动机的起动。合上断路器 QF，按下起动按钮 SB2，SB2 的常开触点接通，电流经 W11、热继电器常闭触点 FR、停止按钮 SB1、起动按钮 SB2、交流接触器 KM 的线圈、V11 后形成一个闭合回路，此时交流接触器 KM 线圈得电，主触点闭合，三相交流电经自动开关、熔断器、交流接触器主触点、热继电器的热元器件后给主轴电动机，主轴电动机开始起动；当交流接触器 KM 线圈得电主触点闭合的同时辅助常开触点闭合（辅助常开触点闭合起自锁作用），当按钮 SB2 松开，即使常开触点复位后，控制电路电流也会经 W11、热继电器常闭触点 FR、停止按钮 SB1、交流接触器 KM 的辅助常开触点、V11 后形成一个新的闭合回路，交流接触器 KM 线圈持续得电，故主轴电动机能连动运行。

2）电动机的停止。当按下停止按钮 SB1 时，由于按钮 SB1 的常闭触点断开，控制电路电流不能形成一个闭合回路，交流接触器 KM 线圈失电，主触点和辅助常开触点均复位，即断开，此时主轴电动机因三相电源切断而停止运行。

3）控制线路的保护环节。当控制电路发生短路故障时，熔断器 FU2 熔体熔断，控制电路断电，交流接触器 KM 线圈失电，其主触点断开而使电动机停转；当主轴电动机长期过载时，热继电器 FR 的常闭触点断开，控制电路断电，交流接触器 KM 线圈失电，其主触点断开而使主轴电动机停转，从而保护了主轴电动机。

图 1-61 中对电动机的控制，采用的交流接触器 KM 线圈的额定电压是交流 380V，从节能和用电安全考虑宜选用低等级的线圈额定电压，如交流 220V、127V、110V 均可。若交流接触器选用 220V 的额定电压则将图 1-61 中的 V11 换成零线（N）即可，同时还可少接一个熔断器 FU2；如果选用 127V 或 110V 的线圈额定电压则需要使用变压器进行降压，有关变压器的知识将在 1.10.1 节中介绍。

2. 电气元器件选用

元器件及仪表的选用如表 1-4 所示。

表 1-4 元器件及仪表的选用

序号	名称	型号及规格	数量	备注
1	三相笼型异步电动机	Y132M-4（370W）	1	
2	断路器	DZ47-63	1	
3	熔断器	RT18-32	5	25A 的 3 个、2A 的 2 个
4	按钮	LAY37（Y090）	2	绿色为起动，红色为停止
5	热继电器	JR16B-20/3	1	
6	交流接触器	CJX1-9/22	1	线圈电压为 380V
7	接线端子	DT1010	2	
8	万用表	MF47	1	

3. 线路测试与通电运行

线路连接好后，首先要进行线路检查，线路连接正确后方可进行通电调试及运行。

（1）线路检查

先检查主电路，再检查控制电路，分别用万用表测量各电器与电路是否正常。特别是元器件的好坏和电路是否存在短路现象。

（2）控制电路调试

经上述检查无误后，先断开主电路，按下起动按钮后，接触器应有相应动作，动作正常后再进行主电路的通电调试。

（3）系统试车运行

在控制电路正常后，接通主电路电源进行整个系统试车，按下起动按钮时，主轴电动机应起动并运行；按下停止按钮时，主轴电动机应断电停止。

若上述调试现象与控制要求一致，则说明本项目任务完成。

1.8.4 拓展

用两个按钮分别实现小容量电动机的点动和连动控制（点动控制是按下点动按钮电动机得电起动并运行，松开点动按钮电动机立即失电停止运行，由于控制线路及原理非常简单，在此不进行具体介绍。

码 1-6
三相异步电动机的连动控制

1.9 案例 3　电动机的可逆运行控制

1.9.1 目的

1）掌握行程开关、接近开关的作用及电气图文符号。
2）掌握电气控制中的互锁作用。
3）掌握电动机正反转控制的工作原理、线路的连接与装调。

码 1-7
三相异步电动机的点动控制

1.9.2 任务

电动机的可逆运行（正反转）控制。如电梯的上下行、开关门，T68 卧式镗床的进给运动等，都要求电动机能实现两个方向的运行。

1.9.3 步骤

机床设备中镗床的快速移动电动机可实现工作台的快速前进和后退运动，当工作台前进时，要求电动机能正向运行；当工作台后退时，要求电动机能反向运行，即要求电动机能够实现可逆运行，也就是要求电动机能实现正反转控制。在机床加工生产过程中或日常生活中，经常遇到需要正反两个方向的运动控制，如机床工作台的前进与后退、主轴的正转与反转、起重机吊钩的升降等。

1. 电动机正反转的点动运行控制电路

从 1.1.3 节三相异步电动机的工作原理可以获知，若想使得三相异步电动机能反向运行，只要改变进入电动机三相对称绕组的三相电源的相序即可，改变电源相序后，在电动机定子绕组中产生的旋转磁场方向则改变，这时电动机的转向则随之改变。

在主电路中假设进给电动机正转时电动机电源经 KM1 主触点引入，为了使之能反转，则必须在主电路中再增加一个交流接触器 KM2，经 KM2 主触点引入电动机的电源相序必须为反相序，这才能保证电动机能反向运行；控制线路则要求按下正向运行按钮 SB1 时，电动机正转；按下反向运行按钮 SB2 时，电动机反转。具体主电路和控制电路原理图如图 1-62 所示。

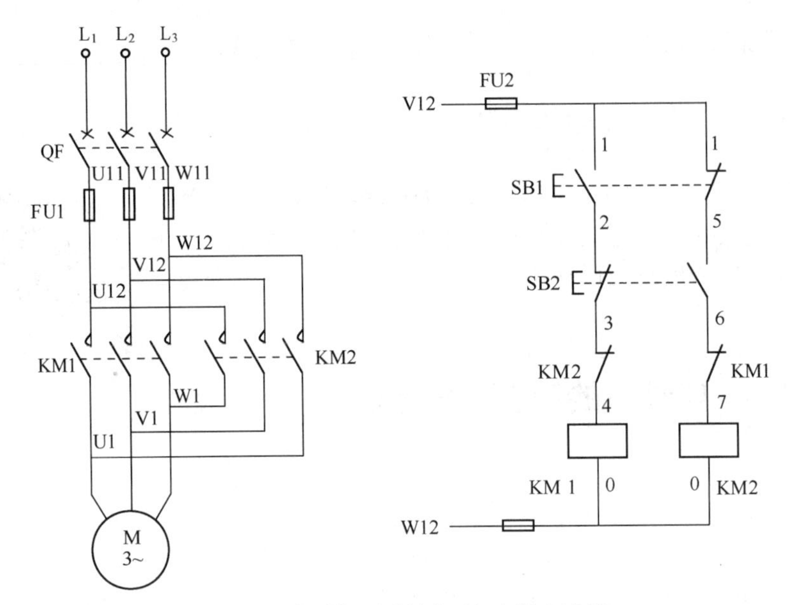

图 1-62　电动机正反转点动运行控制电路

工作原理：当合上断路器 QF 时，三相电源因被交流接触器 KM1 和 KM2 主触点断开而无法接入电动机定子绕组中，故电动机不能起动。当按下按钮 SB1 时（SB1 的常开触点 1、2 闭合，常闭触点 1、5 断开），电流经 FU2、SB1 常开触点、SB2 常闭触点、KM2 辅助常闭触点、KM1 线圈、FU2 形成闭合回路，此时交流接触器 KM1 线圈得电，主触点闭合，引入三相正序电源至电动机定子绕组，电动机正向起动并运行，同时交流接触器 KM1 的辅助常闭触点 6、7 断开，形成互锁；当按下按钮 SB2 时（SB2 的常开触点 5、6 闭合，常闭触点 2、3 断开），电流经 FU2、SB1 常闭触点、SB2 常开触点、KM1 辅助常闭触点、KM2 线圈、FU2 形成闭合回路，此时交流接触器 KM2 线圈得电，主触点闭合，引入三相反序电源至电动机定子绕组，电动机反向起动并运行，同时交流接触器 KM2 的辅助常闭触点 3、4 断开，形成互锁。当松开按钮 SB1 或 SB2 时，电动机停止。

2. 互锁控制

图 1-62 的控制电路部分可简化成图 1-63。此时若按下按钮 SB1，交流接触器 KM1 线圈得电，电动机正转；若按下按钮 SB2，交流接触器 KM2 线圈得电，电动机反转，这样好像也能实现电动机的正反转控制，但为什么采用图 1-62 中的较为复杂控制电路呢？读者仔细看可以看出，图 1-62 中控制电路比图 1-63 中多串联了控制元器件的常闭触点，其中之一是按钮的常闭触点，之二是交流接触器的常闭触点。在图 1-62 中还可以发现，均是将元器件自身的常闭触点串联到对方的控制回路中，也就是说当本控制回路接通时，同时断开对方控制回路，即让对方不可能形成闭合回路，即让对方线圈不能得电。如果得电又会出现什么情况呢？若按下图 1-63 中的按钮 SB1 的同时按钮 SB2 也被按下，或同时按下按钮 SB1 和 SB2，这时交流接触器 KM1、KM2 线圈都会得电，KM1、KM2 的主触点也都会闭合，此时，主电路的三相电源经 KM1、

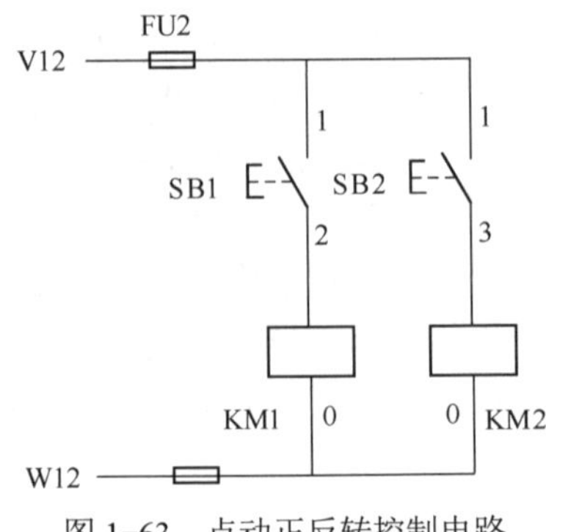

图 1-63　点动正反转控制电路

KM2 的主触点后，U 相和 W 相电源则连接到一起，即主电路电源发生短路，从而使熔断器 FU1 损坏。

为了避免以上电源短路事故的发生，就要求保证两个接触器不能同时工作。这种在同一时间里两个接触器只允许一个工作的控制作用称为互锁或联锁。图 1-62 为带接触器互锁保护的正反转控制线路。

在正反转接触器中互串一个对方的辅助常闭触点，这对辅助常闭触点称为互锁触点或联锁触点。由接触器辅助常闭触点组成的互锁称电气互锁，由按钮或行程开关等常闭触点组成的互锁称机械互锁。这样，当按下正转起动按钮 SB1 的同时即使按下反转起动按钮 SB2，反转交流接触器线圈也不会得电，主电路则不会发生短路事故，因为此时两控制回路均已断开。

3. 电动机的正反转连续运行控制电路

在很多场合，虽然要求电动机能正反转，但以连续运行为主。图 1-64 为电动机的正反转连续运行控制电路。

图 1-64 中如果不增加起动按钮的常闭触点，会出现什么情况呢？如果此时电动机在正转，即交流接触器 KM1 线圈得电，主触点闭合，常开触点闭合形成自锁，互锁触点断开形成互锁。此时若让电动机反转，按下反转按钮 SB3，电动机不会反转，必须先按下停止按钮 SB1 使电动机停止后再按下反转按钮 SB3，电动机方能反转。同样，在反转情况下按下正转起动按钮 SB2 也是此情况，即必须先按下停止按钮后方可实现电动机的转向改变。这样的电路在操作上不太方便，为了更为方便地操作电动机的正反转控制电路，在图 1-64 中增加了机械互锁，这样如果改变运行中的电动机的转向只需要按下相应的控制按钮即可，原理请读者自行分析。

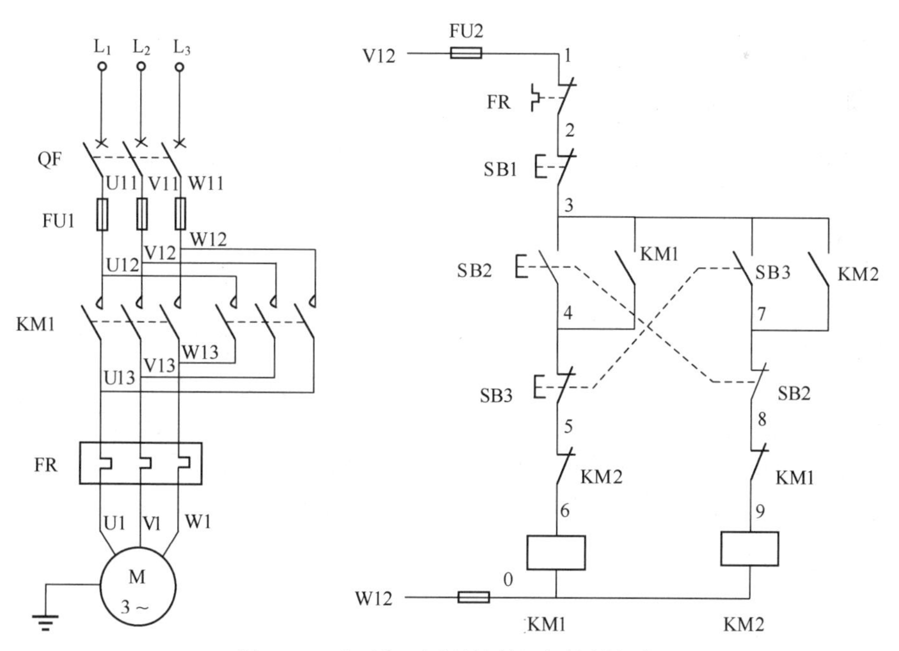

图 1-64　电动机正反转连续运行控制电路

4. 电气元器件选用

元器件及仪表的选用如表 1-5 所示。

表1-5　元器件及仪表的选用

序号	名称	型号及规格	数量	备注
1	三相笼型异步电动机	Y132M-4（370W）	1	
2	断路器	DZ47-63	1	
3	熔断器	RT18-32	5	25A的3个，2A的2个
4	按钮	LAY37（Y090）	2或3	选2个为点动控制，选3个为连续控制
5	热继电器	JR16B-20/3	1	
6	交流接触器	CJX1-9/22	2	
7	接线端子	DT1010	2	
8	万用表	MF47	1	

1.9.4　拓展

带行程保护的进给电动机可逆运行控制。磨床工作台快速前进或后退移动时，要求工作台必须在规定的范围内进行移动，即不能超越工作台的移动范围，也就是在电气控制线路中需要设置限位保护环节。

1.10　变压器及信号电器

1.10.1　变压器

变压器是利用电磁感应的原理而工作的静止的电磁器械。它主要由铁心和线圈组成，通过磁的耦合作用把电能从一次绕组传递到二次绕组。在电器设备和无线电路中，常用作升降电压、匹配阻抗和安全隔离等。

1．变压器的分类

按相数的不同，变压器可分为单相变压器、三相变压器和多相变压器。按绕组数目不同，变压器可分为双绕组变压器、三绕组变压器、多绕组变压器和自耦变压器。按冷却方式不同，变压器可分为油浸式变压器、充气式变压器和干式变压器。油浸式变压器又可分为油浸自冷式变压器、油浸风冷式变压器和强迫油循环式变压器。按用途不同，变压器可分为电力变压器（升压变压器、降压变压器和配电变压器等）、特种变压器（电炉变压器、整流变压器和电焊变压器等）、仪用互感器（电压互感器和电流互感器）和试验用的高压变压器等。

2．变压器的组成

变压器一般由铁心、绕组和附件构成。这里以单相自冷式低压控制变压器为例进行介绍。

（1）铁心

铁心一般由 0.35～0.5mm 厚的硅钢片叠装而成。硅钢片的两面涂以绝缘漆，使片间绝缘，以减小涡流损耗。铁心包括铁心柱和铁轭两部分。铁心柱的作用是套装绕组，铁轭的作用是连接铁心柱，使磁路闭合。按照绕组套入铁心柱的形式，铁心可分为心式结构和壳式结构两种。

叠装时应注意相邻两层的硅钢片需采用不同的排列方法，使各层的接缝不在同一地点，互相错开，减小铁心的间隙，以减小磁阻与励磁电流。

（2）绕组

变压器的绕组是在绝缘筒上用绝缘铜线或铝线绕成。一般把连接电源的绕组称为一次绕组或原绕组，连接负载的绕组称为二次绕组或副绕组。或者把电压高的线圈称为高压绕组，电压低的线圈称为低压绕组。

（3）附件

附件主要有骨架、端子线、引线、牛夹、底板、绝缘漆和胶带等。电力变压器的附件主要包括油箱、储油柜、分接开关、安全气道、气体继电器和绝缘套管等。附件的作用是保证变压器安全和可靠运行。

3. 变压器的铭牌数据

（1）变压器的型号

变压器的型号说明变压器的系列型号和产品规格。变压器的型号是由字母和数字组成的，如图 1-65 所示。如 SL7-200/30，第一个字母表示相数，后面的字母分别表示导线材料、冷却介质和方式等。斜线前边的数字表示额定容量（kVA），斜线后边的数字表示高压绕组的额定电压（kV）。

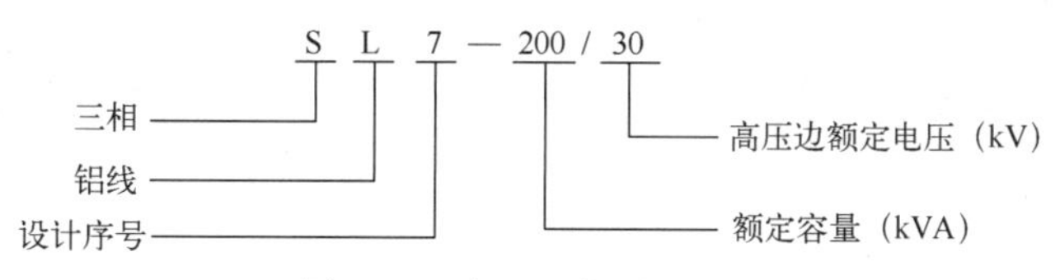

图 1-65　变压器的型号含义

一般将容量为 630kVA 及以下的变压器称为小型变压器；容量为 800～6300kVA 的变压器称为中型变压器；容量为 8000～63000kVA 的变压器称为大型变压器；容量在 90000kVA 及以上的变压器称为特大型变压器。

新标准的中小型变压器的容量等级为：10kVA，20kVA，30kVA，50kVA，63kVA，80kVA，100kVA，125kVA，160kVA，200kVA，250kVA，315kVA，400kVA，500kVA，630kVA，800kVA，1000kVA，1600kVA，2000kVA，2500kVA，3150kVA，4000kVA，5000kVA，6300kVA。

（2）变压器的额定值

1）额定容量

额定容量 S_N 是指变压器的视在功率，对三相变压器是指三相容量之和。由于变压器效率很高，可以近似地认为高、低压侧容量相等。额定容量的单位是 VA、kVA、MVA。

2）额定电压

额定电压 U_{1N} / U_{2N} 是指变压器空载时，各绕组的电压值。对三相变压器指的是线电压，单位是 V 和 kV。

3）额定电流

额定电流 I_{1N} / I_{2N} 是指变压器允许长期通过的电流，单位是 A。额定电流可以由额定容量和额定电压计算。

对于单相变压器：

$$I_{1N}=\frac{S_N}{U_{1N}} \qquad I_{2N}=\frac{S_N}{U_{2N}}$$

对于三相变压器：

$$I_{1N}=\frac{S_N}{\sqrt{3}U_{1N}} \qquad I_{2N}=\frac{S_N}{\sqrt{3}U_{2N}}$$

4）额定频率

我国规定标准工业用交流电的额定频率为50Hz。

除上述额定值外，变压器的铭牌上还标有变压器的相数、连接组和接线图、短路电压（或短路阻抗）的百分值、变压器的运行及冷却方式等。

4．变压器的基本工作原理

变压器的一、二次绕组的匝数分别用 N_1、N_2 表示，如图 1-66 所示。图 1-66a 是给一次绕组施加直流电压的情况，发现仅当开关开和闭瞬间，电灯才会亮一下。图 1-66b 是一次绕组施加交流电压的情况，发现电灯可以一直亮着。

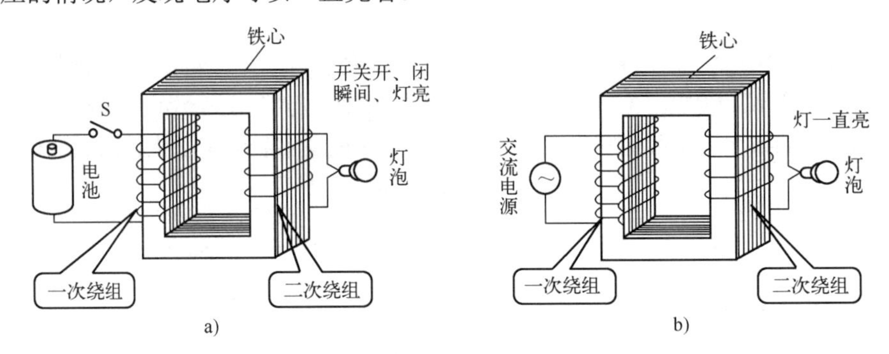

图 1-66　变压器的基本工作原理图

a) 一次加直流电压　b) 一次加交流电压

上述情况表明，当变压器的一次绕组接通交流电源时，在绕组中就会有交变的电流通过，并在铁心中产生交变的磁通，该交变磁通与一次、二次绕组交链，在它们中都会感应出交变的感应电动势。二次绕组有了感应电动势，如果接上负载，便可以向负载供电，传输电能，实现了能量从一次绕组到二次绕组的传递，所以图 1-66b 中的灯也就一直亮着。而图 1-66a 是仅当开关开、闭时才会引起一次绕组中电流变化，使交链二次绕组的磁通发生变化，才会在二次绕组中产生瞬时的感应电势，因而灯只闪一下就灭了。由此可知，变压器一般只用于交流电路，它的作用是传递电能，而不能产生电能。它只能改变交流电压、电流的大小，而不能改变其频率。

5．变压器的运行分析

（1）变压器的空载运行

空载运行是指当变压器一次绕组接交流电源，二次绕组开路，即 $\dot{I}_2=0$ 时的状态。单相变压器空载运行的原理如图 1-67 所示。空载时一次绕组中的交变电流 $\dot{I}_0$ 称为空载电流，由空载电流产生交变的磁势并建立交变的磁通。由于变压器的铁心采用高导磁的硅钢片叠成，所以绝大部分磁通经铁心闭合，这部分磁通称为主磁通，用 $\dot{\Phi}$ 表示；有少量磁通经油和空气闭合，这部分磁通称为漏磁通，因比较小在此忽略不计。

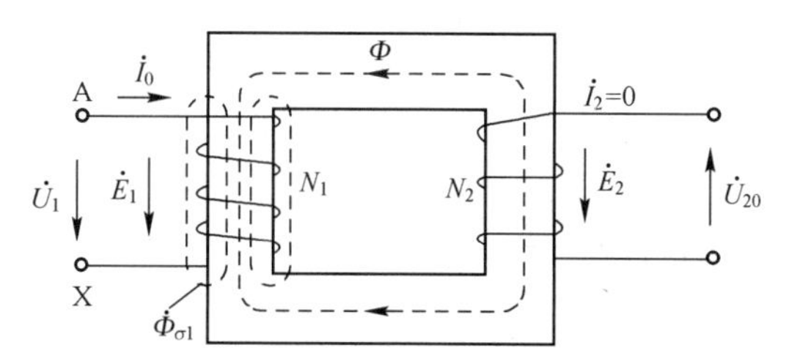

图 1-67　单相变压器空载运行原理图

若 $\dot{E}$ 和 $\dot{\Phi}$ 规定的正方向符合右手螺旋定则，则感应电势为：

$$e = -N\frac{\mathrm{d}\Phi}{\mathrm{d}t} \tag{1-1}$$

当一次电压按正弦规律变化时，则磁通 Φ 也按正弦规律变化，设磁通的瞬时值为：

$$\varphi=\Phi_{\mathrm{m}}\sin\omega t$$

式中，ω 是交流电的角频率，单位为 rad/s；φ_{m} 是主磁通的最大值，单位为 Wb。

将其代入式（1-1），得一次绕组的感应电势为：

$$\begin{aligned} e_1 &= -N_1\left[\frac{\mathrm{d}(\Phi_{\mathrm{m}}\sin\omega t)}{\mathrm{d}t}\right] = -N_1\Phi_{\mathrm{m}}\omega\cos\omega t = N_1\Phi_{\mathrm{m}}\omega\sin(\omega t-90^\circ) \\ &= E_{1\mathrm{m}}\sin(\omega t-90^\circ) \end{aligned}$$

式中，E_{1m} 是指一次绕组感应电势的幅值，单位为 V。

同理可得二次绕组感应电势为：

$$e_2=E_{2\mathrm{m}}\sin(\omega t-90^\circ)$$

一次绕组中感应电势的有效值 E_1 为：

$$E_1=\frac{E_{1\mathrm{m}}}{\sqrt{2}}=\frac{N_1\Phi_{\mathrm{m}}\omega}{\sqrt{2}}=\frac{N_1\Phi_{\mathrm{m}}\cdot 2\pi f}{\sqrt{2}}=4.44fN_1\Phi_{\mathrm{m}}$$

同理可得：

$$E_2=4.44fN_2\Phi_{\mathrm{m}}$$

电力变压器中，空载时一次绕组的漏阻抗压降很小，一般不超过外施电压的 0.5%。在一次的电压平衡方程式中，若忽略漏阻抗压降，则一次电压平衡方程式变为：

$$U_1\approx E_1$$

空载时二次开路，其二次空载电压 $U_{20}=E_2$。根据上述推理可以得出一次、二次的电压之比：

$$\frac{U_1}{U_2}=\frac{U_1}{U_{20}}\approx\frac{E_1}{E_2}=\frac{N_1}{N_2}=k$$

式中，k 是变压器的变压比，$k=N_1/N_2$。

一次、二次电压之间的关系表明：变压器运行时，一次、二次的电压之比等于一次、二次绕组的匝数之比。变压比 k 是变压器中一个很重要的参数，若 $N_1>N_2$，则 $U_1>U_2$，是降压变压器；若 $N_1<N_2$，则 $U_1<U_2$，是升压变压器。

（2）变压器的负载运行

变压器的一次绕组接交流电源，二次绕组带上负载阻抗，这样的运行状态称为负载运行。变压器的负载运行如图 1-68 所示。变压器的负载运行时二次绕组中电流 $\dot{I}_2 \neq 0$，并通过磁的耦合作用，影响一次绕组的各个物理量。但在变压器负载运行时，各量之间存在一定的平衡关系。

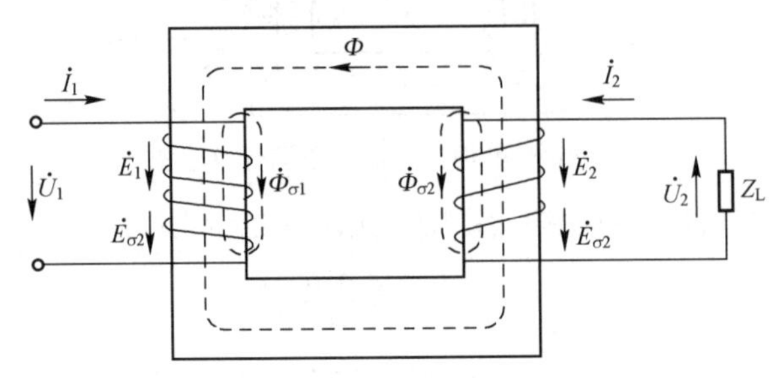

图 1-68　变压器负载运行原理图

因负载时漏阻抗压降对端电压来说也是很小的，故仍忽略不计，所以：

$$U_1 \approx E_1 \qquad U_2 \approx E_2$$

于是可以得出，负载时的电压比近似等于电势比，等于匝数比，即：

$$\frac{U_1}{U_2} \approx \frac{E_1}{E_2} = \frac{N_1}{N_2} = k$$

负载阻抗（Z_L）上的电压为：

$$U_2 = I_2 Z_L$$

由于变压器只能传递电能，不能产生电能，变压器损耗也可忽略不计，则对于单相来说，$S_N = U_1 I_1 = U_2 I_2$，所以：

$$\frac{U_1}{U_2} = \frac{I_2}{I_1} \approx \frac{N_1}{N_2} = k$$

即变压器的一、二次绕组的电压比与一、二次绕组的匝数成正比；一、二次绕组的电流比与一、二次绕组的匝数成反比。

1.10.2　互感器

在生产和科学试验中，往往需要测量交流电路中的高电压和大电流，这就不能用普通的电压表和电流表直接测量。一是考虑到仪表的绝缘问题，二是直接测量易危及操作人员的人身安全。因此，人们选用变压器将高电压变换为低电压，大电流转变为小电流，然后再用普通的仪表进行测量。这种供测量用的变压器称为仪用互感器，仪用互感器分电压互感器和电流互感器两种。

1. 电压互感器

电压互感器实际上是一台小容量的降压变压器。它的一次绕组匝数很多，二次绕组匝数较少。工作时，一次绕组并接在需测电压的电路上，二次绕组接在电压表或功率表的电压线圈上。

电压互感器的原理接线如图 1-69 所示。

电压互感器二次绕组接阻抗很大的电压表，工作时相当于变压器的空载运行状态。测量时用二次电压表的读数乘以变压比 k 就可以得到线路的电压值，如果测 U_2 的电压表是按 kU_2 来刻度，从表上便可直接读出被测电压值。

使用电压互感器必须注意以下几点：

1）电压互感器不能短路，否则将产生很大的电流，导致绕组过热而烧坏。

2）电压互感器的额定容量是对应精确度确定的，在使用时二次绕组所接的阻抗值不能小于规定值，即不能多带电压表或电压线圈。否则电流过大，会降低电压互感器的精确度等级。

3）铁心和二次绕组的一端应牢固接地，以防止因绝缘损坏时二次绕组出现高压，危及操作人员的人身安全。

2. 电流互感器

图 1-70 是电流互感器的原理图，它的一次绕组匝数很少，有的只有一匝，二次绕组匝数很多。它的一次绕组与被测电流的线路串联，二次绕组接电流表或瓦特表的电流线圈。

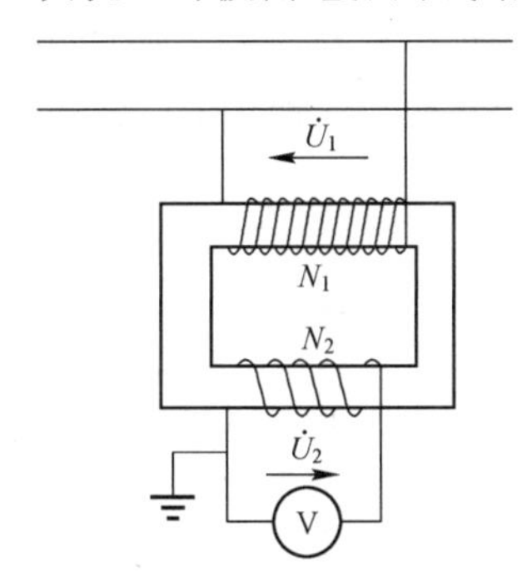

图 1-69　电压互感器原理接线图

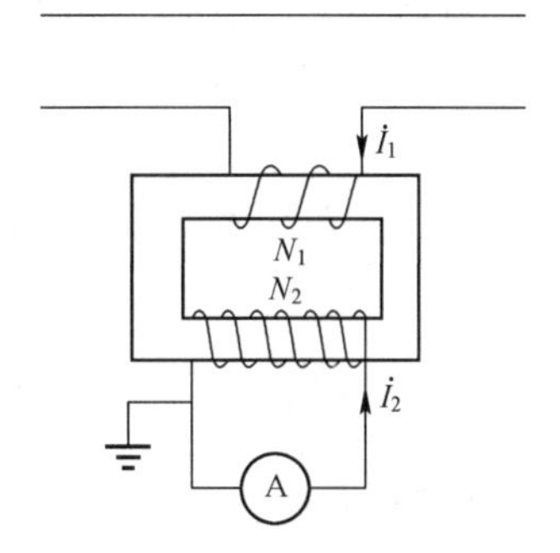

图 1-70　电流互感器原理接线图

因电流互感器的线圈的阻抗非常小，它串入被测电路对其电流基本上没有影响。电流互感器工作时二次绕组所接电流表的阻抗很小，相当于变压器的短路工作状态。

测量时一次电流等于电流表测得的电流读数乘以 $1/k$。利用电流互感器可将一次电流的范围扩大为 10～25000A，而二次额定电流一般为 5A。另外，一次绕组还可以有多个抽头，分别用于不同的电流比例。使用电流互感器必须注意以下几点：

1）电流互感器工作时，二次不允许开路。因为开路时，$I_2 = 0$，失去二次的去磁作用，一次磁势 I_1N_1 成为励磁磁势，将使铁心中磁通密度剧增。这样，一方面使铁心损耗剧增，铁心严重过热，甚至烧坏；另一方面还会在二次绕组产生很高的电压，有时可达数千伏以上，能将二次线圈击穿，还将危及测量人员的安全。在运行中换电流表时，必须先把电流互感器二次绕组短接，换好仪表后再断开短路线。

2）二次绕组回路串入的阻抗值不得超过有关技术标准的规定，否则将影响电流互感器的精确度。

3）为了安全，电流互感器的二次绕组必须牢固接地，以防止绝缘材料损坏时高压传到二次绕组，危及测量人员的人身安全。

1.10.3 信号电器

信号电器主要用来对电气控制系统中的某些元器件的工作状态、报警信息等进行指示。常用元器件有信号灯（也称指示灯）、灯柱（由多个不同颜色环形信号灯叠压在一起组成，根据不同的控制信号点亮不同的灯，在大型设备或生产流水线上使用较多）、电铃和蜂鸣器等。

1．指示灯

指示灯在设备电气控制中应用较为广泛，它是用于电路状态的工作指示，也可用作工作状态、预警、故障及其他信号的指示。如指示设备或系统是否已供电（电源指示），设备或系统是否已运行（运行指示或工作指示），设备或系统是否发生故障（故障指示）等。指示灯品种和规格较多，颜色各异，电压等级也不同（常用交流 220V、直流 24V 和交流 6.3V 等）。图 1-71 为常用指示灯实物图。

指示灯有多种颜色，一般情况下红色用作系统或设备“异常或报警”或已供电；黄色用作系统或设备“警告”；绿色用作系统或设备“就绪”或运行正常；蓝色用作系统或设备某种特殊指示（上述几种颜色未包括的任意一种功能）；白色用作系统或设备的一般信号。建议读者在使用指示灯时遵循上述原则。

在电气控制线路中，指示灯和照明用灯的电气图文符号如图 1-72 所示，照明用灯一般电压等级有交流 220V 和交流 36V，一般用 EL 表示；电源及信号指示灯一般用 HL 表示。

图 1-71　常用指示灯实物图

图 1-72　指示灯电气图文符号

2．电铃和蜂鸣器

电铃和蜂鸣器都属于声响类的指示器件。在警报发生时，不仅需要指示灯指示出具体的故障点，还需要声响器件报警（特别在夜间，光线不足，而且通过指示灯报警效果不佳），以便告知在现场的操作人员和维护人员。蜂鸣器一般用在控制设备上，而电铃主要用在较大场合的报警系统中。电铃和蜂鸣器的实物图及电气图文符号分别如图 1-73 和图 1-74 所示。

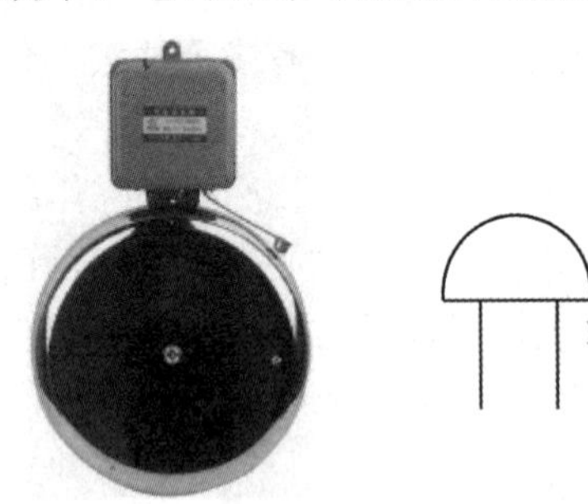

图 1-73　电铃实物及电气图文符号

图 1-74　蜂鸣器实物及电气图文符号

1.11　案例 4　照明及指示电路控制

1.11.1　目的

1）了解变压器的结构及工作原理。

2）掌握变压器的电压、电流与匝数之间关系。

3）了解电压、电流互感器的工作原理。

4）掌握机床设备中照明及指示电路的连接和控制方法。

1.11.2 任务

装调普通车床 C620 的照明及指示电路。很多机床设备或生产线在运行时，一般都会用多个指示灯来指示系统工作状态，如电源指示、电动机工作指示及过载指示、主电路电流指示等。本项目中照明灯采用人体安全电压 36V，指示灯额定电压采用交流 6.3V。

1.11.3 步骤

在机床加工零件时，为保证加工零件的精度和质量，要求有照明电源，以保证在光线不足的情况下保证光线亮度。灯杆是可以多方位多角度的调节，以便操作人员加工零件或观察所加工零件的测量数据；在噪声很大的加工车间里，非操作人员很难靠听力分辨机床工作与否，这就要求在操作控制台上有相应指示，以便操作者实时了解机床工作状态。

1. 照明及指示控制线路

本项目中变压器采用多抽头变压器，照明电路从安全角度考虑采用 36V 电压等级的照明灯；电源指示及主轴电动机工作指示采用交流 6.3V 的指示灯，电源指示用红色指示灯，主轴电动机工作指示用绿色指示灯，过载故障指示用红色指示灯；主电路电流指示主要通过电流表将电动机的线电流值加以显示，因电动机线电流较大，故电流表经电流互感器后接入主电路。线路具体连接如图 1-75 所示。

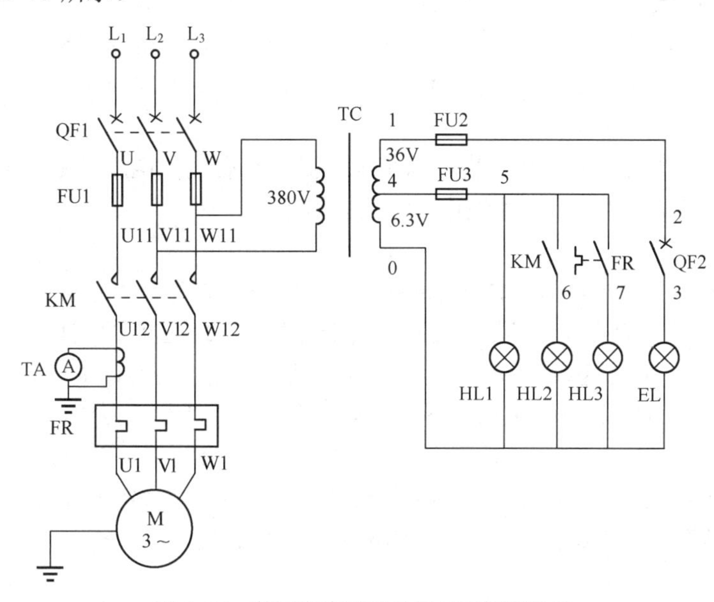

图 1-75　普通车床照明及指示灯控制线路

2. 电气元器件选用

元器件及仪表的选用如表 1-6 所示。

表 1-6　元器件及仪表的选用

序号	名称	型号及规格	数量	备注
1	多抽头变压器	BK-50	1	二次电压等级有 220V、36V、24V、6.3V、0V
2	电流互感器	LMZJ1-0.66	1	
3	断路器	DZ47-5A	1	
4	熔断器	RT18-32	5	2A 的 2 个
5	指示灯	AD16-22D/3	3	
6	照明灯	36V	1	白炽灯泡
7	电流表	JT77-16L1	1	指针式交流电流表
8	接线端子	DT1010	2	
9	万用表	MF47	1	

3．线路测试与通电运行

线路连接好后，首先要进行线路检查，线路连接正确后方可进行通电调试及运行。

（1）线路检查

首先检查照明及指示灯电路的连接是否正确，是否存在短路现象。然后用万用表检测一下变压器的性能是否正常。

变压器性能的检测：变压器的一次、二次绕组是由不同匝数线圈构成的，测量一个变压器的好坏，只需将万用表档位拨至电阻档，至于选择哪档，要根据测量时万用表的指针偏转角度来选择，以指针偏转角度在满量程的 1/2～2/3 为宜。如果万用表指针不偏转，重新选择小量程档位，如果仍不偏转则说明变压器绕组已断开。对于多抽头输出变压器（一个变压器有多个串联的绕组，将串联绕组的连接点接出引线就叫抽头。两个绕组串联，头尾引入、引出线不计，只计算中间接点引线，就叫单抽头变压器。同理三个绕组串联的就叫双抽头，四个以上绕组串联的变压器就是多抽头变压器），测量其绕组好坏时，最好对接地端（公共端）进行测量，测量阻值较大时，其输出电压等级较高。

当然，测量一个变压器的好坏，也可以带电测量。在有输入电压且原绕组是好的情况下，如果无输出电压，则说明变压器的那组输出绕组已损坏。

（2）线路调试

经上述检查无误后，则可进行本项目的线路功能调试。首先合上总电源断路器 QF1，观察此时电源指示灯 HL1 是否点亮；然后合上或断开断路器 QF2，观察照明灯 EL 是否能点亮或熄灭；最后起动电动机，观察电动机运行指示灯 HL2 是否点亮。若想调试电动机过载时，过载指示灯 HL3 性能是否正常，则人为手动按下热继电器 FR 的性能测试按钮，观察此时电动机过载指示灯 HL3 是否能点亮，若能点亮，再人为拨回热继电器 FR 的触点复位开关，观察电动机过载指示灯 HL3 是否熄灭，若熄灭则说明热继电器 FR 的电动机过载指示灯 HL3 性能正常。

若上述调试现象与控制要求一致，则说明本项目任务完成。

1.11.4　拓展

用直流 24V 指示灯实现本案例项目的电源指示、电动机运行指示和过载指示。

1.12 案例 5　机床电气识图与故障诊断

1.12.1 目的

1）了解机床电气图的分类。
2）掌握电气原理图的绘制规则。
3）掌握电气图阅读的基本方法。
4）熟练掌握机床电气故障的判别方法。

1.12.2 任务

普通车床 C620 的电气故障诊断。

1.12.3 步骤

普通车床的电气控制系统因使用元器件较少，故一般采用接触器、继电器和按钮等低压电器构成。因车床的频繁起停，接触器等控制元器件的线圈、触点等容易损坏，影响车床的正常使用。为了在电气控制系统发生故障时能尽快恢复控制系统功能，要求电气维护人员能尽快阅读该系统的相关电气图，并且能正确使用相关仪表和工具进行故障检修。

1. 普通车床结构及运动形式

普通车床主要由床身、主轴变速箱、挂轮箱、进给箱、溜板箱、溜板与刀架、尾架、光杠和丝杠等部分组成，如图 1-76 所示。

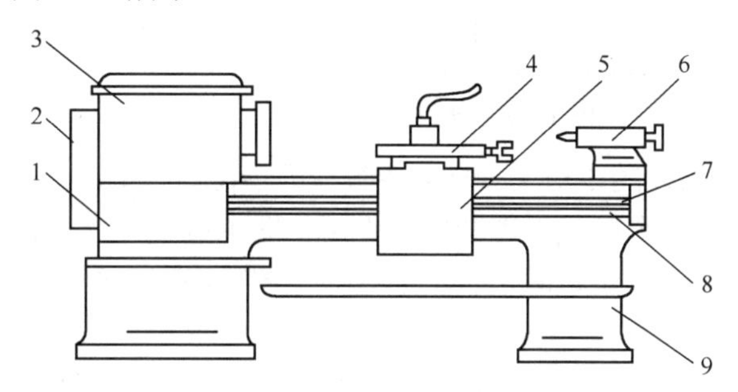

图 1-76　普通车床结构示意图

1—进给箱　2—挂轮箱　3—主轴变速箱　4—溜板与刀架　5—溜板箱　6—尾架　7—丝杠　8—光杠　9—床身

车床在加工各种旋转表面时必须具有切削运动和辅助运动。切削运动包括主运动和进给运动；切削运动以外的其他运动皆为辅助运动。

车床的主运动为工件的旋转运动，由主轴通过卡盘或顶尖带动工件旋转，主轴承受车削加工时的主要切削功率。

车床的进给运动是刀架的纵向或横向直线运动，其运动形式有手动和机动两种。加工螺纹时工件的旋转速度与刀具的进给速度应有严格的比例关系，所以车床主轴箱输出轴经挂轮箱传给进给箱，再经光杠传入溜板箱，以获得纵、横两个方向的进给运动。

车床的辅助运动有刀架的快速移动和工件的夹紧与放松。

2. 电气控制系统的组成

图 1-77 是普通车床 C620 电气控制原理图，是机床电气控制类较为简单的一个电气原理图，对初学者来说看上有点复杂，如果利用“化整为零”的方法进行学习则显得简单多了。

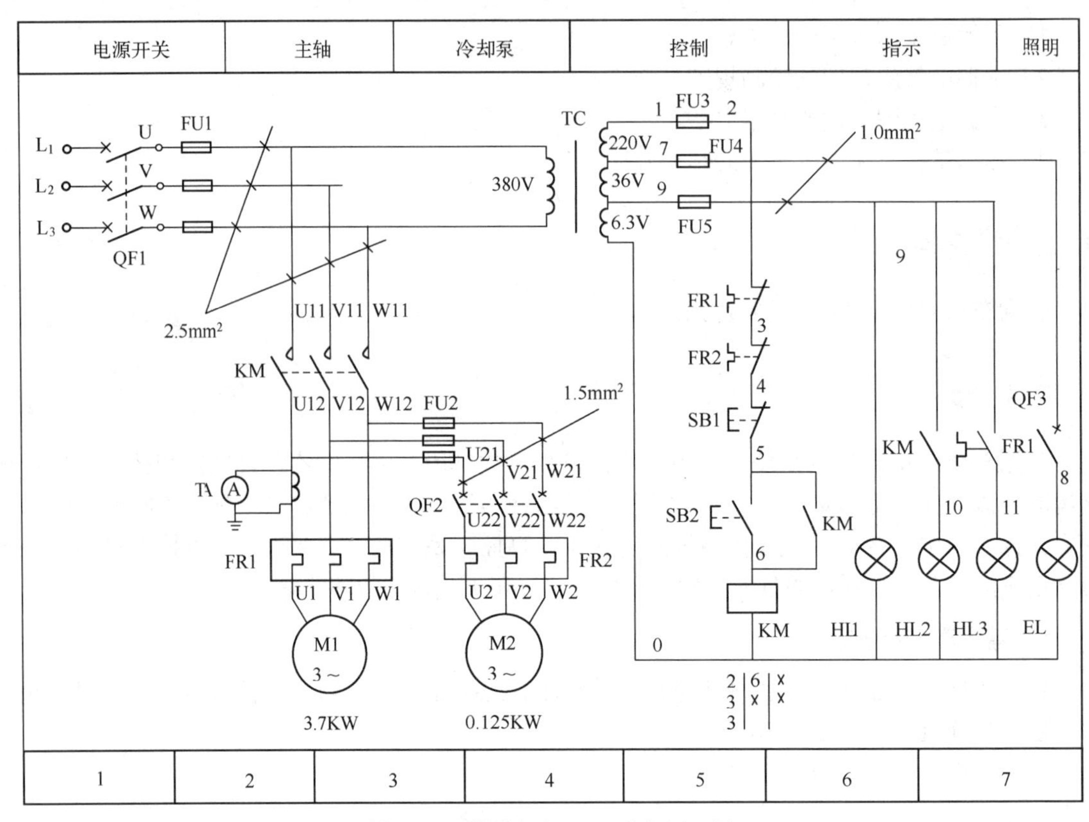

图 1-77　普通车床 C620 电气原理图

从图 1-77 中可以看出，图中最上一行分成若干列，在每列中用汉字标注其正下方电气元器件的名称或相应原理图在整个电气原理图中的作用；图中最下一行也相应分成若干列，在每列中按顺序用阿拉伯数字加以标注，即把整个电气原理图分成若干个区，便于用户或维护者使用和阅读。

电气原理图一般分成主电路（对应图 1-77 中的 1～4 区）、控制电路（对应图 1-77 中的 5～6 区）、辅助电路（如图 1-77 中指示电路、照明电路等）。

3. 电气控制图的基本知识

电气图是以各种图形、符号和图线等形式来表示电气系统中各电气设备、装置、元器件的相互连接关系。电气图是电气设计、生产、维修人员的工程语言，能正确、熟练地识读电气图是从业人员必备的基本技能。

（1）电气图的符号

为了表达电气控制系统的设计意图，便于分析系统工作原理、安装、调试和检修控制系统，必须采用统一的图形符号和文字符号来表达。参照国际电工委员会（IEC）的要求，一系列相关国标文件有 GB/T 4728.1～.13—2000～2008《电气简图用图形符号》、GB5226.1—2008《机械安全 机械电气设备 第 1 部分：通用技术条件》和 GB/T 6988.1—2008《电气技术用文件的编制 第 1 部分：规则》等。基于这些标准可以规范绘制电气图。

（2）电气控制图的分类

由于电气控制图描述的对象复杂，应用领域广泛，表达形式多种多样，因此表示一项电气工程或一种电器装置的电气图有多种，它们以不同的表达方式反映工程问题的不同侧面，但又有一定的对应关系，有时需要对照起来阅读。按用途和表达方式的不同，电气图可以分为以下几种。

1）电气系统图和框图。

电气系统图和框图是用符号或带注释的框，概略表示系统的组成、各组成部分相互关系及其主要特征的图样，它比较集中地反映了所描述工程对象的规模。

2）电气原理图。

电气原理图是为了便于阅读与分析控制线路，根据简单、清晰的原则，采用电器元器件展开的形式绘制而成的图样。它包括所有电器元器件的导电部件和接线端点，但并不按照电器元器件的实际布置位置来绘制，也不反映电器元器件的大小。其作用是便于详细了解工作原理，指导系统或设备的安装、调试与维修。电气原理图是电气控制图中最重要的种类之一，也是识图工作中的难点和重点。

3）电器布置图。

电器布置图主要是用来表明电气设备上所有电器元器件的实际位置，为生产机械电气控制设备的制造、安装提供必要的资料。通常电器布置图与电器安装接线图组合在一起，既起到电器安装接线图的作用，又能清晰表示出电器的布置情况。例如电动机要和被拖动的机械装置在一起，行程开关应画在获取信息的地方，操作手柄应画在便于操作的地方，按钮及指示灯应在控制柜的操作台面上，其他一般电气元器件应放在电气控制柜中。电气布置图如图 1-78 所示。

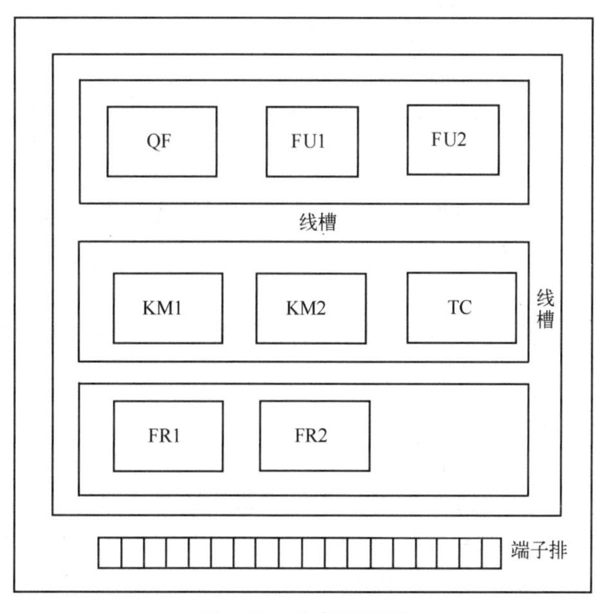

图 1-78　电气布置图

4）电气安装接线图。

电气安装接线图是为了安装电气设备和电器元器件进行配线或检修电器故障服务的。它是用规定的图形符号，按各电气元器件相对位置绘制的实际接线图，它清楚地表示了各电气元器件的相对位置和它们之间的电路连接，所以电气安装接线图不仅要把同一电气元器件的各个部件画在一起，而且各个部件的布置要尽可能符合这个电气元器件的实际情况，但对比例和尺寸没有严格要求。不但要画出控制柜内部之间的电气连接，还要画出控制柜外的电器连接。电气安装接线图中的回路标号是电气设备之间、电气元器件之间、导线与导线之间的连接标记，它的文字符号和数字符号应与原理图中的标号一致。图 1-79 是一个主轴电动机电气安装接线图。

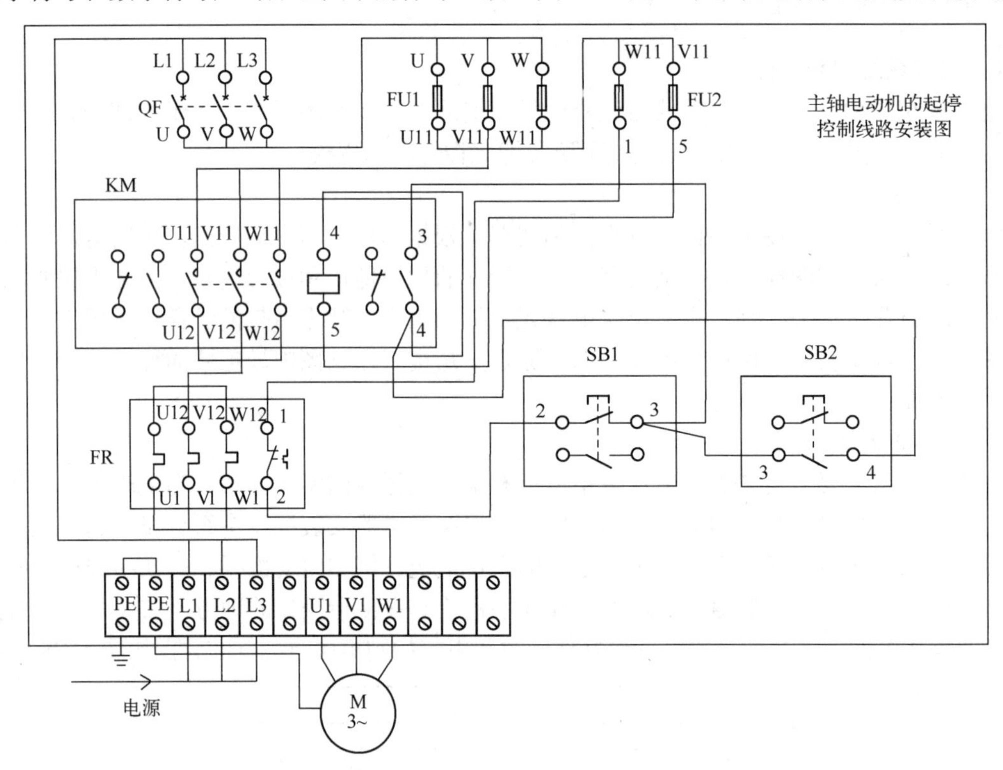

图 1-79　主轴电动机电气安装接线图

5）功能图。

功能图的作用是提供绘制电气原理图或其他有关图样的依据，它是表示理论的或理想的电路关系而不涉及实现方法的一种图。

6）电气元器件明细表。

电气元器件明细表是把成套装置、设备中各组成元器件（包括电动机）的名称、型号、规格、数量列成表格，供准备材料及维修使用。

（3）电气原理图的绘制规则

系统图和框图，对于从整体上理解系统或装置的组成和主要特征无疑是十分重要的。然而要做到深入理解电气作用原理，进行电气接线，分析和计算电路特征，还必须有电气原理图。下面以普通车床 C620 为例（在实际使用中，冷却电动机一般在主轴电动机起动后方可起动；条件允许最好给冷却电动机配一个热继电器），介绍电气原理图的绘制规则。普通车床 C620 电气原理图如图 1-77 所示。

电气原理图的绘制规则：

1）原理图一般分主电路、控制电路和辅助电路三部分：主电路就是从电源到电动机大电流通过的路径；控制电路就是通过按钮、行程开关等电气元器件接通或断开主电路或控制电路中某些器件的电路；辅助电路包括照明电路、信号电路及保护电路等；控制电路和辅助电路一般由继电器和接触器的线圈、继电器的触点、接触器的辅助触点、按钮、照明灯、信号灯和控制变压器等电气元器件组成。

2）控制系统内的全部电机、电器和其他器械的带电部件，都应在原理图中表示出来。

3）原理图中各电气元器件不画实际的外形图，而采用国家规定的统一标准图形符号，文字符号也要符合国家标准规定。

4）原理图中，各个电气元器件和部件在控制线路中的位置，应根据便于阅读的原则安排。同一元器件的各个部件可以不画在一起。

5）图中元器件和设备的可动部分，都按没有通电和没有外力作用时的开闭状态画出。例如，继电器、接触器的触点，按吸引线圈不通电状态画；主令控制器、按万能转换开关手柄处于零位时的状态画；按钮、行程开关的触点按不受外力作用时的状态画；等等。

6）原理图的绘制应布局合理、排列均匀，为了便于看图，可以水平布置，也可以垂直布置。

7）电气元器件应按功能布置，并尽可能按水平顺序排列，其布局顺序应该是从上到下，从左到右。电路垂直布置时，类似项目宜横向对齐；水平布置时，类似项目应纵向对齐。例如，图 1-75 中，指令灯属于类似项目，由于线路采用垂直布置，所以指示灯应横向对齐。

8）电气原理图中，有直接联系的交叉导线连接点，要用黑圆点表示；无直接联系的交叉导线连接点不画黑圆点。

（4）电气图读图的基本方法

电气控制系统图是由许多电气元器件按一定要求连接而成的，可表达机床及生产机械电气控制系统的结构、原理等设计意图，便于电气元器件和设备的安装、调整、使用和维修。因此，必须能看懂其电气图，特别是电气原理图，下面主要介绍电气原理图的阅读方法。

在阅读电气原理图以前，必须对控制对象有所了解，尤其对机、电、液（或气）配合得比较密切的生产机械，要搞清其全部传动过程。并按照“从左到右、自上而下”的顺序进行分析，电气图读图的基本方法为：

任何一台设备的电气控制线路，总是由主电路、控制电路、辅助电路组成，而控制电路又可分为若干个基本控制线路或环节（如点动、正反转、减压起动、制动和调速等）。分析电路时，通常从主电路入手。

1）主电路分析

分析主电路时，首先应了解设备各运动部件和机构采用了几台电动机拖动。然后按照顺序，根据每台电动机主电路中使用接触器的主触头的连接方式，可分析判断出主电路的工作方式，如电动机是否有正反转控制，是否采用了减压起动，是否有制动控制，是否有调速控制等。

2）控制电路分析

分析主电路后，再从主电路中寻找接触器主触头的文字符号，在控制电路中找到对应的控制环节，根据设备对控制线路的要求和所掌握的各种基本线路的知识，按照顺序深入了解各个具体的电路由哪些电器组成，它们之间的联系及动作的过程等。如果控制电路比较复杂，可化整为零，将其分成几个部分来分析。

3）辅助电路分析

辅助电路的分析主要包括电源显示、工作状态显示、照明和故障报警等部分。它们大多由控制电路中的元器件控制，所以在分析时，要对照控制电路进行分析。

4）保护环节分析

任何机械生产设备对安全性和可靠性都有很高的要求，因此控制线路中设置有一系列电气保护装置。分析互锁（两个及以上元器件的线圈不能同时得电）和保护环节可结合机械设备生产过程的实际需求及主电路各电动机的互相配合情况而展开。

5）总体检查

经过“化整为零”的局部分析，理解每一个电路的工作原理以及各部分之间的控制关系后，再采用“化零为整”的方法，检查各个控制线路，看是否有遗漏。特别要从整体角度进一步检查和理解各控制环节之间的联系，以理解电路中每个电气元器件的名称和作用。

4．电气设备的维护和保养内容

电气设备的维修包括日常维护保养和故障检修两方面的工作。

各种电气设备在运行过程中会产生各种各样的故障，致使设备停止运行而影响生产，严重的还会造成人身或设备事故。引起电气设备故障的原因，除部分是由于电气元器件的自然老化引起的，还有相当一部分是因为忽视了对电气设备的日常维护和保养，致使小毛病发展成大事故，还有些故障则是由于电气维修人员在处理电气故障时的操作方法不当（或因缺少配件凑合行事，或因误判断、误测量而扩大了事故范围）所造成。所以为了保证设备正常运行，以减少因电气修理的停机时间，提高劳动生产率，必须十分重视对电气设备的维护和保养。另外根据各厂设备和生产的具体情况，应储备部分必要的电器元器件和易损配件等。

机床电气控制系统的日常维护对象有电动机，控制、保护电器及电气线路本身。下面介绍维护内容。

（1）检查电动机

定期检查电动机相绕组之间、绕组对地之间的绝缘电阻；电动机自身转动是否灵活；空载电流与负载电流是否正常；运行中的温升和响声是否在限度之内；传动装置是否配合恰当；轴承是否磨损、缺油或油质不良；电动机外壳是否清洁。

（2）检查控制和保护电器

检查触点系统吸合是否良好，触点接触面有无烧蚀、毛刺和穴坑；各种弹簧是否疲劳、卡住；电磁线圈是否过热；灭弧装置是否损坏；电器的有关整定值是否正确。

（3）检查电气线路

检查电气线路接头与端子板、电器的接线桩接触是否牢靠，有无断落、松动，腐蚀、严重氧化；线路绝缘是否良好；线路上是否有油污或脏物。

（4）检查限位开关

检查限位开关是否能起限位保护作用，重点在检查滚轮传动机构和触点工作是否正常。

5．电气控制线路的故障检修方法

控制线路是多种多样的，它们的故障又往往和机械、液压、气动系统交错在一起，较难分辨。不正确的检修会造成人身事故，故必须掌握正确的检修方法。下面介绍一般的检修方法及步骤。

（1）检修前的故障调查

故障调查主要有问、看、听、摸几个步骤。

问：首先向机床的操作者了解故障发生的前后情况，故障是首次发生还是经常发生；是否有烟雾、跳火、异常声音和气味出现；有何失常和误动；是否经历过维护、检修或改动线路；等等。

看：观察熔断器的熔体是否熔断；电气元器件有无发热、烧毁、触点熔焊、接线松动、脱落及断线等。

听：倾听电机、变压器和电气元器件运行时的声音是否正常。

摸：电机、变压器和电磁线圈等发生故障时，温度是否显著上升，有无局部过热现象。

（2）根据电路、设备的结构及工作原理直观查找故障范围

弄清楚被检修电路、设备的结构和工作原理是循序渐进、避免盲目检修的前提。检查故障时，先从主电路入手，看拖动该设备的电动机是否正常。然后逆着电流方向检查主电路的触点系统、热元器件、熔断器、隔离开关及线路本身是否有故障。接着根据主电路与二次电路之间的控制关系，检查控制回路的线路接头、自锁或联锁触点、电磁线圈是否正常，检查制动装置、传动机构中工作不正常的范围，从而找出故障部位。如能通过直观检查发现故障点，如线头脱落、触点和线圈烧毁等，则检修速度更快。

（3）根据控制电路动作顺序检查故障范围

通过直接观察无法找到故障点时，在不会造成损失的前提下，切断主电路，让电动机停转。然后通电检查控制电路的动作顺序，观察各元器件的动作情况。如某元器件该动作时不动作，不该动作时乱动作，动作不正常、行程不到位、虽能吸合但接触电阻过大，或有异响，等等，故障点很可能就在该元器件中。当认定控制电路工作正常后，再接通主电路，检查控制电路对主电路的控制效果，最后检查主电路的供电环节是否有问题。

（4）仪表测量检查

利用各种电工仪表测量电路中的电阻、电流和电压等参数，可进行故障判断。常用方法有：

1）电压测量法。

电压测量法是根据电压值来判断电气元器件和电路的故障所在，检查时把万用表旋到交流电压 500V 档位上。电压测量法有分阶测量、分段测量、对地测量三种方法。

① 分阶测量法。

如图 1-80 所示，若按下起动按钮 SB2，接触器 KM1 不吸合，说明电路有故障。

检修时，首先用万用表测量 1、7 两点电压，若电路正常，应为 380V。然后按住起动按钮 SB2 不放，同时将黑色表笔接到 7 点，红色表笔依次接 6、5、4、3、2 点，分别测到 7-6、7-5、7-4、7-3、7-2 各阶电压。电路正常时，各阶电压应为 380V。如测到 7-6 之间无电压，说明是断路故障，可将红色表笔前移，当移到某点电压正常时，说明该点以后的触头或接线断路，一般是此点后第一个触头或连线断路。

② 分段测量法。

如图 1-81 所示，先用万用表测试 1-7 两点电压，电压为 380V，说明电源电压正常。然后逐段测量相邻两点 1-2、2-3、3-4、4-5、5-6、6-7 的电压。如电路正常，除 6-7 两点电压等于 380V 外，其他任意相邻两点间的电压都应为 0V。如测量某相邻两点电压为 380V，说明这两点所包括的触头及其连接导线接触不良或断路。

③ 对地测量法。

机床电气控制线路接在 220V 电压下且零线直接接在机床床身时，可采用对地测量法来检查电路的故障。

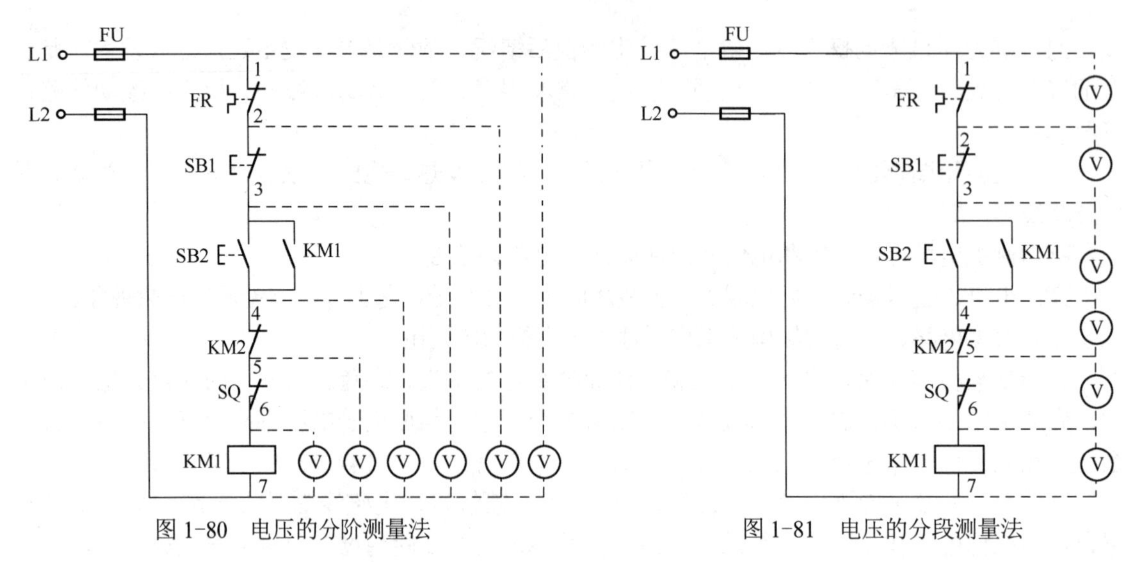

图 1-80 电压的分阶测量法

图 1-81 电压的分段测量法

如图 1-82 所示，将万用表的黑表笔放在机床床身上，用红表笔逐点测试 1、2、3、4、5 和 6 等各点，根据各点对地电压来检查线路的电气故障。

2）电阻测量法。

① 分阶电阻测量法。

如图 1-83 所示，按起动按钮 SB2，若接触器 KM1 不吸合，说明电气回路有故障。

检查时，先断开电源，按住按钮 SB2 不放，用万用表电阻档测量 1-7 两点电阻。如果电阻值无穷大，说明电路断路；然后逐段测量 1-2、1-3、1-4、1-5、1-6 各点的电阻值。若测量到某两点间的电阻值突然增大，说明表笔跨接的触头或连接线接触不良或断路。

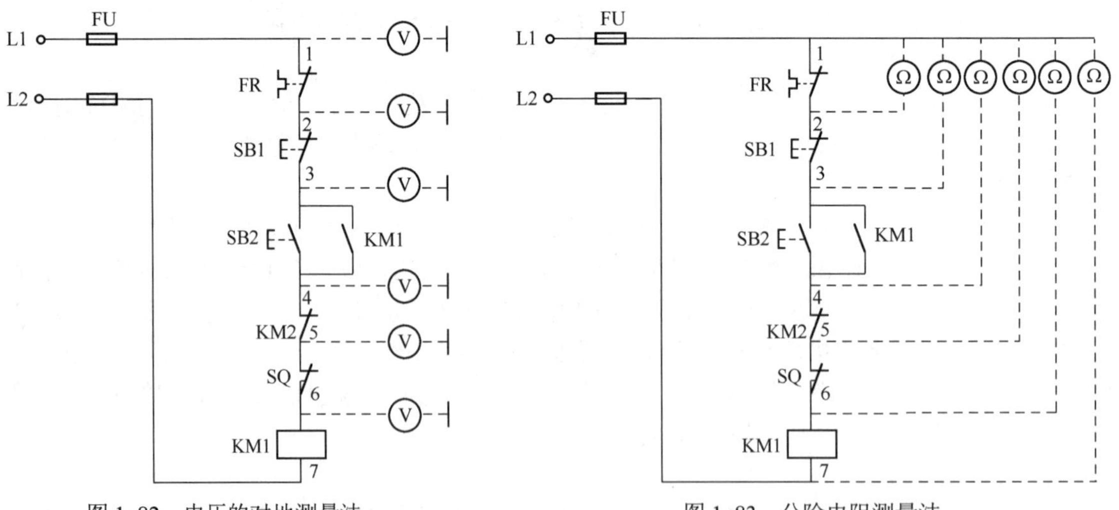

图 1-82 电压的对地测量法

图 1-83 分阶电阻测量法

② 分段电阻测量法。

如图 1-84 所示，检查时切断电源，按下按钮 SB2，逐段测量 1-2、2-3、3-4、4-5、5-6 两点间的电阻。如测得某两点间电阻值很大，说明该触头接触不良或导线断路。

3）短接法。

短接法即用一根绝缘良好的导线将怀疑的断路部位短接，有局部短接法和长短接法两种。图 1-85 所示为局部短接法，用一根绝缘良好的导线分别短接 1-2、2-3、3-4、4-5、5-6 两点，当短接到某两点时，接触器 KM1 吸合，则断路故障就在这里。

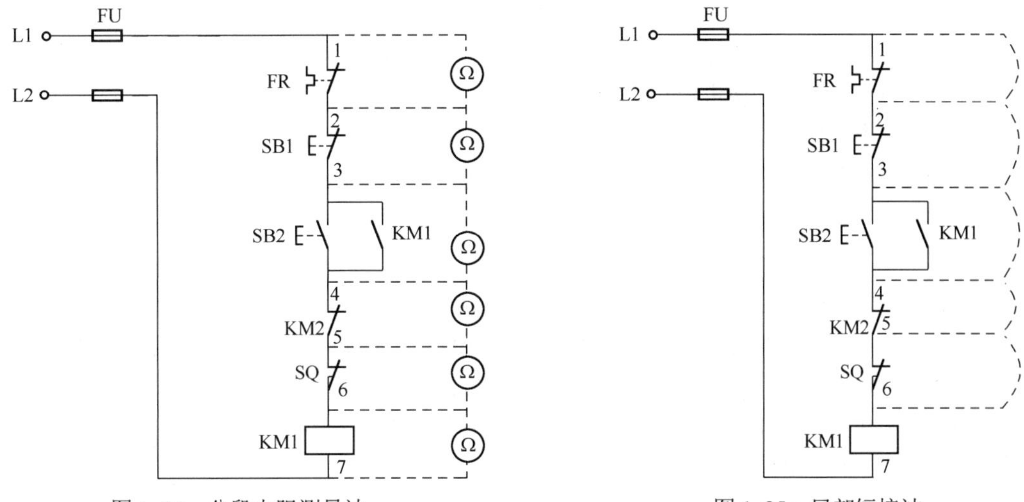

图 1-84　分段电阻测量法　　　　图 1-85　局部短接法

图 1-86 所示为长短接法，它一次短接两个或多个触头，与局部短接法配合使用，可缩小故障范围，迅速排除故障。如：当 FR、SB1 的触头同时接触不良时，仅测 1-2 两点电阻会造成判断失误。而用长短接法将 1-6 短接，如果 KM1 吸合，说明 1-6 这段电路上有故障；然后再用局部短接法找出故障点。

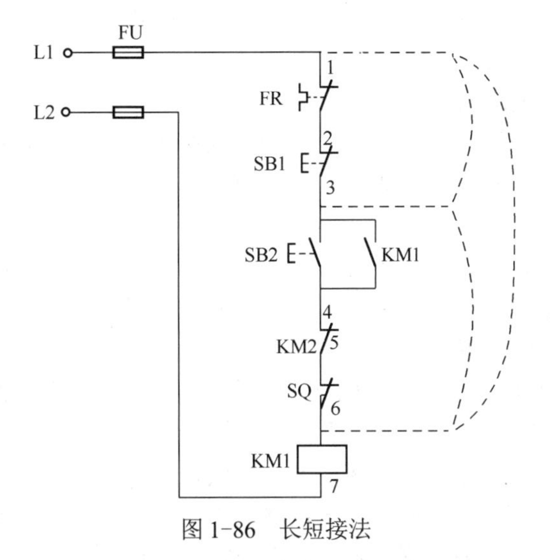

图 1-86　长短接法

6．普通车床 C620 的故障诊断

本项目主要训练电气图的阅读和常见故障的诊断。下面以普通车床 C620 为例，进行相关故障分析，检测时应在读懂相关电气控制图的基础上结合实际情况，并利用上述介绍方法进行，从安全角度考虑，建议断电检测。

（1）主轴电动机不能起动

主轴电动机不能起动，需要分析与主轴电动机相关的所有元器件及电源等，在保证车床有电的情况下再从以下几方面分析。

1）主电路。配电箱或总开关中的熔丝已熔断。

2）控制电路。

① 热继电器已动作过，其常闭触点尚未复位。这时应检查热继电器动作的原因。可能的原因有：长期过载、热继电器的规格选配不当、热继电器的整定电流太小。消除了产生故障的因素，再将热继电器复位，电动机就可以起动了。

② 电源开关接通后，按下起动按钮，接触器没有吸合。这种故障常发生在控制电路中，可能是：控制电路熔丝熔断、起动按钮或停止按钮损坏及交流接触器KM的线圈烧毁等。

③ 控制电路相关元器件的导线连接处接触不良或发生脱落。确定并排除故障后重新起动。

3）电动机。电动机损坏，修复或更换电动机。

（2）按下起动按钮，电动机发出嗡嗡声，不能起动

这是因为电动机的三相电源线路中有一相供电电源线路故障造成的。可能的原因有：熔断器有一相供电电源线路中熔丝烧断、接触器有一对主触点没有接触好以及电动机接线有一处断线等。一旦发生此类故障，应立即切断电源，否则会烧坏电动机。排除故障后重新起动电动机，直到其正常工作为止。

（3）主轴电动机起动后不能自锁

按下起动按钮，电动机能起动；松开起动按钮，电动机就自行停止。故障的原因是接触器KM自锁用的辅助常开触点接触不好或接线松开。

（4）按下停止按钮，主轴电动机不会停止

出现此类故障的原因主要有两方面：一是接触器主触点熔焊、主触点被杂物卡住或有剩磁，使它不能复位。检修时应先断开电源，再修复或更换接触器。另一方面是停止按钮常闭触点被卡住，不能断开，应更换停止按钮。

（5）冷却泵电动机不能起动

出现此类情况可能有以下几方面原因：主轴电动机未起动、熔断器熔丝已烧断、自动开关已损坏或者冷却泵电动机已损坏。应及时进行相应的检查、排除故障，直到正常工作。

（6）指示灯不亮

这类故障的原因可能有：照明灯泡已坏、照明开关已损坏、熔断器的熔丝已烧断、变压器一次或二次绕组已烧毁和相关控制元器件触点损坏等。应根据具体情况逐项检查，直到故障排除。

（7）主轴电动机运行时电流表无指示

这类故障的原因可能是电流互感器损坏、电流表损坏、相关导线连接处接触不良或发生脱落等。

（8）主轴电动机起动后不久熔断器即损坏

由于某原因导致主电路的熔断器损坏，换上熔断器后发现：按下主轴电动机起动按钮，起动后不久该熔断器再次损坏，经检测线路无短路故障。再次更换熔断器后仍出现此情况。经维修者仔细分析后，再次查看更换的熔断器，发现更换后的熔断器的电流额定值比所需额定值小了许多，故在更换元器件时，一定要注意元器件的相关参数值。

（9）主轴电动机运行后不久自动停止运行

主轴电动机运行后不久即自动停止运行，过一会儿后再次起动仍出现此现象，或主轴电动机不能起动，经查未发现元器件有损坏现象。如果出现这类现象应首先检查热继电器的整定电流值，经查发现该值小于所需值，重新调整其整定值，发现起动和运行恢复正常。

1.12.4 拓展

在连接好普通车床C620电气控制线路的基础上，可让其他组成员人为设置一处或多处故

障，然后本组成员利用电气故障检测相关知识进行故障的快速分析、判断和维修。

1.13 习题与思考

1. 简述三相异步电动机的主要结构及各部分的作用。
2. 简述异步电动机的工作原理。
3. 什么是对称三相绕组？什么是对称三相电流？旋转磁场形成的条件是什么？
4. 旋转磁场的转动方向是由什么决定的？如何使三相异步电动机反转？
5. 交流异步电动机的频率、极数和同步转速之间有什么关系？试求额定转速为 1460r/min 的异步电动机的极数和转差率。
6. 解释异步电动机“异步”两字的由来，为什么异步电动机在运行时的转速不能等于或大于同步转速？
7. 三相异步电动机若只接两相电源，能否转动起来，为什么？
8. 电动机有哪些保护环节？分别由什么元器件实现？
9. 什么是电器？什么是低压电器？
10. 什么是电弧？电弧有哪些危害？
11. 简述短路环的作用以及工作原理。
12. 交流接触器的作用是什么？如何选用交流接触器？
13. 简述热继电器的主要结构和工作原理。
14. 熔断器的主要作用是什么？
15. 为什么热继电器不能对电路进行短路保护？
16. 什么是变压器的变压比？
17. 一台单相变压器，U_{1N}/U_{2N} =380/220，若误将低压侧接 380V 的电源，会发生怎样的情况？若将高压侧接 220V 的电源，情况又如何？
18. 电压互感器和电流互感器在使用时应注意哪些？电流互感器运行时二次绕组为什么不能开路？
19. 分析图 1-87 中各控制电路，并按正常操作时出现的问题加以改进。

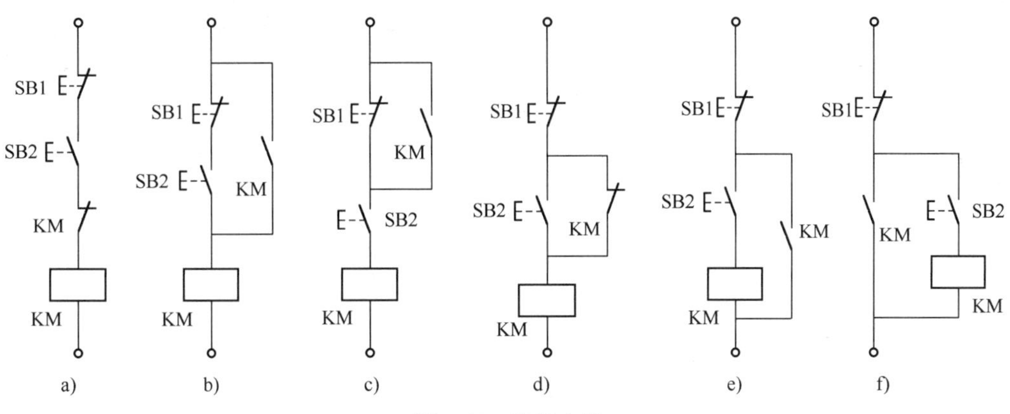

图 1-87　错误电路

20．图1-88所示的控制电路各有什么错误？应如何改正？

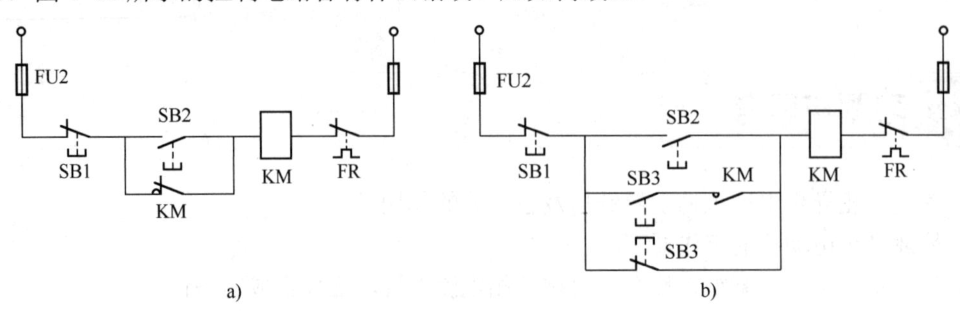

图1-88　错误电路

第2章 低压电器及典型控制线路

本章重点介绍电磁继电器（包括时间继电器、中间继电器、电压继电器、电流继电器和速度继电器等）和执行电器的组成、工作原理及电气图文符号，三相异步电动机的起动、调速和制动方法及原理，并通过 3 个案例介绍三相异步电动机的起动、调速和制动的典型控制线路，通过本章学习，读者应能在工程项目中灵活地应用电磁继电器、执行电器及电动机的典型控制线路。

2.1 电磁继电器

2.1.1 时间继电器

码 2-1
时间继电器

时间继电器是利用电磁原理或机械原理实现触点延时闭合或延时断开的自动控制电器。其种类较多，按其动作原理可分为电磁式、空气阻尼式、电动式与电子式时间继电器；按延时方式可分为通电延时型和断电延时型两种时间继电器。时间继电器电气图文符号如图 2-1 所示。空气阻尼式和晶体管式时间继电器外形图如图 2-2 所示。

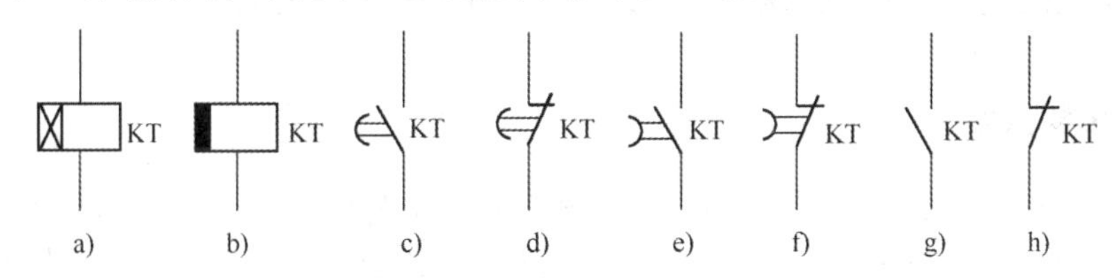

图 2-1 时间继电器电气图文符号

a) 通电延时线圈 b) 断电延时线圈 c) 延时闭合动合触点 d) 延时断开动断触点 e) 延时断开动合触点 f) 延时闭合动断触点 g) 瞬时动合触点 h) 瞬时动断触点

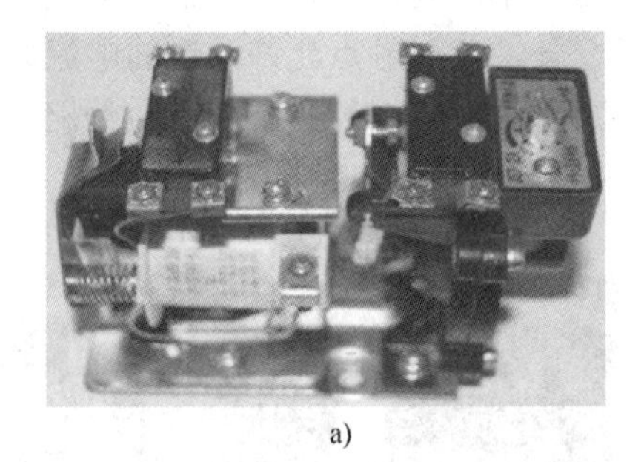

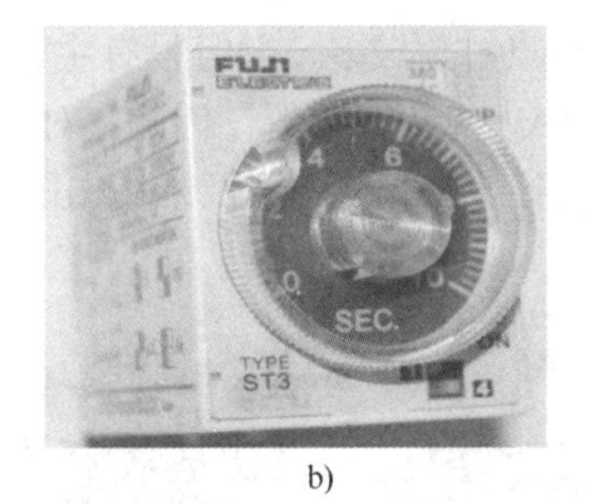

a) b)

图 2-2 空气阻尼式和晶体管式时间继电器外形

a) 空气阻尼式 b) 晶体管式

1. 空气阻尼式时间继电器

空气阻尼式时间继电器又称气囊式时间继电器，它由电磁机构、工作触点及气室组成，是利用气囊中的空气通过小孔节流的原理来获得延时动作。根据触点延时的特点，可分为通电延时动作型和断电延时动作型两种。目前在电力拖动线路中应用还较为广泛，它具有结构简单、延时范围大、寿命长、价格低廉、不受电源电压及频率波动影响和延时精度较低等特点，一般适用于延时精度不高的场合。常用的有 JS7-A 系列产品，其含义如图 2-3 所示。

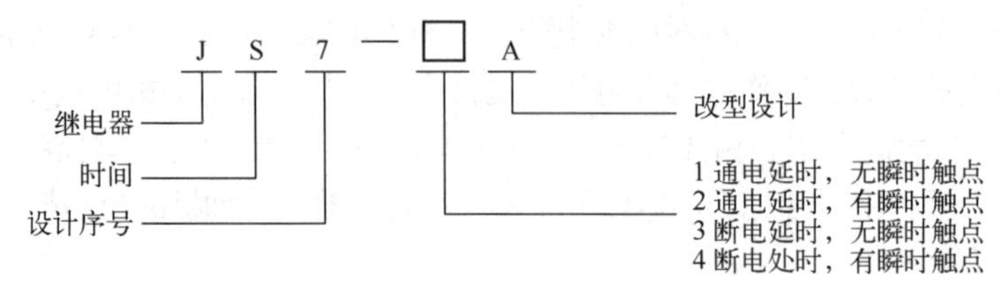

图 2-3　JS7-A 系列时间继电器型号及含义

2．电动式时间继电器

电动式时间继电器由微型同步电动机、减速齿轮结构、电磁离合系统及执行结构组成。实际应用时，电动式时间继电器具有延时时间长、延时精度高、结构复杂及不适宜频繁操作等特点。常用的有 JS10、JS11 系列产品。

3．电子式时间继电器

电子式时间继电器又称晶体管式时间继电器，它由脉冲发生器、计数器、数字显示器、放大器及执行机构等部件组成。实际应用时，电子式时间继电器具有延时时间长、调节方便、精度高、触头容量较大和抗干扰能力差等特点。常用的有 JS20 系列、JSS 系列数字式时间继电器、SCF 系列高精度电子时间继电器和 ST3P 系列时间继电器（见图 2-2b）。

2.1.2 中间继电器

中间继电器是将一个输入信号变成一个或多个输出信号的继电器。它的输入信号为线圈的通电和断电，它的输出信号是触点的动作，不同动作状态的触点分别将信号传给几个元器件或回路。其主要用途为：当其他继电器的触点数量或触点容量不够时，可借助中间继电器来扩大它们的触点数量和触点容量，起到中间转换作用。

中间继电器的基本结构及工作原理与接触器基本相同，故称接触器式继电器。所不同的是中间继电器的触点对数较多，并且没有主、辅之分，各对触点允许通过的电流大小是相同的，其额定电流是 5A，无灭弧装置。因此，对于工作电流小于 5A 的电气控制线路，可用中间继电器代替接触器进行控制，其外形及结构如图 2-4 所示。

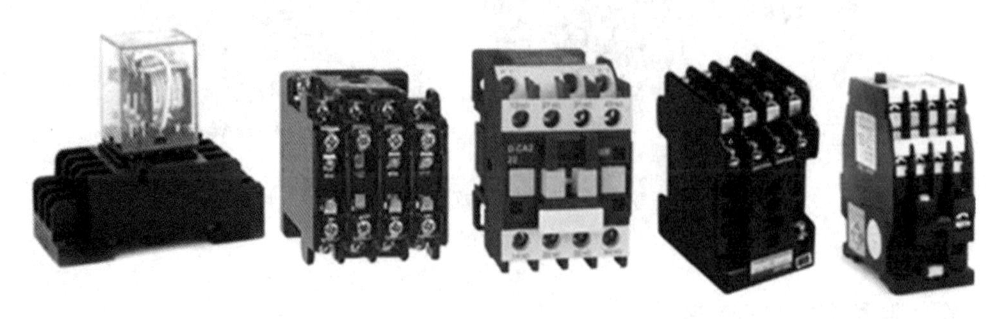

图 2-4　中间继电器结构外形

常用的中间继电器是 JZ7 系列中间继电器，触点采用双触点桥式结构，上下两层各有 4 对触点，下层触点只能是常开触点。常见触点系统可分为八常开触点、六常开触点及两常闭触点、四常开触点及四常闭触点等组成形式。继电器吸引线圈额定电压有直流 5V、12V、24V、36V 和交流 110V、V220、380V 等。

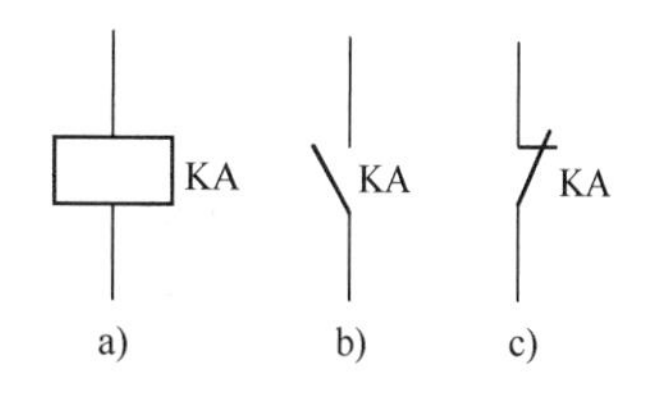

图 2-5　中间继电器的电气图文符号

a) 中间继电器线圈　b) 常开触点　c) 常闭触点

中间继电器的电气图文符号如图 2-5 所示。

中间继电器的型号含义如图 2-6 所示。

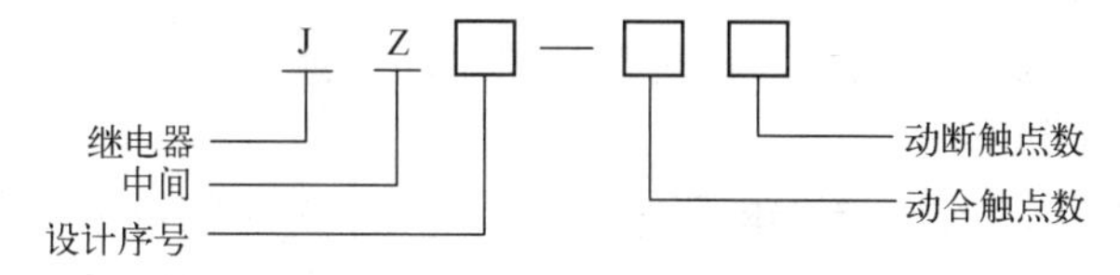

图 2-6　中间继电器的型号含义

中间继电器的主要选择依据是：被控制电路的电压类别及等级，所需触点的数量、种类和容量等要求。

2.1.3 电压继电器

电压继电器的线圈与被测电路并联，匝数多、导线细、阻抗大。电压继电器种类较多，其外形如图 2-7 所示。

根据动作电压值的不同，电压继电器有过电压、欠电压和零电压继电器之分。过电压继电器在电压为额定值的 105%～120%以上时动作，欠电压继电器在电压为额定值的 40%～70%时动作，而零电压继电器在电压降至额定值的 5%～25%时动作。

图 2-7　电压继电器外形

电压继电器的电气图文符号如图 2-8 所示。

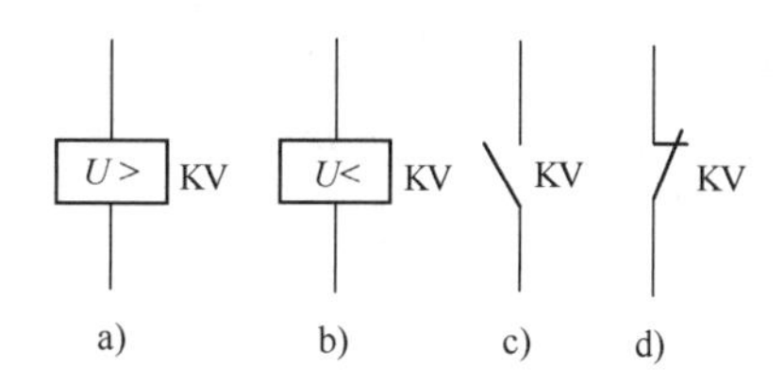

图 2-8　电压继电器的电气图文符号

a）过电压继电器线圈　b) 欠电压继电器线圈　c) 常开触点　d) 常闭触点

电压继电器的型号和含义如图 2-9 所示。

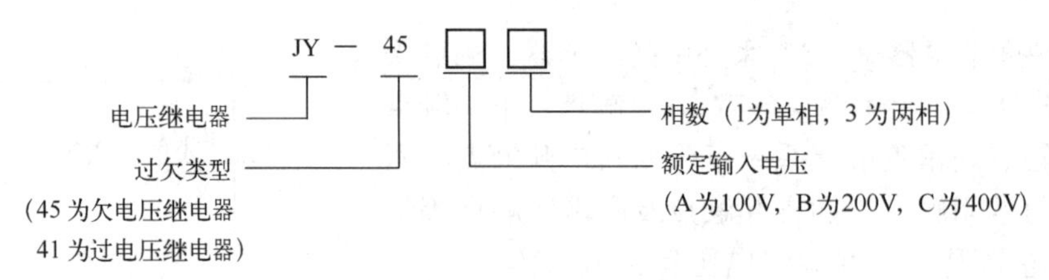

图 2-9　电压继电器型号和含义

2.1.4　电流继电器

电流继电器的线圈与被测电路串联，用来反映电路电流的变化。为了不影响电路工作，其线圈匝数少、导线粗、阻抗小。

电流继电器又有欠电流和过电流继电器之分。欠电流继电器的吸引电流为额定电流的 30%～65%，释放电流为额定电流的 10%～20%。因此，在电路正常工作时，其衔铁是吸合的。只有当电流降低到某一程度时，继电器释放，输出信号。过电流继电器在电路正常工作时不动作，当电流超过某一整定值时才动作，整定范围通常为 1.1～4 倍额定电流。如图 2-10 所示，当接于主电路的线圈为额定值时，它所产生的电磁引力不能克服反作用弹簧的作用力，继电器不动作，常闭触点闭合，维持电路正常工作。一旦通过线圈的电流超过额定值，线圈电磁力将大于弹簧反作用力，静铁心吸引衔铁使其动作，分断常闭触点，切断控制回路，从而保护了电路和负载。

图 2-10　电流继电器外形及结构

电流继电器的电气图文符号如图 2-11 所示。

电流继电器的型号含义如图 2-12 所示。

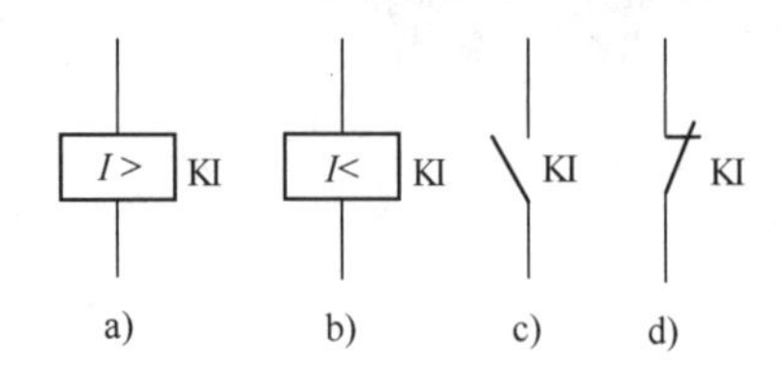

图 2-11　电流继电器的电气图文符号

a）过电流继电器线圈　b）欠电流继电器线圈　c）常开触点　d）常闭触点

J　LL　12　—□

继电器
电流
线圈额定电流
设计序号

图 2-12　电流继电器型号含义

2.1.5　速度继电器

速度继电器是反映转速和转向的继电器，其主要作用是以旋转速度的快慢为指令信号，与接触器配合实现对电动机的反接制动控制，故又被称为反接制动继电器。

码 2-2
速度继电器

速度继电器根据电磁感应原理制成，用来在三相交流电动机反接制动转速过零时，自动切除反相序电源。其结构及工作原理如图 2-13 所示。

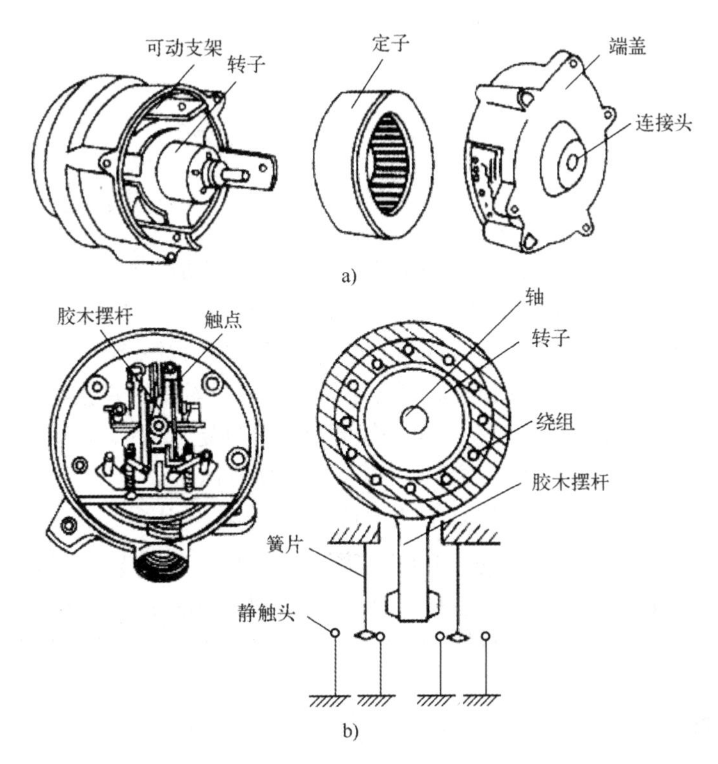

图 2-13　速度继电器结构及工作原理

a）速度继电器结构　b) 速度继电器结构工作原理

由图 2-13 可知，速度继电器主要由转子、圆环（笼型空心绕组）和触点三部分组成。转子由一块永久磁铁制成，与电动机同轴相连，用以接收转动信号。当转子（磁铁）旋转时，笼型绕组切割转子磁场产生感应电动势，形成环内电流，此电流与磁铁磁场相互作用，产生电磁转矩，圆环在此力矩的作用下带动胶木摆杆，克服弹簧力而顺转子转动的方向摆动，并拨动触点改变其通断状态（在胶木摆杆左右各设一组切换触点，分别在速度继电器正转和反转时发生作用）。当调节弹簧弹性力时，可使速度继电器在不同转速时切换触点通断状态。

常用的速度继电器有 JY1 和 JFZ0 两种类型，一般速度继电器的动作转速不低于 120r/min，复位转速约在 100r/min 以下，工作时允许的转速高达 1000～3600r/min。由速度继电器的正转和反转切换触点动作，来反映电动机转向和速度的变化。

速度继电器的电气图文符号如图 2-14 所示。

速度继电器的型号和含义如图 2-15 所示。

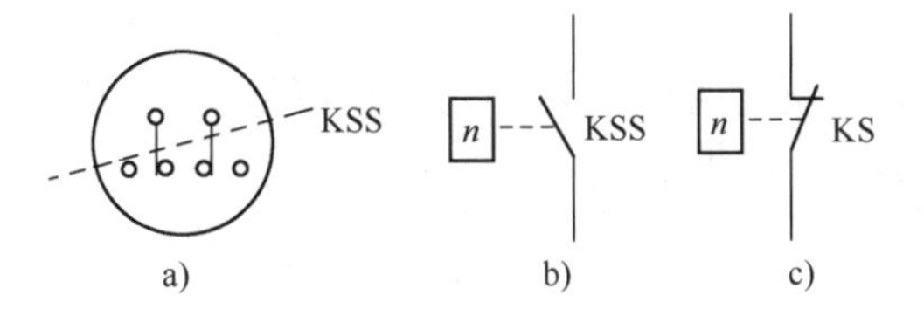

图 2-14　速度继电器的电气图文符号

a) 转子　b) 常开触点　c) 常闭触点

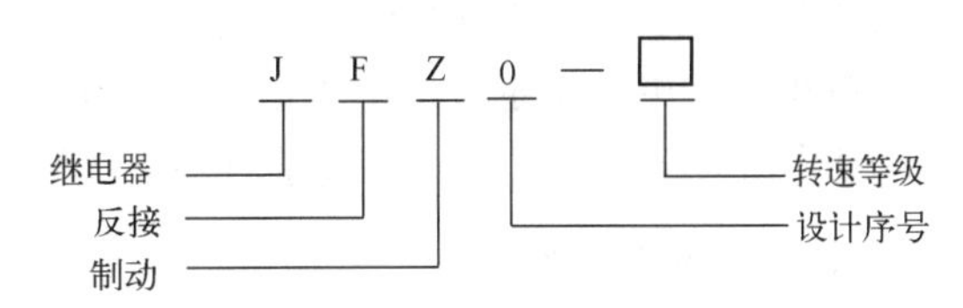

图 2-15　速度继电器的型号和含义

2.2 电动机的起动方法及原理

三相异步电动机的起动方法有两种，即直接起动和减压起动。

2.2.1 直接起动

直接起动是最简单的起动方法。起动时用闸刀、磁力起动器或接触器将电动机定子绕组直接接到电源上，即全压起动，如图 1-61 所示。直接起动时，起动电流很大，一般是电动机额定电流的 5～7 倍。熔断器的额定电流一般选取为电动机额定电流的 2.5～3.5 倍。

对于小型笼型异步电动机，如果电源容量足够大，应尽量采用直接起动方法。对于某一电网，多大容量的电动机才允许直接起动，可按经验公式来确定，即：

$$K_{\mathrm{I}}=\frac{I_{\mathrm{S}}}{I_{\mathrm{N}}}\leqslant\frac{1}{4}\left[3+\frac{\text{电源总容量（kVA）}}{\text{电动机额定功率（kW）}}\right]$$

式中，I_{S} 为起动电流，I_{N} 为电动机的额定电流。电动机的起动电流倍数 K_{I} 须符合上式中电网允许的起动电流倍数，才允许直接起动，否则应采取减压起动。一般电机功率在 10kW 以下的电动机都可以直接起动。随电网容量的加大，允许直接起动的电动机容量也变大。

2.2.2 减压起动

电动机直接起动时的较大起动电流，一方面在电源和线路上产生很大压降，影响同一电网中的其他设备正常运行，如电灯亮度减弱，电动机的转速降低、保护欠压继电器动作从而切断运转中的电气设备电源等；另一方面较大的起动电流使电动机的绕组发热，特别是频繁起动的电动机，发热更为严重，这样会使电动机中的绝缘材料变脆，加快绕组绝缘漆老化，从而缩短电动机的使用寿命。

鉴于上述诸多原因，较大容量的电动机在起动时需采用减压起动。减压起动是指电动机在起动时降低加在定子绕组的电压，起动结束后加额定电压运行的起动方式。

减压起动虽然能降低电动机的起动电流，但由于电动机的转矩与电压的平方成正比，因此减压起动时电动机的起动转矩也减小较多，故此法一般适用于电动机空载或轻载起动。笼型异步电动机减压起动的方法有以下几种。

1．定子串接电抗器或电阻的减压起动

方法：起动时，将电抗器或电阻接入定子绕组，从而起到减压的目的；起动后，切除所串的电抗器或电阻，电动机在全压下正常运行。

三相异步电动机定子边串入电抗器或电阻起动时，定子绕组实际所加电压降低，从而减小了起动电流。但定子边串电阻起动时，能耗较大，实际应用不多。

2．Y-△减压起动

方法：起动时将定子绕组接成Y形（星形），起动结束运行时将定子绕组改接成△形（三角形），其接线图如 2-16 所示。对于运行时定子绕组为Y形的笼型异步电动机则不能采用Y-△减压起动方法。

Y-△起动时的起动电流 I'_S 与直接起动时的起动电流 I_S 的关系如何呢？（注：起动电流是指线路电流而不是指定子绕组的电流）

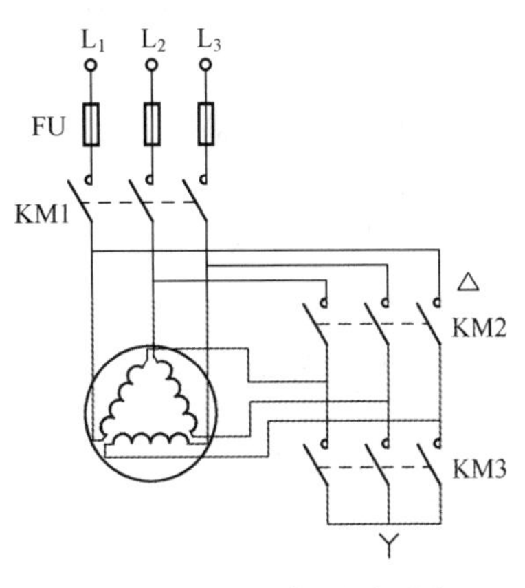

图 2-16　Y-△起动原理图

设电动机直接起动时，定子绕组接成△形，如图 2-17a 所示，每相绕组所加电压大小 $U_1=U_N$，电流为 $I_\triangle$，则电源输入的线电流为 $I_S=\sqrt{3}\,I_\triangle$。

若采用Y形起动时，如图 2-17b 所示，每相绕组所加电压为 $U'_1=\dfrac{U_1}{\sqrt{3}}=\dfrac{U_N}{\sqrt{3}}$，电流为 $I'_S=I_Y$，则：

$$\frac{I'_S}{I_S}=\frac{I_Y}{\sqrt{3}I_\triangle}=\frac{U_N/\sqrt{3}}{\sqrt{3}U_N}=\frac{1}{\sqrt{3}}\times\frac{1}{\sqrt{3}}=\frac{1}{3}$$

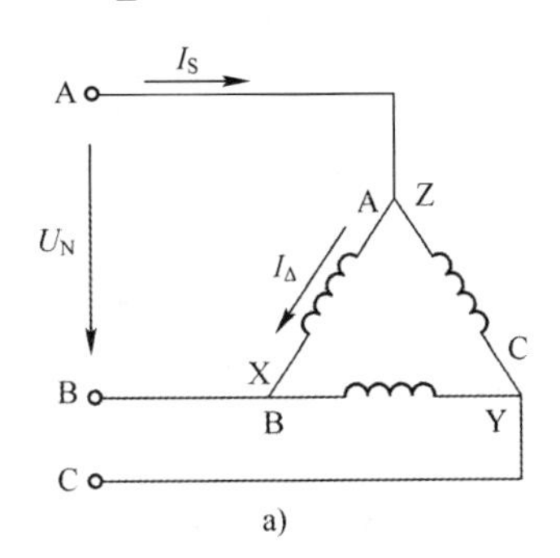

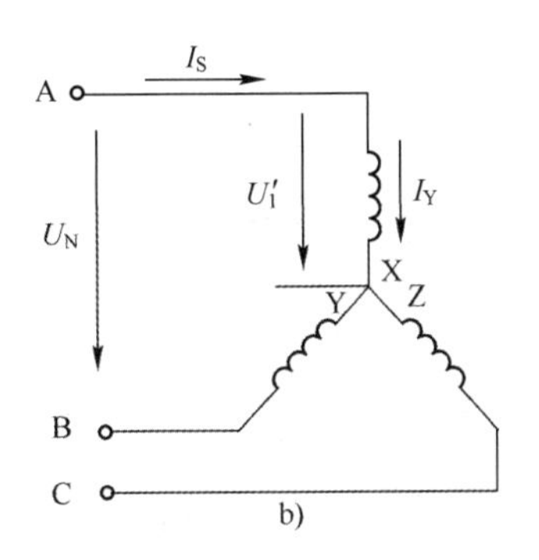

图 2-17　Y-△起动电流分析图

a) 直接起动（△接法）　b) 减压起动（Y接法）

所以：

$$I'_S=\frac{1}{3}I_S$$

由起动电流比公式可知，Y-△起动时，对供电变压器造成冲击的起动电流是直接起动的起动电流的 1/3。

Y-△起动时起动转矩 T'_S 与直接起动时的起动转矩 T_S 的关系又如何呢？

因为：

$$\frac{T'_S}{T_S}=\left(\frac{U'_1}{U_1}\right)^2=\left(\frac{U_N/\sqrt{3}}{U_N}\right)^2=\frac{1}{3}$$

所以：

$$T'_S=\frac{1}{3}T_S$$

即Y-△起动时的起动转矩也为直接起动时的 1/3。

Y-△起动比定子串电抗器或电阻起动性能好，且方法简单，价格便宜，因此在轻载或空载情况下，应优先采用。我国使用Y-△起动方法的电动机的额定电压是 380V，绕组采用△接法。

3．自耦变压器减压起动

方法：自耦变压器也称起动补偿器。起动时将电源接在自耦变压器初级，次级接电动机，起动结束后切除自耦变压器，将电源直接加到电动机上运行。

减压起动电流是直接起动电流的 $1/K^2$，起动转矩也降至 $1/K^2$，K 为自耦变压器的变比，即一次绕组匝数除以二次绕组匝数，且大于 1。

该方法对于定子绕组是Y形或△形接法都可以使用，其缺点是设备体积大，投资较大。

4．延边三角形减压起动

方法：延边三角形减压起动如图 2-18 所示，起动时电动机定子接成 ⅄形，如图 2-18a 所示，起动结束后定子绕组改为△形接法，如图 2-18b 所示。

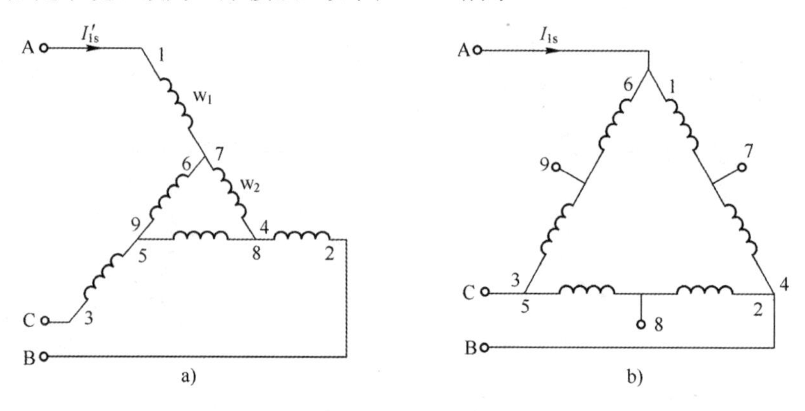

图 2-18　延边三角形起动原理图

a) 起动接法　b) 运行接法

如果将延边三角形看成一部分为Y形接法，另一部分为△形接法，则Y形部分比重越大，起动时电压降得越多。根据分析和试验可知，Y形和△形的抽头比例为 1∶1 时，电动机每相电压是 264V；抽头比例为 1∶2 时，每相绕组的电压为 290V。可见可采用不同的抽头比来满足不同负载特性的要求。

延边三角形起动的优点是节省金属，重量轻；缺点是内部接线复杂。绕线式异步电动机的减压起动主要有转子串接电阻器起动和转子串接频敏变阻器起动。因篇幅所限，此处不再详细介绍。

2.3　案例 6　电动机的减压起动控制

2.3.1　目的

1）掌握时间继电器的作用及电气图文符号。

2）掌握电动机起动的常用起动方法。

3）熟练掌握星-三角减压起动的工作原理、控制线路的连接与装调。

2.3.2 任务

电动机的星-三角减压起动控制，电动机功率一般大于 10kW 都要求减压起动，星-三角减压起动因控制线路简单，控制系统性价比高而得到广泛使用。

2.3.3 步骤

电动机减压起动时定子绕组的星形和三角形的连接靠交流接触器的主触点来完成，切换时间由时间继电器来控制，一般星-三角切换时间为 3～5s，根据电动机功率可做适当调整，功率越大，起动时间越长。

1. 电动机星-三角减压起动控制电路

本项目主电路的设计思想是交流接触器 KM1 主触点引入三相交流电源，交流接触器 KM2 主触点将电动机的定子绕组接成三角形，交流接触器 KM3 主触点将电动机的定子绕组接成星形；控制电路的设计思想是起动时交流接触器 KM1、KM3 线圈得电，将定子绕组接成星形，同时时间继电器线圈得电开始定时；延时时间到后交流接触器 KM1、KM2 线圈得电，将定子绕组接成三角形，电动机起动完成。起动完成时交流接触器 KM3 线圈必须失电，否则将会发生电源三相短路，当然此时时间继电器无需得电，故需将其线圈断电。设计时相应的保护环节必须考虑，具体电路连接如图 2-19 所示。

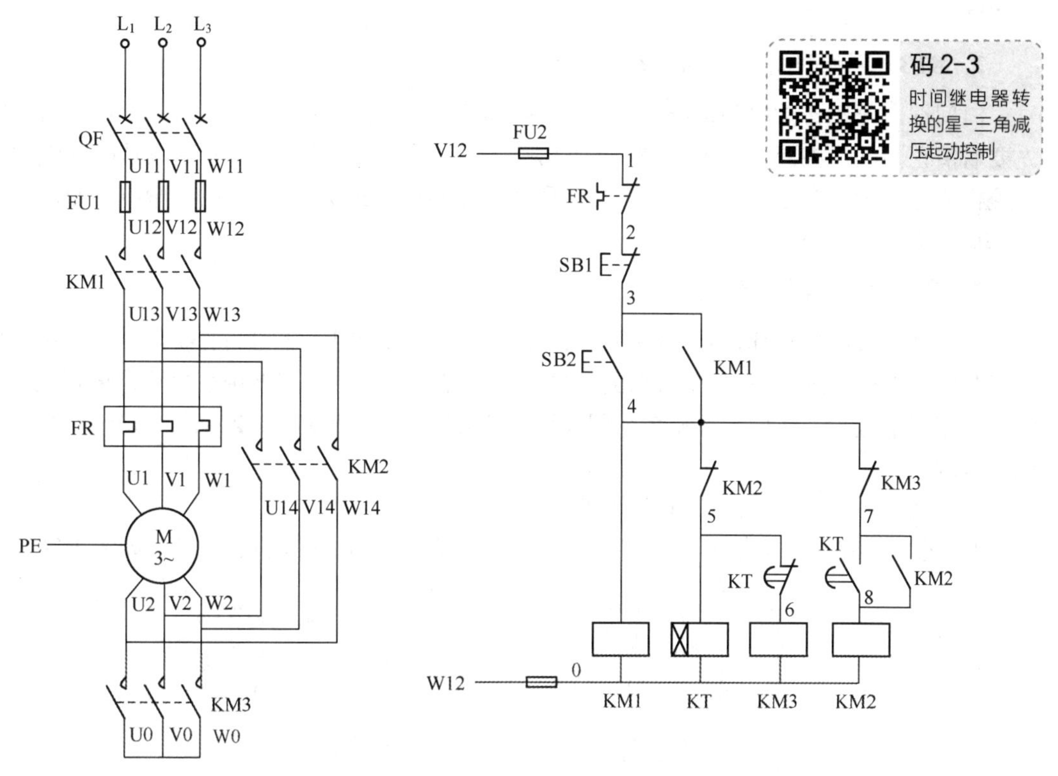

图 2-19　电动机星-三角减压起动控制电路

控制电路工作原理如下：

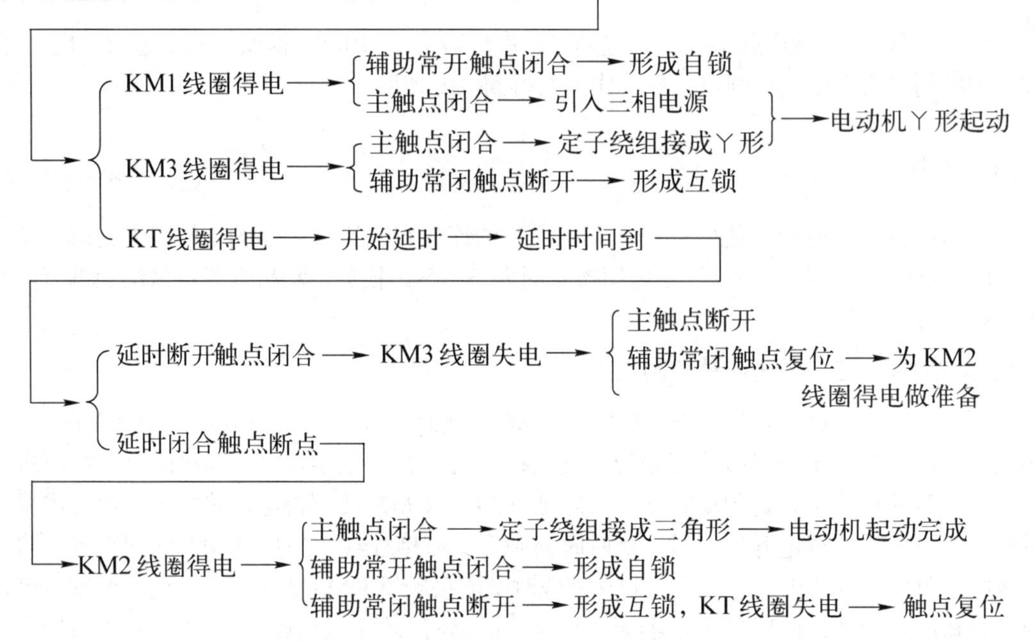

停止：按下停止按钮 SB1，控制电路断开，交流接触器 KM1、KM2 线圈失电，电动机停止运行。

2．ST3P 系列时间继电器时间的设定

时间继电器动作的时间需要根据需要进行调整，在设定 ST3P 系列时间继电器时间时，首先要看清正面两个拨码开关的位置，它们决定时间继电器的最大计时范围（从时间继电器的侧面提供的时间设定图上可以看出两个拨码所在位置对应的最大计时范围），根据计时时间转动旋钮，调至所需时间处。

3．定子绕组首尾端的判别

当电动机接线板损坏，定子绕组的 6 个线头分不清楚时，不可盲目接线，以免引起电动机内部故障，因此必须分清 6 个线头的首尾端后才能接线。首先用万用表电阻档分别找出三相绕组的各相两个线头，然后给各相绕组假设编号为 U1 和 U2、V1 和 V2、W1 和 W2，再用下述方法进行判别。

（1）用 36V 交流电源和白炽灯判别

1）把 V1 和 U2 连接起来，在 U1 和 V2 线头上接一只交流 36V 的白炽灯，如图 2-20 所示。

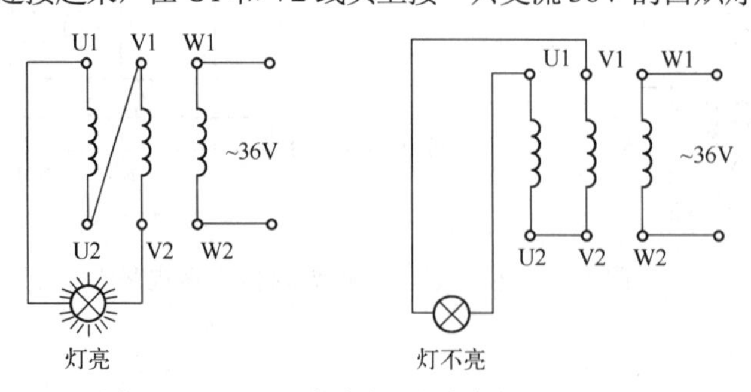

图 2-20　用 36V 交流电源与白炽灯判别首尾端

2）在 W1 和 W2 两线头上接上交流 36V 电源，如果白炽灯发亮，说明线头 U1、U2、V1、V2 的编号正确。如果白炽灯不亮，则把 U1、U2 或 V1、V2 中任意两个线头的编号对调一下即可。

3）再按上述方法对 W1 和 W2 两线头进行判别。

（2）用万用表判别

1）按图 2-21 所示接线，用手转动电动机转子，如万用表指针不动，则证明假设的编号是正确的；若指针有偏转，说明其中有一相首尾端假设编号不动，应逐相对调并重测，直至正确为止。

2）也可以按图 2-22 所示接法，合上开关瞬间，若万用表指针摆向大于零的一边，则接电池正极的线头与万用表负极所接的线头同为首端或尾端；若指针反向摆动，则接电池正极的线头与万用表正极所接的线头同为首端或尾端。再将电池和开关接另一相两个线头，进行测试即可。

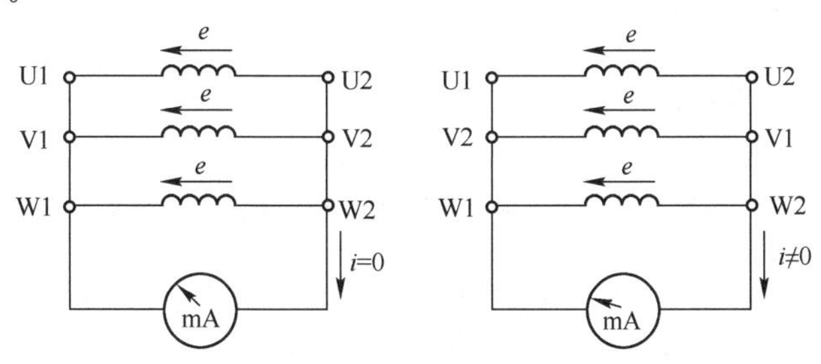

图 2-21　用万用表判别首尾端之一

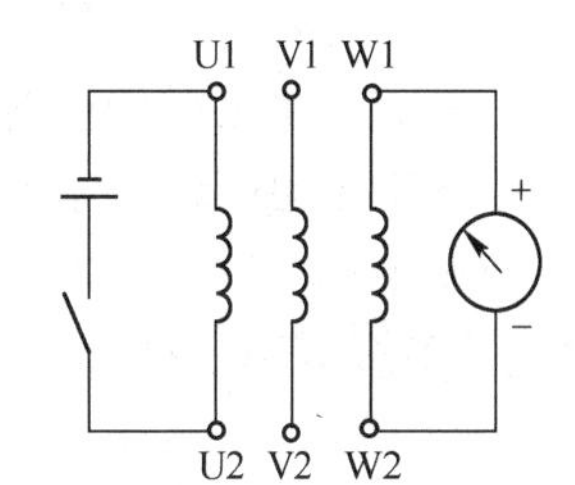

图 2-22　用万用表判别首尾端之二

4．电气元器件选用

元器件及仪表的选用如表 2-1 所示。

表 2-1　元器件及仪表的选用

序号	名称	型号及规格	数量	备注
1	三相笼型异步电动机	Y132M−4（370W）	1	
2	断路器	DZ47-63	1	
3	熔断器	RT18-32	5	25A 的 3 个、2A 的 2 个
4	按钮	LAY37（Y090）	2	绿色为起动，红色为停止
5	热继电器	JR16B-20/3	1	
6	交流接触器	CJX1-9/22	3	
7	时间继电器	ST3P A-D	1	时间调为 3s
8	接线端子	DT1010	2	
9	万用表	MF47	1	

2.3.4　拓展

可手动提前切换的星-三角减压起动控制电路设计。要求当时间继电器损坏时可人为提前切换星-三角起动过程，同时要求当三角形接触器触点熔焊时电动机不得起动。

2.4 电动机的调速方法及原理

在近代工业生产中，为提高生产率和保证产品质量，常要求生产机械能在不同的转速下进行工作。虽然三相异步电动机的调速性能远不如直流电动机，但随着电力电子技术的发展，交流调速应用日益广泛，在许多领域有取代直流调速系统的趋势。

调速是指在生产机械负载不变的情况下，人为地改变电动机定、转子电路中的有关参数，来实现速度变化的目的。

异步电动机的转速关系式为：

$$n = n_0(1-s) = \frac{60f}{p}(1-s)$$

可以看出，异步电动机调速可分以下三大类：

1）改变定子绕组的磁极对数 p——变极调速；

2）改变供电电网的频率 f——变频调速；

3）改变电动机的转差率 s——变转差调速。此方法又有改变电压调速、绕线式电机转子串电阻调速和串级调速三种。

2.4.1 变极调速

在电源频率不变的条件下，改变电动机的极对数，电动机的同步转速 n_0 就会发生变化，从而改变电动机的转速。若极对数减少一半，同步转速就提高一倍，电动机转速也几乎升高一倍。T68 卧式镗床主轴电动机的调速方法就是选用双速电动机进行的。

变极一般采用反向变极法，即通过改变定子绕组的接法，使其半相绕组中的电流反向流通，极数就可以改变。这种因极数改变而使其同步转速发生相应变化的电动机，称为多速电动机。其转子均采用笼型转子，因其感应的极数能自动与定子变化的极数相适应。

下面以 U 相绕组为例来说明变极原理。先将其两半相绕组 $1U_1$–$1U_2$ 与 $2U_1$–$2U_2$ 采用顺向串联，绕组中电流方向如图 2-23 所示。显然，此时产生的定子磁场是 4 极的。

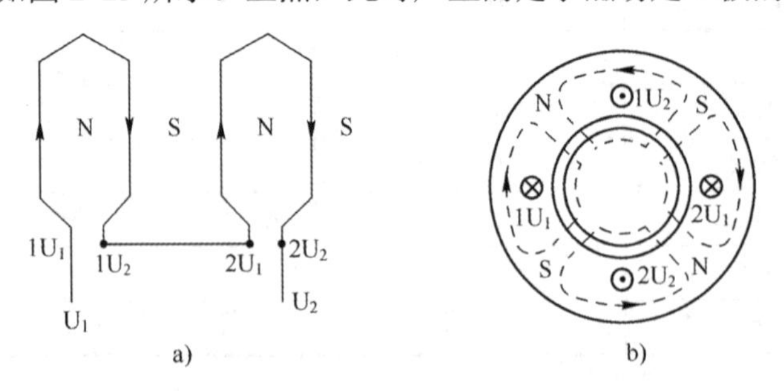

图 2-23　三相四极电动机定子 U 相绕组

a) 两绕组顺向串联　b) 在绕组中产生的磁场

若将 U 相绕组中的半相绕组 $1U_1$–$1U_2$ 反向，再将两绕组串联，如图 2-24a 所示；或将两绕组并联，如图 2-24b 所示。改变接线方法后的电流方向如图 2-24c 所示。显然，此时产生的定子磁场是 2 极的。

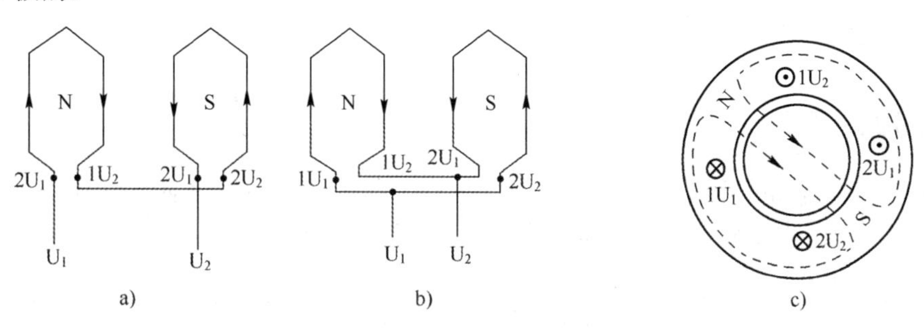

图 2-24 三相二极电动机定子 U 相绕组

a) 两绕组反向串联 b) 两绕组反向并联 c) 在绕组中产生的磁场

多极电动机定子绕组联接方式常用的有两种：一种是从星形改成双星形，写成Y/YY，如图 2-25 所示。该方法可保持电磁转矩不变，适用于起重机、传输带运输等恒转矩的负载。另一种是从三角形改成双星形，写成△/YY，如图 2-26 所示。该方法可保持电机的输出功率基本不变，适用于金属切削机床类的恒功率负载。上述两种接法都可使电动机极数减少一半。注意：在绕组改接时，为了使电动机转向不变，应把绕组的相序改接一下。

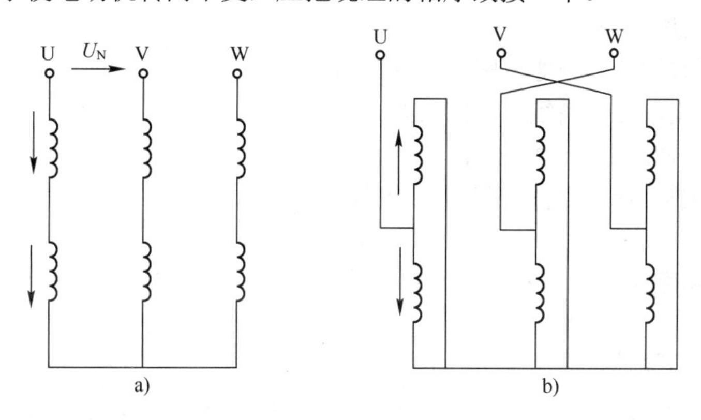

图 2-25 异步电动机Y-YY变极调速接线图

a) 绕组的Y型接法 b) 绕组的YY型接法

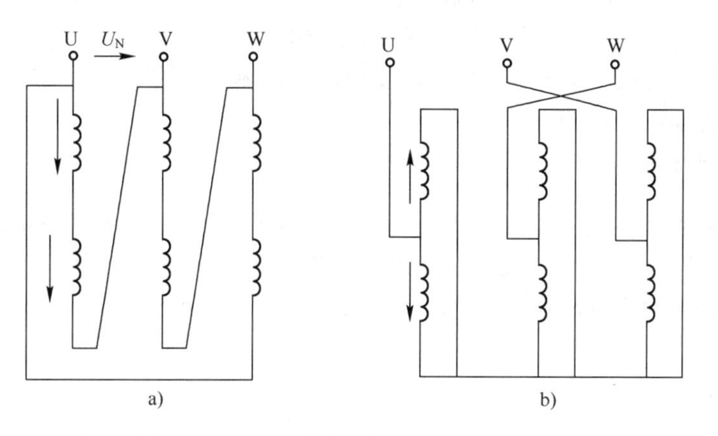

图 2-26 三相异步电动机△-YY变极调速图

a) 绕组的△型接法 b) 绕组的YY型接法

变极调速所需设备简单、体积小、重量轻，具有较硬的机械特性，稳定性好。但这种调速是有级调速，且绕组结构复杂、引出头较多，调速级数少。

2.4.2 变频调速

随着晶闸管整流和变频技术的迅速发展，异步电动机的变频调速应用日益广泛，有逐步取代直流调速的趋势，它主要用于拖动泵类负载，如通风机、水泵等。

从公式$n_0=\dfrac{60f}{p}$可知，在定子绕组极对数一定的情况下，旋转磁场的转速与电源频率 f 成正比，所以连续地调节频率就可以平滑地调节异步电动机的转速。

在变频调速中，定子电势方程式

$$U_1 \approx E_1 = 4.44 f_1 w_1 K_{w1} \varphi_m$$

可以看出，当降低电源频率 f_1 调速时，若电源电压 U_1 不变，则磁通 φ_m 将增加，使铁心饱和，从而导致励磁电流和铁损耗的大量增加，电机温升过高，这是不允许的。因此在变频调速的同时，为保持磁通 φ_m 不变，就必须降低电源电压，使 U_1/f_1 为常数。另在变频调速中，为保证电机的稳定运行，应维持电机的过载能力 λ 不变。

变频调速的主要优点为：

1）是能平滑无级调速、调速范围广、效率高。

2）是因特性硬度不变，系统稳定性较好。

3）是可以通过调频改善起动性能。

变频调速的主要缺点是系统较复杂、成本较高。

2.4.3 变转差率调速

1．改变定子电压调速

此法适用于笼型异步电动机。对于转子电阻大、机械特性曲线较软的笼型异步电动机，如所加在定子绕组上的电压发生改变，则负载转矩对应于不同的电源电压，可获得不同的工作点，从而获得不同的转速。这种电动机的调速范围很宽，缺点是低压时机械特性太软，转速变化大，可采用带速度负反馈的闭环控制系统来解决该问题。

过去都采用定子绕组串电抗器来实现改变电源电压调速，这种方法损耗较大，目前已广泛采用晶闸管交流调压线路来实现。

2．转子串电阻调速

此法只适用于绕线式异步电动机。转子所串电阻越大，运行段机械特性的斜率越大，转速下降越厉害。若转速越低，转差率 s 越大，转子损耗就越大。可见低速运行时电动机效率并不高。

转子串电阻调速的优点是方法简单，主要用于中、小容量的绕线式异步电动机，如桥式起重机等。

3．串级调速

所谓串级调速，就是在异步电动机的转子回路串入一个三相对称的附加电势，其频率与转子电势相同，改变附加电势的大小和相位，就可以调节电动机的转速。它也是只适用于绕线式异步电动机。若附加电势与转子感应电势相位相反，则转子转矩就减小，使得电动机转速降低，这就是低同步串级调速；若附加电势与转子感应电势相位相同，则转子转矩就增大，使得电动机转速升高，这就是超同步串级调速。

串级调速性能比较好，过去由于附加电势的获得比较难，长期以来没能得到推广。近年来，随着晶闸管技术的发展，串级调速有了广阔的发展前景。现已日益广泛用于水泵和风机的节能调速，以及不可逆轧钢机、压缩机等很多生产机械。

2.5 电动机的制动方法及原理

电动机的制动有机械制动和电气制动之分。

2.5.1 机械制动

机械制动是指利用机械装置使电动机在电源切断后能迅速停转。机械制动除电磁抱闸制动外，还有电磁离合器制动。

电磁离合器型制动器分为断电制动型和通电制动型两种，其中断电制动型的工作原理是：当制动电磁铁的线圈得电时，制动器的闸瓦与闸轮分开，无制动作用；当线圈失电时，制动器的闸瓦紧紧抱住闸轮制动。而通电制动型的工作原理是：当制动电磁铁的线圈得电时，闸瓦紧紧抱住闸轮制动；当线圈失电时，制动器的闸瓦与闸轮分开，无制动作用。

电磁抱闸制动器断电制动在起重机械上被广泛采用。其特点是能够准确定位，同时可防止电动机突然断电时重物的自行坠落。当重物起吊到一定高度时，按下停止按钮，电动机和电磁抱闸制动器的线圈同时断电，闸瓦立即抱住闸轮，电动机立即制动停转，重物随之被准确定位。如果电动机在工作时，线路发生故障而突然断电，电磁抱闸制动器同样会使电动机迅速制动停转，从而避免重物自行坠落。

2.5.2 电气制动

电气制动是指使电动机所产生的电磁转矩（制动转矩）和电动机转子的转速方向相反，迫使电动机迅速制动停转。电气制动常用的方法有能耗制动、反接制动和再生发电制动等。

1. 能耗制动

方法：当电动机切断交流电源后，立即在定子绕组中通入直流电，迫使电动机停转的方法称为能耗制动。

原理：能耗制动工作原理如图 2-27 所示。当电动机的定子绕组断开交流电源时，转子由于惯性仍沿原方向运转；立即接通直流电源，接通直流电源后在电动机中产生一个恒定的磁场，这样做惯性运转的转子因切割磁力线而在转子绕组中产生感应电动势和感应电流（右手定则可以判断感应电流方向）。转子的感应电流又和恒定的磁场相互作用产生电磁转矩（左手定则可以判断电磁力的方向，从而得到电磁转矩的方向），此电磁转矩的方向正好与电动机的转向相反，使电动机受制动而迅速停转。由于制动方法是通过在一子绕组中通入直流电以消耗转子惯性运转的动能来进行制动的，所以称为能耗制动。

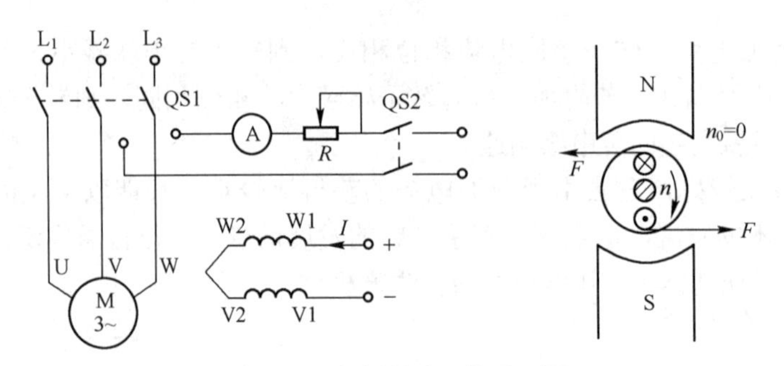

图 2-27　能耗制动工作原理图

能耗制动结束后，应立即断开直流电，否则容易烧毁电动机。因为电动机绕组的阻抗为 $Z = R + j\omega L$，通交流电源时阻抗以感抗为主，此时通过绕圈电流较小，而接直流电源时，绕组的阻抗无感抗只有电阻，且电阻值较小，这时流过绕组中的电流较大，长时间通电容易烧毁电动机绕组。因此，能耗制动结束后，应立即断开直流电源，时间可以人工手动控制（人工断开直流电源，如图 2-28b 所示），或由时间继电器控制，如图 2-28c 所示。图 2-28 所示控制电路工作原理请读者自行分析。能耗控制也可以通过速度继电器来控制。

能耗制动的优点是制动力强，制动较平稳。缺点是需要一套专门的直流电源供制动用。

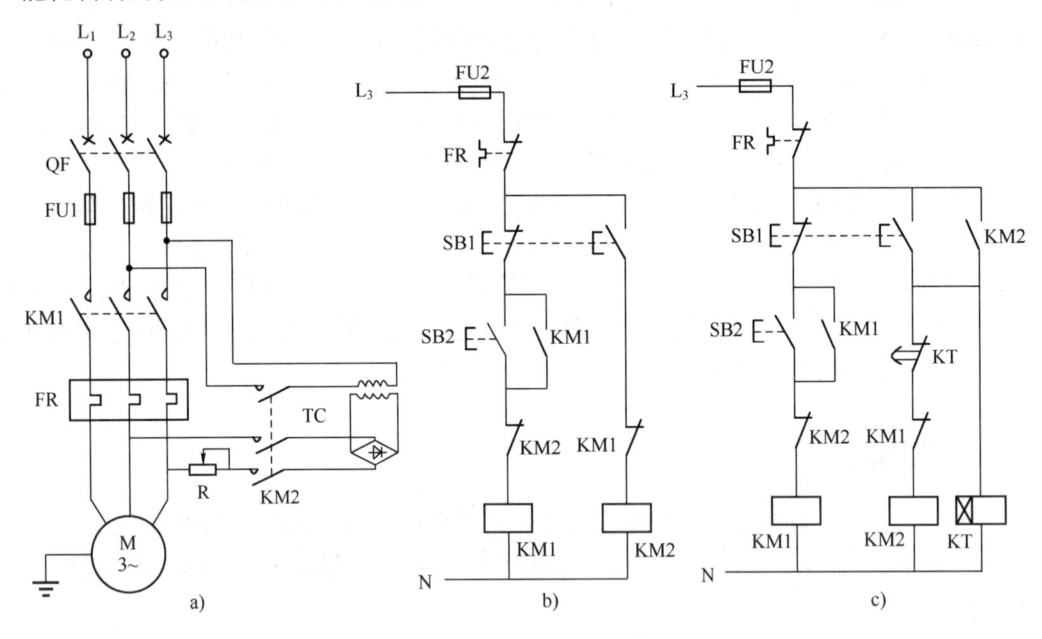

图 2-28　能耗制动控制电路工作原理图

a) 能耗制动主电路　b) 手动控制能耗制动控制电路　c) 时间继电器控制能耗制动控制电路

2．反接制动

方法：切断电动机定子绕组原电源后，立即投入反相序电源，当转速接近零时再将反相序电源断开。

原理：电动机脱离原电源后，转子仍沿原方向转动，当接通反相电源时，旋转磁场方向改变，此时转子将以 n_0+n 的相对速度沿原转动方向切割旋转磁场，在转子绕组中产生感应电流，此时产生的电磁转矩与运转的转子转向相反，从而阻碍转子运转，使其迅速停转。其制动工作原理图如图 2-29 所示。

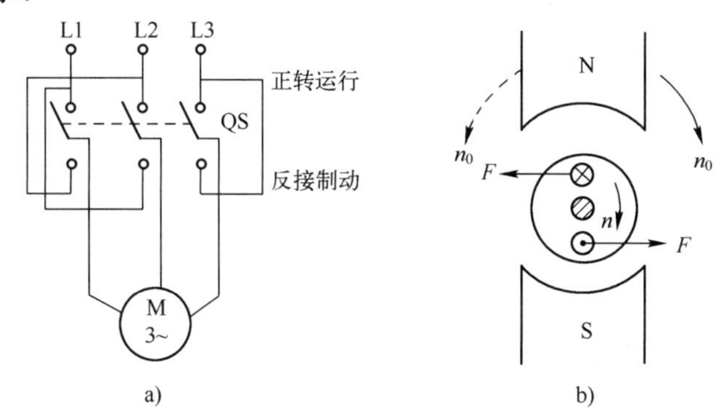

图 2-29　反接制动工作原理图

a) 反接制动主电路　b) 反接制动产生制动力

当转子停止运转时，立即切断反相电源，否则电动机会反向起动，为防止反向起动，常利用速度继电器来自动、及时地切断电源。

反接制动的优点是制动迅速。缺点是制动准确性差，制动过程中冲击强烈，易损坏传动零件，制动能量消耗较大，不宜经常使用。因此，反接制动一般适用于制动要求迅速、系统惯性较大、不经常起动与制动的场合，如铣床、镗床、中型车床的主轴制动。

3．再生发电制动

再生发电制动又称回馈制动，其工作原理如图 2-30 所示。当起重机械在高处放下重物时，电动机的转速小于同步转速，此时电动机处于电动运行状态。但由于重力的作用，在重物的下降过程中，会使电动机的转速大于同步转速，这时电动机处于发电运行状态，转子相对于旋转磁场切割磁力线的运行方向发生了改变，其转子电流和电磁转矩的方向都与电动运行时相反，会限制重物的下降速度，重物不至于下降过快，保证了设备和人身安全。

再生发电制动的优点是一种比较经济的制动方法。制动时不需要改变线路即可从电动机运行状态自动转入发电制动状态，把机械能转换成电能，再回馈到电网中，其节能效果非常显著。它的缺点是应用范围窄，仅当电动机转速大于同步转速时才能实现发电制动。所以常用于在位能负载作用下的起重机械和多速异步电动机由高速转为低速时的情况。

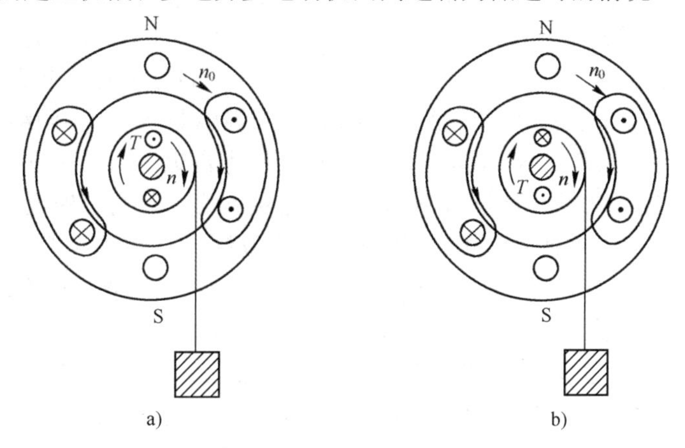

图 2-30　再生发电制动的工作原理图

a) 电动运行状态　b) 发电运行状态

2.6 案例7 电动机的调速控制

2.6.1 目的

1）掌握电动机的调速方法与原理。
2）掌握双速电动机的调速控制工作原理。
3）掌握电动机调速电路的连接与装调。

2.6.2 任务

电动机的调速控制，T68卧式镗床在加工零件时要求主轴旋转速度可调，使用的是双速电动机，即有高速和低速两档之分。

2.6.3 步骤

有些机床设备中电动机采用的是双速电动机，根据加工零件的材质或工艺要求电动机能双速运行。如镗床主轴电动机，当高低速行程开关未受压时，电动机为低速运行，若受压时则先低速起动，然后高速运行。

1．高低速直接起动的控制电路

高低速直接起动控制采用按钮和接触器双重互锁方式，使高低速相应接触器不会同时动作，如图2-31所示。工作原理为：合上QF，若按下低速起动按钮SB2，接触器KM1线圈得电，电动机低速绕组（U1、V1、W1）通电，电动机低速运转；若按下高速起动按钮SB3，接触器KM2线圈得电，电动机低速绕组（U2、V2、W2）通电，电动机高速运转。按钮SB1为双速电机停止按钮。

2．低速起动高速运行的控制电路

很多机床的主轴电动机由于功率较大，起动时要求减压起动，对于可调速的双速电动机来说，时常需要低速起动高速运行。图2-32的设计能满足上述要求，即双速电动机采用△低速起动，由时间继电器延时5s后，自动加速后投入YY运行，通过中间继电器KA使电路进行自锁。工作原理为：合上QF，按下起动按钮SB2，时间继电器KT、中间继电器KA和接触器KM1线圈同时得电，接触器KM1辅助常开触点闭合实现自锁，同时中间继电器KA的常开触点闭合，实现整个电路的自锁，接触器KM1主触点的闭合，使得双速电动机为△形接法，开始低速起动。因接触器KM1辅助常闭触点断开实现了互锁，同时时间继电器KT的瞬动常闭触点断开又进一步保证了互锁作用，使得KM2线圈无法得电，确保主电路工作在△接法下；当时间继电器KT延时时间到，延时常闭触点断开，接触器KM1及时间继电器KT的线圈失电，接触器KM1的常闭触点及时间继电器KT的瞬动常闭触点复位，使得接触器KM2线圈得电，主触点和辅助常开触点的闭合使双速电动机的绕组接成YY，电动机进入正常运行状态。按下停止按钮SB1，控制电路被切断，接触器KM2和时间继电器KT线圈失电，所有触点全部复位，主电路被切断，双速电动机停止运行。

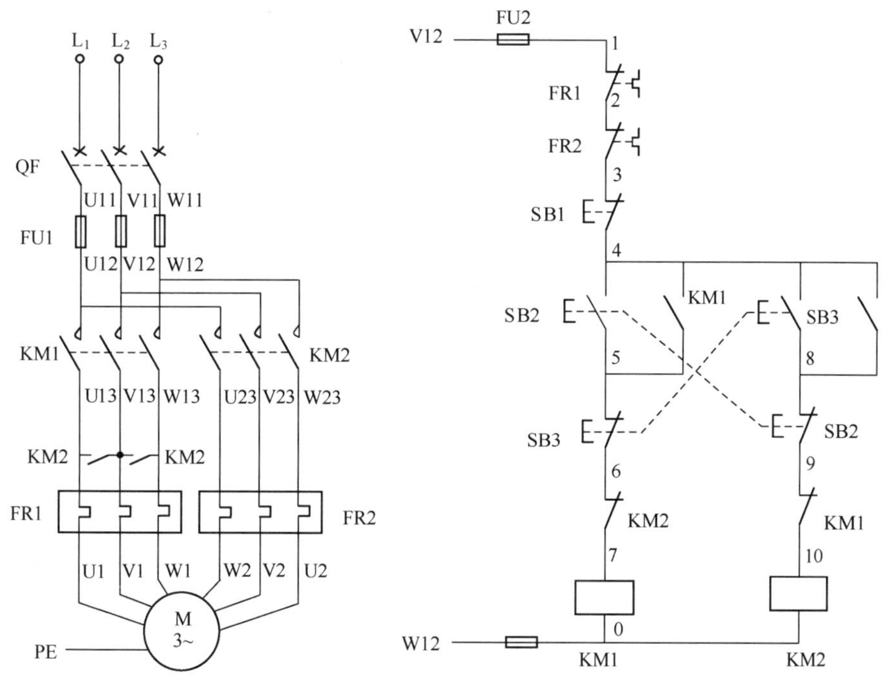

图 2-31　高低双速电动机控制电路

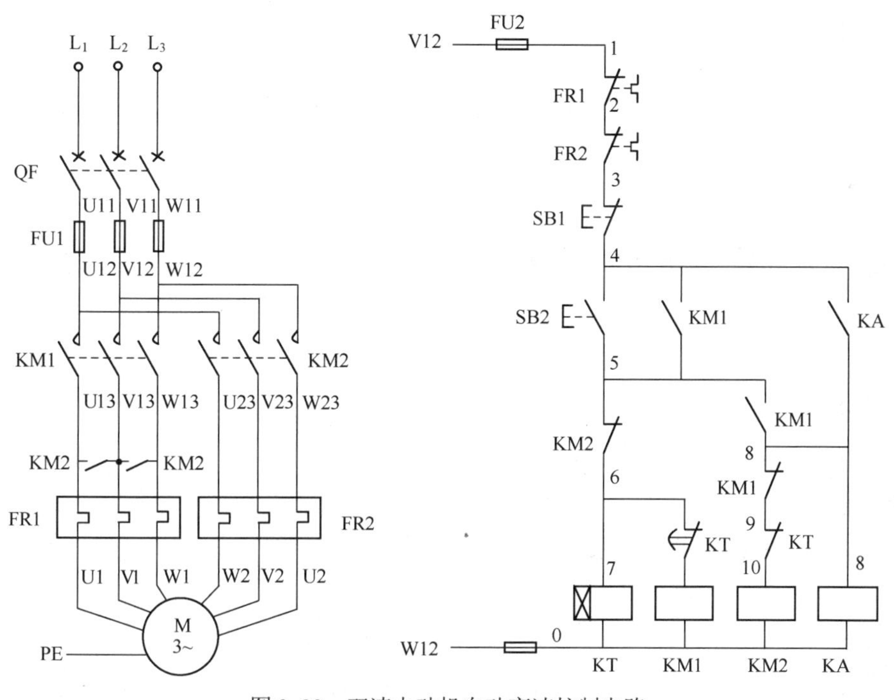

图 2-32　双速电动机自动变速控制电路

3. 双速电动机 YY 的联结

图 2-32 主电路中，双速电动机的YY联结采用的是接触器 KM2 的辅助常开触点，在小容量双速电动机的控制线路中，YY联结可采用接触器的辅助常开触点，当其触点数量不足时可直接使用中间继电器常开触点进行YY联结；当电动机功率较大即主电路线路电流较大时，或接触器

KM2 的辅助常开触点容量不足，则须用接触器的主触点进行YY型的联结，这时可在接触器 KM2 的线圈处并联一个同规格的接触器，以增加接触器触点数量。

4．电气元器件选用

元器件及仪表的选用如表 2-2 所示。

表 2-2 元器件及仪表的选用

序号	名称	型号及规格	数量	备注
1	双速电动机	YS-50 2/4	1	40/25W
2	断路器	DZ47-63	1	
3	熔断器	RT18-32	5	25A 的 3 个、2A 的 2 个
4	按钮	LAY37（Y090）	2	绿色为起动，红色为停止
5	热继电器	JR16B-20/3	2	
6	交流接触器	CJX1-9/22	2	
7	时间继电器	ST3P A-D	1	时间调为 5s
8	中间继电器	JZC1-44	1	线圈电压为交流 380V
9	接线端子	DT1010	2	
10	万用表	MF47	1	

2.6.4 拓展

双速电动机的起动控制，要求当按下起动按钮 SB1 时，双速电动机先低速起动，5s 后高速运行；当按下起动按钮 SB2 时，双速电动机高速起动并运行。

2.7 案例 8 主轴电动机的制动控制

2.7.1 目的

1）掌握电动机的制动方法与原理。
2）掌握速度继电器作用及电气图文符号。
3）掌握制动控制线路的工作原理、线路的连接与装调。

2.7.2 任务

电动机的制动控制，在此要求使用反接制动方法实现电动机的制动，T68 卧式镗床主轴电动机就是采用反接制动方法停止运行的。

2.7.3 步骤

有些机床设备的电动机（如镗床主轴电动机）制动采用反接制式，并且正反转均要求反接制动，从便于学习和理解的角度考虑，本项目首先对主轴电动机单向进行反接制动控制设计，然后对双向进行反接制动设计。

1．单向反接制动的控制电路

反接制动结束时要求立即切断反相序电源，否则电动机会反向起动。为了实现较为精确的制动控制，本项目采用速度继电器作为制动结束检测元器件，即当速度继电器触点复位时认为反接制动结束，此时迅速切断反相电源，具体控制电路如图 2-33 所示。

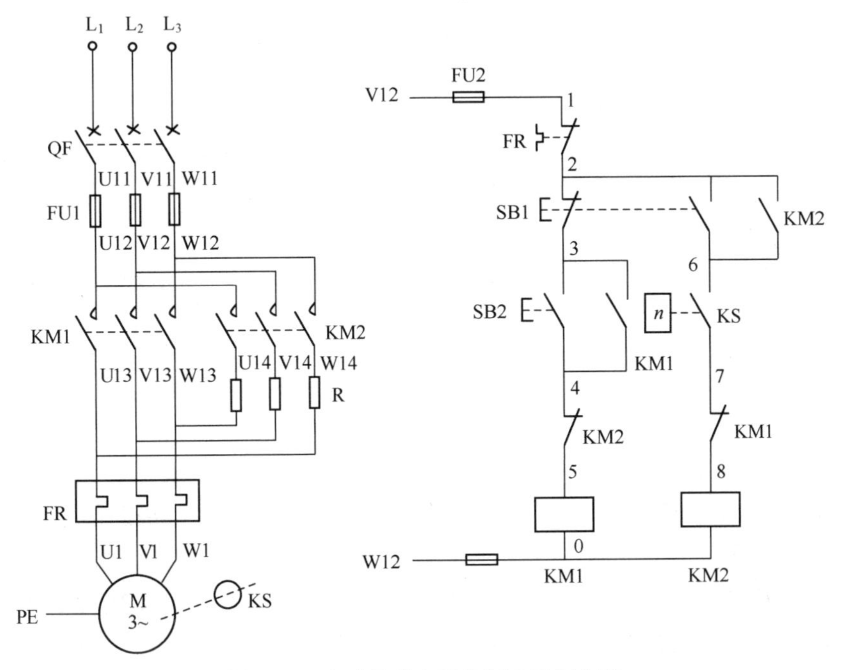

图 2-33　电动机单向反接制动控制电路

电动机的单向反接制动控制电路原理：合上断路器 QF，接下起动按钮 SB2，接触器 KM1 线圈得电，电动机起动并运行，当速度达到 120r/min 以上时，速度继电器常开触点闭合为反接制动做准备；当需要停车时，按下停止按钮 SB1，其常闭触点断开，接触器 KM1 线圈失电，同时 SB1 的常开触点闭合，接触器 KM2 线圈得电，主触点闭合后引入反相电源，同时接入反接制动电阻 R，进行反接制动，当转速迅速下降至 100r/min 以下时，速度继电器常开触点复位而断开，接触器 KM2 线圈失电，主触点断开切断了主电路的反相电源，反接制动结束。

2．双向反接制动的控制电路

图 2-34 为具有反接制动电阻的正/反向反接制动控制电路，KM1 为正向电源接触器，KM2 为反向电源接触器，KM3 为短接电阻接触器，电阻 R 为反接制动电阻，同时也具有限制起动电流作用，即定子串电阻减压起动。

电路分析：正向起动时，KM1 得电，电机串电阻 R 限流起动。起动结束，KM1、KM3 同时得电，短接电阻 R，电机全压运行。制动时，KM1、KM3 断电，KM2 得电，电源反接，电机串入制动电阻 R 进入反接制动状态。转速接近为零时，KM2 自动断电。

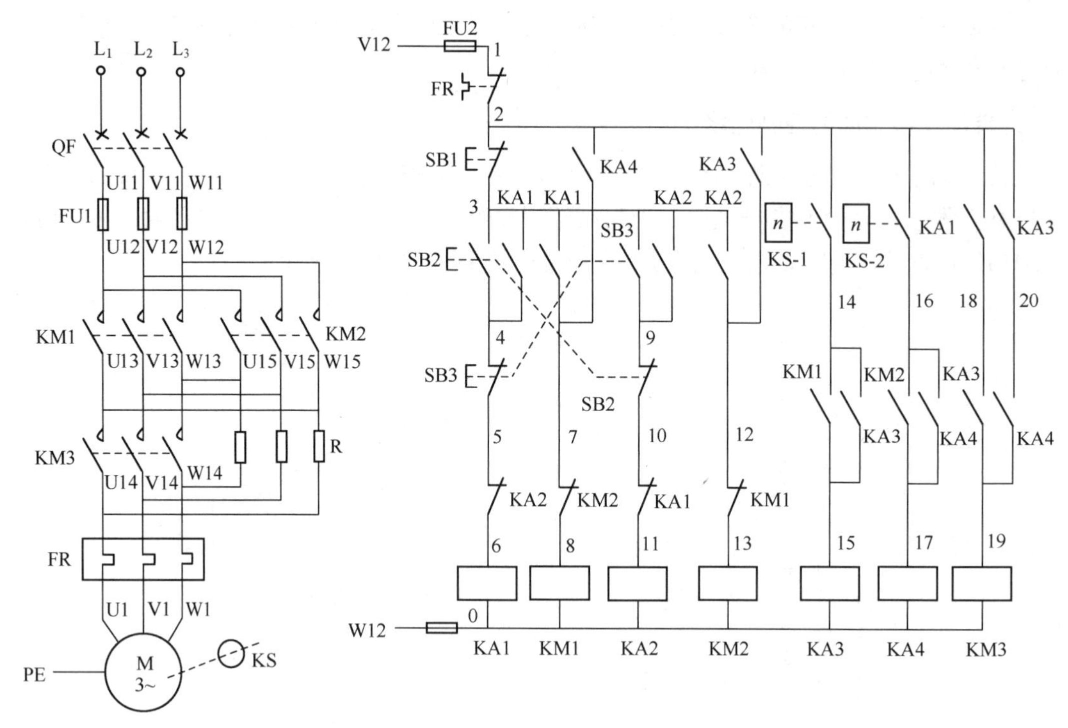

图 2-34　电动机双向反接制动控制电路

正向运行及反接制动控制原理：合上断路器 QF，按下正转起动按钮 SB2，中间继电器 KA1 线圈通电并自锁，其常闭触头打开，互锁中间继电器 KA2 线圈电路，KA1 常开触头闭合，使接触器 KM1 线圈通电，KM1 的主触头闭合使定子绕组经电阻 R 接通正序三相电源，电动机开始减压起动。此时虽然中间继电器 KA3 线圈电路中 KM1 常开辅助触头已闭合，但是 KA3 线圈仍无法通电。因为速度继电器 KS-1 的正转常开触点尚未闭合，当电动机转速上升到一定值时，KS 的正转常开触头闭合，中间继电器 KA3 通电并自锁，这时由于 KA1、KA3 等中间继电器的常开触头均处于闭合状态，接触器 KM3 线圈通电，于是电阻 R 被短接，定子绕组直接加以额定电压，全压运行，电动机转速上升到稳定的工作转速，KM2 线圈上方的 KA3 常开触点闭合，为 KM2 线圈得电做准备（即为反接制动做准备）。在电动机正常运行的过程中，若是按下停止按钮 SB1，则 KA3、KM1、KM3 三个线圈相继失电。由于此时电动机转子的惯性转速仍然很高，速度继电器 KS-1 的正转常开触头尚未复原，中间继电器 KA3 仍处于工作状态，所以接触器 KM1 常闭触头复位后，接触器 KM2 线圈便通电，其常开主触头闭合。使定子绕组经电阻 R 获得反相序的三相交流电源，对电动机进行反接制动。转子速度迅速下降。当其转速小于 100r/min 时，KS-1 的正转常开触头恢复断开状态，KA3 线圈失电，接触器 KM2 释放，反接制动过程结束。

电动机反向起动和制动停车过程与上述正转时相似。

3．反接制动电阻的选取

在电源电压 380V 时，若要使反接制动电流等于电动机直接起动电流的 1/2，则三相电路应串入的电阻 R（Ω）值可按经验公式选取：

$$R \approx 1.5 \times 220 / I_{st}$$

若使反接制动电流等于起动电流 I_{st}，则每相应串接入的电阻 R（Ω）值可按经验公式选取：

$$R \approx 1.3 \times 220 / I_{st}$$

注意：如果反接制动时只在电源两相中串接电阻，则电阻值应加大，分别取上述值的 1.5 倍。

4．电气原理图的快速识读

电气原理图由功能文字说明框、电气控制图和图区编号三部分组成。如图 1-77 所示，若能掌握电气原理图的快速识读方法，在读图时能做到事半功倍。电气原理图中都配有功能文字说明框，能帮助用户读图。功能文字说明框是指图上方标注的“电源开关”、“主轴电动机”、“冷却电动机”等文字符号，该部分在电路中的作用是说明对应区域下方电气元器件或控制电路的功能，使读者能清楚地知道某个电气元器件或某部分控制电路的功能，以利于理解整个电路的工作原理。

电气控制图是指位于机床电气原理图中间位置的控制电路，主要由主电路和控制电路组成，是机床电气原理图的核心部分。其中主电路是指电源到电动机绕组的大电流通过的路径；控制电路包括各电动机控制电路、照明电路、信号电路及保护电路等，主要由继电器和接触器线圈、触点、按钮、照明灯和控制变压器等电气元器件组成。

此外，电气控制图中接触器和继电器线圈与触点的从属关系应用附图表示。即在电气控制图中接触器和继电器线圈下方，给出触点的图形符号，并在其下面标注相应触点的索引代号，对未使用的触点用“×”标注，有时也可采用省去触点图形符号的表示方法。

对于接触器 KM，附图中各栏的含义如表 2-3 所示。

表 2-3　接触器 KM 附图各栏的含义

左栏	中栏	右栏
主触点 所在图区号	辅助常开 触点所在图区号	辅助常闭 触点所在图区号

对于继电器 KA 或 KT，附图中各栏的含义如表 2-4 所示。

表 2-4　继电器 KA 或 KT 附图各栏的含义

左栏	右栏
常开触点 触点所在图区号	常闭触点 触点所在图区号

图区编号是指电气控制图下方标注的“1”“2”“3”等数字符号，其作用是将电气控制图部分进行分区，以便在识图时能快速、准确地检索所需要找的电气元器件在图中的位置。此外，图区编号也可以设置在电气控制图的上方，图区编号数的多少根据控制图的大小或实际情况而编定。

5．元器件选用

元器件及仪表的选用如表 2-5 所示。

表 2-5　元器件及仪表的选用

序号	名称	型号及规格	数量	备注
1	双速电动机	YS-50 2/4	1	40/25W
2	断路器	DZ47-63	1	
3	熔断器	RT18-32	5	25A 的 3 个、5A 的 2 个
4	按钮	LAY37（Y090）	3	绿、黄色为起动，红色为停止
5	热继电器	JR16B-20/3	1	
6	交流接触器	CJX1-9/22	3	
7	速度继电器	JY1-500V	1	
8	中间继电器	JZC1-44	4	线圈电压为交流 380V
9	制动电阻	10Ω/500W	3	
10	接线端子	DT1010	2	
11	万用表	MF47	1	

2.7.4 拓展

当转换开关处在“时间”操作模式下，按下停止按钮时电动机以时间原则进行反接制动；若处在“速度”操作模式下，按下停止按钮时电动机以速度原则进行反接制动。

2.8 执行电器

在机床设备中常用的执行电器有电磁铁、电磁阀和电磁制动器，它们都是基于电磁机构的工作原理进行工作的。

2.8.1 电磁铁

电磁铁主要由励磁线圈、铁芯和衔铁三部分组成，其结构和电磁机构类似。当励磁线圈通电后便产生磁场和电磁力，衔铁被吸合，把电磁能转换为机械能，带动机械装置完成一定的动作。

根据励磁电流的不同，电磁铁分为直流电磁铁和交流电磁铁。电磁铁的主要技术数据有：额定行程、额定吸力和额定电压等。选用电磁铁时应该考虑以上技术数据。

电磁铁的电气符号及实物图片如图 2-35 所示。

图 2-35　电磁铁电气符号及实物

2.8.2 电磁阀

电磁阀是用来控制流体的自动化基础元器件，属于执行器，并不限于液压、气动。用在工业控制系统中调整介质的方向、流量、速度和其他的参数。电磁阀可以配合不同的电路来实现预期的控制，而控制的精度和灵活性都能够保证。电磁阀有很多种，不同的电磁阀在控制系统的不同位置发挥作用，最常用的是单向阀、安全阀、方向控制阀和速度调节阀等。

电磁阀线圈通电后，靠电磁吸力的作用把阀芯吸起，从而使管路接通，反之管路被阻断。

电磁阀有多种形式，从原理上可分为直动式、分步直动式和先导式。电磁阀的电气符号及实物图片如图 2-36 所示。

图 2-36　电磁阀电气符号及实物

1. 直动式

原理：常闭型通电时，电磁线圈产生电磁力把敞开件从阀座上提起，阀门打开；断电时，电磁力消失，弹簧把敞开件压在阀座上，阀门敞开。常开型与此相反。

特点：其在真空、负压、零压时能正常工作，但通径一般不超过 25mm。

2. 分步直动式

原理：它是一种直动和先导式相结合的元器件，当入口与出口没有压差时，通电后，电磁力直接把先导小阀和主阀关闭件依次向上提起，阀门打开。当入口与出口达到启动压差时，通电后，电磁力先导小阀，主阀下腔压力上升，上腔压力下降，从而利用压差把主阀向上推开；断电时，先导阀利用弹簧力或介质压力推动关闭件，向下移动，使阀门关闭。

特点：在零压差或真空、高压时均能可动作，但功率较大，必须水平安装。

3. 先导式

原理：通电时，电磁力把先导孔打开，上腔室压力迅速下降，在敞开件周围形成上低下高的压差，流体压力推动敞开件向上移动，阀门打开；断电时，弹簧力把先导孔敞开，入口压力通过旁通孔迅速腔室在关阀件周围形成下低上高的压差，流体压力推动敞开件向下移动，敞开阀门。

特点：体积小，功率低，流体压力范围上限较高，可任意安装（需定制）但必须满足流体压差条件。

2.8.3 电磁制动器

电磁制动器的作用是使旋转的运动迅速停止，即电磁刹车或电磁抱闸。电磁制动器分为盘式制动器和块式制动器，一般都是由制动器、电磁铁、摩擦片或闸瓦等组成。这些制动器都是利用电磁力把高速旋转的轴抱死，实现快速停车。其特点是制动力矩大、反应速度极快、安装简单、价格低廉，但容易使旋转的设备损坏。所以一般在扭矩不大、制动不频繁的场合使用。

电磁制动器的电气符号及实物图片如图 2-37 所示。

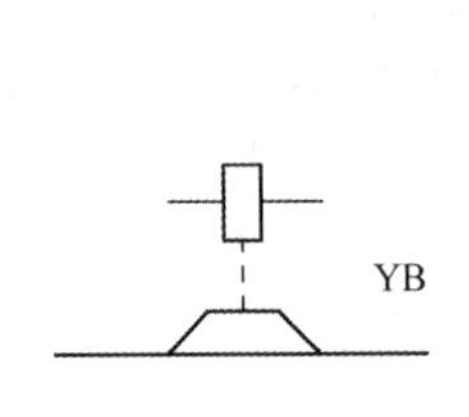

图 2-37　电磁制动器电气符号及实物

2.9 习题与思考

1. 中间继电器的主要用途是什么？与交流接触器相比有何异同之处？在什么情况下可用中间继电器代替接触器起动电动机？

2. 什么是欠压、失压保护？利用什么电器可以实现欠压、失压保护？

3. 电动机的起动电流很大，当电动机起动时，热继电器是否会动作？为什么？

4. 电动机正反转控制电路中，为什么要采用互锁？当互锁触头接错后，会出现什么现象？

5. 什么是三相异步电动机的起动？

6. 三相异步电动机直接起动有何危害？

7. 什么是三相异步电动机的减压起动？有哪几种常用的方法？

8. 三相异步电动机的调速方法有哪些？

9. 三相异步电动机的制动方法有哪些？

10. 画出具有双重互锁的异步电动机正、反转控制电路。

11. 设计一个控制电路，要求第一台电动机起动 10s 后，第二台电动机自动起动。运行 5s 后，第一台电动机停止并同时使第三台电动机自行起动，再运行 15s 后，电动机全部停止。

12. 为两台异步电动机设计一个控制电路，其要求如下：

1）两台电动机互不影响地独立工作；

2）能同时控制两台电动机的起动与停止；

3）当一台电动机发生故障时，两台电动机均停止。

13. 有一台四级皮带运输机，分别由 M1、M2、M3、M4 四台电动机拖动，其动作顺序如下：

1）起动要求按 M1→M2→M3→M4 顺序起动；

2）停车要求按 M4→M3→M2→M1 顺序停车；

3）上述动作要求有一定时间间隔。

14. 设计一小车运行的控制电路，小车由异步电动机拖动，其动作程序如下：

1）小车由原位开始前进，到终端后自动停止。

2）在终端停留 2min 后自动返回原位停止。

3）要求能在前进或后退途中任意位置停止或起动。

15．现有一双速电动机，试按下述要求设计控制电路。

1）分别用两个按钮操作电动机的高速起动和低速起动，用一个总停按钮操作电动机的停止。

2）起动高速时，应先接成低速然后经延时后再换接到高速。

3）应有短路保护与过载保护。

第 3 章　基本指令的编程及应用

本章重点介绍西门子 S7-1200 PLC 硬件系统的组成及装卸，博途 V16 软件的编程及项目调试，位逻辑指令、定时器指令、计数器指令的工作原理及应用，并通过 6 个以电动机为控制对象的案例详细介绍 S7-1200 PLC 基本指令及其应用，读者通过本章学习，应能快速了解和掌握 S7-1200 PLC 的硬件装卸步骤及组态、博途软件和基本指令在工程项目中的典型应用。

3.1 PLC 概述

3.1.1 PLC 的产生及定义

码 3-1
PLC 的产生与发展

1. PLC 的产生

20 世纪 60 年代，工业控制主要靠以继电器-接触器组成的控制系统实现。该系统存在着设备体积大，调试和维护工作量大，通用性及灵活性差，可靠性低，功能简单，不具有现代工业控制所需要的数据通信、运动控制及网络控制等缺点。

1968 年，美国通用汽车制造公司为了适应汽车型号的不断翻新，试图寻找一种新型的工业控制器，以解决继电器-接触器控制系统普遍存在的问题。因而设想把计算机的完备功能、灵活及通用等优点与继电器控制系统的简单易懂、操作方便和价格便宜等优点结合起来，制成一种适于工业环境的通用控制装置，并把计算机的编程方法和程序输入方式加以简化，使不熟悉计算机的人也能方便地使用。

1969 年，美国数字设备公司根据通用汽车的要求首先研制成功第一台可编程序控制器，称之为可编程序逻辑控制器（Programmable Logic Controller，PLC），并在通用汽车公司的自动装配线上试用成功，从而开创了工业控制的新局面。

2. PLC 的定义

1985 年，国际电工委员会（IEC）将 PLC 定义为："可编程序控制器是一种数字运算操作的电子系统，专为工业环境下的应用而设计。它作为可编程序的存储器，用来在其内部存储并执行逻辑运算、顺序控制、定时、计数和算术运算等操作的指令，且通过数字式、模拟式的输入和输出，控制各种类型的机械或生产过程。可编程序控制器及其有关设备，都应按易于使工业控制系统形成一个整体，易于扩充其功能的原则设计。"

PLC 是可编程序逻辑控制器的英文缩写，随着科技的不断发展，功能已远远超出逻辑控制，应称之为可编程序控制器（PC），但为了与个人计算机（Personal Computer，PC）相区别，仍将可编程序控制器简称为 PLC。几款常见的 PLC 外形如图 3-1 所示。

图 3-1　几款常见的 PLC 外形

3.1.2　PLC 的结构及特点

1. PLC 的结构

PLC 一般由 CPU（中央处理器）、存储器、通信接口和输入/输出模块几部分组成，PLC 的结构框图如图 3-2 所示。

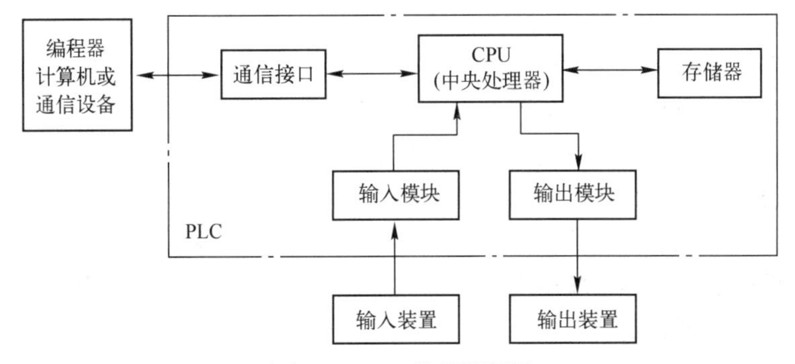

图 3-2　PLC 的结构框图

（1）CPU

CPU 的功能是完成 PLC 内所有的控制和监视操作，一般由控制器、运算器和寄存器组成。CPU 通过控制总线、地址总线和数据总线与存储器、输入/输出接口电路连接。

（2）存储器

在 PLC 中有两种存储器：系统程序存储器和用户程序存储器。

系统程序存储器用来存放由 PLC 生产厂家编写好的系统程序，并固化在 ROM（只读存储器）内，用户不能直接更改。存储器中的程序负责解释和编译用户编写的程序、监控 I/O 接口的状态、对 PLC 进行自诊断和扫描 PLC 中的用户程序等。

用户程序存储器用来存放用户根据控制要求而编制的应用程序。目前大多数 PLC 采用可随时读写的快闪存储器（Flash）作为用户程序存储器，它不需要后备电池，掉电时数据也不会丢失。

用户程序存储器属于随机存储器（RAM），主要用于存储中间计算结果和数据、系统管理，主要包括 I/O 状态存储器和数据存储器。

（3）输入/输出模块

PLC 的输入/输出模块是 PLC 与工业现场设备相连接的接口。PLC 的输入和输出信号可以是数字量或模拟量，其接口是 PLC 内部弱电信号和工业现场强电信号联系的桥梁。接口主要起到隔离保护作用（电隔离电路使工业现场与 PLC 内部进行隔离）和信号调整作用（把不同的信号调整成 CPU 可以处理的信号）。

2. PLC的特点

（1）编程简单，容易掌握

梯形图是使用最多的PLC编程语言，其电路符号和表达式与继电器电路原理图相似，梯形图语言形象直观，易学易懂，熟悉继电器电路图的电气技术人员很快就能学会梯形图语言，并用来编制用户程序。

（2）功能强，性价比高

PLC内有成百上千个可供用户使用的编程元器件，有很强的功能，可以实现非常复杂的控制功能。与相同功能的继电器控制系统相比，具有很高的性价比。

（3）硬件配套齐全，用户使用方便，适应性强

PLC产品已经标准化、系列化和模块化，配备有品种齐全的各种硬件装置供用户选用，用户能灵活方便地进行系统配置，组成不同功能、不同规模的系统。硬件配置确定后，可以通过修改用户程序，方便、快速地适应工艺条件的变化。

（4）可靠性高，抗干扰能力强

传统的继电器控制系统使用了大量的中间继电器、时间继电器。由于触点接触不良，容易出现故障。PLC用软件代替大量的中间继电器和时间继电器，PLC外部仅剩下与输入和输出有关的少量硬件元器件，因此触点接触不良造成的故障大为减少。

（5）系统的设计、安装、调试及维护工作量少

由于PLC采用了软件来取代继电器控制系统中大量的中间继电器、时间继电器等器件，控制柜的设计、安装和接线工作量大为减少。同时，PLC的用户程序可以先模拟调试通过后再到生产现场进行联机调试，这样可减少现场的调试工作量，缩短设计、调试周期。

（6）体积小、重量轻、功耗低

复杂的控制系统使用PLC后，可以减少大量的中间继电器和时间继电器，PLC的体积较小，且结构紧凑、坚固、重量轻、功耗低。由于PLC的抗干扰能力强，易于装入设备内部，是实现机电一体化的理想控制设备。

3.1.3 PLC的分类及应用

1. PLC的分类

PLC发展很快，类型很多，可以从不同的角度进行分类。

（1）按控制规模分：微型、小型、中型和大型

微型PLC的I/O点数一般在64点以下，其特点是体积小、结构紧凑、重量轻和以数字量控制为主，有些产品具有少量模拟量信号处理能力。

小型PLC的I/O点数一般在256点以下，除数字量I/O接口外，一般都有模拟量控制功能和高速控制功能。有的产品还有多种特殊功能模板或智能模块，有较强的通信能力。

中型PLC的I/O点数一般在1024点以下，指令系统更丰富，内存容量更大，一般都有可供选择的系列化特殊功能模板，有较强的通信能力。

大型PLC的I/O点数一般在1024点以上，软、硬件功能极强，运算和控制功能丰富。具有多种自诊断功能，一般都有多种网络功能，有的还可以采用多CPU结构，具有冗余能力等。

（2）按结构特点分：整体式、模块式

整体式PLC多为微型、小型，特点是将电源、CPU、存储器和I/O接口等部件都集中装在

一个机箱内，结构紧凑、体积小、价格低和安装简单，输入/输出点数通常为 10～60 点。模块式 PLC 是将 CPU、输入和输出单元、电源单元以及各种功能单元集成一体。各模块结构上相互独立，构成系统时，则根据要求搭配组合，灵活性强。

（3）按控制性能分：低档机、中档机和高档机

低档 PLC 具有基本的控制功能和一般运算能力，工作速度比较低，可配置的输入和输出模块数量比较少，输入和输出模块的种类也比较少。

中档 PLC 具有较强的控制功能和较强的运算能力，它不仅能完成一般的逻辑运算，也能完成比较复杂的数据运算，工作速度比较快。

高档 PLC 具有强大的控制功能和较强的数据运算能力，可配置的输入和输出模块数量很多，输入和输出模块的种类也很全面。这类 PLC 不仅能完成中等规模的控制工程，也可以完成规模很大的控制任务。在联网中一般作为主站使用。

2. PLC 的应用

（1）数字量控制

PLC 用“与”“或”“非”等逻辑控制指令来实现触点和电路的串、并联，代替继电器进行组合逻辑控制、定时控制与顺序逻辑控制。

（2）运动控制

PLC 使用专用的运动控制模块，对直线运行或圆周运动的位置、速度和加速度进行控制，可以实现单轴、双轴、三轴和多轴位置控制。

（3）闭环过程控制

闭环过程控制是指对温度、压力和流量等连续变化的模拟量的闭环控制。PLC 通过模拟量 I/O 模块，实现模拟量和数字量之间的相互转换，并对模拟量实行闭环的 PID（比例-积分-微分）控制。

（4）数据处理

现代的 PLC 具有数学运算、数据传送、转换、排序、查表和位操作等功能，可以完成数据的采集、分析与处理。

（5）通信联网

PLC 可以实现 PLC 与外设、PLC 与 PLC、PLC 与其他工业控制设备、PLC 与上位机、PLC 与工业网络设备的通信，实现远程的 I/O 控制。

3.1.4 PLC 的工作过程

PLC 是采用循环扫描的工作方式，其工作过程主要分为 3 个阶段：输入采样阶段、程序执行阶段和输出刷新阶段，PLC 的工作过程如图 3-3 所示。

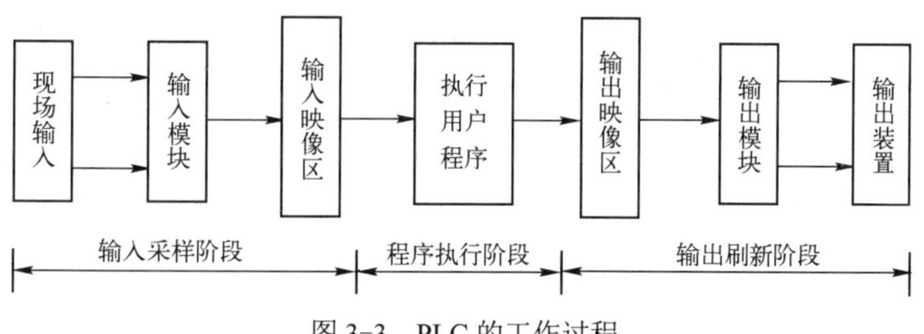

图 3-3　PLC 的工作过程

（1）输入采样阶段

PLC 在开始执行程序之前，首先按顺序将所有输入端子信号读入到寄存输入状态的输入映像寄存器中存储，这一过程称为采样。PLC 在运行程序时，所需要的输入信号不是取自现时输入端子上的信息，而是取自输入映像寄存器中的信息。在本工作周期内这个采样结果的内容不会改变，只有到下一个输入采样阶段才会被刷新。

（2）程序执行阶段

PLC 按顺序进行扫描，即从上到下、从左到右地扫描每条指令，并分别从输入映像寄存器、输出映像寄存器以及辅助继电器中获得所需的数据进行运算和处理。再将程序执行的结果写入到输出映像寄存器中保存。但这个结果在全部程序未被执行完毕之前不会送到输出端子上。

（3）输出刷新阶段

在执行完用户所有程序后，PLC 将输出映像寄存器中的内容送到寄存输出状态的输出锁存器中进行输出，驱动用户设备。

PLC 重复执行上述 3 个阶段，每重复一次的时间称为一个扫描周期。PLC 在一个工作周期中，输入采样阶段和输出刷新阶段的时间一般为毫秒级，而程序执行时间因用户程序的长度而不同，一般容量为 1KB 的程序扫描时间为 10ms 左右。

3.1.5 PLC 的编程语言

PLC 有 5 种编程语言：梯形图（西门子公司将梯形图简称为 LAD，Ladder Logic Programming Language）、语句表（Statement List，STL）、功能块图（Function Block Diagram，FBD）、顺序功能图（Sequential Function Chart，SFC）、结构文本（Structured Text，ST）。最常用的是梯形图和语句表，如图 3-4 所示。

1．梯形图

梯形图是使用最多的 PLC 图形编程语言。梯形图与继电器控制系统的电路图相似，具有直观易懂的优点，很容易被工程技术人员所熟悉和掌握。梯形图程序设计语言具有以下特点：

1）梯形图由触点、线圈和用方框表示的功能块组成。

2）梯形图中触点只有常开和常闭，触点可以是 PLC 输入点接的开关，也可以是 PLC 内部继电器的触点或内部寄存器、计数器等的状态。

3）梯形图中的触点可以任意串、并联。

4）内部继电器、寄存器等均不能直接控制外部负载，只能作为中间结果使用。

5）PLC 是按循环扫描事件，沿梯形图先后顺序执行，在同一扫描周期中的结果留在输出状态寄存器中，所以输出点的值在用户程序中可以当成条件使用。

2．语句表

语句表是使用助记符来书写程序的，又称为指令表，类似于汇编语言，但比汇编语言通俗易懂，属于 PLC 的基本编程语言。它具有以下特点：

1）利用助记符号表示操作功能，容易记忆，便于掌握。

2）在编程设备的键盘上就可以进行编程设计，便于操作。

3）一般 PLC 程序的梯形图和语句表可以互相转换。

4）部分梯形图及另外几种编程语言无法表达的 PLC 程序，必须使用语句表才能编程。

3. 功能块图

功能块图采用类似于逻辑门电路的图形符号，逻辑直观、使用方便，如图 3-5 所示。该编程语言中的方框左侧为逻辑运算的输入变量，右侧为输出变量，输入、输出端的小圆圈表示“非”运算，方框被“导线”连接在一起，信号从左向右流动，图 3-4 的控制逻辑与图 3-5 相同。功能块图程序设计语言有如下特点：

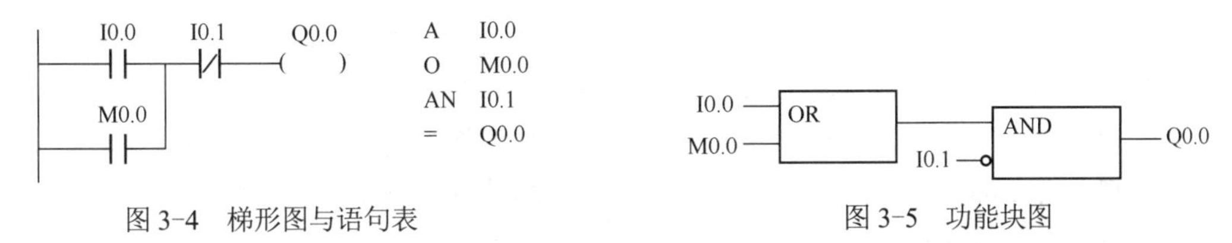

图 3-4　梯形图与语句表　　　　图 3-5　功能块图

1）以功能模块为单位，从控制功能入手，使控制方案的分析和理解变得容易。

2）功能模块是用图形化的方法描述功能，它的直观性大大方便了设计人员的编程和组态，有较好的易操作性。

3）对控制规模较大、控制关系较复杂的系统，由于控制功能的关系可以较清楚地表达出来，因此编程和组态时间可以缩短，调试时间也能减少。

4. 顺序功能图

顺序功能图也称为流程图或状态转移图，是一种图形化的功能性说明语言，专用于描述工业顺序控制程序，使用它可以对具有并行、选择等复杂结构的系统进行编程。顺序功能图程序设计语言有如下特点：

1）以功能为主线，条理清楚，便于对程序操作的理解和沟通。

2）对大型的程序，可分工设计，采用较为灵活的程序结构，可节省程序设计时间和调试时间。

3）常用于系统规模较大，程序关系较复杂的场合。

4）整个程序的扫描时间较其他程序设计语言编制的程序扫描时间大大缩短。

5. 结构文本

结构文本是一种高级的文本语言，可以用来描述功能、功能块和程序的行为，还可以在顺序功能流程图中描述步、动作和转换的行为。结构文本程序设计语言有如下特点：

1）采用高级语言进行编程，可以完成较复杂的控制运算。

2）需要有计算机高级程序设计语言的知识和编程技巧，对编程人员要求较高。

3）直观性和易操作性较差。

4）常用于采用功能模块等其他语言较难实现的一些控制场合。

本书以西门子公司新一代小型 PLC S7-1200 为介绍对象，这一款 PLC 只使用梯形图和功能块图这两种编程语言。

3.1.6 PLC的物理存储器

存储器分为系统程序存储器和用户程序存储器。系统程序相当于个人计算机的操作系统，它使可编程控制器具有基本的功能，能够完成可编程控制器设计者规定的各种工作。系统程序由可编程控制器生产厂家设计并固化在 ROM 中，用户不能读取。用户程序由用户设计，它使可编程控制器完成用户要求的特定功能。存储器的容量以字节为单位。可编程控制器使用以下物理存储器。

1．随机存取存储器（RAM）

用户可以用编程装置读出 RAM 的内容，也可以将用户程序写入 RAM，因此 RAM 又叫读写存储器，它是易失性的存储器，它的电源中断后，存储的信息将会丢失。RAM 的工作速度快，价格便宜，改写方便。在关断可编程控制器的外部电源后，可用锂电池供电以保存 RAM 中的用户程序和某些数据，锂电池可用 2～5 年，需要更换锂电池时，由可编程控制器发出信号，通知用户。现在部分可编程控制器仍用 RAM 来存储用户程序。

2．只读存储器（ROM）

ROM 的内容只能读出，不能写入。它是非易失性的，它的电源消失后，仍能保存存储的内容。ROM 一般用来存放可编程控制器的用户程序。

3．可电擦除可编程的只读存储器（EEPROM）

它是非易失性的，但是可以用编程装置对它编程，兼有 ROM 的非易失性和 RAM 的随机存取的优点，但是将信息写入它需要的时间比 RAM 长得多。EEPROM 用来存放用户程序和断电时需要保存的重要数据。

3.2 S7-1200的硬件

S7-1200 是西门子公司的新一代小型 PLC，它将微处理器、集成电源、输入和输出电路组合到一个设计紧凑的外壳中以形成强大的功能，它具有集成的 PROFINET 接口、强大的工艺集成性和灵活的可扩展性等特点，为各种小型设备提供简单的通信和有效的解决方案。

码 3-2
S7-1200 PLC 硬件模块

3.2.1 CPU模块

打开其编程软件，可见 S7-1200 目前有 8 种型号 CPU 模块：CPU 1211C、CPU 1212C、CPU 1214C、CPU 1215C、CPU 1217C、CPU 1212FC　CPU 1214FC、CPU 1215FC，如图 3-6 所示。

S7-1200 PLC 的外形及结构（已拆卸上、下两盖板）如图 3-7 所示，其中①是 3 个指示 CPU 运行状态的 LED（发光二极管）；②是集成 I/O（输入/输出）的状态 LED；③是信号板安装处（安装时拆除盖板）；④是 PROFINET 以太网接口的 RJ-45 连接器；⑤是存储器插槽（在盖板下面）；⑥是可拆卸的接线端子板。

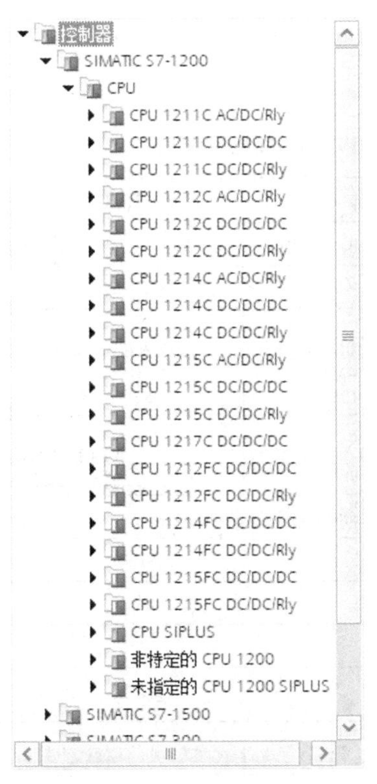

图 3-6　CPU 模块类型

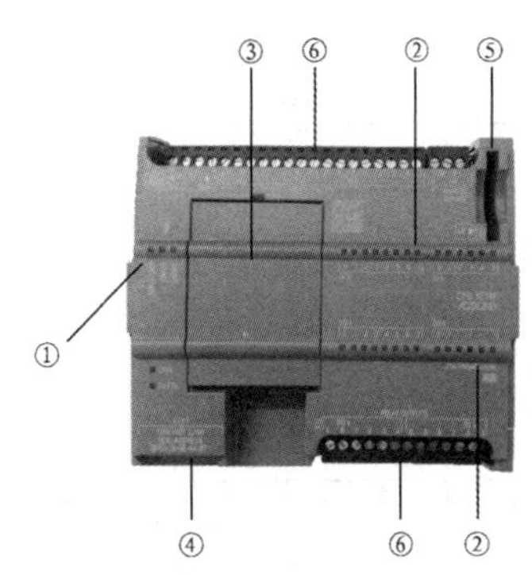

图 3-7　CPU 模块外型与结构

1．CPU 面板

S7-1200 PLC 不同型号的 CPU 面板是类似的，在此以 CPU 1214C 为例进行介绍：CPU 有 3 类运行状态指示灯，用于提供 CPU 模块的运行状态信息。

（1）STOP/RUN 指示灯

STOP/RUN 指示灯的颜色为纯橙色时指示 STOP 模式，纯绿色时指示 RUN 模式，绿色和橙色交替闪烁时指示 CPU 正在启动。

（2）ERROR 指示灯

ERROR 指示灯为红色闪烁状态时指示有错误，如 CPU 内部错误、存储卡错误或组态错误（模块不匹配）等，纯红色时指示硬件出现故障。

（3）MAINT 指示灯

MAINT 指示灯在每次插入存储卡时闪烁。

CPU 模块上的 I/O 状态指示灯用来指示各数字量输入或输出的信号状态。

CPU 模块上提供一个以太网通信接口用于实现以太网通信，还提供了两个可指示以太网通信状态的指示灯。其中“Link”（绿色）点亮表示连接成功，“Rx/Tx”（黄色）点亮指示进行传输活动。

卸下 CPU 上的挡板可以安装一个信号板（Signal Board，SB），通过信号板可以在不增加空间的前提下给 CPU 增加数字量或模拟量的 I/O 点数。

2．CPU 技术性能指标

S7-1200 PLC 是西门子公司 2009 年推出的面向离散自动化系统和独立自动化系统的紧凑型

自动化产品，定位在原有的 S7-200 PLC 和 S7-300 PLC 产品之间。表 3-1 给出了目前 S7-1200 PLC 系列不同型号 CPU 的性能指标。

表 3-1　S7-1200 PLC 系列 CPU 的性能指标

型号	CPU 1211C	CPU 1212C	CPU 1214C	CPU 1215C	CPU 1217C
三种 CPU	DC/DC/DC，AC/DC/RLY，DC/DC/ RLY				DC/DC/DC
物理尺寸（mm^3）	90×100×75		110×100×75	130×100×75	150×100×75
用户存储器 工作存储器 装载存储器 保持性存储器	50KB 1MB 10KB	75KB 1MB 10KB	100KB 4MB 10KB	125KB 4MB 10KB	150KB 4MB 10KB
本机集成 I/O 数字量 模拟量	6 输入/4 输出 2 路输入	8 输入/6 输出 2 路输入	14 输入/10 输出 2 路输入	14 输入/10 输出 2 路输入/2 路输出	
过程映像大小	1024B 输入（I）和 1024B 输出（Q）				
位存储器	4096B		8192B		
信号模块扩展	无	2	8		
信号板	1				
最大本地 I/O ——数字量	14	82	284		
最大本地 I/O ——模拟量	3	19	67	69	
通信模块	3（左侧扩展）				
高速计数器	3 路	5 路	6 路	6 路	6 路
单相	3 个，100kHz	3 个，100kHz 1 个，30kHz	3 个，100kHz 3 个，30kHz	3 个，100kHz 3 个，30kHz	4 个，1MHz 2 个，100kHz
正交相位	3 个，80kHz	3 个，80kHz 1 个，20kHz	3 个，80kHz 3 个，20kHz	3 个，80kHz 3 个，20kHz	3 个，1MHz 3 个，100kHz
脉冲输出	最多 4 路，CPU 本体 100kHz，通过信号板可输出 200kHz（CPU1217 最多支持 1MHz）				
存储卡	SIMATIC 存储卡（选件）				
实时时间保持时间	通常为 20 天，40℃时最少 12 天				
PROFINET	1 个以太网通信端口			2 个以太网通信端口	
实数数学运算执行速度	2.3μs/指令				
布尔运算 执行速度	0.08μs/指令				

CPU 1211C、CPU 1212C、CPU 1214C、CPU 1215C 四款 CPU 又根据电源信号、输入信号、输出信号的类型各有三种版本，分别为 DC/DC/DC、DC/DC/ RLY，AC/DC/RLY、其中 DC 表示直流、AC 表示交流、RLY（Relay）表示继电器，如表 3-2 所示。

表 3-2　S7-1200 CPU 的 3 种版本

版本	电源电压	DI 输入电压	DQ 输出电压	DQ 输出电流
DC/DC/DC	DC 24V	DC 24V	DC 24V	0.5A，MOSFET
DC/DC/ RLY	DC 24V	DC 24V	DC5～30V，AC5～250V	2A，DC 30W/AC 200W
AC/DC/RLY	AC 85～264V	DC 24V	DC5～30V，AC5～250V	2A，DC 30W/AC 200W

3.2.2　信号板与信号模块

S7-1200 PLC 提供多种 I/O 信号板和信号模块，用于扩展其 CPU 能力。各种 CPU 的正面都可以增加一块信号板，信号模块连接到 CPU 的右侧，各种 CPU 的连接扩展模块数量见表 3-1。

1．信号板

信号板（见图 3-8）可以用于只需要少量附加 I/O 的场合，又不增加硬件的安装空间。安装时将信号板直接插入 S7-1200 CPU 正面的槽内即可，如图 3-9 所示。信号板有可拆卸的端子，因此可以很容易地进行更换。

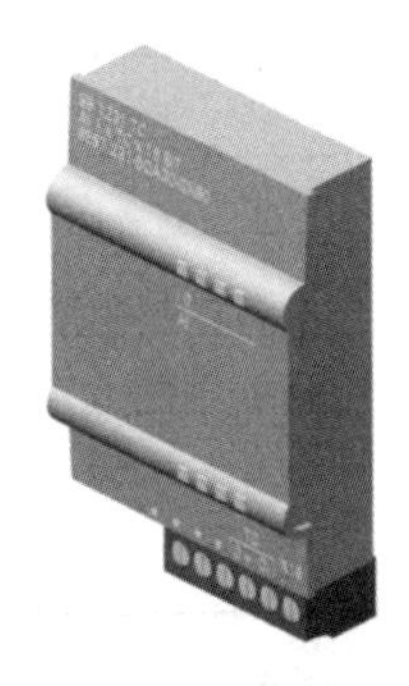

图 3-8　信号板

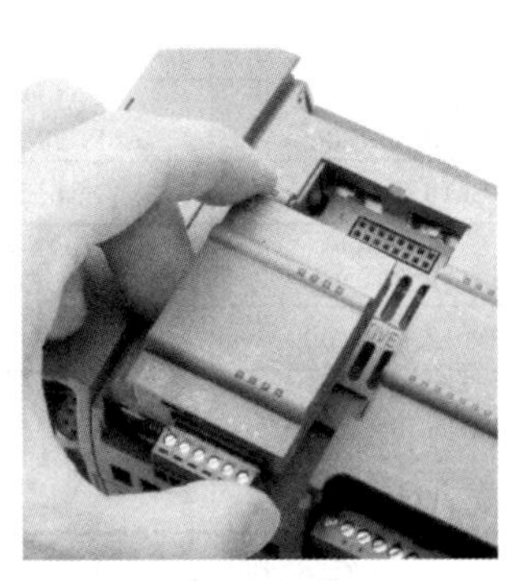

图 3-9　安装信号板

目前，信号板已有多种，主要包括数字量输入、数字量输出、数字量输入/输出、模拟量输入和模拟量输出等类型，如表 3-3 所示。

表 3-3　S7-1200 PLC 的信号板

SB 1221 DC 200kHz	SB 1222 DC 200kHz	SB 1223 DC/DC 200kHz	SB 1231	SB 1232
DI 4×24V DC	DQ 4×24V DC	DI 2×24V DC/ DQ 2×24V DC	AI 1×12bit 2.5V、5V、10V、0～20mA	AQ1×12bit ±10V DC/0～20mA
DI 4×5V DC	DQ 4×5V DC	DI 2×5V DC/ DQ 2×5V DC	AI 1×RTD	
			AI 1×TC	

2．信号模块

相对信号板来说，信号模块可以为 CPU 系统扩展更多的 I/O 点数。信号模块包括数字量输入模块、数字量输出模块、数字量输入/输出模块、模拟量输入模块、模拟量输出模块、模拟量输入/输出模块等，如图 3-10 所示，其参数如表 3-4 所示。

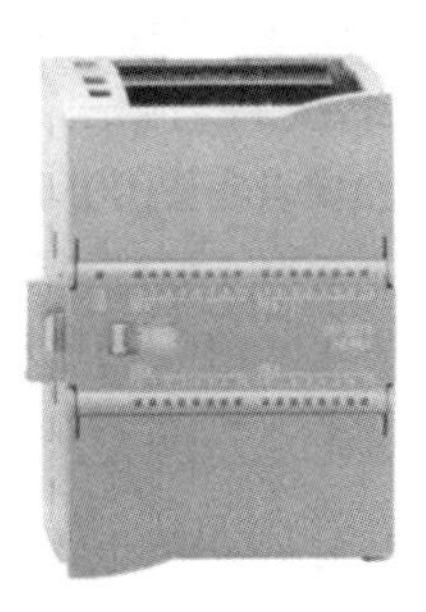

图 3-10　信号模块

表 3-4　S7-1200 PLC 信号模块

信号模块	SM 1221 DC	SM 1221 DC		
数字量输入	DI 8×24V DC	DI 16×24V DC		
信号模块	SM 1222 DC	SM 1222 DC	SM 1222 RLY	SM 1222 RLY
数字量输出	DQ 8×24V DC 0.5A	DQ 16×24V DC 0.5A	DQ 8×RLY 30V DC /250V AC 2A	DQ 16×RLY 30V DC/ 250V AC 2A
信号模块	SM 1223 DC/DC	SM 1223 DC/DC	SM 1223 DC/RLY	SM 1223 DC/RLY
数字量输入/输出	DI 8×24V DC/DO 8×24V DC 0.5A	DI 16×24V DC/DQ 16×24V DC 0.5A	DI 8×24V DC/DQ 8×RLY 30V DC/ 250V AC 2A	DI 16×24V DC/DQ 16×RLY 30V DC/ 250V AC 2A
信号模块	SM 1231 AI	SM 1231 AI		
模拟量输入	AI 4×13bit ±10V DC/0～20mA	AI 8×13bit ±10V DC/0～20mA		
信号模块	SM 1232 AQ	SM 1232 AQ		
模拟量输出	AQ 2×14bit ±10V DC/0～20mA	AQ 4×14bit ±10V DC/0～20mA		
信号模块	SM 1234 AI/AQ			
模拟量输入/输出	AI 4×13bit ±10V DC/0～20MA AQ 2×14bit ±10V DC/0～20mA			

各数字量信号模块还提供了指示模块状态的诊断指示灯。其中，绿色指示模块处于运行状态，红色指示模块有故障或处于非运行状态。

各模拟量信号模块为各路模拟量输入和输出提供了 I/O 状态指示灯。其中，绿色指示通道已组态且处于激活状态，红色指示个别模拟量输入或输出处于错误状态。此外，各模拟量信号模块还提供了指示模块状态的诊断指示灯，其中绿色指示模块处于运行状态，而红色指示模块有故障或处于非运行状态。

3.2.3　集成的通信接口与通信模块

1. 集成的 PROFINET 接口

工业以太网是现场总线发展的趋势，已经占有现场总线半壁江山。PROFINET 是基于工业以太网的现场总线，是开放式的工业以太网标准，它使工业以太网的应用扩展到了控制网络最底层的现场设备。

通过 TCP/IP 标准，S7-1200 提供的集成 PROFINET 接口可用于编程软件 STEP 7 通信，以及与 SIMATIC HMI 精简系列面板通信，或与其他 PLC 通信。此外它还通过开放的以太网协议 TCP/IP 和 ISO-on-TCP 支持与第三方设备的通信。该接口的 RJ-45 连接器具有自动交叉网线功能，数据传输速率为 10Mbit/s/100Mbit/s，支持最多 16 个以太网连接。该接口能实现快速、简单、灵活的工业通信。

CSM 1277 是一个 4 端口的紧凑型交换机，用户可以通过它将 S7-1200 连接到最多 3 个附加设备。除此之外，如果将 S7-1200 和 SIMATIC NET 工业无线局域网组件一起使用，还可以构建一个全新的网络。

2. 通信模块

S7-1200 最多可以增加 3 个通信模块和 1 个通信信号板，如 CM 1241 RS232、CM 1241

RS485、CP1241 RS232、CP1241 RS485、CB1241 RS485，它们安装在 CPU 模块的左边和 CPU 的面板上，如图 3-11 所示。

RS-485 和 RS-232 通信模块为点对点（PtP）的串行通信提供连接。STEP 7 工程组态系统提供了扩展指令或库功能、USS 驱动协议、Modbus RTU 主站协议和 Modbus RTU 从站协议，用于串行通信的组态和编程。

图 3-11　通信模块

3.3 编程软件

TIA（Totally Integrated Automation，全集成自动化）Portal（博途），是西门子最新的全集成自动化软件平台，是未来西门子软件编程的方向，它是将 PLC 编程软件、运动控制软件、可视化的组态软件集成在一起，形成功能强大的自动化软件。其中 SIMATIC STEP 7 Basic 版本只能对 S7-1200 PLC 编程，而 SIMATIC STEP 7 Professional 版本既能对 S7-1200 PLC 编程，还支持对 S7-300、S7-400，S7-1500 的编程。本书使用 STEP 7 Professional V16 对 S7-1200 PLC 进行编程。

STEP 7（TIA Portal）提供两种视图：Portal 视图和项目视图。用户可以在两种视图中选择一种适合的视图，两种视图可以相互切换。

码 3-3
Portal 软件视窗介绍

1. Portal 视图

Portal 视图如图 3-12 所示，在 Portal（门户）视图中，可以概览自动化项目的所有任务。初学者可以借助面向任务的用户指南（类似于向导操作，可以一步一步进行相应的选择），以及最适合其自动化任务的编辑器来进行工程组态。

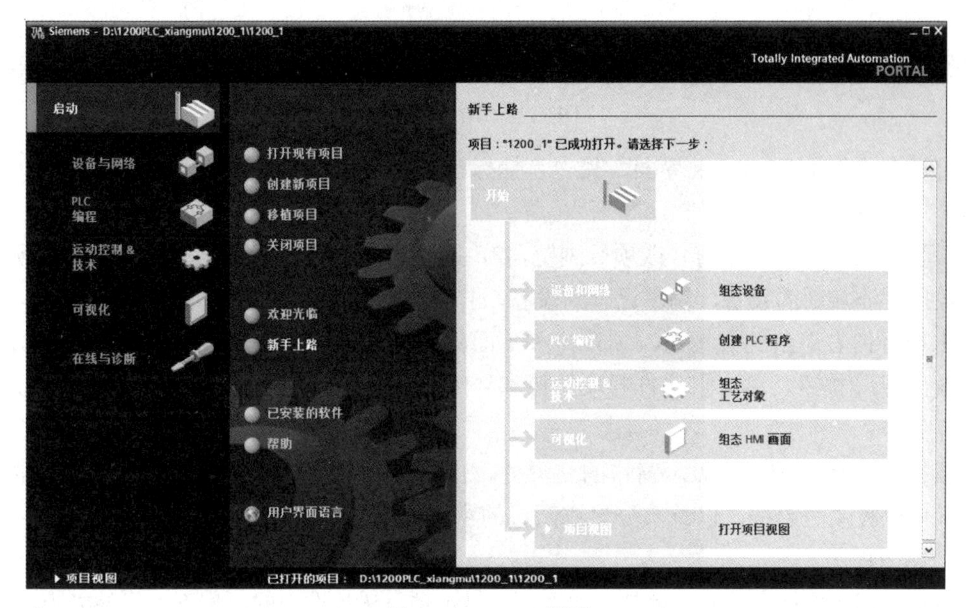

图 3-12　Portal 视图

选择不同的“入口任务”可处理启动、设备与网络、PLC 编程、运动控制、可视化、在线与诊断等各种工程任务。在已经选择的任务入口中可以找到相应的操作，例如选择“启动”任务后，可以进行“打开现有项目”“创建新项目”“移植项目”“关闭项目”等操作。“与已选操作相关的列表”显示的内容与所选的操作相匹配，例如选择“打开现有项目”后，列表将显示最近使用的项目，可以从中选择打开。

2. 项目视图

项目视图如图 3-13 所示，在项目视图中整个项目按多层结构显示在项目树中，在项目视图中可以直接访问所有的编辑器、参数和数据，并进行高效的工程组态和编程，本书主要使用项目视图。

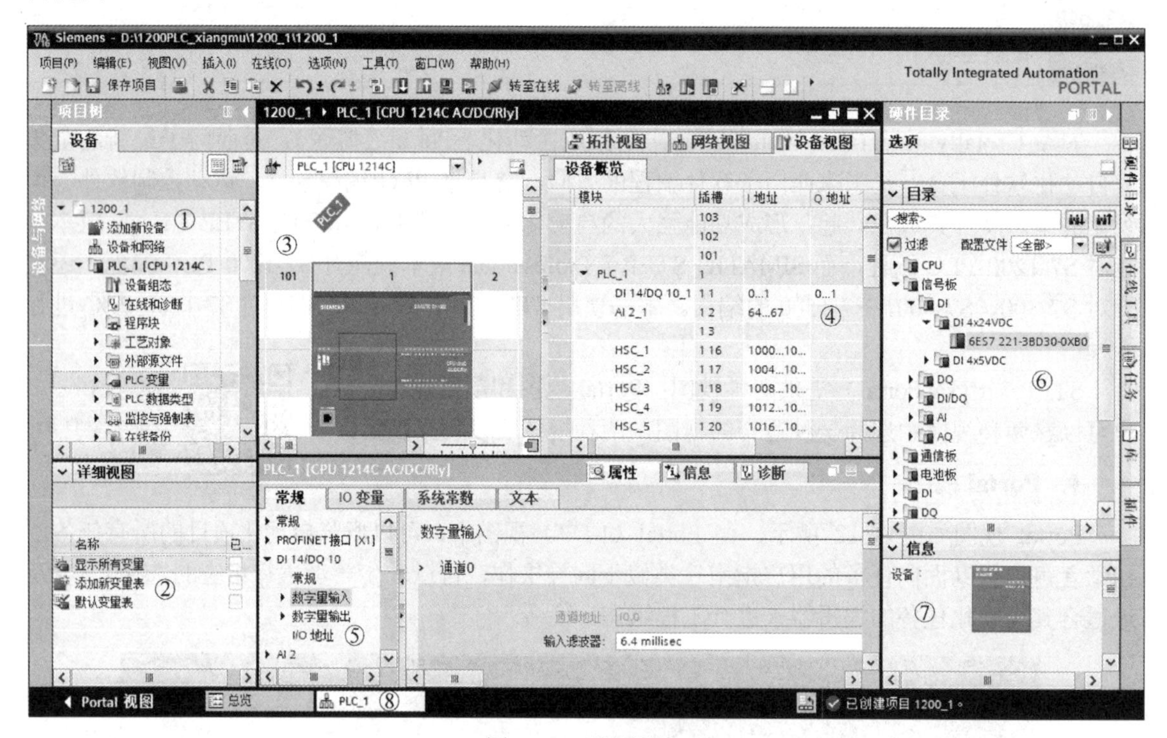

图 3-13　项目视图

项目视图类似于 Windows 界面，其中包括标题栏、工具栏、编辑区和状态栏等。

（1）项目树

项目视图的左侧为项目树（或项目浏览器），即标有①的区域，可以用项目树访问所有设备和项目数据，添加新的设备，编辑已有的设备，打开处理项目数据的编辑器。

单击项目树右上角的按钮，项目树和下面标有②的详细视图消失，同时在最左边的垂直条的上端出现按钮。单击它将打开项目树和详细视图。可以用类似的方法隐藏和显示右边标有⑥的任务卡。

将鼠标的光标放到两个显示窗口的交界处，出现带双向箭头的光标时，按住鼠标的左键移动鼠标，可以移动分界线，以调节分界线两边的窗口大小。

（2）详细视图

项目树窗口下面标有②的区域是详细视图，显示项目树被选中的对象下一级的内容。图 3-13

中的详细视图显示的是项目树的“PLC 变量”文件夹中的内容。详细视图中若为已打开项目中的变量，可以将此变量直接拖放到梯形中。

单击详细视图左上角的 ⌄ 按钮，详细视图被关闭，只剩下紧靠“Portal 视图”的标题，标题左边的按钮变为 › 。单击该按钮，将重新显示详细视图。可以用类似的方法显示和隐藏标有⑤的巡视窗口和标有⑦的信息窗口。

（3）工作区

标有③的区域为工作区，可以同时打开几个编辑器，但是一般只能在工作区同时显示一个当前打开的编辑器。打开的编辑器在最下面标有⑧的编辑器栏中显示。没有打开编辑器时，工作区是空的。

单击工具栏上的⊟、⎅按钮，可以垂直或水平拆分工作区，同时显示两个编辑器。

在工作区同时打开程序编辑器和设备视图，将设备视图中的 CPU 放大到 200%以上，可以将 CPU 上的 I/O 点拖放到程序编辑器中指令的地址域，这样不仅能快速设置指令的地址，还能在 PLC 变量表中创建相应的条目。也可以用上述方法将 CPU 上的 I/O 点拖放到 PLC 变量中。

单击工作区右上角的□按钮，将工作区最大化，会关闭其他所有的窗口。最大化工作区后，单击工作区右上角的□按钮，工作区将恢复原状。

图 3-13 的工作区显示的是硬件与网络编辑器的“设备视图”选项卡，可以组态硬件。选中“网络视图”选项卡，将打开网络视图。

可以将硬件列表中需要的设备或模块拖放到工作区的硬件视图和网络视图中。

显示设备视图或网络视图时，标有④的区域为设备概览区或网络概览区。

（4）巡视窗口

标有⑤的区域为巡视窗口，用来显示选中的工作区中的对象附加的信息，还可以用巡视窗口来设置对象的属性。巡视窗口有 3 个选项卡：

1）“属性”选项卡用来显示和修改选中的工作区中的对象的属性。左边窗口是浏览窗口，选中其中的某个参数组，在右边窗口显示和编辑相应的信息或参数。

2）“信息”选项卡显示所选对象和操作的详细信息，以及编译的报警信息。

3）“诊断”选项卡显示系统诊断事件和组态的报警事件。

（5）编辑器栏

巡视窗口下面标有⑧的区域是编辑器栏，显示打开的所有编辑器，可以用编辑器栏在打开的编辑器之间快速地切换工作区显示的编辑器。

（6）任务卡

标有⑥的区域为任务卡，任务卡的功能与编辑器有关。可以通过任务卡进行进一步的或附加的操作。例如从库或硬件目录中选择对象，搜索与替换项目中的对象，将预定义的对象拖放到工作区。

可以用最右边竖条上的按钮来切换任务卡显示的内容。图 3-13 中的任务卡显示的是硬件目录，任务卡的下面标有⑦的区域是选中的硬件对象的信息窗口，包括对象的图形、名称、版本号、订货号和简要的描述。

3.4 案例9 S7-1200的安装与拆卸

3.4.1 目的

1）掌握安装和拆卸CPU的方法。
2）掌握安装和拆卸信号模块的方法。
3）掌握安装和拆卸通信模块的方法。
4）掌握安装和拆卸信号板的方法。
5）掌握安装和拆卸端子板的方法。

3.4.2 任务

对S7-1200 PLC的硬件进行安装与拆卸，包括CPU、信号模块、通信模块、信号板和端子板。

3.4.3 步骤

S7-1200 PLC尺寸较小，易于安装，可以有效地利用空间。安装时应注意以下几点。

1）可以将S7-1200 PLC水平或垂直安装在面板或标准导轨上。

2）S7-1200 PLC采用自然冷却方式，因此要确保其安装位置的上、下部分与邻近的设备之间至少留出25mm的空间，并且S7-1200 PLC与控制柜外壳之间的距离至少为25mm（安装深度）。

3）当采用垂直安装方式时，其允许的最大环境温度要比水平安装方式降低10℃，此时要确保CPU被安装在最下面。

1. 安装与拆卸CPU

通过导轨卡夹可以很方便地安装CPU到标准DIN导轨或面板上，安装CPU模块如图3-14所示。首先要将全部通信模块连接到CPU上，然后将它们作为一个单元来安装。将CPU安装到DIN导轨上的步骤如下。

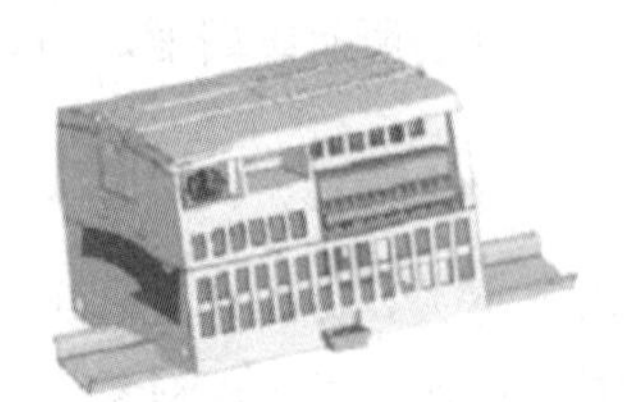
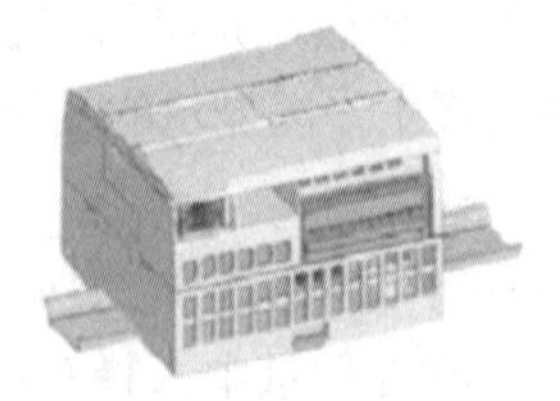

图3-14 安装CPU模块

1）安装DIN导轨，将导轨按照75mm的间距分别固定到安装板上。
2）将CPU挂到DIN导轨上方。
3）拉出CPU下方的DIN导轨卡夹，以便将CPU安装到导轨上。
4）向下转动CPU使其在导轨上就位。

5）推入卡夹将 CPU 锁定到导轨上。

若要准备拆卸 CPU，先断开 CPU 的电源及其 I/O 连接器、接线或电缆。将 CPU 和所有相连的信号模块作为一个整体单元拆卸。所有信号模块应保持安装状态。如果信号模块已连接到 CPU，则需要使用螺钉旋具先缩回总线连接器。拆卸 CPU 模块如图 3-15 所示。

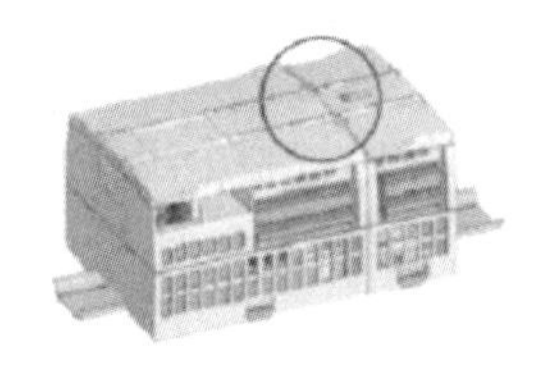
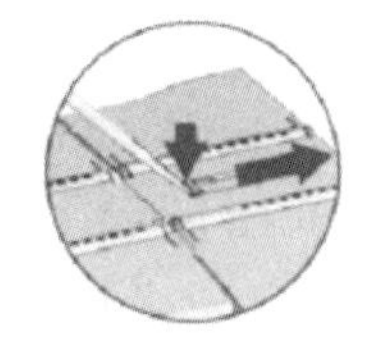
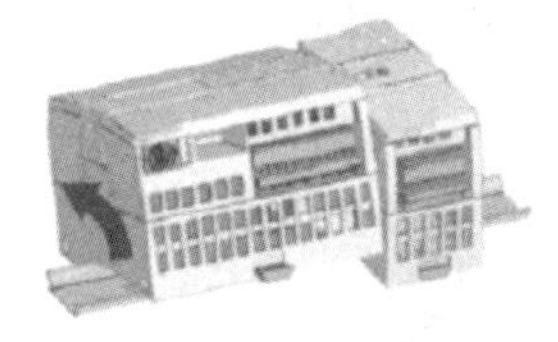

图 3-15　拆卸 CPU 模块

拆卸步骤如下。

1）将螺钉旋具放到信号模块上方的小接头上。

2）向下按，使连接器与 CPU 分离。

3）将小接头完全滑到右侧。

4）拉出 DIN 导轨卡夹，从导轨上松开 CPU。

5）向上转动 CPU，使其脱离导轨，然后从系统中卸下 CPU。

2. 安装与拆卸信号模块

在安装 CPU 之后还要安装信号模块（SM），如图 3-16 所示。

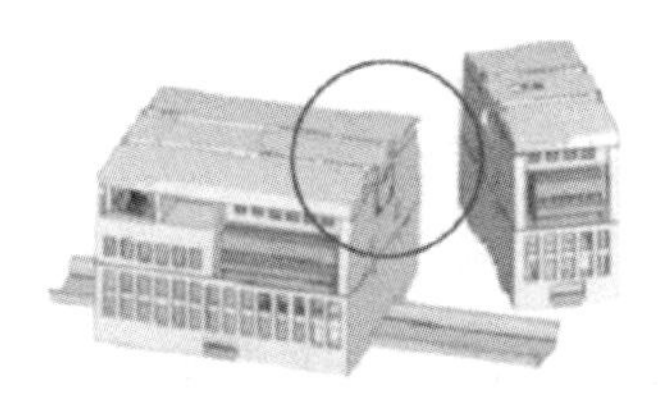

图 3-16　安装信号模块

其具体步骤如下。

1）卸下 CPU 右侧的连接器盖。将螺钉旋具插入盖上方的插槽中，将其上方的盖轻轻撬出并卸下盖，收好以备再次使用。

2）将 SM 挂到 DIN 导轨上方，拉出下方的 DIN 导轨卡夹，以便将 SM 安装到导轨上。

3）向下转动 CPU 旁的 SM，使其就位，并推入下方的卡夹，将 SM 锁定到导轨上。

4）将螺丝旋具放到 SM 上方的小接头旁，将小接着滑到最左侧，即将总线连接线伸出，伸到 CPU 中，即为信号模块建立了机械和电气连接。即为信号模块建立了机械和电气连接。

可以在不卸下 CPU 或其他信号模块处于原位时卸下 SM，如图 3-17 所示。若要准备拆卸 SM，断开 CPU 的电源并卸下 SM 的 I/O 连接器和接线即可。

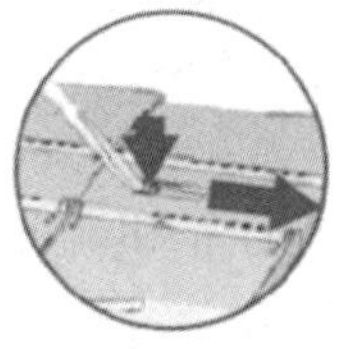
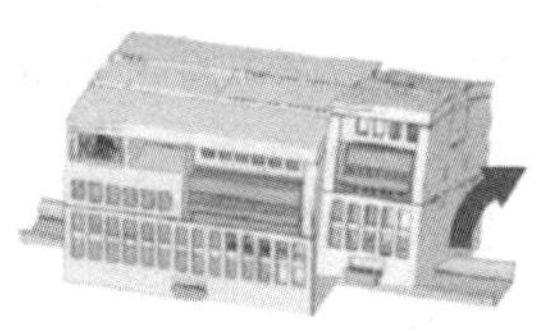

图 3-17　拆卸信号模块

其具体步骤如下。

1）使用螺钉旋具缩回总线连接器。

2）拉出 SM 下方的 DIN 导轨卡夹，从导轨上松开 SM，向上转动 SM，使其脱离导轨。

3）盖上 CPU 的总线连接器。

3. 安装与拆卸通信模块

要安装通信模块（CM），首先将 CM 连接到 CPU 上，然后将整个组件作为一个单元安装到 DIN 导轨或面板上。安装通信模块如图 3-18 所示。

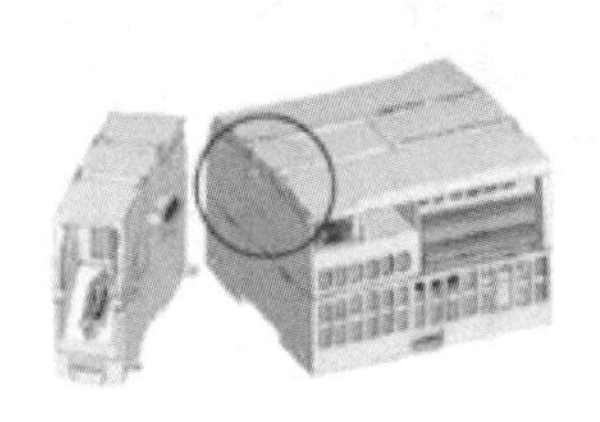
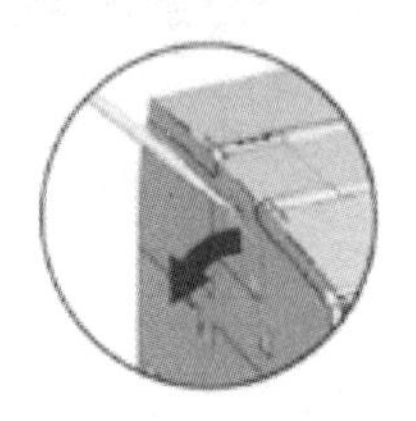
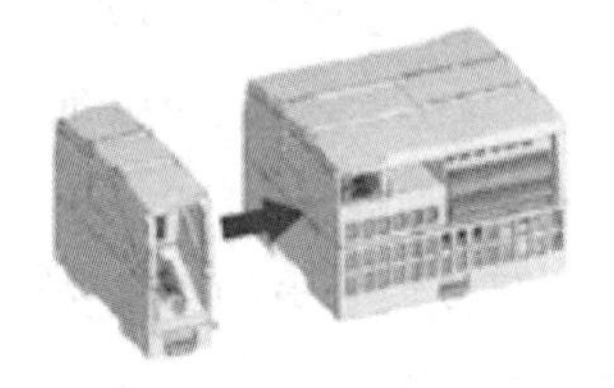

图 3-18　安装通信模块

其具体步骤如下。

1）卸下 CPU 左侧的总线盖。将螺钉旋具插入总线盖上方的插槽中，并轻轻撬出上方的盖。

2）使 CM 的总线连接器和接线柱与 CPU 上的孔对齐。

3）用力将两个单元压在一起直到接线柱卡入到位。

4）将该组合单元安装到 DIN 导轨或面板上即可。

拆卸时，将 CPU 和 CM 作为一个完整单元从 DIN 导轨或面板上卸下。

4. 安装与拆卸信号板

要安装信号板（SB），首先要断开 CPU 的电源并卸下 CPU 上部和下部的端子板盖子，如图 3-19 所示。

图 3-19　安装信号板

其具体步骤如下。

1）将螺钉旋具插入 CPU 上部接线盒盖背面的插槽中。

2）轻轻将盖撬起，并从 CPU 上卸下。

3）将 SB 直接向下放至 CPU 上部的安装位置中。

4）用力将 SB 压入该位置，直到卡入就位。

5）重新装上端子板盖子。

从 CPU 上准备拆卸 SB，要断开 CPU 的电源并卸下 CPU 上部和下部的端子盖子，拆卸信号板如图 3-20 所示。

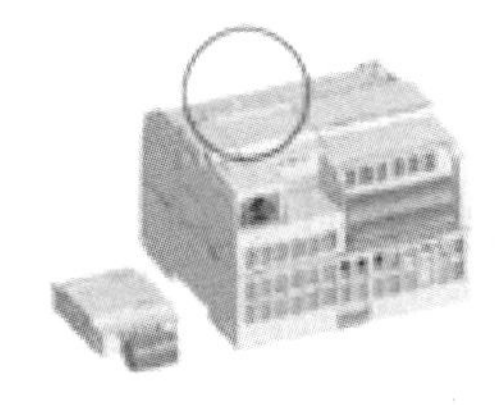

图 3-20　拆卸信号板

其具体步骤如下。

1）将螺钉旋具插入 SB 上部的槽中。

2）轻轻将 SB 撬起，使其与 CPU 分离。

3）将 SB 直接从 CPU 上部的安装位置中取出。

4）重新装上 SB 盖。

5）重新装上端子板盖子。

5. 安装与拆卸端子板

安装端子板示意图如图 3-21 所示。

其具体步骤如下。

1）断开 CPU 的电源并打开端子板的盖子，准备端子板安装的组件。

2）使连接器与单元上的插针对齐。

3）将连接器的接线边对准连接器座沿的内侧。

4）用力按下并转动连接器，直到卡入到位。

5）仔细检查，以确保连接器已正确对齐并完全啮合。

拆卸 S7-1200 PLC 端子板之前要断开 CPU 的电源，拆卸端子板示意图如图 3-22 所示。

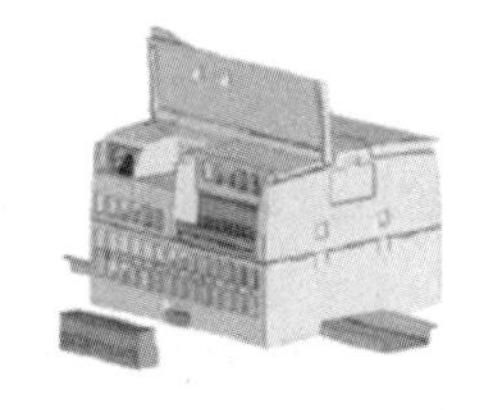

图 3-21　安装端子板

图 3-22　拆卸端子板

其具体步骤如下。

1）打开连接器上方的盖子。

2）查看连接器的顶部并找到可插入螺钉旋具头的槽。

3）将螺钉旋具插入槽中。

4）轻轻撬起连接器顶部，使其与 CPU 分离，连接器从夹紧位置脱离。

5）抓住连接器并将其从 CPU 上卸下。

3.4.4 训练

按上述介绍方法，对 CPU 模块、信号模块、通信模块、信号板、端子板进行安装与拆卸训练，以达到熟练拆装的效果。

3.5 案例10 博途编程软件的安装与使用

3.5.1 目的

1）了解TIA博途编程软件的安装环境。

2）掌握TIA博途编程软件的安装步骤及方法。

3）掌握S7-1200项目的创建步骤和方法。

3.5.2 任务

安装TIA博途编程软件并创建新项目。

3.5.3 步骤

1. 安装TIA博途编程软件

（1）TIA博途V16的安装环境

安装TIA博途V16对计算机软硬件的最低要求如下。

1）处理器：Intel Core i5-6440EQ（最高3.4GHz）及以上；

2）显示器：15.6in全高清显示器，分辨率1920×1080dpi；

3）RAM：16GB或更多（至少为8GB）；

4）硬盘：SSD（固态硬盘），至少配备50GB的存储空间。

5）操作系统（Windows 7 或 10，64bit）：Windows 7 专业版或企业版或旗舰版 SP1；Windows 10专业版或企业版或旗舰版SP1等。

在安装过程中自动安装自动化许可证。卸载TIA Portal时，自动化许可证也被自动卸载。

（2）安装TIA博途V16编程软件

1）删除注册表文件。同时按下计算机键盘上的Windows键和〈R〉键，打开“运行”对话框，然后输入“regedit”，单击“确定”按钮，打开注册表编辑器（也可以单击电脑屏幕左下方Windows的图标，在弹出的开始框中输入“regedit”，按〈Enter〉键后便可打开注册表编辑器）。打开注册表编辑器左边窗口中的“\HKEY_LOCAL_MACHINE\SYST EM\ControlSet001\Control\Session Manager”，选中“Pending File Rename Operations”然后删除便可。若不删除此文件，在安装过程中可能会出现“必须重新启动计算机，然后才能运行安装程序。要立即重新启动计算机吗？”的对话框，重新启动计算机后再安装软件，还是会出现上述信息。

2）执行可执行文件。将博途光盘插入光盘驱动器，安装程序将自动启动（见图3-23）。如果安装程序没有启动，则可通过双击“Start.exe”文件（如果通过硬盘上的文件进行安装，可打开安装文件夹，双击“Start.exe”文件“应用程序”），开始安装STEP 7。

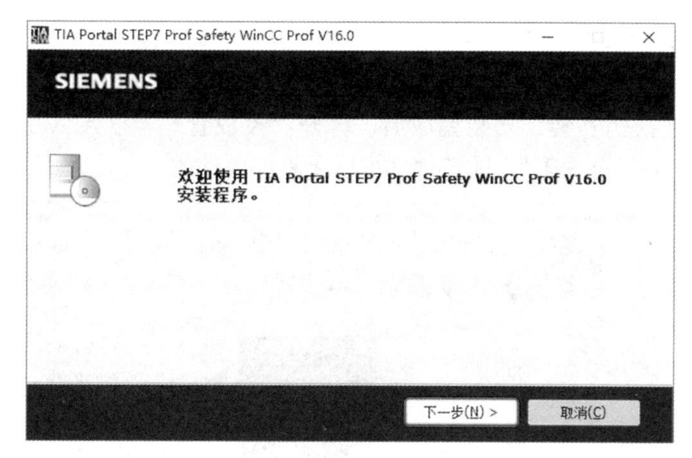

图 3-23　安装启动程序

3）选择安装语言。在选择安装语言对话框中，选择安装过程中的界面语言，建议采用默认的安装语言“中文”。单击“下一步”按钮，进入下一个对话框。

4）选择产品语言。在打开的选择产品语言对话框中，选择 TIA 博途软件的用户界面要使用的语言。采用系统默认的英语和中文，“英语”作为基本产品语言，不可取消。单击“下一步”按钮，进入下一个对话框。

5）选择产品配置。在打开的产品配置对话框中，若要以最小配置安装程序，则单击“最小（M）”按钮；若要以典型配置安装程序，则单击“典型（T）”按钮；若自主选择需要安装的组件，请单击“用户自定义（U）”按钮。然后勾选需要安装的产品所对应的复选框。若在桌面上创建快捷方式，请选中“创建桌面快捷方式（D）”复选框；若要更改安装的目标目录，请单击“浏览（R）”按钮。安装路径的长度不能超过 89 个字符。

建议采用“典型”配置和 C:盘中默认的安装路径。单击“下一步”按钮，进入下一个对话框。

6）勾选许可证条款。在打开的“许可证条款”对话框中，单击窗口下面的两个小正方形复选框，使方框中出现“√”，接受列出的许可证协议的条款。单击“下一步”按钮，进入下一个对话框。

7）勾选安全和权限设置。在打开的“安全控制”对话框中，勾选复选框“我接受此计算机上的安全和权限设置（A）”。单击“下一步”　按钮，进入下一个对话框。

8）开始安装。在打开的“概览”对话框中，列出了前面设置的产品配置、产品语言和安装路径。单击“安装（I）”按钮，开始安装软件。

如果安装过程中未在 PC 上找到许可证密钥，可以通过从外部导入的方式将其传送到 PC 中。如果跳过许可密钥传送，稍后可通过 Automation License Manager 进行注册。安装过程需要重新启动计算机。在这种情况下，请选择“是，立即重启计算机（Y）”选项按钮。重新启动后，系统会继续安装，直至安装结束。

（3）安装仿真软件

安装完成 STEP 7 Professional V16 后，因已经自动安装了 WinCC Professional V16，故无需安装组态软件。因项目中需要对编程及组态进行仿真，故需安装仿真软件 S7-PLCSIM V16，安装的操作过程与安装 STEP 7 Professional V16 相同。

（4）安装密钥

如果未安装许可证密钥，软件使用是有期限的。打开安装文件夹找到许可证密钥文件，双击 Sim_EKB_Install 应用程序，在打开的对话框中选中“需要的密钥”（见图 3-24），勾选“序列号码”列的“选择”复选框，此时下面需要安装的序列号码全部被选中，单击“安装长密钥”按钮进行许可证密钥安装。安装完成后，打开“授权管理器（ALM）”，会发现“授权类型”和“有效期”均为“不受限”，即该软件可以无限期地使用。

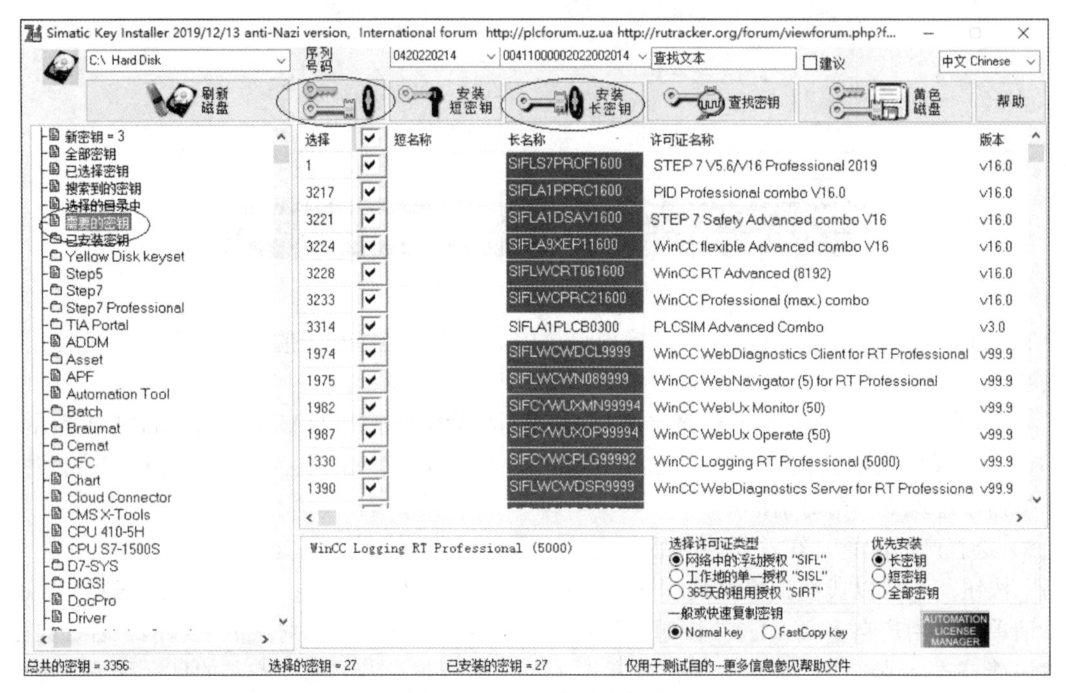

图 3-24 安装许可证密钥

2. TIA 博途的使用（创建新项目）

（1）新建一个项目

码 3-4
项目的创建

双击桌面上的博途图标，打开博途软件，在 Portal 视图中选择“创建新项目”，输入项目名称“1200_first”，可更改项目保存路径，然后单击“创建”按钮自动进入图 3-12 所示的“新手上路”界面。若打开博途软件后，切换到“项目视图”，执行菜单命令“项目”→“新建”，在出现的“创建新项目”对话框中，可以修改项目的名称，或者使用系统指定的名称，可以更改项目保存的路径或使用系统指定路径，单击“创建”按钮便可生成项目，如图 3-25 所示。

创建新项目
项目名称：1200_first
路径：D:\1200PLC_xiangmu
版本：V16
作者：Administrator
注释：
创建 取消

图 3-25 “创建新项目”对话框

（2）添加新设备

单击图 3-12 中的右侧窗口的“组态设备”或单击图 3-13 左侧窗口“设备和网络”选项，在弹出窗口项目树中单击“添加新设备”，将会出现图 3-26 所示的对话框。单击“控制器”按钮，在“设备名称”栏中输入要添加的设备的用户定义的名称，也可使用系统指定名称“PLC_1”，在中间的项目树中通过单击各项目前的图标或双击项目名打开 SIMATIC S7-1200→CPU→CPU 1214C AC/DC/Rly，选择与硬件相对应订货号的 CPU，在此选择订货号为 6ES7 214-1BG40-0XB0 的 CPU，在项目树的右侧将显示选中设备的产品介绍及性能。单击对话框右下角的“添加”按钮或双击已选择 CPU 的订货号，均可以添加一个 S7-1200 设备。在项目树、硬件视图和网络视图中均可以看到已添加的设备。

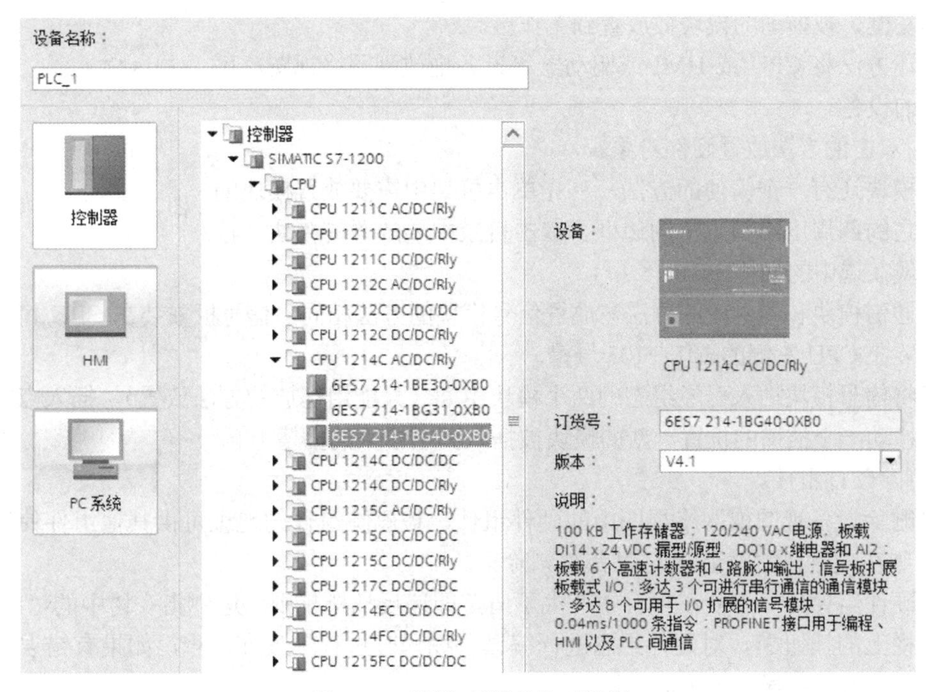

图 3-26　“添加新设备”对话框

（3）硬件组态

码 3-5
硬件组态

1）设备组态的任务。

设备组态（Configuring，配置/设置，在西门子自动化设备中被译为“组态”）的任务就是在设备和网络编辑器中生成一个与实际的硬件系统对应的虚拟系统，模块的安装位置和设备之间的通信连接，都应与实际的硬件系统完全相同。在自动化系统启动时，CPU 将比对两系统，如果两系统不一致，将会采取相应的措施。

此外还应设置模块的参数，即给参数赋值，或称为参数化。

2）在设备视图中添加模块。

打开项目树中的“PLC_1”文件夹，双击其中的“设备组态”，打开设备视图，可以看到 1 号槽中的 CPU 模块。

在硬件组态时，需要将 I/O 模块或通信模块放置在工作区的机架插槽内，有两种放置硬件对象（模块）的方法。

① 用“拖放”的方法放置硬件对象。

单击图 3-13 中最右边竖条上的“硬件目录”，打开硬件目录窗口。选中文件夹“\DI\DI 8×24V DC”中订货号为 6SE7221-1BF30-0XB0 的 8 点 DI 模块，其背景变为深色，如图 3-27 所示。

图 3-27 “添加模块”对话框

所有可以插入该模块的插槽四周出现深蓝色的方框，只能将该模块插入这些插槽。用鼠标左键按住该模块不放，移动鼠标，将选中的模块“拖”到机架中 CPU 右边的 2 号槽，该模块浅色的图标和订货号随着光标一起移动。没有移动到允许放置该模块的工作区时，光标的形状为🚫（禁止放置）。反之光标的形状变为（允许放置）。此时松开鼠标左键，被拖动的模块被放置到工作区。

用上述方法将 CPU 或 HMI 或驱动器等设备拖放到网络视图，可以生成新的设备。

② 用双击的方法放置硬件对象。

放置模块还有一个简便的方法，首先单击机架中需要放置模块的插槽，使它的四周出现深蓝色的边框。双击目录中要放置的模块，该模块便出现在选中的插槽中。

放置通信模块和信号板的方法与放置信号模块的方法相同，信号板安装在 CPU 模块内，通信模块安装在 CPU 左侧的 101～103 号槽。

可以将信号模块插入已经组态的两个模块中间（只能用拖放的方法放置）。插入点右边的模块将向右移动一个插槽的位置，新的模块被插入到空出来的插槽上。

3）删除硬件组件。

可以删除设备视图或网络视图中的硬件组件，被删除组件的地址可供其他组件使用。若删除 CPU，则在项目树中整个 PLC 站都被删除了。

删除硬件组件后，可能在项目中产生矛盾，即违反插槽规则。选中指令树中的“PLC_1”，单击工具栏上的按钮，对硬件组态进行编译。编译时进行一致性检查，如果有错误将会显示错误信息，应改正错误后重新进行编译。

4）更改设备型号。

单击设备视图中要更改型号的 CPU，执行出现的快捷菜单中的“更改设备类型”命令，选中出现的对话框的“新设备”列表中用来替换的设备的订货号，单击“确定”按钮，设备型号被更改。

5）打开已有项目。

双击桌面的图标，在 Portal 视图的右窗口中选择“最近使用的”列表中项目，或单击“浏览”按钮，在打开的对话框中找到某个项目的文件夹，双击其中标有的文件，打开该项目。或打开软件后，在项目视图中，单击工具栏上的标图或执行菜单命令“项目”→“打开”，打开的对话框中列出了最近打开的某个项目，双击该项目可打开它。或单击“浏览”按钮，在打开的对话框中找到某个项目的文件夹并打开。

3.5.4 训练

读者可按上述介绍方法安装所需要的软件，并创建一个项目及添加 CPU 模块和信号模块或通信模块。

3.6 S7-1200的存储器及寻址

3.6.1 存储器

S7-1200 PLC提供了以下用于存储用户程序、数据和组态的存储器，S7-1200 PLC的存储区如表3-5所示。

表3-5　S7-1200 PLC的存储区

装载存储器	动态装载存储器RAM
	可保持装载存储器EEPROM
工作存储器RAM	用户程序，如逻辑块、数据块
系统存储器RAM	过程映像I/O表
	位存储器
	局域数据堆栈、块堆栈
	中断堆栈、中断缓冲区

（1）装载存储器

装载存储器用于非易失性地存储用户程序、数据和组态。项目被下载到CPU后，首先存储在装载存储器中。每个CPU都具有内部装载存储器。该内部装载存储器的大小取决于所使用的CPU。该内部装载存储器可以用外部存储卡来替代。如果未插入存储卡，CPU将使用内部装载存储器；如果插入了存储卡，CPU将使用该存储卡作为装载存储器。但是，可使用的外部装载存储器大小不能超过内部装载存储器的大小，即使插入的存储卡有更多空闲空间。该非易失性存储区能够在断电后继续保持。

（2）工作存储器

工作存储器是易失性存储器，用于执行用户程序时存储用户项目的某些内容。CPU会将一些项目内容从装载存储器复制到工作存储器中。该易失性存储区中数据将在断电后丢失，而在恢复供电时由CPU恢复。

（3）系统存储器

系统存储器是CPU为用户程序提供的存储组件，被划分为若干个地址区域，见表3-6。使用指令可以在相应地址区内对数据直接进行寻址。系统存储器用于存放用户程序的操作数据，例如过程映像输入/输出、物理输入/输出区域、位存储器、数据块和临时局部存储器等。

表3-6　系统存储器的存储区

存储区	描述	强制	保持
过程映像输入（I）	在扫描循环开始时，从物理输入复制的输入值	是	否
过程映像输出（Q）	在扫描循环开始时，将输出值写入物理输出	否	否
物理输入（I_:P）	通过该区域立即读取物理输入	否	否
物理输出（Q_:P）	通过该区域立即写物理输出	否	否
位存储器（M）	用于存储用户程序的中间运算结果或标志位	否	是

（续）

存储区	描述	强制	保持
数据块（DB）	数据存储器与FB的参数存储器	否	是
临时局部存储器（L）	块的临时局部数据，只能供块内部使用	否	否

1）过程映像输入

过程映像输入在用户程序中的标识符为 I，它是 PLC 接收外部输入的数字量信号的窗口。输入端可以接常开触点或常闭触点，也可以接多个触点组成的串并联电路。

在每次扫描循环开始时，CPU 读取数字量输入模块的外部输入电路的状态，并将它们存入过程映像输入区。

2）过程映像输出

过程映像输出在用户程序中的标识符为 Q，每次循环周期开始时，CPU 将过程映像输出的数据传送给输出模块，再由后者驱动外部负载。

用户程序访问 PLC 的输入和输出地址区时，不是去读、写数字量模块中信号的状态，而是访问 CPU 的过程映像区。在扫描循环中，用户程序计算输出值，并将它们存入过程映像输出区。在下一循环扫描开始时，将过程映像输出区的内容写到数字量输出模块。

I 和 Q 均可以按位、字节、字和双字来访问，如 I0.0、QB1、IW2 和 QD4。

3）物理输入

在 I/O 点的地址或符号地址的后边加“:P”，可以立即访问物理输入或物理输出。通过给输入点的地址附加“:P”，如 I0.3:P 或 Start:P，可以立即读取 CPU、信号板和信号模块的数字量输入和模拟量输入。访问时使用 I_:P 取代 I 的区别在于前者的数字直接来自被访问的输入点，而不是来自过程映像输入。因为数据从信号源被立即读取，而不是从最后一次被刷新的过程映像输入中复制，这种访问被称为“立即读”访问。

由于物理输入点从直接连接在该点的现场设备接收数据值，因此写物理输入点是被禁止的，即 I_:P 访问是只读的。

I_:P 访问还受到硬件支持的输入长度的限制。以被组态为从 I4.0 开始的 2DI/2DQ 信号板的输入点为例，可以访问 I4.0:P、I4.1:P 或 IB4:P，但是不能访问 I4.2:P～I4.7:P，因为没有使用这些输入点。也不能访问 IW4:P 和 ID4:P，因为它们超过了信号板使用的字节范围。

用 I_:P 访问物理输入不会影响存储在过程映像输入区中的对应值。

4）物理输出

在输出点的地址后面附加“:P”，如 Q0.0:P，可以立即写 CPU、信号板或信号模块的数字量和模拟量输出。访问时使用 Q_:P 取代 Q 的区别在于前者的数字直接写给被访问的物理输出点，同时写给过程映像输出。这种访问被称为“立即写”，因为数据被立即写给目标点，不用等到下一次刷新时将过程映像输出中的数据传送给目标点。

由于物理输入点直接控制与该点连接的现场设备，因此读物理输出点是被禁止的，即 Q_:P 访问是只写的。与此相反，可以读写 Q 区的数据。

Q_:P 访问还受到硬件支持的输出长度的限制。以被组态为从 Q4.0 开始的 2DI/2DQ 信号板的输入点为例，可以访问 Q4.0:P、Q4.1:P 或 QB4:P，但是不能访问 Q4.2:P～Q4.7:P，因为没有使用这些输出点。也不能访问 QW4:P 和 QD4:P，因为它们超过了信号板使用的字节范围。

用 Q_:P 访问物理输出同时影响物理输出点和存储在过程映像输出区中的对应值。

5）位存储器

位存储器（或称为 M 存储器）用来存储运算的中间操作状态或其他控制信息。可以用位、字节、字或双字读/写存储器区，如 M0.0、MB2、MW10 和 MD200。

6）临时局部存储器

临时局部存储器用于存储代码块被处理时使用的临时数据。PLC 为启动和程序循环组织块提供 16KB 的临时局部存储器；为标准的中断事件和时间错误的中断事件均提供 4KB 的临时存储器。

临时局部存储器类似于 M 存储器，二者的主要区别在于 M 存储器是全局的，而临时局部存储器是局部的。

7）数据块

数据块（Data Block）简称为 DB，用来存储代码块使用的各种类型的数据，包括中间操作状态、其他控制信息，以及某些指令（如定时器、计数器）需要的数据结构。可以设置数据块有的保护功能。

数据块关闭后，或有关代码的执行开始或结束后，数据块中存放的数据不会丢失。有两种类型的数据块。

① 全局数据块：存储的数据可以被所有的代码块访问。

② 背景数据块：存储的数据供指定的功能块（FB）使用，其结构取决于 FB 接口区参数。

3.6.2　寻址

SIMATIC S7 CPU 中可以按位、字节和双字对存储单元进行寻址。

二进制数的一位（Bit）只有 0 和 1 两种不同的取值，可用来表示数字量的两种不同的状态，如触点的断开和接通，线圈的断电和通电等。8 位二进制数组成一个字节（Byte），其中的第 0 位为最低位、第 7 位为最高位。两个字节组成一个字（Word），其中的第 0 位为最低位，第 15 位为最高位。两个字组成一个双字（Double Word），其中的第 0 位为最低位，第 31 位为最高位。

S7 CPU 不同的存储单元都是以字节为单位。

对位数据的寻址由字节地址和位地址组成，如 I1.2，其中的区域标识标“I”表示寻址输入（Input）映像区，字节地址为 1，位地址为 2，“.”为字节地址与位地址之间的分隔符，这种存取方式为“字节.位”寻址方式，如图 3-28 所示，其中 MSB 为最高有效位，LSB 为最低有效位。

对字节、字和双字数据的寻址时需指明区域标识符、数据类型和存储区域内的首字节的地址。例如字节 MB10 表示由 M10.7～M10.0 这 8 位（高位地址在前，低位地址在后）组成的 1 个节字，M 为位存储区域标识符，B 表示字节（B 是 Byte 的缩写），10 为首字节地址。相邻的两个字节组成一个字，MW10 表示由 MB10 和 MB11 组成的 1 个字，M 为位存储区域标识符，W 表示字（W 是 Word 的缩写），10 为首字节的地址。MD10 表示由 MB10～MB13 组成的双字，M 为位存储区域标识符，D 表示双字（D 是 Double Word 的缩写），10 为起始字节的地址。位、字节、字和双字的构成示意图如图 3-29 所示。

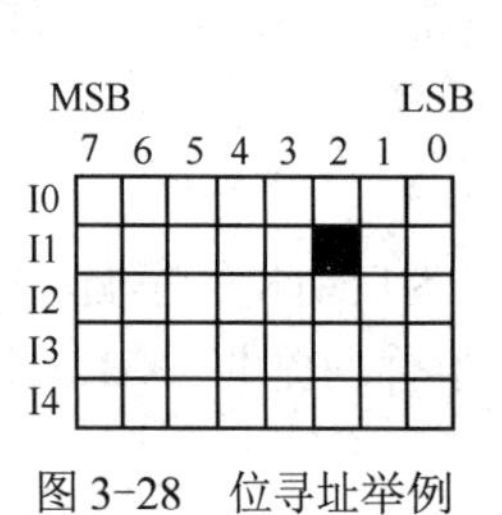

图3-28　位寻址举例

位
0/1
MSB 字节 LSB
MB10 | 7 MB10 0
MSB 字 LSB
MW10 | 15 MB10 | MB11 0
MSB 双字 LSB
MD10 | 31 MB10 | MB11 | MB12 | MB13 0

图3-29　位、字节、字和双字构成示意图

3.7 位逻辑指令

3.7.1 触点指令

1．常开触点和常闭触点

码 3-6
触点及线圈指令

触点分为常开触点和常闭触点，常开触点在指定的位为 1 状态（ON）时闭合，为 0 状态（OFF）时断开；常闭触点在指定的位为 1 状态（ON）时断开，为 0 状态（OFF）时闭合。触点符号中的“/”表示常闭，触点指令中变量的数据类型为（BOOL）型，在编程时触点可以并联和串联使用，但不能放在梯形图的最后，触点和线圈指令的应用举例如图 3-30 所示。

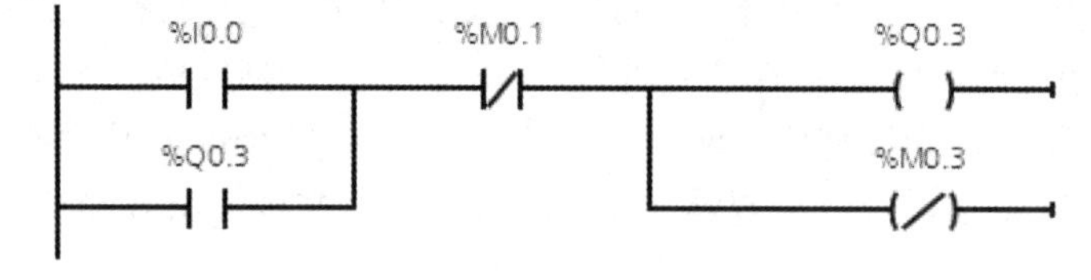

图3-30　触点和线圈指令的应用举例

注意：在使用绝对寻址方式时，绝对地址前面的“%”符号是编程软件自动添加的，不需要用户输入。

2．NOT（取反）触点

NOT 触点用来转换能流流入的逻辑状态。如果没有能流流入 NOT 触点，则有能流流出。如果有能流流入 NOT 触点，则没有能流流出。在图 3-31 中，若 I0.0 为 1，Q0.1 为 0，则有能流流入 NOT 触点，经过 NOT 触点后，则无能流流向 Q0.5；或 I0.0 为 1，Q0.1 为 1，或 I0.0 为 0，Q0.1 为 0（或为 1）则无能流流入 NOT 触点，经过 NOT 触点后，则有能流流向 Q0.5。

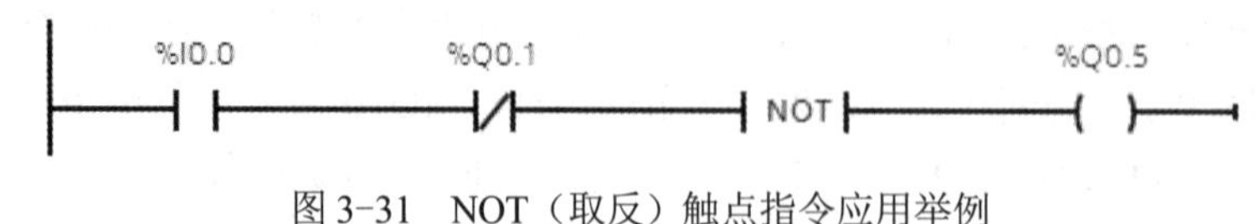

图3-31　NOT（取反）触点指令应用举例

3.7.2　线圈指令

线圈指令为输出指令，是将线圈的状态写入到指定的地址。驱动线圈的触点电路接通时，线圈流过“能流”指定位对应的映像寄存器为 1，反之则为 0。如果是 Q 区地址，CPU 将输出的值传送给对应的过程映像输出，PLC 在 RUN（运行）模式时，接通或断开连接到相应输出点的负载。输出线圈指令可以放在梯形图的任意位置，变量类型为 BOOL 型。输出线圈指令既可以多个串联使用，也可以多个并联使用。建议初学时将输出线圈单独或并联使用，并且放在每个电路的最后，即梯形图的最右侧，如图 3-30 所示。

取反线圈中间有“/”符号，如果有能流经过图 3-30 中 M0.3 的取反线圈，则 M0.3 的输出位为 0 状态，其常开触点断开，反之 M0.3 的输出位为 1 状态，其常开触点闭合。

3.7.3　置位/复位指令

1．单点置位/复位指令

码 3-7
单点置位/复位指令

S（Set，置位或置 1）指令将指定的单个地址位置位（变为 1 状态并保持，一直保持到它被另一个指令复位为止）。

R（Reset，复位或置 0）指令将指定的单个地址位复位（变为 0 状态并保持，一直保持到它被另一个指令置位为止）。

置位和复位指令最主要的特点是具有记忆和保持功能。在图 3-32 中若 I0.0=1，M0.0=0 时，Q0.0 被置位，此时即使 I0.0 和 M0.0 不再满足上述关系，Q0.0 仍然保持为 1，直到 Q0.0 对应的复位条件满足，即当 I0.2=1，Q0.3=0 时，Q0.0 被复位为零。

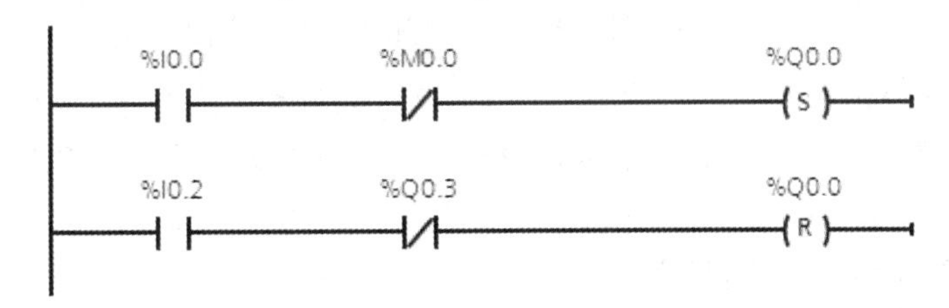

图 3-32　置位复位指令应用举例

注意：与 S7-200 和 S7-300/400 不同，S7-1200 的梯形图允许在一个程序段内输入多个独立电路，建议初学者在一个程序段中只输入一个独立电路（见图 3-34）。

2．点置位/复位指令

SET_BF（Set bit field，多点置位，也称置位位域）指令将指定的地址开始的连续若干个（n）位地址置位（变为 1 状态并保持，一直保持到它被另一个指令复位为止）。

RESET_BF（Reset bit field，多点复位，也称复位位域）指令将指定的地址开始的连续若干个（n）位地址复位（变为 0 状态并保持，一直保持到它被另一个指令置位为止）。

在图 3-33 中，若 I0.1=1，则从 Q0.3 开始的 4 个连续的位被置位并保持 1 状态，即 Q0.3～Q0.6 一起被置位；当 M0.2=1，则从 Q0.3 开始的 4 个连续的位被复位并保持 0 状态，即 Q0.3～Q0.6 一起被复位。若多点置位和复位指令线圈下方的 n 值为 1 时，功能等同于置位和复位指令。

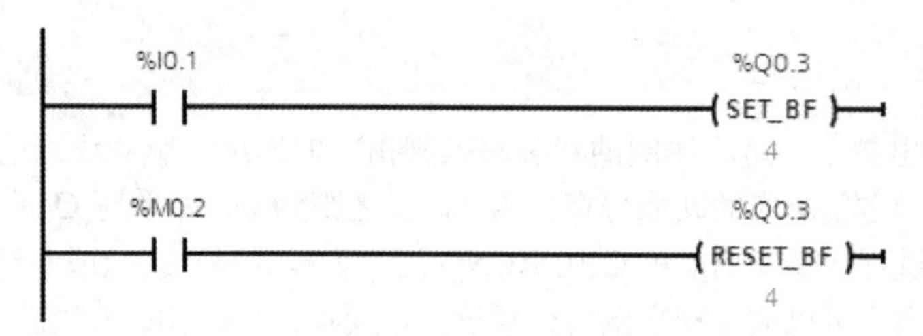

图 3-33　多点置位复位指令应用举例

3．触发器的置位/复位指令

触发器的置位/复位指令如图 3-34 所示。可以看出触发器有置位输入和复位输入两个输入端，分别用于根据输入端的逻辑运算结果（RLO）=1，对存储器位置位和复位。当 I0.0=1，I0.1=0 时，Q0.0 被复位，Q0.1 被置位；当 I0.0=0，I0.1=1 时，Q0.0 被置位，Q0.1 被复位。若两个输入的信号逻辑结果全为 1，则触发器的两个输入端中，位于下面的那个起作用，即触发器的置位/复位指令分为置位优先和复位优先两种。

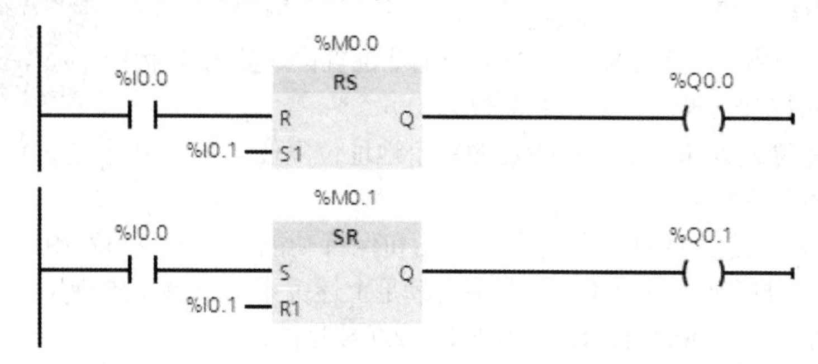

图 3-34　触发器的置位/复位指令应用举例

触发器指令上的 M0.0 和 M0.1 称为标志位，R、S 输入端首先对标志位进行复位和置位，然后将标志位的状态送到输出端。如果用置位指令把输出置位，则当 CPU 暖启动时输出被复位。若在图 3-34 中，将 M0.0 声明为保持，则当 CPU 暖启动时，它就一直保持置位状态，被启动复位的 Q0.0 再次赋值为 1（ON）状态。

后面介绍的诸多指令通常也带有标志位，其含义类似。

3.7.4　边沿检测指令

1．边沿检测触点指令

码 3-8
边沿检测触点指令

边沿检测触点指令，又称扫描操作数的信号边沿指令，包括 P 触点和 N 触点指令（见图 3-35），是当触点地址位的值从“0”到“1”（上升沿或正边沿，Positive）或从“1”到“0”（下降沿或负边沿，Negative）变化时，该触点地址保持一个扫描周期的高电平，即对应常开触点接通一个扫描周期，在其他任何情况下，该触点均断开。触点边沿指令可以放置在程序段中除分支结尾外的任何位置。

P 触点下面的 M0.0 或 N 触点下面的 M1.0 为边沿存储位，用来存储上一次扫描循环时 I0.1 或 I0.2 的状态。通过比较 I0.1 或 I0.2 的当前状态和上一次循环的状态，来检测信号的边沿。边沿存储位的地址只能在程序中使用一次，它的状态不能在其他地方被改写。只能用 M、DB 或

FB 的静态局部变量（Static）来作为边沿存储位，不能用块的临时局部数据或 I/O 变量来作为边沿存储位。

在图 3-35 中，当 I0.0 为 1，且当 I0.1 有从 0 到 1 的上升沿时，Q0.6 接通一个扫描周期。当 I0.2 发生从 1 到 0 的下降沿变化时，Q1.0 接通一个扫描周期。

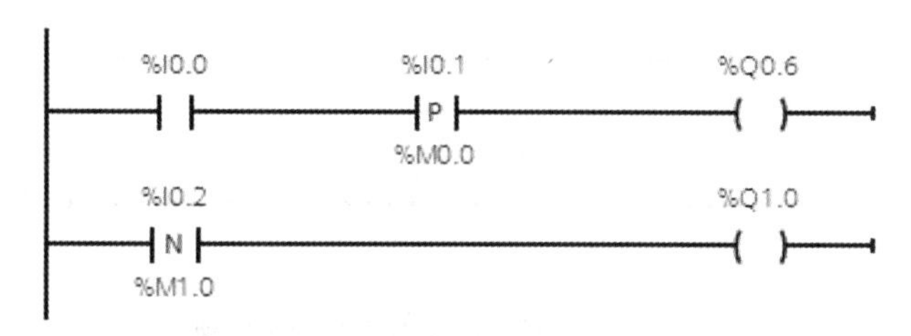

图 3-35　边沿检测触点指令应用举例

2．边沿检测线圈指令

边沿检测线圈指令，又称信号边沿置位操作数指令，包括 P 线圈和 N 线圈（见图 3-36），仅在流进该线圈的能流（即 RLO）中检测到上升沿或下降沿变化时，线圈对应的位地址接通一个扫描周期，其他情况下该线圈对应的位地址为 0 状态。

线圈边沿指令不会影响逻辑运算结果 RLO，它们对能流是畅通无阻的，其输入端的逻辑运算结果被立即送给输出端，它们可以放置在程序段的中间或最右边，若放在程序段的最前面，则 N 线圈指令将无法执行。

在图 3-36 中，当线圈输入端的信号状态从“0”切换到“1”时，Q0.0 接通一个扫描周期。当 M0.3=0，I0.1=1 时，Q0.2 被置位，此时 M0.2=0，当 I0.1 从“1”到“0”或 M0.3 从“0”到“1”时，M0.2 接通一个扫描周期，Q0.2 仍为 1。图 3-36 中 M0.0 或 M0.1 为 P 线圈或 N 线圈输入端的 RLO 的边沿存储位。

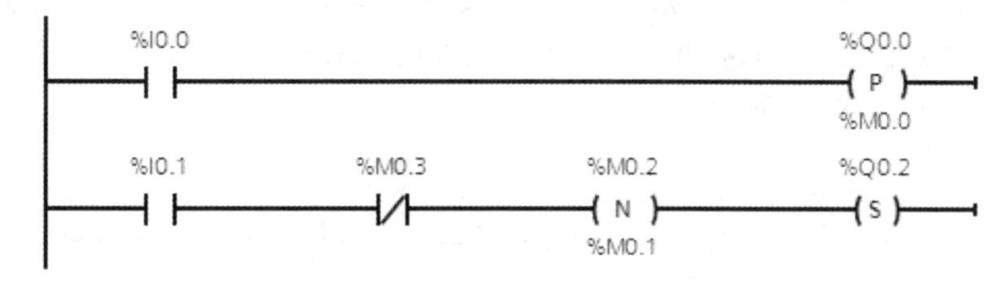

图 3-36　边沿检测线圈指令应用举例

3．TRIG 边沿检测指令

TRIG 边沿检测指令分为检测 RLO 的信号边沿指令和检测信号边沿指令。

检测 RLO 的信号边沿指令包括 P_TRIG 和 N_TRIG 指令（见图 3-37），当在该指令的“CLK”输入端检测到能流（即 RLO）上升沿或下降沿时，输出端接通一个扫描周期。在图 3-37 中，当 I0.0 和 M0.0 相与的结果有一个上升沿时，Q0.3 接通一个扫描周期，I0.0 和 M0.0 相与的结果保存在 M1.0 中。当 I1.2 从“1”到“0”时，M2.0 接通一个扫描周期，此行中的 N_TRIG 指令功能与 I1.2 下边沿检测触点指令相同。P_TRIG 和 N_TRIG 指令不能放在电路的开始处和结束处。

检测信号边沿指令，包括 R_TRIG 和 F_TRIG 指令（见图 3-38）。它们是函数块，在调用时应为它们指定背景数据块。这两条指令将输入 CLK 当前状态与背景数据块中的边沿存储位保存的上一个扫描周期的 CLK 的状态进行比较，如果指令检测到 CLK 的上升沿或下降沿，将会通过 Q 端输出一个扫描周期的脉冲。R_TRIG 和 F_TRIG 指令不能放在电路的开始处和结束处。

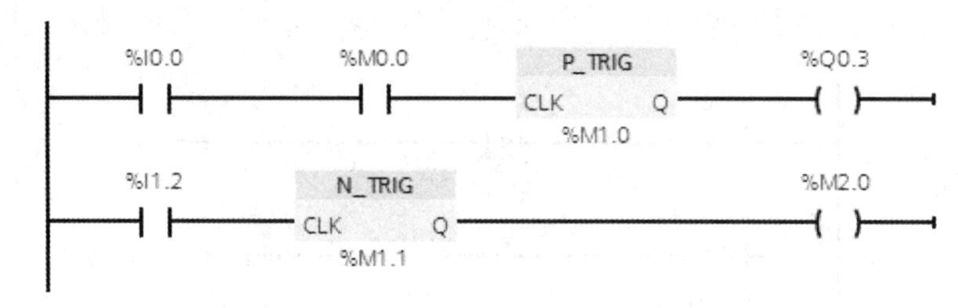

图 3-37　信号边沿检测指令应用举例

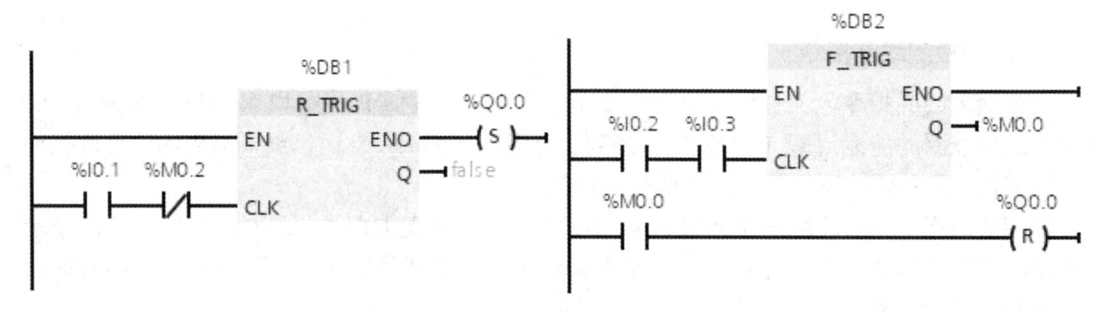

图 3-38　检测信号边沿指令应用举例

注意：检测 RLO 的信号边沿指令和检测信号边沿指令都是用于检测流入它们的 CLK 端的能流的边沿，并直接输出检测结果。其区别在于检测信号边沿指令用背景数据块保存上一次扫描循环 CLK 端信号的状态，而检测 RLO 的信号边沿指令用边沿存储位来保存它。如果检测 RLO 的信号边沿指令和检测信号边沿指令的 CLK 电路只有某个地址的常开或常闭触点，可以用该地址的边沿检测触点指令来代替它的常开（或常闭）触点和检测 RLO 的信号边沿指令（或检测信号边沿指令），如图 3-39 所示。

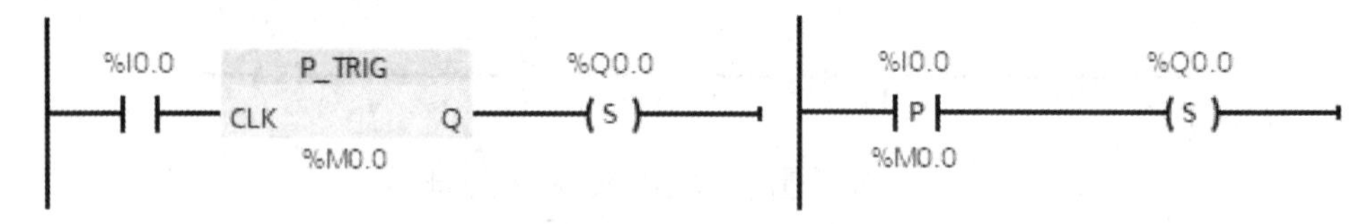

图 3-39　两个等效的上升沿检测电路

P_TRIG 和 N_TRIG 指令不能放在电路的开始处和结束处。

3.8　案例 11　电动机点动运行的 PLC 控制

3.8.1　目的

1）掌握触点指令和线圈输出指令的应用。
2）掌握 S7-1200 PLC 输入/输出接线方法。

3）掌握 TIA 博途编程软件的简单使用。

4）掌握 S7-1200 PLC 项目的下载方法。

5）掌握 PLC 的控制过程。

3.8.2　任务

使用 S7-1200 PLC 实现电动机的点动运行控制。

3.8.3　步骤

1. I/O 分配

在 PLC 控制系统中，较为重要的是确定 PLC 的输入和输出元器件。对于初学者来说，经常搞不清哪些元器件应该作为 PLC 的输入，哪些元器件应该作为 PLC 的输出。其实很简单，只要记住一个原则即可：发出指令的元器件作为 PLC 的输入，如按钮、开关等；执行动作的元器件作为 PLC 的输出，如接触器、电磁阀和指示灯等。

根据本案例任务要求，按下按钮 SB 时，交流接触器 KM 线圈得电，电动机直接起动并运行；松开按钮 SB 时，交流接触器 KM 线圈失电，电动机停止运行。可以看出，发出指令元器件是按钮，则 SB 作为 PLC 的输入元器件；通过交流接触器 KM 的线圈得失电，其主触点闭合与断开，使得电动机运行或停止，则执行元器件为交流接触器 KM 的线圈，即交流接触器 KM 的线圈应作为 PLC 的输出元件。根据上述分析，电动机的点动运行 PLC 控制 I/O 分配如表 3-7 所示。

表 3-7　电动机的点动运行 PLC 控制 I/O 分配表

输　入		输　出	
输入继电器	元器件	输出继电器	元器件
I0.0	按钮 SB	Q0.0	交流接触器 KM 线圈

2. 主电路及 I/O 接线图

根据控制要求，电动机为直接起动，其主电路如图 3-40 所示。而根据表 3-7 可绘制出电动机点动运行 PLC 控制的 I/O 接线图，如图 3-41 所示。

如不特殊说明，本书均采用 CPU 1214C（AC/DC/RLY，交流电源/直流输入/继电器输出）型西门子 S7-1200 PLC。

注意：对于继电器输出型 PLC 的输出端子来说，允许额定电压为 AC 5～250V，或 DC 5～30V，故接触器的线圈额定电压应为 220V 及以下。

3. 硬件连接

（1）主电路连接

首先使用导线将三相断路器 QF1 的出线端与熔断器 FU1 的进线端对应连接，其次使用导线将熔断器 FU1 的出线端与交流接触器 KM 主触点的进线端对应连接，最后使用导线将交流接触器 KM 主触点的出线端与电动机 M 的电源输入端对应连接，电动机连接成星形还是三角形，取决于所选用电动机铭牌上的连接标注。

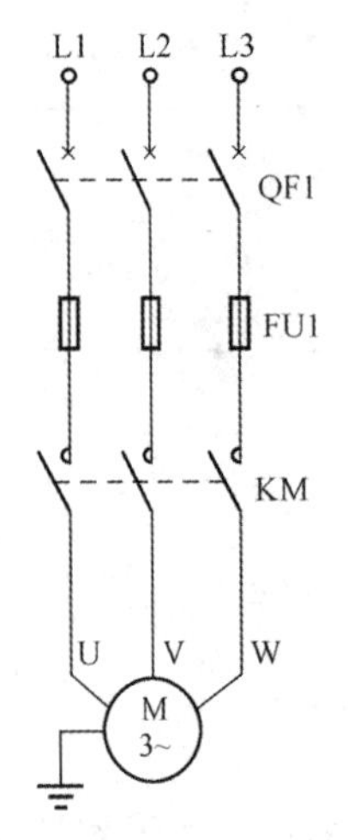

图3-40　电动机点动控制主电路

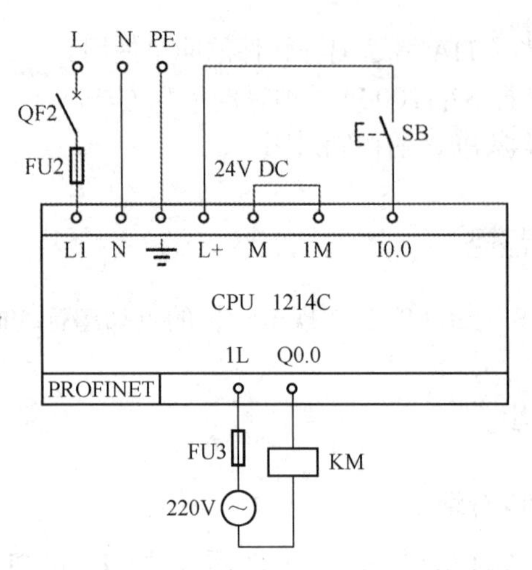

图3-41　电动机点动运行的I/O接线图

（2）控制电路连接

在连接控制电路之前，必须断开S7-1200 PLC的电源。

首先进行PLC输入端的外部连接：使用导线将PLC本身自带的DC 24V负极性端子M与其相邻的接线端子1M（PLC输入信号的内部公共端）连接，将DC 24V正极性端子L+与按钮SB的进线端连接，将按钮SB的出线端与PLC输入端I0.0连接。

其次进行PLC输出端的外部电路连接：使用导线将交流电源220V的火线端L经熔断器FU3后接至PLC输出点内部电路的公共端1L，将交流电源220V的零线端N接到交流接触器KM线圈的出线端，将交流接触器KM线圈的进线端接与PLC输出端Q0.0连接。

注意： *S7-1200 PLC的电源端在左上方，以太网接口在左下方，输入端在上方，输出端在下方。*

4．创建工程项目

（1）创建项目

双击桌面上的图标，打开博途编程软件，在Portal视图中选择“创建新项目”，输入项目名称“M_Diandong”，选择项目保存路径，然后单击“创建”按钮完成项目创建。

（2）硬件组态

参照3.5小节介绍的添加新设备的方法，选择“组态设备”选项，单击“添加新设备”，在“控制器”中选择CPU 1214C AC/DC/RLY V4.1版本（当然，在此用户必须选择与硬件一致的CPU型号及版本号），双击选中的CPU型号或单击右下角的“添加”按钮，添加新设备成功，并弹出编程窗口。

（3）编写程序

单击项目树下的“程序块”，打开“程序块”文件夹，双击主程序块Main[OB1]，在项目树的右侧，即编程窗口中显示程序编辑器窗口。打开程序编辑器时，自动选择程序段1，如图3-42a所示。

单击程序编辑器工具栏上的常开触点按钮，（或打开指令树中基本指令列表“位逻辑运算”文件夹后，双击文件夹中常开触点行），在程序行的最左边出现一个常开触点，触点上面红色的问号表示地址未赋值，同时在“程序段 1”的左边出现符号，表示此程序段正在编辑中，或有错误，如图3-42b所示。

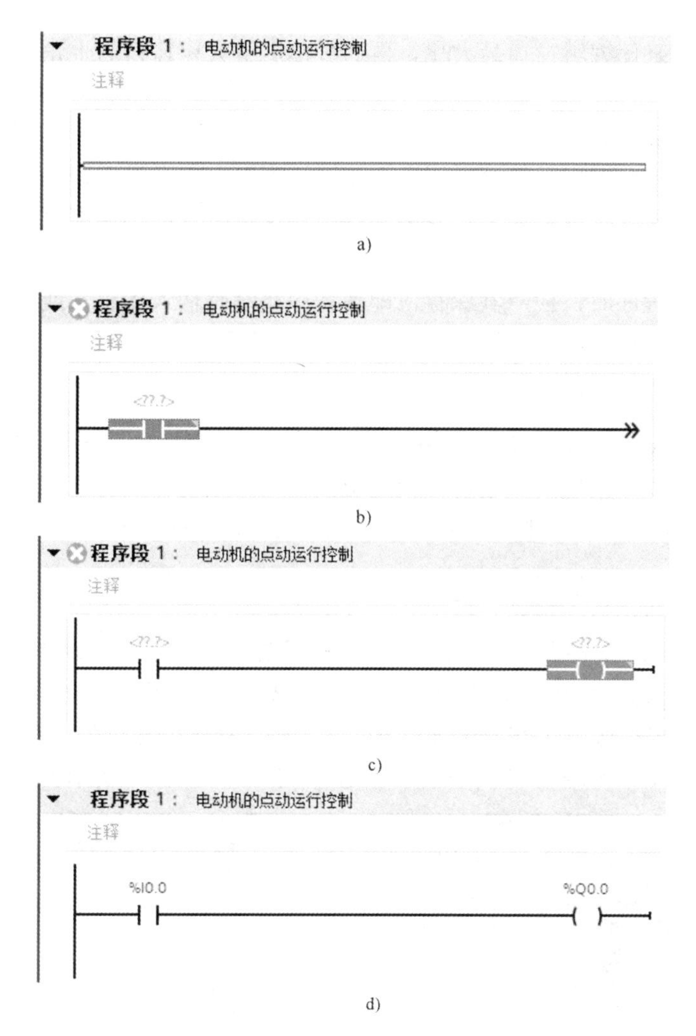

图 3-42　生成的梯形图

继续单击程序编辑器工具栏上的线圈-()-（或打开指令树中基本指令列表“位逻辑运算”文件夹后，双击文件夹中线圈行 -( )-），在梯形图的最右端出现一个线圈，如图 3-42c 所示。在图 3-42 中生成的梯形图上单击或双击常开触点上方输入常开触点的地址 I0.0（不区分大小写），输入完成后，按 1 次计算机的〈Enter〉键或单击或双击线圈上方处，或输完地址 I0.0 后连续按两次计算机的〈Enter〉键，光标自动移至下一需要输入地址处，再输入线圈的地址 Q0.0，如图 3-42d 所示。每生成一个触点或线圈时，也可在它们的上方立即添加相应的地址。程序段编辑正确后，“程序段”左边的符号自动消失。

可以将常用的编程元件拖放到指令列表的“收藏夹”文件夹中，在编程时操作比较方便。

可以在“程序段 1:”后面或下一行的程序段的“注释”行中注明本程序段的程序注释。为了扩大编辑器视窗，可单击工具栏中的“启用/禁用程序段注释”图标隐藏或显示程序段的注释。也可以将鼠标的光标放在 OB1 的程序区最上面的分隔条上，按住鼠标左键，向上拉动分隔条来扩大编辑器视窗。分隔条上面是代码块的接口（Interface）区，下面是程序区。将分隔条拉至编辑器视窗的顶部，将不再显示接口区，但是它仍然存在。单击代码块的“块接口”水平条，代码块的接口区又重新出现，或单击“块接口”下方的倒三角按钮。使用编辑器视窗右上角的最大化图标来使编辑窗口最大化，再通过单击最大化窗口右上角的嵌入图标使编辑器视窗恢复。

程序编写后，需要对其进行编译。单击程序编辑器工具栏上的“编译”按钮，对项目进行编译。如果程序错误，编译后在编辑器下面的巡视窗口中将会显示错误的具体信息。必须改正程序中所有的错误才能下载。如果没有编译程序，在下载之前博途编程软件将会自动对程序进行编译。

用户编写或修改程序时，应对其保存，即使程序块没有输入完整，或者有错误，也可以保存项目，只要单击工具栏上的“保存项目”按钮 保存项目 便可。

5. 通信设置和项目下载

CPU 是通过以太网与运行 TIA 博途软件的计算机进行通信的。计算机直接连接单台 CPU 时，可以使用标准的以太网电缆，也可以使用交叉以太网电缆。一对一的通信不需要交换机，两台以上的设备通信则需要交换机。下载之前需要先对 CPU 和计算机进行正确的通信设置，方可保证成功下载。

（1）CPU 的 IP 设置

双击项目树中 PLC 文件夹内的“设备组态”，或单击巡视窗口设备名称（添加新设备时，设备名称默认为 PLC_1），打开该 PLC 的设备视图。选中 CPU 后再单击巡视窗口的“属性”选项，在“常规”选项卡中选中“PROFINET 接口”下的“以太网地址”，可以采用博途软件界面的右边区域中系统默认的 IP 地址和子网掩码，设置的地址在下载后才起作用，如图 3-43 所示。

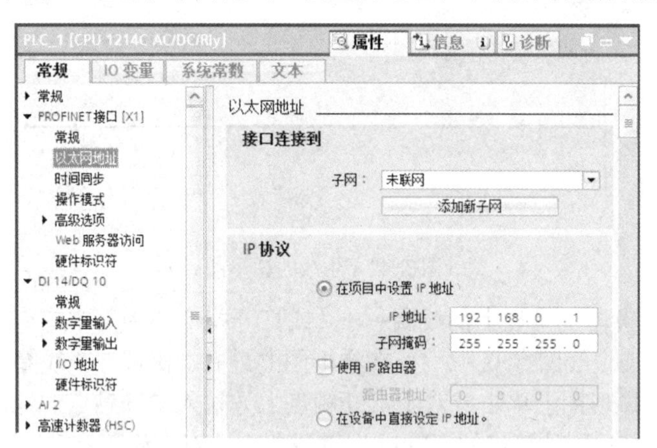

图 3-43 设置 CPU 集成的以太网接口的 IP 地址

子网掩码的值通常为 255.255.255.0，CPU 与编程设备的 IP 地址中的子网掩码应完全相同。同一个子网中各设备的子网内的地址不能重叠。如果在同一个网络中有多个 CPU，除了一台 CPU 可以保留出厂时系统默认的 IP 地址，必须将其他 CPU 默认的 IP 地址更改为网络中唯一的 IP 地址，以免与其他网络用户冲突。

（2）计算机网卡的 IP 设置

如果是 Windows 7[㊀] 操作系统，用以太网电缆连接计算机和 CPU，并接通 PLC 电源。打开“控制面板”，单击“查看网络状态和任务”，再单击“本地连接”（或右击桌面上的“网络”图标，选择“属性”），打开“本地连接状态”对话框，单击“属性”按钮，在“本地连接 属性”

㊀ Windows 7 与 Windows 10 差别不大。

对话框中，如图 3-44 所示，选中“此连接使用下列项目”列表框中的“Internet 协议版本 4”，单击“属性”按钮，打开“Internet 协议版本 4（TCP/IPv4）属性”对话框。用单选框选中“使用下面的 IP 地址”，输入 PLC 以太网端口默认的子网地址 192.168.0.×，IP 地址的第 4 个字段是子网内设备的地址，可以取 0～255 的某个值，但是不能与网络中其他设备的 IP 地址相同。单击“子网掩码”输入框，自动出现默认的子网掩码 255.255.255.0。一般不用设置网关的 IP 地址。设置结束后，单击各级对话框中的“确定”按钮，最后关闭“本地连接”对话框。

如果是 Windows XP 操作系统，打开计算机的控制面板，双击其中的“网络连接”图标。在“网络连接”对话框中，右击通信网卡对应的连接图标，如“本地连接”图标，执行出现的快捷菜单中的“属性”命令，打开“本地连接 属性”对话框。选中“此连接使用下列项目”列表框最下面的“Internet 协议（TCP/IP）”，单击“属性”按钮，打开“Internet 协议（TCP/IP）属性”对话框，设置计算机网卡的 IP 地址和子网掩码。

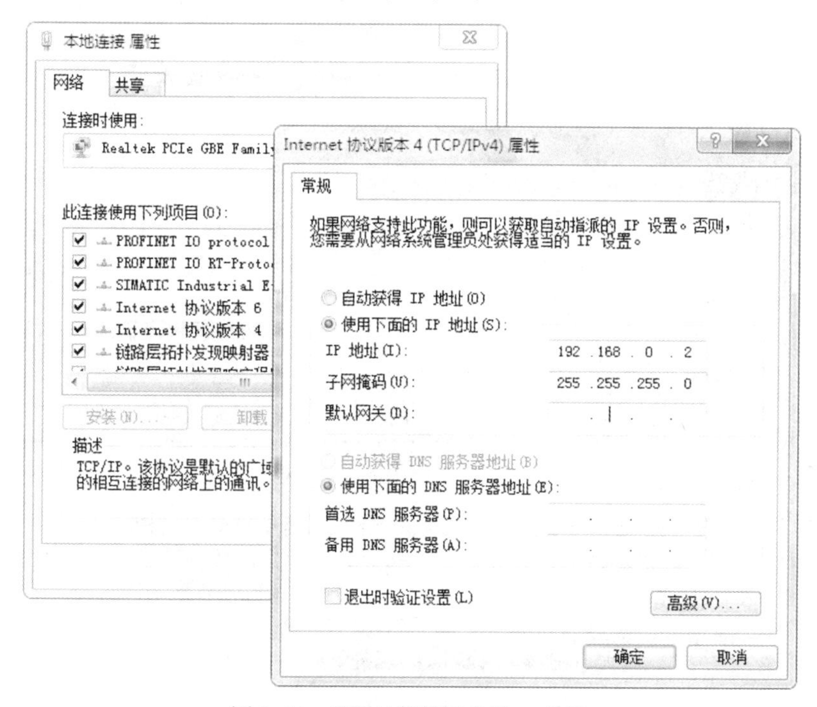

图 3-44 设置计算机网卡的 IP 地址

（3）项目下载

做好上述准备后，选中项目树中的设备名称“PLC_1”，单击工具栏上的“下载”按钮（或执行菜单命令“在线”→“下载到设备”），打开“扩展的下载到设备”对话框，如图 3-45 所示。将“PG/PC 接口的类型”选择为“PN/IE”，如果计算机上有不止一块以太网卡（如笔记本式计算机一般有一块有线网卡和一块无线网卡），用“PG/PC 接口”选择为实际使用的网卡。

选中复选框“显示所有兼容的设备”，单击“开始搜索”按钮，经过一段时间后，在下面的“目标子网中的兼容设备”列表中，出现网络上的 S7-1200 CPU 和它的以太网地址，计算机与 PLC 之间的连线由断开变为接通。CPU 所在方框的背景色变为实心的橙色，表示 CPU 进入在线状态，此时“下载”按钮变为亮色，即有效状态。如果同一个网络上有多个 CPU，为了确认设备列表中的 CPU 与硬件设备中哪个 CPU 相对应，可选中列表中的某个 CPU，单击左边的 CPU 图标下面的“闪烁 LED”复选框，对应的硬件设备 CPU 上的 3 个运行状态指示灯闪烁，再次单击“闪烁LED”复选框，3个运行状态指示灯停止闪烁。

选中列表中的S7-1200，单击右下角的“下载”按钮，编程软件首先对项目进行编译，并进行装载前检查，如图3-46所示，如果检查有问题，此时单击“无动作”后的倒三角按钮，选择“全部停止”，“下载”按钮会再次变为亮色。单击“下载”按钮，开始装载组态。完成组态后，单击“完成”按钮，即下载完成。

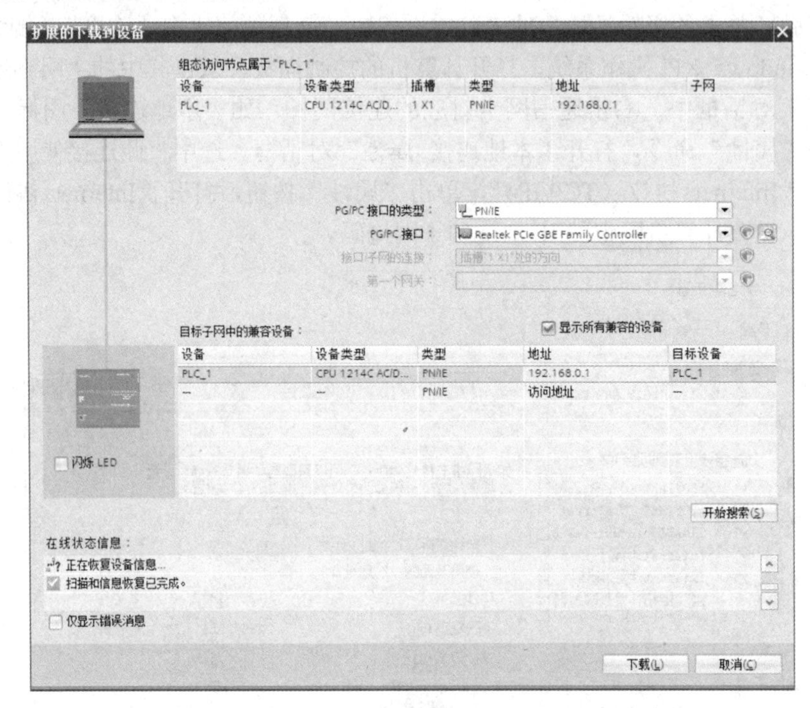

图3-45　扩展的下载对话框

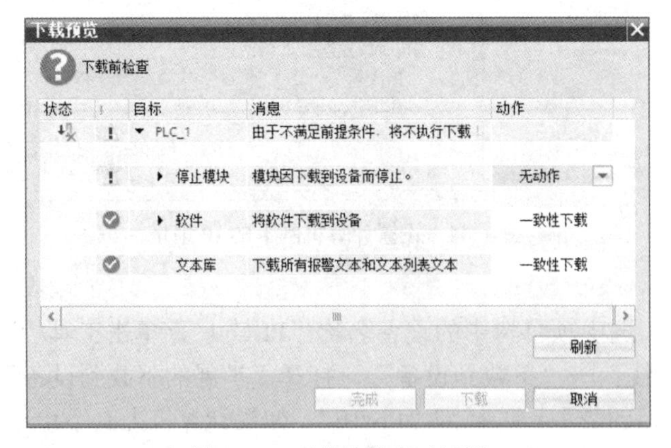

图3-46　下载前检查对话框

单击工具栏上的“起动CPU”图标将PLC切换到RUN模式，RUN/STOP灯变为绿色。

打开以太网接口上面的盖板，通信正常时Link灯（绿色）亮，Rx/Tx灯（橙色）周期性闪动。

（4）上载程序块

为了上载PLC中的程序，首先生成一个新的项目，在项目中生成一个PLC设备，其型号和订货号与实际的硬件相同。

用以太网电缆连接好编程计算机和 CPU 的以太网接口后，打开博途软件，在项目视图中，选择 S7-1200 的 CPU 或新建的 PLC 名称（如 PLC_1），然后单击工具栏中的“转到在线”按钮；这时会弹出“转至在线”的对话框，此时将“PG/PC 接口的类型”选择为“PN/IE”，将“PG/PC 接口”选择为“编程设备中的网卡”（Realtek PCle GBE Family Controller），然后单击右下角的“开始搜索”按钮；当搜索到 CPU 时，右下角的“转至在线”按钮变为亮色，此时单击该按钮，此时 PC 与 CPU 将会成功连接；转至在线后，单击工具栏已经变成亮色的“上传”按钮，在弹出的“上传预览”对话框中勾选“继续”复选框（见图 3-47），然后单击右下角的“从设备中上传”按钮，开始上传程序块，程序块上传好后，项目树中文件夹后面带有感叹号的橙色圆变为实心的绿色圆时，表示程序块已上传成功。

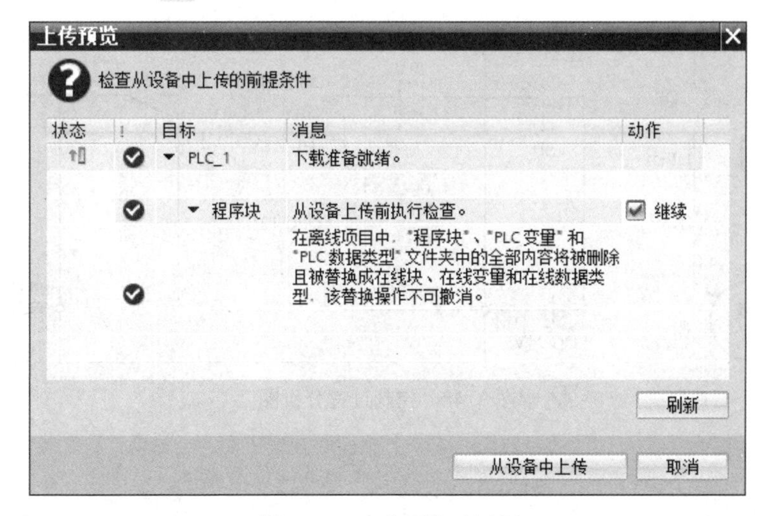

图 3-47　上传预览对话框

S7-1200 和 S7-200 及 S7-300/400 不同，它在项目下载时，其中的变量表和程序中的注释都下载到 CPU 中，因此在上传时可以得到 CPU 中的变量表和程序中的注释，它们对于程序的阅读是非常有用的。

（5）上传硬件配置

上传硬件配置的操作步骤如下。

1）将 CPU 连接到编程设备上，创建一个新的项目。

2）添加一个新设备，但要选择“非特定的 CPU 1200”，而不是选择具体的 CPU。

3）执行菜单命令“在线”→“硬件检测”，打开“PLC_1 的硬件检测”对话框。选择“PG/PC 接口的类型”为“PN/IE”和“PG/PC 接口”为“Realtek PCle GBE Family Controller”，然后单击“开始搜索”按钮，找到 CPU 后，单击选中“所选接口的兼容可访问节点”列表中的设备，单击右下角的“检测”按钮，此时在设备视图窗口中便可看到已上传的 CPU 和所有模块（SM、SB 或 CM）的组态信息。如果已为 CPU 分配了 IP 地址，将会上传该 IP 地址，但不会上传其他设置（如模拟量 I/O 的属性）。必须在设备视图中手动组态 CPU 和各模块的配置。

6．调试程序

本案例项目下载完成后，先断开主电路电源，按下按钮 SB，使其常开触点接通，观察交流接触器 KM 线圈是否得电。再松开，使其常开触点断开，观察交流接触器 KM 线圈是否失电。若上述现象与控制要求一致，则程序编写正确，且 PLC 的外部线路连接正确。

在程序及控制线路均正确无误后，合上主电路的断路器 QF1，再按上述方法进行调试，如果电动机起停正常，则说明本案例控制任务实现。

上述通过按钮的控制过程分析如下：如图 3-48 所示（将 PLC 的输入电路等效为一个输入继电器线路），合上断路器 QF1→接通按钮 SB→输入继电器线圈 I0.0 得电→其常开触点接通→线圈 Q0.0 中有信号流流过→输出继电器线圈 Q0.0 得电→其常开触点接通→接触器线圈 KM 得电→其常开主触点接通→电动机起动并运行。

松开按钮 SB→输入继电器线圈 I0.0 失电→其常开触点复位断开→线圈 Q0.0 中没有信号流流过→输出继电器线圈 Q0.0 失电→其常开触点复位断开→接触器线圈 KM 失电→其常开主触点复位断开→电动机停止运行。

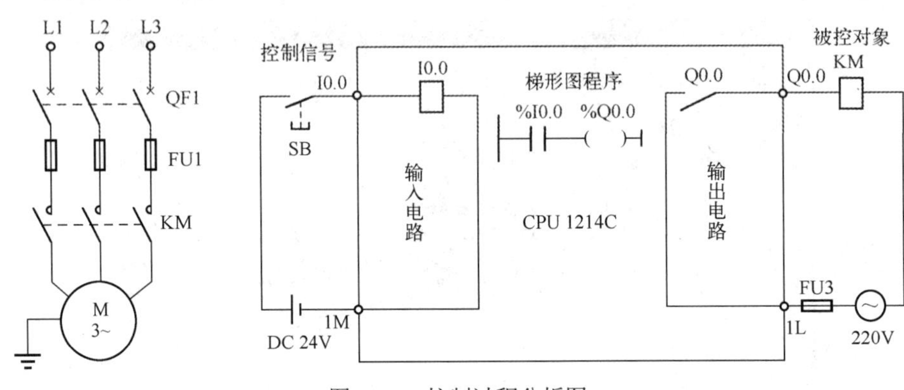

图 3-48　控制过程分析图

3.8.4　训练

1）训练 1：使用外部直流 24V 电源作为 PLC 的输入信号电源实现本案例。

2）训练 2：用一个开关控制一盏直流 24V 指示灯的亮灭。

3）训练 3：用两个按钮分别实现两台电动机的点动运行控制。

3.9　案例 12　电动机连续运行的 PLC 控制

3.9.1　目的

1）掌握自锁和互锁的编程方法。

2）掌握热继电器在 PLC 控制中的应用。

3）掌握输入信号外部电源连接方法。

4）掌握变量表的使用。

3.9.2　任务

使用 S7-1200 PLC 实现机床主轴电动机的控制。机床主轴电动机在对机械零件加工时需要连续运行。本案例的任务主要是用 S7-1200 PLC 对电动机实现连续运行控制。

3.9.3 步骤

1. I/O 分配

根据 PLC 输入/输出点分配原则及本案例控制要求，进行 I/O 地址分配，如表 3-8 所示，在此将热继电器触点接到 PLC 的输入回路。

表 3-8　主轴电动机的 PLC 控制 I/O 分配表

输入		输出	
输入继电器	元器件	输出继电器	元器件
I0.0	停止按钮 SB1	Q0.0	接触器 KM 线圈
I0.1	起动按钮 SB2		
I0.2	热继电器 FR		

2. I/O 接线图

根据控制要求及表 3-8 的 I/O 分配表，电动机的连续运行控制 I/O 接线图可绘制如图 3-49 所示（在此，停止按钮和热继电器触点采用常开触点），主电路与图 1-61 的主电路相同。

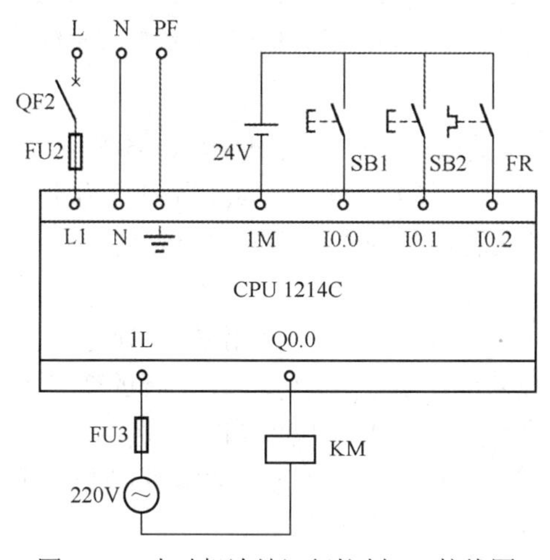

图 3-49　电动机连续运行控制 I/O 接线图

3. 创建工程项目

双击桌面上的图标，打开博途编程软件，在 Portal 视图中选择“创建新项目”，输入项目名称“M_lianxu”，选择项目保存路径，然后单击“创建”按钮完成项目创建。硬件组态过程与案例 11 相同，不需要信号模块、通信模块和信号板，后续项目若未做特殊说明均与本项目硬件组态一致。

4. 编辑变量表

在软件较为复杂的控制系统中，若使用的输入/输出点较多，在阅读程序时每个输入/输出点对应的元器件不易熟记，使用符号地址则会大大提高阅读和调试程序的效率。S7-1200 提供变量表功能，可以用变量表来定义变量的符号地址或常数的符号。可以为存储器类型 I、Q、M、DB 等创建变量表。

（1）生成和修改变量

打开项目树的“PLC 变量”文件夹，双击其中的“添加新变量表”，会在“PLC 变量”文件夹下生成一个新变量表，名称为“变量表_1[0]”，其中“0”表示目前变量表里没有变量。双击打开新生成的变量表或打开默认变量表，如图 3-51 所示，在变量表的“名称”列输入变量的名称；单击“数据类型”列右侧隐藏的按钮，设置变量的数据类型（只能使用基本数据类型），在此项目中，均为“BOOL”型；在“地址”列输入变量的绝对地址，“%”是自动添加的。

也可以双击“PLC 变量”文件夹中的“显示所有变量”，或双击“PLC 变量”文件夹中的“默认变量表[32]”，在打开的变量表中生成项目所需要的变量。

首先用 PLC 变量表定义变量的符号地址，然后在用户程序中使用它们。也可以在变量表中修改自动生成的符号地址的名称。图 3-50 为电动机连续运行控制的变量表。

M_lianxu ▸ PLC_1 [CPU 1214C AC/DC/Rly] ▸ PLC 变量 ▸ 默认变量表 [32]

变量 用户常量 系统常量

默认变量表

	名称	数据类型	地址	保持	可从...	从 HMI...	在 HMI...	注释
1	停止按钮SB1	Bool	%I0.0		✓	✓	✓	
2	起动按钮SB2	Bool	%I0.1		✓	✓	✓	
3	热继电器FR	Bool	%I0.2		✓	✓	✓	
4	接触器KM	Bool	%Q0.0		✓	✓	✓	
5	<新增>				✓	✓	✓	

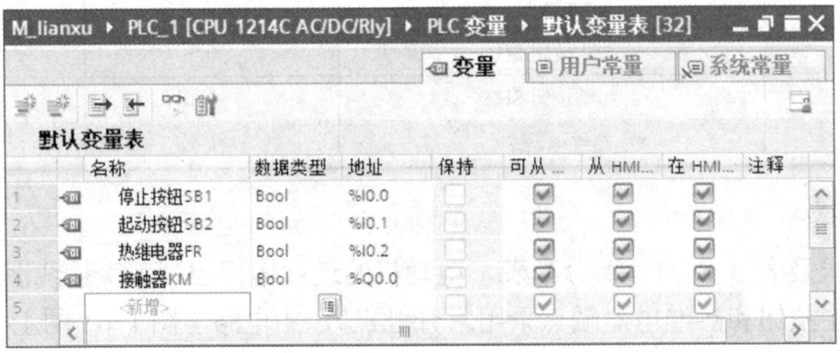

图 3-50　电动机连续运行控制的变量表

（2）变量表中变量的排序

单击变量表中的“地址”，其后出现向上的三角形，各变量按地址的第一个字母（I、Q 和 M 等）升序排列（从 A 到 Z）。再单击一次该单元，各变量按地址的第一个字母降序排列。可以用同样的方法，根据变量的名称和数据类型等来排列变量。

（3）快速生成变量

选中变量“停止按钮 SB1”左边的标签，用鼠标左键按住左下角的蓝色小正方形不放，向下拖动鼠标，在空白行生成新的变量，它继承了上一行的变量“停止按钮 SB1”的数据类型和地址，其名称为上一行名称增加 1，或选中“名称”，然后用鼠标按住左下角的蓝色小正方形不放，向下拖动，也同样生成一个或多个新的相同数据和地址类型。如果选中最下面一行的变量向下拖动，可以快速生成多个同类型的变量。

（4）设置变量的断电保持功能

单击编程窗口工具栏上的按钮，可以用打开的“保持性存储器”对话框设置 M 区从 MB0 开始的具有断电保持功能的字节数，如图 3-51 所示。设置后有保持功能的 M 区的变量的“保持性”列的多选框中出现“√”。将项目下载到 CPU 后，M 区的保持功能会起作用。

（5）设置程序中地址的显示方式

单击编程窗口工具栏上的按钮可以用下拉式菜单选择只显示绝对地址、只显示符号地址或同时显示两种地址。

单击编程窗口工具栏上的按钮可以在上述 3 种地址显示方式之间切换。

（6）全局变量与局部变量

PLC 变量表中的变量可用于整个 PLC 中所有的代码块，在所有代码块中具有相同的意义和唯一的名称，可以在变量表中，为输入 I、输出 Q 和位存储器 M 的位、字节、字和双字定义全局变量。在程序中，全局变量被自动添加双引号，如“停止 SB1”。

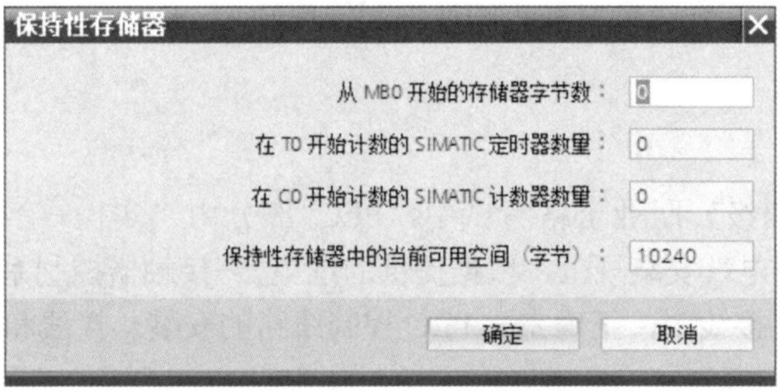

保持性存储器
从 MB0 开始的存储器字节数：
0
在 T0 开始计数的 SIMATIC 定时器数量：
0
在 C0 开始计数的 SIMATIC 计数器数量：
0
保持性存储器中的当前可用空间（字节）：
10240
确定
取消

图 3-51　设置保持性存储器

局部变量只能在它被定义的块中使用，而且只能通过符号寻址访问，同一个变量的名称可以在不同的块中分别使用一次。可以在块的接口区定义块的输入/输出参数（Input、Output 和 Inout 参数）和临时数据（Temp），以及定义 FB 的静态变量（Static）。在程序中，局部变量被自动添加#号，如“#正向起动 SB2”。

（7）使用详细窗口

打开项目树下的详细窗口，选中项目树中的“PLC 变量”，详细窗口显示出变量表中的符号。可以将详细窗口中的符号地址或代码块的接口区中定义的局部变量拖放到程序中需要设置地址的位置。拖放到已设置的地址上时，原来的地址将会被替换。

5. 编写程序

根据要求，使用起保停方法编写本案例，如图 3-52 所示。在此编程过程中，需要运用编程窗口工具栏中的打开分支按钮和关闭分支按钮。

程序段 1：电动机的连续运行控制
%I0.1
"起动按钮SB2"
%I0.0
"停止按钮SB1"
%I0.2
"热继电器FR"
%Q0.0
"接触器KM"
%Q0.0
"接触器KM"

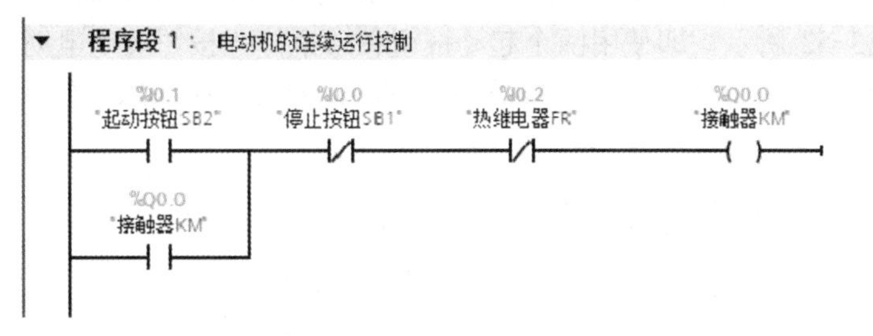

图 3-52　电动机连续运行的 PLC 控制程序

6. 调试程序

按照案例 11 介绍的方法将本案例程序下载到 CPU 中。首先进行控制电路的调试，确定程序编写及控制线路连接正确后再接通主电路，进行整个系统的联机调试。按下起动按钮 SB2，观察电动机是否起动并连续运行，若连续运行再按下停止按钮 SB1，观察电动机能否停止运行。若上述调试现象与控制要求一致，则说明本项目任务已实现。

3.9.4 训练

1）训练 1：用置位/复位指令及触发器的置位复位指令实现本案例，并且要求将热继电器触点作为输入信号。

2）训练 2：用 PLC 实现电动机点动和连续运行的控制，要求用一个转换开关、一个起动按钮和一个停止按钮实现其控制功能。

3）训练3：用PLC实现一台电动机的异地起停控制。

3.9.5 进阶

维修电工中级（四级）职业资格考试中，PLC部分由“实操+笔试”组成，考核时间为120min，要求考生按照电气安装规范，依据提供的继电器-接触器控制系统的主电路及控制电路原理图绘制PLC的I/O接线图，正确完成PLC控制线路的安装、接线和调试。

笔试部分涉及：

1）正确识读给定的电路图，将控制电路部分改为PLC控制，正确绘制PLC的I/O口接线图并设计PLC梯形图。

2）正确使用工具，简述工具的使用注意事项，如电烙铁、剥线钳和螺钉旋具等。

3）正确使用仪表，简述仪表的使用方法，如万用表、钳形电流表和兆欧表等。

4）了解安全文明生产知识。

操作部分涉及：

1）按照电气安装规范，依据所提供的主电路和绘制的I/O接线图正确完成PLC控制线路的安装和接线。

2）正确编制程序并输入到PLC中。

3）通电试运行。

本部分考核相对简单，主要涉及的指令为PLC中的位逻辑指令、定时器及计数器指令，现列举部分考题仅供参考。

任务1：要求用PLC实现电动机的点动和连续运行复合控制的装调，所提供的继电器-接触器控制电路如图3-53所示，即使用两个起动按钮和一个停止按钮实现电动机的点动和连续运行复合控制功能。请读者根据图3-53的电路及控制功能自行绘制PLC的I/O接线图，并编写相应控制程序。

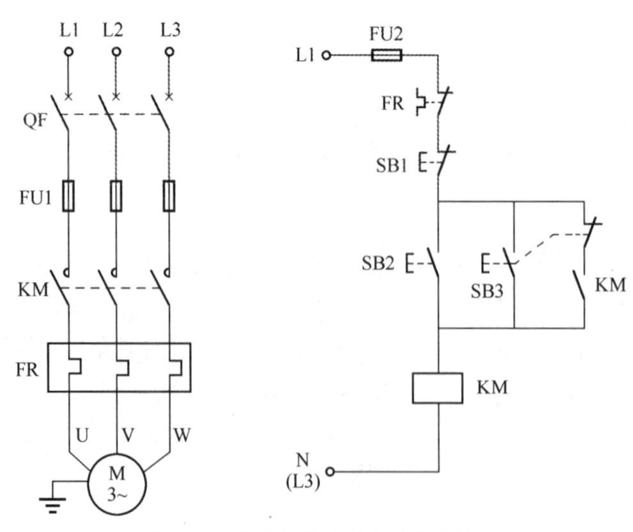

图3-53 电动机的点连复合控制电路

有些读者会使用移植法将图3-53转换为相应的梯形图，结果按下点动或连续按钮电动机均连续运行。原因是继电器-接触器式控制系统与 PLC 的工作原理不同，前者同一元器件的所有触点同时处于受控状态，后者梯形图中各个软继电器都处于周期循环扫描工作状态，即线圈工作和它的触点动作并不同时发生。

注意：有的考题要求使用一个起动按钮、一个停止按钮和一个转换开关实现点动和连续运行复合控制功能，此控制电路请读者自行绘制，并且用 PLC 实现其控制功能。

任务 2：要求用 PLC 实现三相异步电动机位置控制的装调，所提供的继电器-接触器控制电路如图 3-54 所示。请根据图 3-54 电路及控制功能自行绘制 PLC 的 I/O 接线图并编写相应控制程序。

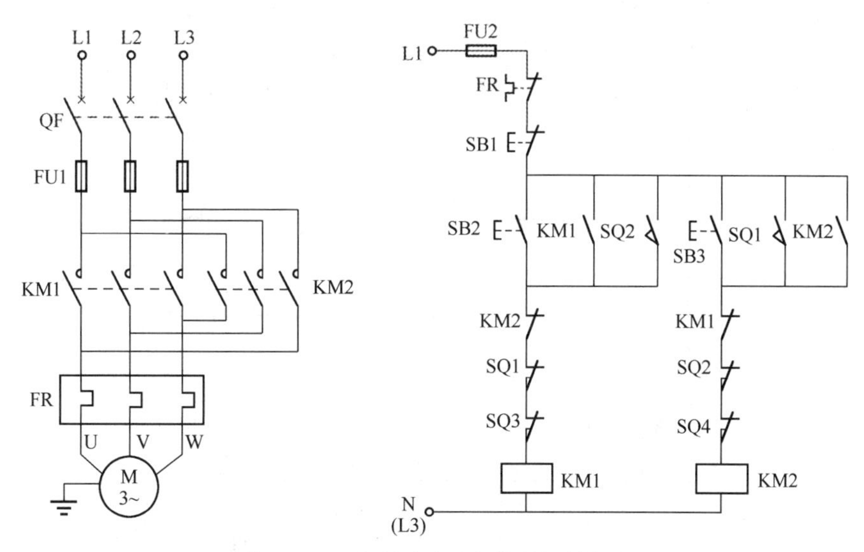

图 3-54　三相异步电动机位置控制电路

3.10 定时器及计数器指令

3.10.1 定时器指令

S7-1200 PLC 提供了 4 种类型的定时器，如表 3-9 所示。

表 3-9　S7-1200 PLC 的定时器

类型	功能描述
脉冲定时器（TP）	脉冲定时器可生成具有预设宽度时间的脉冲
接通延时定时器（TON）	接通延时定时器输出 Q 在预设的延时过后设置为 ON
关断延时定时器（TOF）	关断延时定时器输出 Q 在预设的延时过后设置为 OFF
保持型接通延时定时器（TONR）	保持型接通延时定时器输出在预设的延时过后设置为 ON

定时器的作用类似于继电器-接触器控制系统中的时间继电器，但种类和功能比时间继电器强大得多。在使用 S7-1200 的定时器时需要注意每一个定时器都使用一个存储在数据块中的结

构来保存定时器数据，而 S7-200、S7-300/400 中的定时器不需要。在程序编辑器中放置定时器时即可分配该数据块，可以采用系统默认设置，也可以手动自行设置。在函数块中放置定时器指令后，可以选择多重背景数据块选项，各数据结构的定时器结构名称可以不同。

1．脉冲定时器

在梯形图中输入脉冲定时器指令时，打开右边的指令窗口，将“定时器操作”文件夹中的定时器指令拖放到梯形图中适当的位置。在出现的“调用选项”对话框中，可以修改将要生成的背景数据块的名称，或采用默认的名称，单击“确定”按钮，自动生成数据块。

脉冲定时器类似于数字电路中上升沿触发的单稳态电路，其应用如图 3-55a 所示，图 3-55b 为其工作时序图。在图 3-55a 中，“%DB1”表示定时器的背景数据块（此处只显示了绝对地址，因此背景数据块地址显示为“%DB1”，也可设置显示符号地址），TP 表示脉冲定时器。

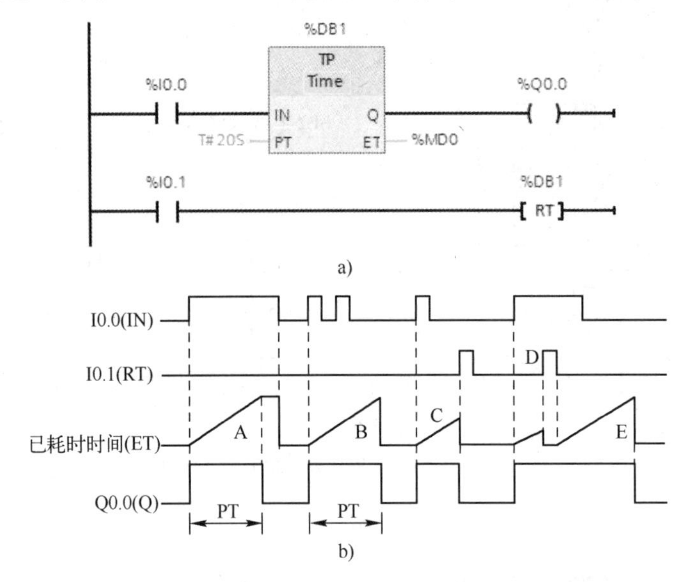

图 3-55　脉冲定时器及其时序图

a) 脉冲定时器　b) 时序图

脉冲定时器的工作原理如下。

1）启动：当输入端 IN 从“0”变为“1”时，定时器启动，此时输出端 Q 也置为“1”，开始输出脉冲。到达 PT（Preset Time）预置的时间时，输出端 Q 变为“0”状态（见图 3-55b 波形 A、B、E）。输入端 IN 输入的脉冲宽度可以小于 Q 端输出的脉冲宽度。在脉冲输出期间，即使输入端 IN 输入发生了变化又出现上升沿（见波形 B），也不影响脉冲的输出。到达预设值后，如果输入端 IN 输入为“1”，则定时器停止定时且保持当前定时值。若输入端 IN 输入为“0”，则定时器定时时间清零。

2）输出：在定时器定时过程中，输出端 Q 为“1”，定时器停止定时，不论是保持当前值还是清零当前值，其输出皆为“0”状态。

3）复位：当图 3-55a 中的 I0.1 为“1”时，定时器复位线圈（RT）通电，定时器被复位。如果此时正在定时，且输入端 IN 为“0”状态，将使已耗时间值清零，Q 输出也变为“0”（见波形 C）。如果此时正在定时，且输入端 IN 为“1”状态，将使已耗时间值清零，Q 输出保持为“1”状态（见波形 D）。如果复位信号 I0.1 变为“0”状态时，且输入端 IN 为“1”状态，将重新开始定时（见波形 E）。

图 3-55a 中的 ET（Elapsed Time）为已耗时间值，即定时开始后经过的时间，它的数据类型为 32 位的 Time，采用 T#标识符，单位为 ms，最大定时时间长达 T#24D_20H_ 31M_23S_647MS（D、H、M、S、MS 分别为日、小时、分、秒和毫秒），可以不给输出 ET 指定地址。

用 3.1.3 节中介绍的程序状态功能可以监控已耗时间值的变化情况，定时开始后，已耗时间值从 0ms 开始不断增大，达到 PT 预置的时间时，如果 IN 为“1”状态，则已耗时间值保持不变。如果 IN 为“0”状态，则已耗时间值变为 0s。

定时器指令可以放在程序段的中间或结束处。IEC 定时器没有编号，在使用对定时器复位的 RT（Reset Time）指令时，可以用背景数据块的编号或符号名来指定需要复位的定时器。如果没有必要，不用对定时器使用 RT 指令。

打开定时器的背景数据块后（在项目树的“程序块”的系统块中双击打开其背景数据块），可以看到其结构含义如图 3-56 所示，其他定时器的背景数据块类似，不再赘述。

保持实际值　快照　将快照值复制到起始值中

IEC_Timer_0_DB

	名称	数据类型	起始值	保持	可从 HMI/...	从 H...	在 HMI...
1	▼ Static			☐	☐	☐	☐
2	PT	Time	T#0ms	☐	☑	☑	☑
3	ET	Time	T#0ms	☐	☑	☐	☑
4	IN	Bool	false	☐	☑	☑	☑
5	Q	Bool	false	☐	☑	☐	☑

图 3-56　定时器的背景数据块结构

【例 3-1】 按下起动按钮 I0.0，电动机立即直接起动并运行，工作 2h 后自动停止。在运行过程中若发生故障（如过载 I0.2），或按下停止按钮 I0.1，电动机立即停止运行，如图 3-57 所示。

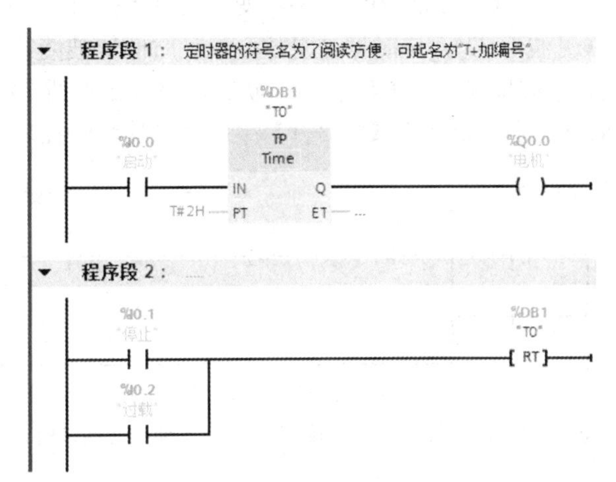

图 3-57　电动机起动运行后自动停止程序——使用脉冲定时器

2．接通延时定时器

接通延时定时器如图 3-58a 所示，图 3-58b 为其工作时序图。在图 3-58a 中，“%DB2”表示定时器的背景数据块，TON 表示接通延

时定时器。接通延时定时器的工作原理如下。

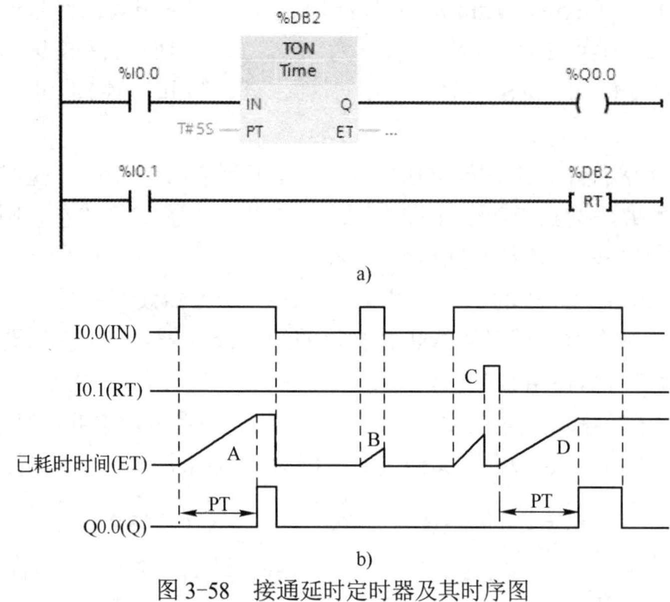

图 3-58　接通延时定时器及其时序图

a) 接通延时定时器　b) 时序图

1）启动：接通延时定时器的使能输入端 IN 的输入电路由“0”变为“1”时开始定时。定时时间大于或等于预置时间 PT 指定的设定值时，定时器停止计时且保持为预设值，即已耗时间值 ET 保持不变（见图 3-58b 的波形 A），只要输入端 IN 为“1”，定时器就一直起作用。

2）输出：当定时时间到，且输入端 IN 为“1”，此时输出 Q 变为“1”状态。

3）复位：输入端 IN 的电路断开时，定时器被复位，已耗时间值被清零，输出 Q 变为“0”状态。CPU 第一次扫描时，定时器输出 Q 被清零。如果输入端 IN 在未达到 PT 设定的时间变为“0”（见波形 B），输出 Q 保持“0”状态不变。图 3-58a 中的 I0.1 为“1”状态时，定时器复位线圈 RT 通过（见波形 C），定时器被复位，已耗时间值被清零，输出端 Q 变为“0”状态。I0.1 变为“0”状态，如果输入端 IN 为“1”状态，将开始重新定时（见波形 D）。

【例 3-2】 使用接通延迟定时器实现【例 3-1】中电动机的起停控制，如图 3-59 所示。

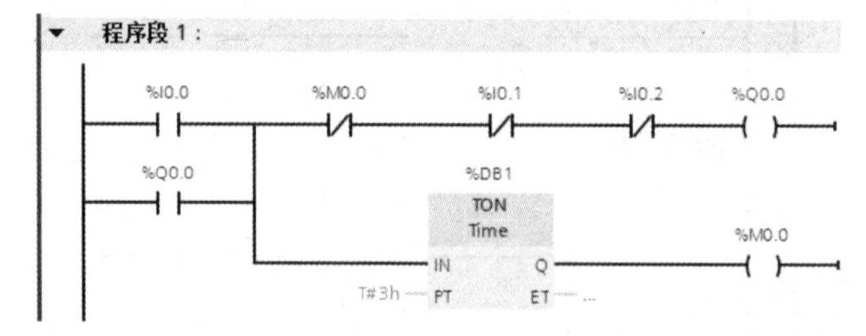

图 3-59　电动机起动运行后自动停止程序——使用接通延时定时器

3. 关断延时定时器

关断延时定时器如图 3-60a 所示，图 3-60b 为其工作时序图。在图 3-60a 中，TOF 表示关断延时定时器。关断延时定时器的工作原理如下。

1）启动：当关断延时定时器的输入端 IN 由“0”变为“1”时，定时器尚未定时且当前定时值清零。当输入端 IN 由“1”变为“0”时，定时器启动开始定时，已耗时间值从 0 逐渐增大。当定时器时间到达预设值时，定时器停止计时并保持当前值（见图 3-60b 波形 A）。

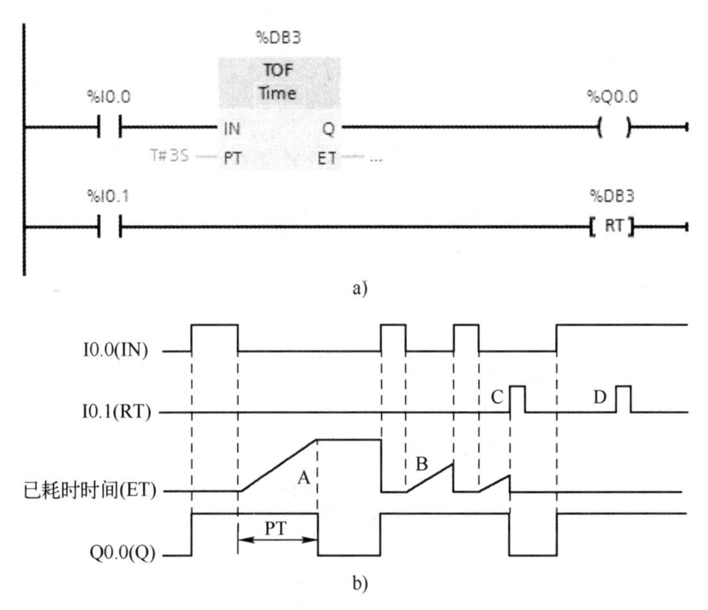

图 3-60　关断延时定时器及其时序图

a) 关断延时定时器　b) 时序图

2）输出：当输入端 IN 从“0”变为“1”时，输出 Q 变为“1”状态，如果输入端 IN 又变为“0”，则输出继续保持“1”，直到到达预设的时间。如果已耗时间未达到 PT 设定的值，输入端 IN 又变为“1”状态，输出 Q 将保持“1”状态（见波形 B）。

3）复位：当 I0.1 为“1”时，定时器复位线圈 RT 通电。如果输入端 IN 为“0”状态，则定时器被复位，已耗时间值被清零，输出 Q 变为“0”状态（见波形 C）。如果复位时输入端 IN 为“1”状态，则复位信号不起作用（见波形 D）。

【例 3-3】 使用关断延迟定时器实现电动机停止后其冷却风扇延时 2min 后停止，如图 3-61 所示。

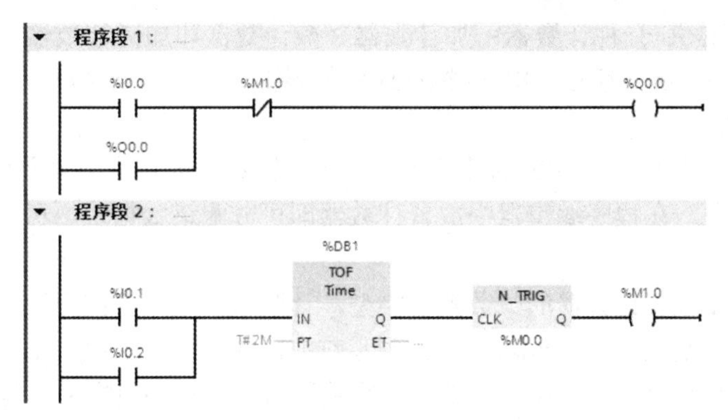

图 3-61　冷却风扇延时停止程序

4. 保持型接通延时定时器

保持型接通延时定时器如图 3-62a 所示，图 3-62b 为其工作时序图。在图 3-62a 中，TONR 表示保持型接通延时定时器。其工作原理如下。

1）启动：当定时器的输入端 IN 从“0”到“1”时，定时器启动，开始定时（见图 3-62b

中的波形 A 和 B），当输入端 IN 变为“0”时，定时器停止工作并保持当前计时值（累计值）。当定时器的输入端 IN 又从“0”变为“1”时，定时器继续计时，当前值继续增加。如此重复，直到定时器当前值达到预设值时，定时器停止计时。

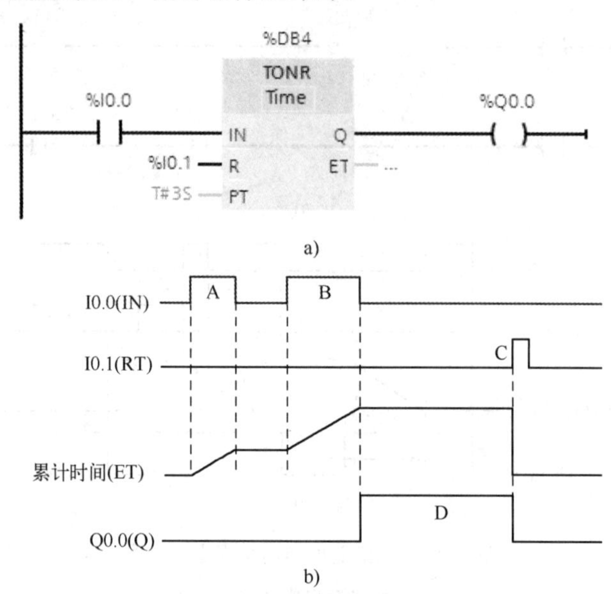

图 3-62　保持型接通延时定时器及其时序图

a) 保持型接通延时定时器　b) 时序图

2）输出：当定时器计时时间到达预设值时，输出端 Q 变为“1”状态（见波形 D）。

3）复位：当复位输入 I0.1 为“1”时（见波形 C），TONR 被复位，它的累计时间值变为零，同时输出 Q 变为“0”状态。

3.10.2　计数器指令

S7-1200 PLC 提供 3 种计数器：加计数器、减计数器和加减计数器。它们属于软件计数器，其最大计数速率受到它所在 OB 的执行速率的限制。如果需要速度更高的计数器，可以使用内置的高速计数器。

与定时器类似，使用 S7-1200 的计数器时，每个计数器需要使用一个存储在数据块中的结构来保存计数器数据。在程序编辑器中放置计数器即可分配该数据块，可以采用默认设置，也可以手动自行设置。

使用计数器需要设置计数器的计数数据类型，计数值的数据范围取决于所选的数据类型。如果计数值是无符号整型数，则可以减计数到零或加计数到范围限值。如果计数值是有符号整数，则可以减计数到负整数限值或加计数到正整数限值。支持的数据类型包括短整数 SInt、整数 Int、双整数 DInt、无符号短整数 USInt、无符号整数 UInt、无符号双整数 UDInt。

1. 加计数器

加计数器如图 3-63a 所示，图 3-63b 为其工作时序图。在图 3-63a 中，CTU 表示加计数器，图中计数器数据类型是整数，预设值 PV（Preset Value）为 3，其工作原理如下。

当接在 R 输入端的复位输入 I0.1 为“0”状态，接在 CU（Count Up）输入端的加计数脉冲从“0”到“1”时（即输入端出现上升沿），计数值 CV（Count Value）加 1，直到 CV 达到指定的数据类型的上限值。此后 CU 输入的状态变化不再起作用，即 CV 的值不再增加。

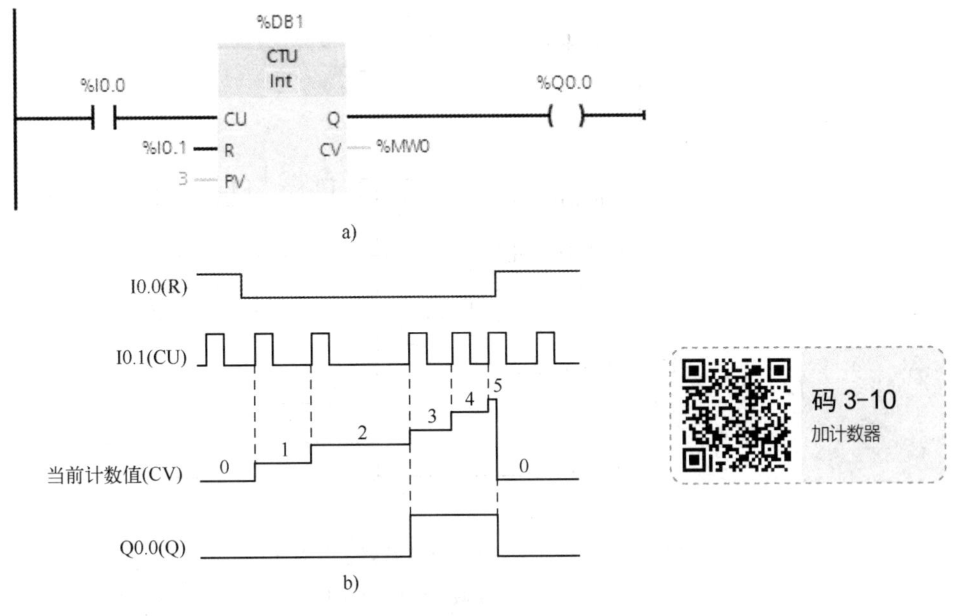

图 3-63　加计数器及其时序图

a) 加计数器　b) 时序图

码 3-10
加计数器

当计数值 CV 大于或等于预置计数值 PV 时，输出 Q 变为“1”状态，反之为“0”状态。第一次执行指令时，CV 被清零。

各类计数器的复位输入 R 为“1”状态时，计数器被复位，输出 Q 变为“0”状态，CV 被清零。

打开计数器的背景数据块，可以看到其结构如图 3-64 所示，其他计数器的背景数据块与此类似，不再赘述。

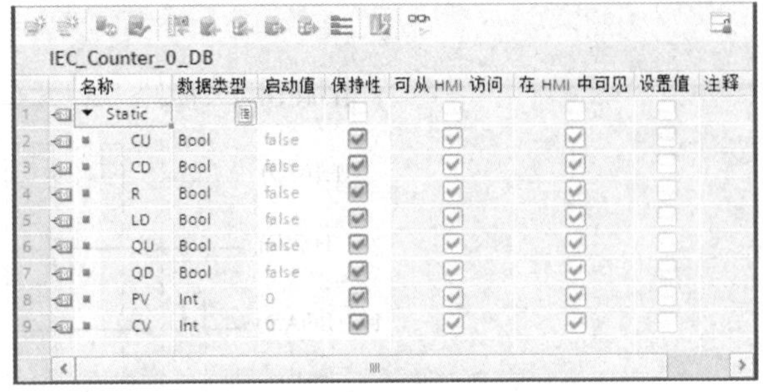
IEC_Counter_0_DB

	名称	数据类型	启动值	保持性	可从 HMI 访问	在 HMI 中可见	设置值	注释
1	▼ Static							
2	CU	Bool	false	✓	✓	✓		
3	CD	Bool	false	✓	✓	✓		
4	R	Bool	false	✓	✓	✓		
5	LD	Bool	false	✓	✓	✓		
6	QU	Bool	false	✓	✓	✓		
7	QD	Bool	false	✓	✓	✓		
8	PV	Int	0	✓	✓	✓		
9	CV	Int	0	✓	✓	✓		

图 3-64　计数器的背景数据块结构

2. 减计数器

减计数器如图 3-65a 所示，图 3-65b 为其工作时序图。在图 3-65a 中，CTD 表示减计数器，图中计数器数据类型是整数，预设值 PV 为 3，其工作原理如下。

减计数器的装载输入 LD（LOAD）为“1”状态时，输出 Q 被复位为 0，并把预置值 PV 装入 CV。在减计数器 CD（Count Down）的上升沿，当前计数值 CV 减 1，直到 CV 达到指定的数据类型的下限值。此后 CD 输入的状态变化不再起作用，CV 的值不再减小。

当前计数值 CV 小于或等于零时，输出 Q 为“1”状态，反之输出 Q 为“0”状态。第一次执行指令时，CV 值被清零。

3. 加减计数器

加减计数器如图 3-66a 所示，图 3-66b 为其工作时序图。在图 3-66 中，CTUD 表示加减计数器，图中计数器数据类型是整数，预设值 PV 为 3，其工作原理如下。

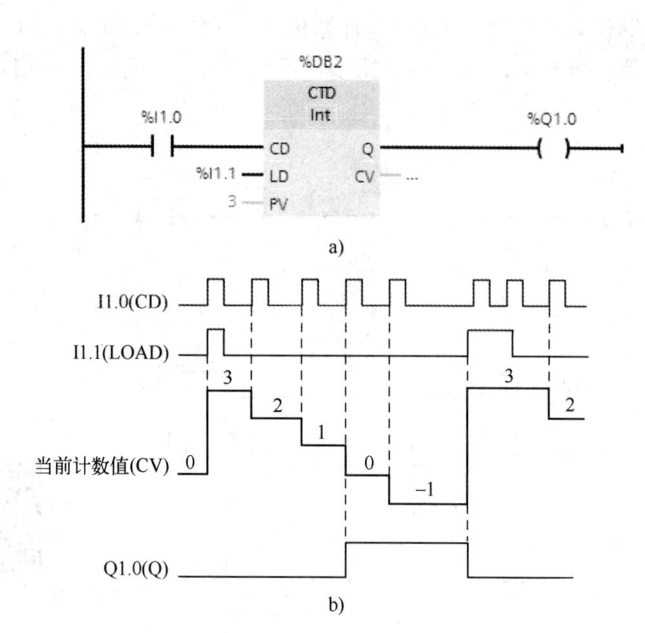

图 3-65　减计数器及其时序图

a) 减计数器　b) 时序图

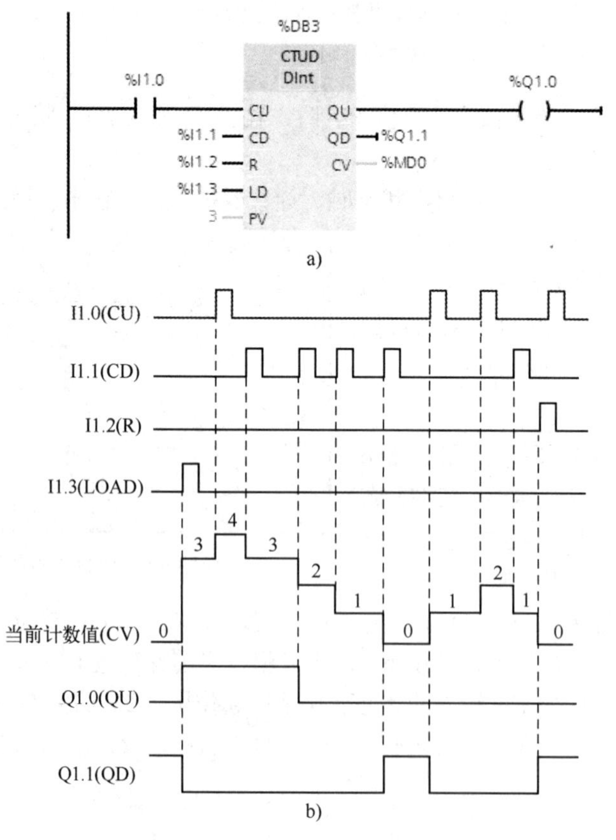

图 3-66　加减计数器及其时序图

a) 加减计数器　b) 时序图

在加计数输入 CU 的上升沿，加减计数器的当前值 CV 加 1，直到 CV 达到指定的数据类型的上限值。达到上限值时，CV 不再增大。

在减计数输入 CD 的上升沿，加减计数器的当前值 CV 减 1，直到 CV 达到指定的数据类型的下限值。达到下限值时，CV 不再减小。

如果同时出现计数脉冲 CU 和 CD 的上升沿，CV 保持不变。CV 大于或等于预置值 PV 时，输出 QU 为“1”状态，反之为“0”状态。CV 值小于或等于零时，输出 QD 为“1”状态，反之为“0”状态。

装载输入 LD 为“1”状态，预置值 PV 被装入当前计数值 CV，输出 QU 变为“1”状态，QD 被复位为“0”状态。

复位输入 R 为“1”状态时，计数器被复位，CU、CD、LD 不再起作用，同时当前计数值 CV 被清零，输出 QU 变为“0” 状态，QD 被复位为“1”状态。

3.11　案例 13　电动机Y-△减压起动的 PLC 控制

3.11.1　目的

1）掌握定时器指令的应用。
2）掌握不同电压等级负载的连接方法。
3）掌握使用程序状态功能调试程序的方法。

3.11.2　任务

使用 S7-1200 PLC 实现电动机的Y-△减压起动控制：用 PLC 实现电动机的 Y-△减压起动控制，即按下起动按钮，电动机星（Y）形起动；起动结束后（起动时间为 5s），电动机切换成三角形（△）运行；若按下停止按钮，电动机停止运转。系统要求起动和运行时有相应指示，同时电路还必须具有必要的短路保护、过载保护等功能。

3.11.3　步骤

1. I/O 分配

根据 PLC 输入/输出点分配原则及本案例控制要求，进行 I/O 地址分配，如表 3-10 所示。

表 3-10　电动机星-三角减压起动控制 I/O 分配表

输　入		输　出	
输入继电器	元器件	输出继电器	元器件
I0.0	停止按钮 SB1	Q0.0	电源接触器 KM1
I0.1	起动按钮 SB2	Q0.1	角形接触器 KM2
I0.2	热继电器 FR	Q0.2	星形接触器 KM3

（续）

输入		输出	
输入继电器	元器件	输出继电器	元器件
		Q0.3	星形起动指示 HL1
		Q0.4	角形运行指示 HL2

2. I/O 接线图

根据控制要求及表 3-10 的 I/O 分配表，电动机星-三角减压起动控制 I/O 接线图可绘制为如图 3-67 所示，主电路与图 2-19 的主电路相同。

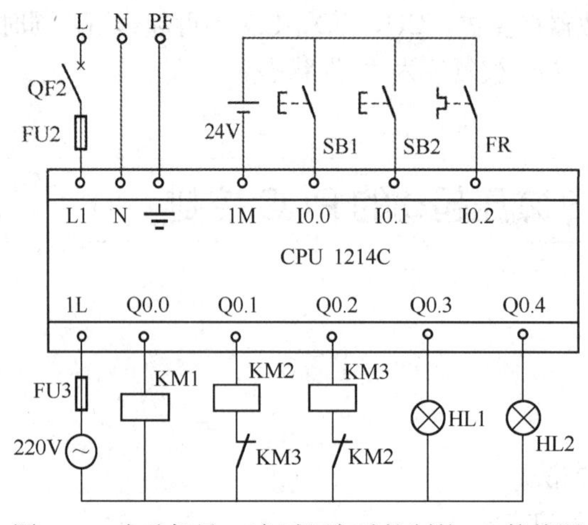

图 3-67 电动机星-三角减压起动控制的 I/O 接线图

在实际使用中，如果指示灯与交流接触器的线圈电压等级不相同，则不能采用图 3-67 所示的输出回路接法。如指示灯额定电压为直流 24V，交流接触器的线圈额定电压为交流 220V，则可采用图 3-68 所示的输出接法。CPU 1214C 输出点共有 10 点，分两组，每组 5 个输出点。其公共端为 1L 的输出点为：Q0.0～Q0.4，公共端为 2L 的输出点为：Q0.5～Q1.1。

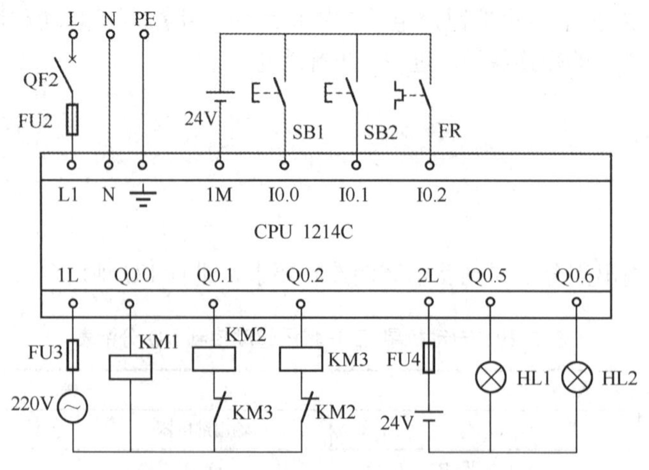

图 3-68 不同电压等级负载的接法之一

如果 PLC 的输出点不够系统分配，而且又需要有系统各种工作状态指示，则可采用图 3-69（负载额定电压不同）和图 3-70（负载额定电压相同）所示的输出接法。

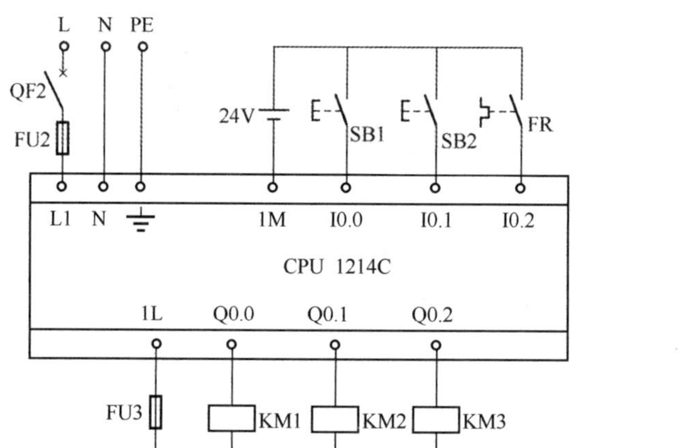

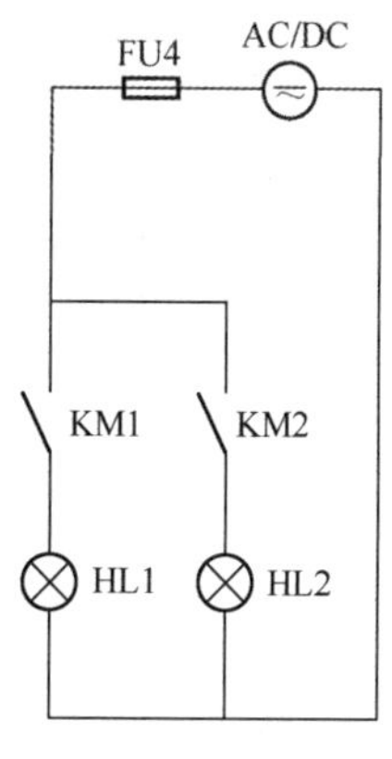

图 3-69　不同电压等级负载的接法之二

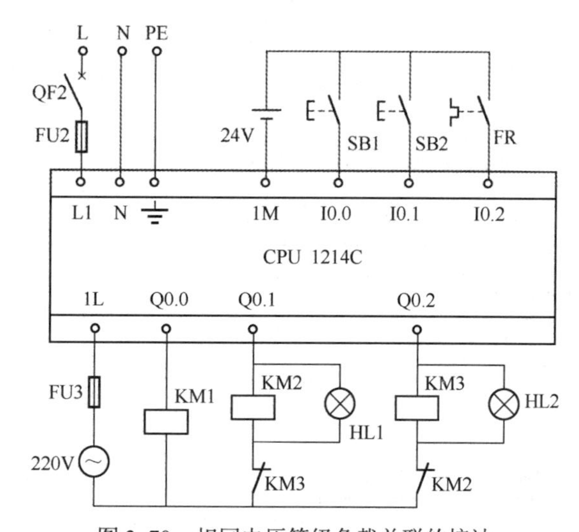

图 3-70　相同电压等级负载并联的接法

3. 创建工程项目

双击桌面上的图标，打开博途编程软件，在 Portal 视图中选择“创建新项目”，输入项目名称“M_xingjiao”，选择项目保存路径，然后单击“创建”按钮完成项目创建。

4. 编辑变量表

本案例的变量表如图 3-71 所示。

5. 编写程序

根据要求，按照图 3-67 编写的控制程序如图 3-72 所示。

图 3-72 中需要使用定时器 DB1 的常开和常闭触点（"IEC_Timer_0_DB".Q）来接通三角形接触器和断开星形接触器，此触点输入字符较多，当然也可以通过复制的方法实现，但操作也不是很方便。不过用户可以对其重命名，方法如下：右击项目树中“PLC_1”执行菜单命令程序块→系统块→IEC_Timer_0_DB[DB1]，选择“重命名”，然后输入新名称，如 T0（这种名称与 S7-200 系列 PLC 中定时器的编号相类似，便于记忆和使用）；或选择“属性”，在“常规”

属性中将其名称进行更改；或在程序编辑中右击定时器名称，选择“重命名数据块”，在弹出的“重命名块”对话框中对其名称进行更改。

M_xingjiao ▸ PLC_1 [CPU 1214C AC/DC/Rly] ▸ PLC 变量

变量 | 用户常量 | 系统常量

PLC 变量

	名称	变量表	数据类型	地址	保持	可从...
1	停止按钮SB1	默认变量表	Bool	%I0.0	☐	☑
2	起动按钮SB2	默认变量表	Bool	%I0.1	☐	☑
3	热继电器FR	默认变量表	Bool	%I0.2	☐	☑
4	电源接触器KM1	默认变量表	Bool	%Q0.0	☐	☑
5	三角形接触器KM2	默认变量表	Bool	%Q0.1	☐	☑
6	星形接触器KM3	默认变量表	Bool	%Q0.2	☐	☑
7	星形起动指示HL1	默认变量表	Bool	%Q0.3	☐	☑
8	三角形运行指示HL2	默认变量表	Bool	%Q0.4	☐	☑
9	Tag_1	默认变量表	Time	%MD10	☐	☑

图 3-71　电动机星-三角减压起动控制变量表

图 3-72 中的定时器常开和常闭触点若使用上述方法，必须加上定时器的输出位“Q”，如"T0".Q，这样使用相对来说也不太方便，但便于阅读，这时可以在定时器的输出中加一位存储器如 M0.0，这样在以后的程序段中若使用定时器的常开或常闭触点就可以直接使用 M0.0 的常开或常闭触点进行替代。

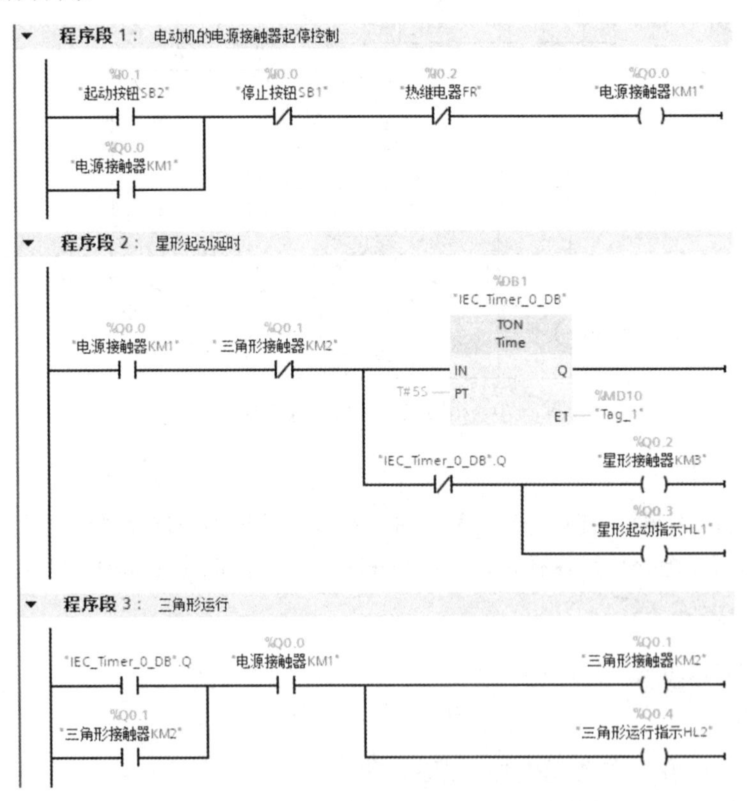

图 3-72　电动机星-三角减压起动控制程序

6．调试程序

对于相对复杂的程序，需要反复调试才能确定程序的正确性，方可投入使用。S7-1200 PLC 提供两种调试用户程序的方法：程序状态与监控表（Watch Table）。本节主要介绍使用程序状态法调试用户程序。当然使用博途软件仿真功能也可调试用户程序，但要求博途软件版本在 V13 及以上，且 S7-1200 PLC 的硬件版本在 V4.0 及以上方可使用仿真功能。

程序状态可以监视程序的运行，显示程序中操作数的值和网络的逻辑运行结果（RLO），查找到用户程序的逻辑错误，还可以修改某些变量的值。

（1）启动程序状态监视

与 PLC 建立在线连接后，打开需要监视的代码块，单击程序编辑器工具栏上的按钮，启动程序状态监视。如果在线（PLC 中的）程序与离线（计算机中的）程序不一致，将会出现警告对话框。需要重新下载项目，在线、离线项目一致后，才能启动程序状态功能。进入在线模式后，程序编辑器最上面的标题栏变为橘红色。

如果在运行时测试程序出现功能错误，可能会对人员或设备造成严重损害，应确保程序调试完全正确再启动 PLC 以免出现这样的危险情况。

（2）程序状态的显示

启动程序状态后，梯形图用绿色连续线表示状态满足，即有“能流”流过，见图 3-73 中较浅的实线。用蓝色虚线表示状态不满足，没有能流经过。用灰色连续线表示状态未知或程序没有执行，黑色表示没有连接。

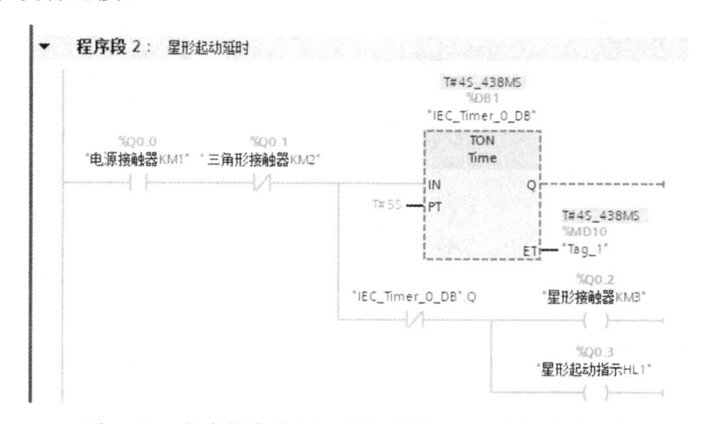

图 3-73　程序状态监视下的程序段 2——定时器未输出

Bool 变量为“0”状态和“1”状态时，它们的常开触点和线圈分别用蓝色虚线和绿色连续线来表示，常闭触点的显示与变量状态的关系则反之。

进入程序状态之前，梯形图中的线和元件因为状态未知，全部为黑色。启动程序状态监视后，梯形图左侧垂直的“电源”线和与它连接的水平线均为连续的绿线，表示有能流从“电源”线流出。有能流流过的处于闭合状态的触点、方框指令、线圈和“导线”均用连续的绿色线表示。

从图 3-73 中可以看到，电动机正处于星形起动延时阶段，TON 的输入端 IN 有能流流入，开始定时。TON 的已耗时间值 ET 从 0 开始增大，图 3-73 中已耗时间值为 4s_438ms。当到达 5s 时，定时器的输出位 Q 变为“1”状态，如图 3-74 所示，其常闭触点（"IEC_Timer_0_DB".Q）已断开，表示此时电动机已起动完成（注意：如果使用图 3-72 进行仿真，若想显示图 3-74 中界面，需要将程序段 3 的输出继电器 Q0.1 删掉）。

（3）在程序状态修改变量的值

右击程序状态中的某个变量，执行出现的快捷菜单中的某个命令，可以修改该变量的值：对于 BOOl 变量，执行命令“修改”→“修改为 1”或“修改”→“修改为 0”（不能修改连接外部硬件输入电路的输入过程映像（I）的值），如果被修改的变量同时受到程序的控制（如受线圈控制的 BOOl 变量），则程序控制的作用优先，对于其他数据类型的变量，执行命令“修改”→“修改操作数”；也可以修改变量在程序段中的显示格式，如图 3-75 所示。

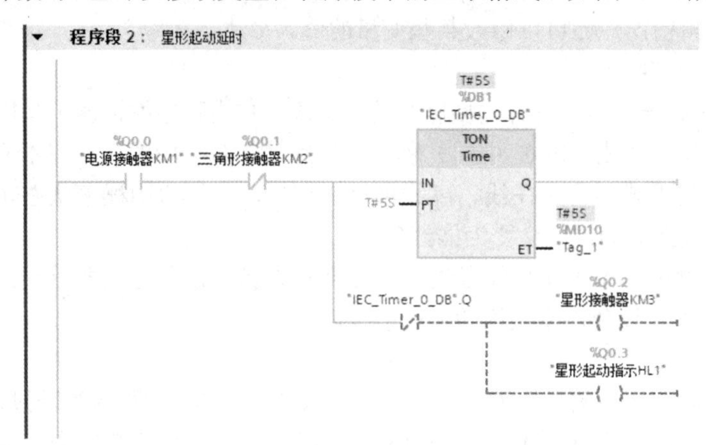

图 3-74　程序状态监视下的程序段 2——定时器有输出

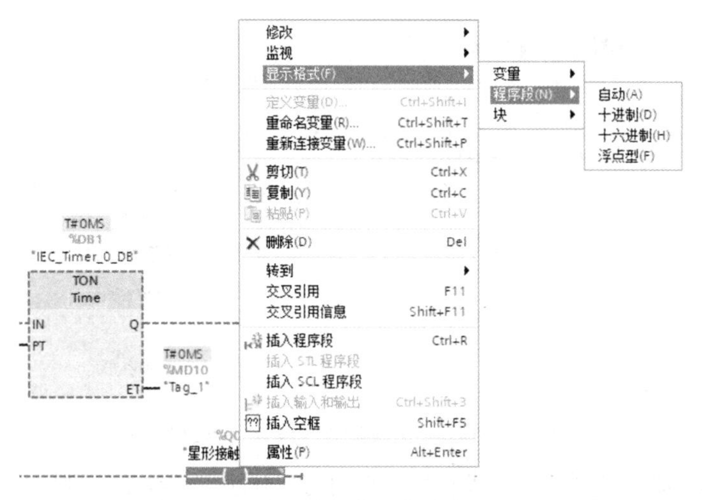

图 3-75　程序状态下修改变量值的对话框

将调试好的用户程序下载到 CPU 中，并连接好线路。按下电动机起动按钮 SB2，观察电动机是否进行星形起动，星形起动指示灯 HL1 是否点亮，同时观察定时器 DB1 的定时时间，延时 5s 后，是否切换为三角形运行，三角形运行指示灯 HL2 是否点亮。上述调试现象与控制要求一致，则说明本项目任务实现。

3.11.4　训练

1）训练 1：用定时器指令设计周期为 5s 和脉宽为 3s 的振荡电路。

2）训练 2：用断电延时定时器实现电动机的Y-△减压起动控制，并要求有可通过提前切换按钮进行Y-△切换的减压起动控制。

3）训练 3：用 PLC 实现两台小容量电动机的顺序起动和顺序停止控制，要求第一台电动机起动 3s 后第二台电动机自行起动；第一台电动机停止 5s 后第二台电动机自行停止。若任一台电动机过载，两台电动机均立即停止运行。

3.11.5　进阶

任务：维修电工中级（四级）职业资格考核中，有一考题要求由 PLC 实现三相异步电动机可手动切换的星-三角减压起动的控制，并对其进行装调，所提供的继电器-接触器控制电路如图 3-76 所示。

请读者根据图 3-76 所示电路及控制功能自行绘制 PLC 的 I/O 接线图并编写相应控制程序。

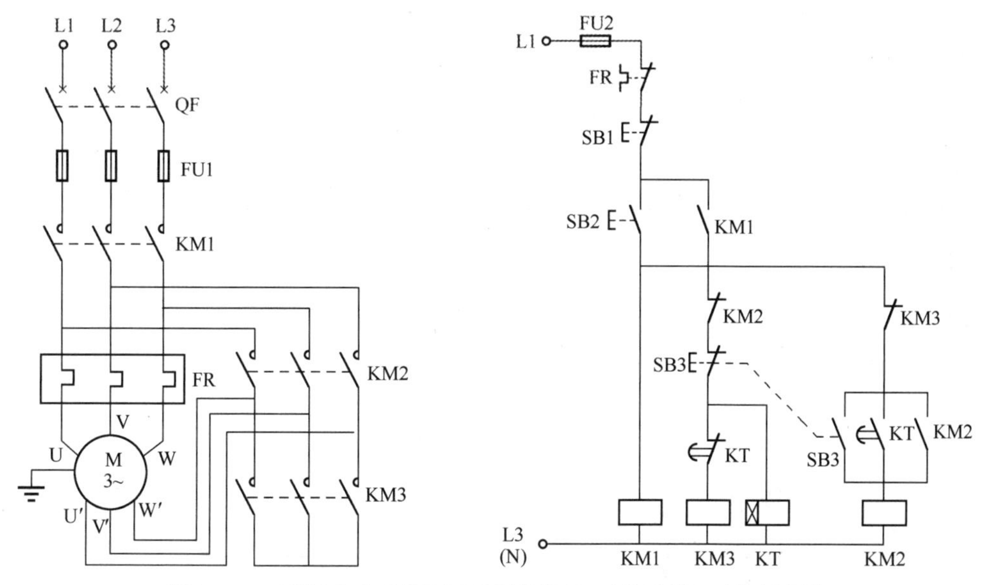

图 3-76　三相异步电动机可手动切换的星-三角减压起动控制电路

3.12　案例 14　电动机循环起停的 PLC 控制

3.12.1　目的

1）掌握计数器指令的应用。
2）掌握直流输出型 PLC 驱动交流负载的方法。
3）掌握系统存储器字节和时钟存储器字节的使用。
4）掌握使用监控表监控和调试程序的方法。

3.12.2　任务

使用 S7-1200 PLC 实现电动机的循环起停控制，即按下起动按钮，电动机起动并正向运转 5s，停止 3s，再反向运转 5s，停止 3s，然后再正向运转，如此循环 5 次后停止运转，同时循环结束指示灯以 1Hz 的频率闪烁，直至按下停止按钮；按下停止按钮再松开时，电动机才停止运行。该电路必须具有必要的短路保护、过载保护等功能。

3.12.3 步骤

1. I/O 分配

根据 PLC 输入/输出点分配原则及本案例控制要求，进行 I/O 地址分配，如表 3-11 所示。

表 3-11 电动机的循环起停控制 I/O 分配表

输入		输出	
输入继电器	元器件	输出继电器	元器件
I0.0	停止按钮 SB1	Q0.0	正转接触器 KM1
I0.1	起动按钮 SB2	Q0.1	反转接触器 KM2
I0.2	热继电器 FR	Q0.5	循环结束指示灯 HL

2. I/O 接线图

根据控制要求及表 3-11 的 I/O 分配表，可绘制电动机的循环起停控制 I/O 接线图，如图 3-77 所示，主电路与图 1-62 的主电路相同。

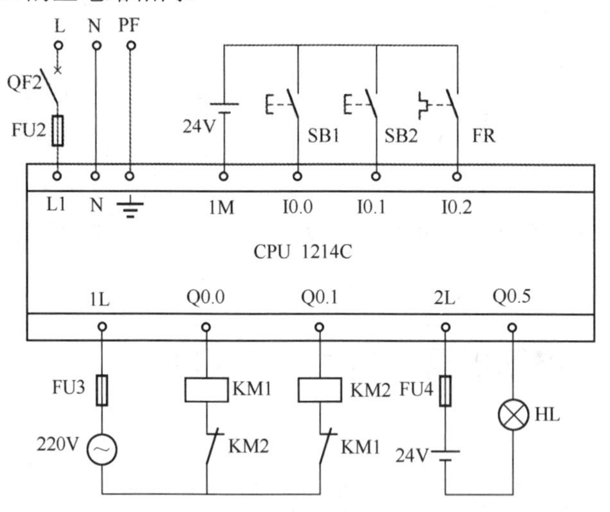

图 3-77 电动机的循环起停控制 I/O 接线图

3. 创建工程项目

双击桌面上的图标，打开博途编程软件，在 Portal 视图中选择“创建新项目”，输入项目名称“M_xunhuan”，选择项目保存路径，然后单击“创建”按钮完成项目创建。

4. 编辑变量表

本案例要求电动机起停循环结束后指示灯以 1Hz 的频率闪烁（秒级闪烁），如果使用定时器来实现则需要两个定时器，如果采用 CPU 集成的时钟存储器来实现可方便许多。同时，CPU 还集成了多个特殊位寄存器，在 PLC 的编程中作用重大，在此将加以介绍。

S7-1200 PLC 通过 CPU 模块的参数设置来实现系统常用的某些特殊位，如首次扫描接通一次特殊位、始终为1（高电平）特殊位等。

（1）系统存储器字节设置

双击项目树某个PLC文件夹中的“设备组态”，打开该PLC的设备视图。选中CPU后，再选中巡视窗口中“属性”下的“常规”选项，打开在“脉冲发生器”文件夹中的“系统和时钟存储器”选项，便可对它们进行设置。勾选窗口中右边的复选框“启用系统存储器字节”，采用默认的MB1作为系统存储字节，如图3-78所示。可以修改系统存储器字节的地址。

将MB1设置为系统存储器字节后，该字节的M1.0～M1.3的意义如下。

① M1.0（首次循环）：仅在进入RUN模式的首次扫描时为“1”状态，以后为“0”状态。

② M1.1（诊断图形已更改）：CPU登录了诊断事件时，在一个扫描周期内为“1”状态。

③ M1.2（始终为1）：总是为“1”状态，其常开触点总是闭合的。

④ M1.3（始终为0）：总是为“0”状态，其常闭触点总是闭合的。

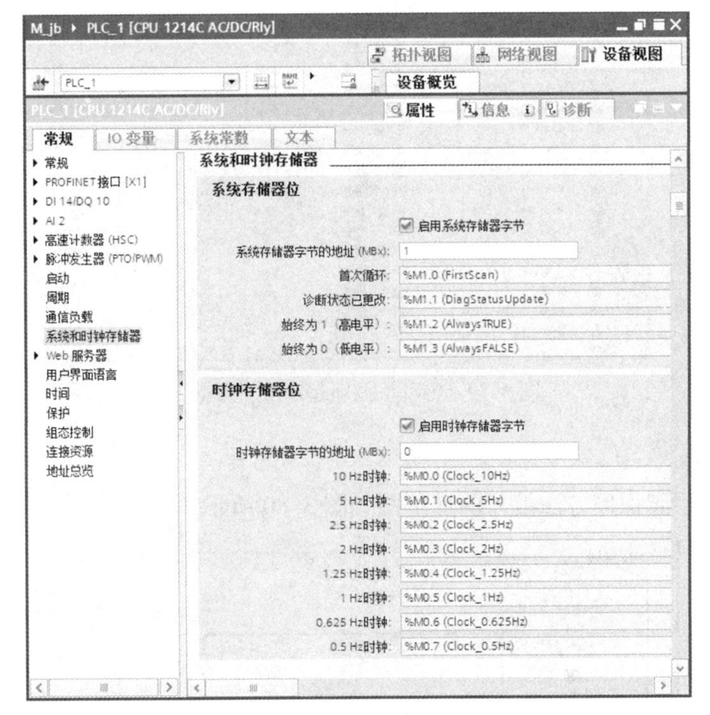

图3-78　组态系统存储器字节与时钟存储器字节

（2）时钟存储器字节设置

单击右边窗口的复选框“启用时钟存储器字节”，采用默认的MB0作为时钟存储器字节，如图3-78所示。可以修改时钟存储字节的地址。

时钟脉冲是一个周期内“0”状态和“1”状态所占的时间各为50%的方波信号，时钟存储器字节每一位对应的时钟脉冲的周期或频率见表3-12。CPU在扫描循环开始时初始化这些位。

表3-12　时钟存储器字节各位对应的时钟脉冲的周期与频率

位	7	6	5	4	3	2	1	0
周期/s	2	1.6	1	0.8	0.5	0.4	0.2	0.1
频率/Hz	0.5	0.625	1	1.25	2	2.5	5	10

注意：指定了系统存储器和时钟存储器字节后，这个字节就不能再用于其他用途（并且这个字节的 8 位只能使用触点，不能使用线圈），否则将会使用户程序运行出错，甚至造成设备损坏或人身伤害。

本项目变量表如图 3-79 所示。

M_xunhuan ▸ PLC_1 [CPU 1214C AC/DC/Rly] ▸ PLC 变量

变量　用户常量　系统常量

PLC 变量

	名称	变量表	数据类型	地址
1	停止按钮SB1	默认变量表	Bool	%I0.0
2	起动按钮SB2	默认变量表	Bool	%I0.1
3	热继电器FR	默认变量表	Bool	%I0.2
4	正转接触器KM1	默认变量表	Bool	%Q0.0
5	反转接触器KM2	默认变量表	Bool	%Q0.1
6	循环结束指示灯HL	默认变量表	Bool	%Q0.5
7	Clock_Byte	默认变量表	Byte	%MB0
8	Clock_10Hz	默认变量表	Bool	%M0.0
9	Clock_5Hz	默认变量表	Bool	%M0.1
10	Clock_2.5Hz	默认变量表	Bool	%M0.2
11	Clock_2Hz	默认变量表	Bool	%M0.3
12	Clock_1.25Hz	默认变量表	Bool	%M0.4
13	Clock_1Hz	默认变量表	Bool	%M0.5
14	Clock_0.625Hz	默认变量表	Bool	%M0.6
15	Clock_0.5Hz	默认变量表	Bool	%M0.7
16	System_Byte	默认变量表	Byte	%MB1
17	FirstScan	默认变量表	Bool	%M1.0
18	DiagStatusUpdate	默认变量表	Bool	%M1.1
19	AlwaysTRUE	默认变量表	Bool	%M1.2
20	AlwaysFALSE	默认变量表	Bool	%M1.3
21	正停	默认变量表	Bool	%M2.0
22	反停	默认变量表	Bool	%M2.1
23	单循环结束	默认变量表	Bool	%M2.2
24	循环次数	默认变量表	Int	%MW4

图 3-79　电动机循环起停控制变量表

5. 梯形图程序

根据要求，使用起保停方法编写的梯形图如图 3-80 所示。

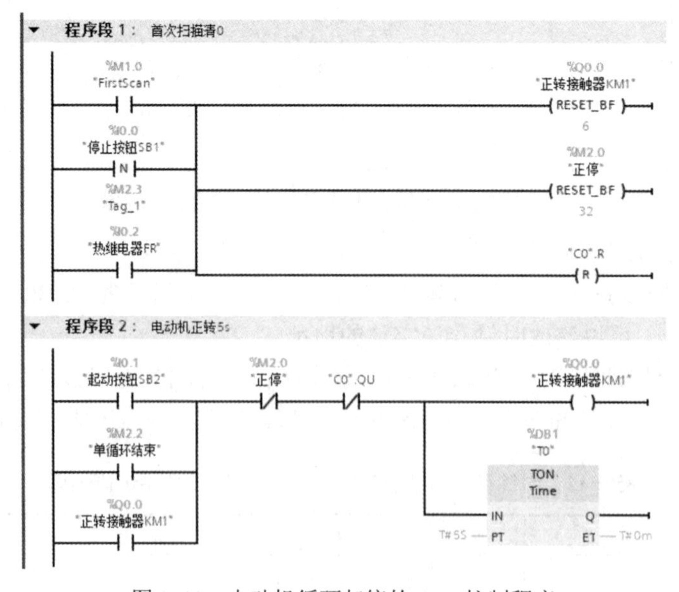

图 3-80　电动机循环起停的 PLC 控制程序

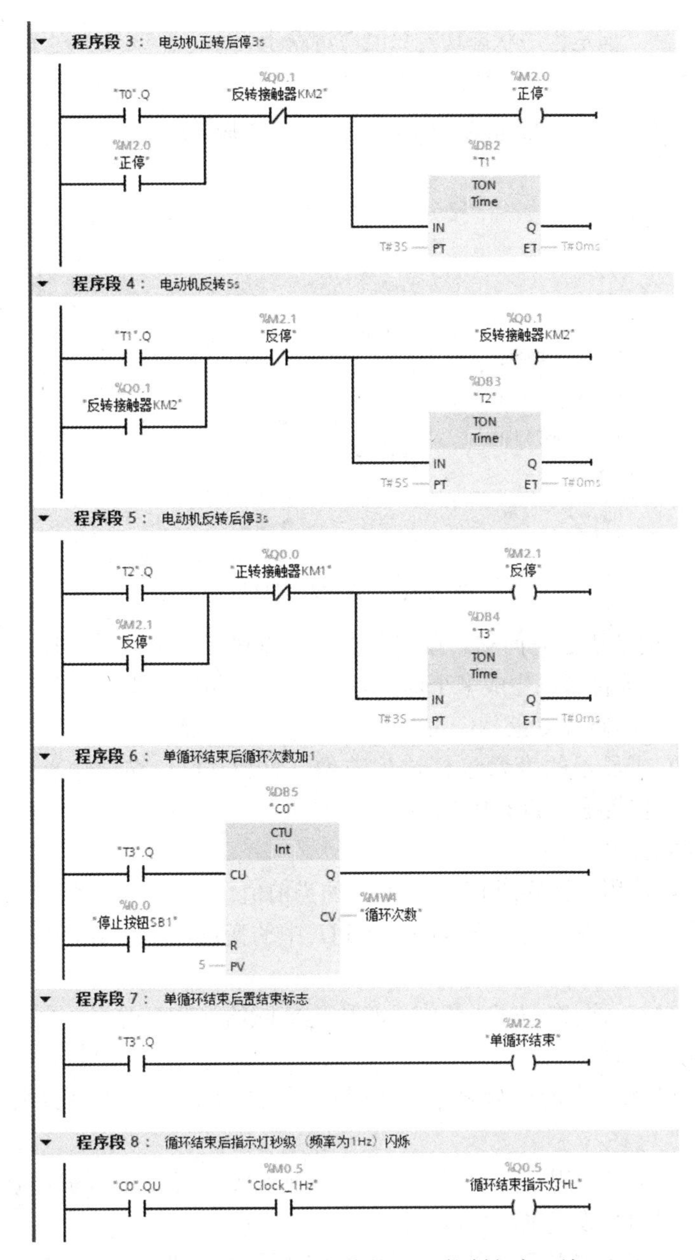

图 3-80 电动机循环起停的 PLC 控制程序（续）

图 3-80 中的符号地址比较长，若同时选择了显示符号地址或同时显示符号地址和绝对地址，程序编辑器将分两行或多行显示符号名，这样就增加了程序段的高度。当然可以通过设置程序编辑器的参数来加长显示符号的名称，执行工具栏中的命令“选项”→“设置”，打开“设置”对话框，如图 3-81 所示。选中“PLC 编程”文件夹下的“LAD/FBD（梯形图/功能块图）”，在窗口右侧区域的“操作数域”的“宽度”栏增加其宽度（默认值为 8），并单击“保存窗口设置”按钮进行保存，再次打开程序块时，系统将执行“操作数域”的新的设置。

6. 调试程序

使用程序状态功能，可以在程序编辑器中形象、直观地监视梯形图程序的执行情况，触点和线圈的状态一目了然。但是程序状态功能只能在屏幕上显示一个或几个程序段，甚至只显示一个程序段的部分，调试较大的程序时，往往不能同时看到与某一程序功能有关的全部变量的状态。

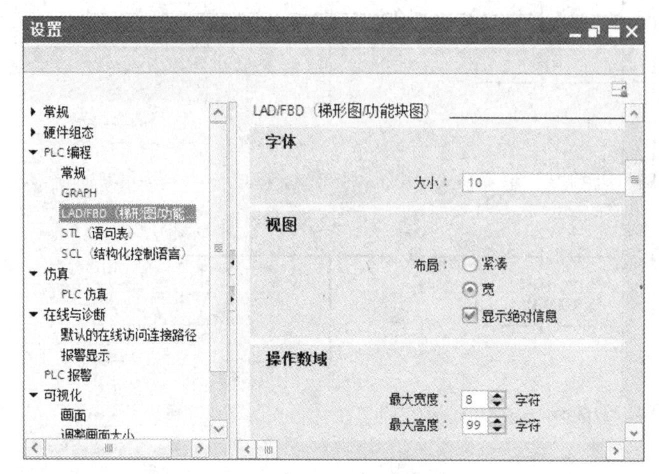

图 3-81 “设置”对话框

监控表可以有效地解决上述问题。使用监控表可以在工作区同时监控、修改和强制用户感兴趣的全部变量。一个项目可以生成多个监控表，以满足不同的调试要求。

（1）用监控表监视与修改变量

监控表可以赋值或显示的变量包括过程映像（I 和 Q）、物理输入（I:_P）和物理输出（Q:_P）、位存储器 M 和数据块 DB 内的存储单元。

1）监控表的功能。

① 监控变量：显示用户程序或 CPU 中变量的当前值。

② 修改变量：将固定值赋给用户程序或 CPU 中的变量，这一功能可能会影响到程序运行结果。

③ 对物理输出赋值：允许在停止状态下将固定值赋给 CPU 的每一个物理输出点，可用于硬件调试时检查接线。

④ 强制变量：给物理输入点/物理输出点赋一个固定值，用户程序的执行不会影响被强制的变量的值。

⑤ 可以选择在扫描循环周期开始、结束或切换到 STOP 模式时读写变量的值。

2）用监控表监控和修改变量的基本步骤。

① 生成新的监控表或打开已有的监控表，生成要监视的变量，编辑和检查监控表的内容。

② 建立计算机与 CPU 之间的硬件连接，将用户程序下载到 PLC。

③ 将 PLC 由 STOP 模式切换到 RUN 模式。

④ 用监控表监视、修改和强制变量。

3）生成监控表。

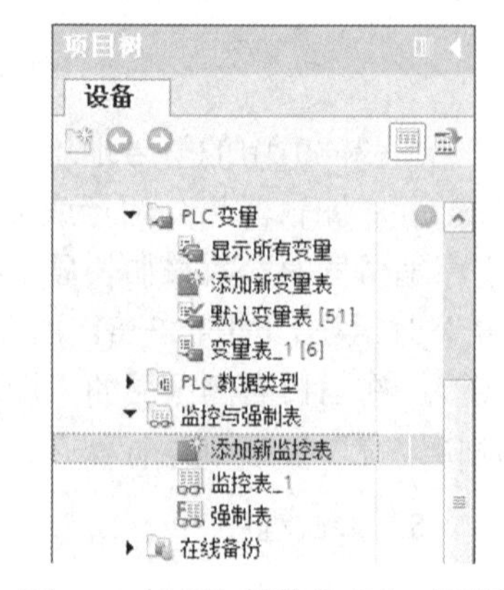

图 3-82 “添加新监控表”对话框

打开项目树中 PLC 的“监视与强制表”文件夹，双击其中的“添加新监控表”，如图 3-82 所示，生成一个新的监控表，并在工作区自动打开它。根据需要，可以为一台 PLC 生成多个监控表。应将有关联的变量放在同一个监控表内。

4）在监控表中输入变量。

在监控表的“名称”列输入 PLC 变量表中定义过的变量的符号地址，“地址”列将会自动出现该变量的地址。在“地址”列输入 PLC 变量表中定义过的地址，“名称”列将会自动出现它的名称。

如果输入了错误的变量名称或地址，将在出错的单元下面出现红色背景的错误提示方框。

可以使用监控表的“显示格式”列默认的显示格式，也可以右击该列的某个单元，在弹出的快捷菜单中选中需要的显示格式。在图 3-83 中，监控表用二进制模式显示 MW4，可以同时显示和分别修改 M4.0～M5.7 这 16 个位变量。这一方法用于 I、Q 和 M，可以用字节（8 位）、字（16 位）或双字（32 位）来监控和修改位变量。

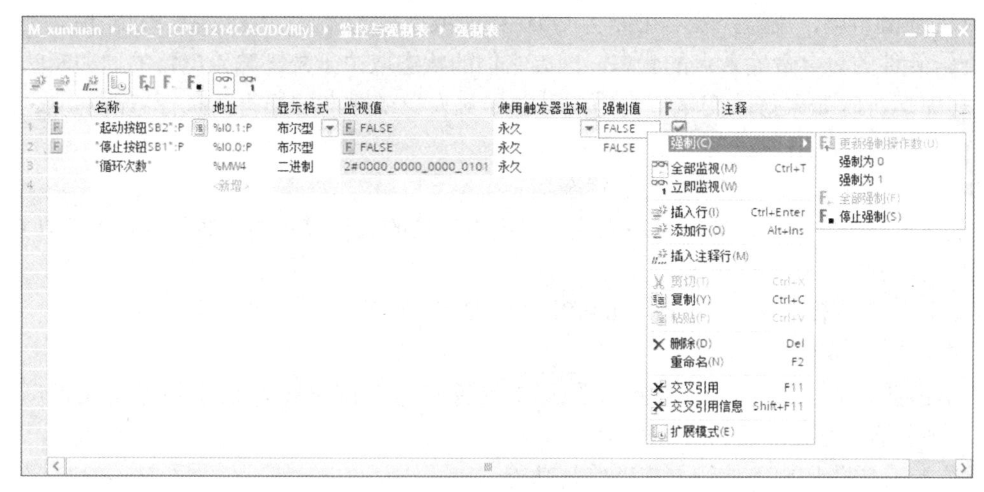

图 3-83　在线的监控表

复制 PLC 变量表中的变量名称，然后将它粘贴到监控表的“名称”列，可以快速生成监控表中的变量。具体方法如下：

1）双击打开项目树中的“PLC 变量”，单击变量表中某个变量最左边的序号单元，该变量被选中，整个行的背景色加深。按住〈Ctrl〉键，用同样的方法同时选中其他变量。右击选中的变量，执行出现的快捷菜单中的“复制”命令，将选中的变量复制到剪贴板。

2）双击打开项目树中的监控表，右击空白行，执行出现的快捷菜单中的“粘贴”命令，将复制的变量粘贴到监控表。

① 监视变量。

可以用监控表的工具栏上的按钮来执行各种功能。与 CPU 建立在线连接后，单击工具栏上的按钮，启动“全部监视”功能，将在“监视值”列连续显示变量的动态实际值。再次单击该按钮，将关闭监视功能。单击工具栏上的按钮，可以对所选变量的数值进行一次立即更新，该功能主要用于 STOP 模式下的监视和修改。

位变量为 TRUE（“1”状态）时，监视值列的方形指示灯为绿色。位变量为 FALSE（“0”状态）时，监视值列的方形指示灯为灰色。

图 3-83 的 MW4 为已循环次数，在电动机工作循环过程中，MW4 的值不断增大。

② 修改变量。

按钮用于显示或隐藏“修改值”列，在要修改的变量的“修改值”列中输入变量新的值。输入 Bool 型变量的修改值“0”或“1”后，单击监控表其他地方，它们将变为“FALSE”（假）或“TRUE”（真）。

单击工具栏上的“立即一次性修改所有选定值”按钮，或右击变量，执行出现的快捷菜单中的“立即修改”命令，如图 3-83 所示，将修改值立即送入 CPU。

右击某个位变量，执行出现的快捷菜单中的“修改为 0”或“修改为 1”命令，可以将选中的变量修改为“0”或“1”。

单击工具栏上的按钮，或执行出现的快捷菜单中的“使用触发器修改”命令，在定义的用户程序的触发点，修改所有选中的变量。

如果没有启动监视功能，执行快捷菜单中的“立即监视”命令，系统将读取一次监视值。

在 RUN 模式修改变量时，各变量同时又受到用户程序的控制。假设用户程序运行的结果使 Q0.0 的线圈得电，用监控表不可能将 Q0.0 修改或保持为“1”状态。在 RUN 模式不能改变 I 区分配给硬件的数字量输入点的状态，因为它们的状态取决于外部输入电路的通和断状态。

在程序运行时如果修改变量值出错，可能导致人身或财产的损害。执行修改功能之前，应确认不会有危险情况出现。

③ 在 STOP 模式改变物理输出的状态。

在调试设备时，这一功能可以用来检查输出点连接的过程设备的接线是否正确。以 Q0.0 为例，操作的步骤如下：

- 在监控表中输入物理输出点 Q0.0:P，如图 3-84 所示。
- 将 CPU 切换到 STOP 模式。
- 单击监控表工具栏上的“显示/隐藏扩展模式列”按钮，切换到扩展模式，出现与“触发器”有关的两列。
- 单击工具栏上的按钮，启动监视功能。
- 单击工具栏上的按钮，出现“启用外围设备输出”对话框，单击“是”按钮确认。
- 右击 Q0.0:P 所在的第 1 行，执行出现的快捷菜单中的命令“修改”→“修改为 1”或“修改”→“修改为 0”，如图 3-84 所示，CPU 上的 Q0.0 对应的 LED（发光二极管）亮或熄灭，监控表中的“监视值”列的值随之改变，表示命令被送给物理输出点。

CPU 切换到 RUN 模式后，工具栏上的变成灰色，该功能被禁止，Q0.0 受到用户程序的控制。

如果有输入点或输出点被强制，则不能使用这一功能。为了在 STOP 模式下允许物理输出，应取消强制功能。

因为 CPU 只能改写，不能读出物理输出变量 Q0.0:P 的值，符号表示该变量被禁止监视（不能读取）。将光标放到图 3-84 中的“监视值”列时，将会出现帮助信息，提示不能监视物理输出。

（2）用监控表强制变量

1）强制 CPU 中的变量值。

可以用监控表给用户程序中的单个变量指定固定的值，这一功能被称为强制（Force）。强制应在与 CPU 建立连接时进行。使用强制功能时，不正确的操作可能会危及人员的生命或造成设备的损坏。

S7-1200 系列 PLC 只能强制物理 I/O 点，例如强制 I0.0:P 和 Q0.0:P，不能强制组态时指定给 HSC（高速计数器）、PWM（脉冲宽度调制）和 PTO（脉冲列输出）的 I/O 点。在测试用户程序时，可以通过强制 I/O 点来模拟物理条件，例如用来模拟输入信号的变化。

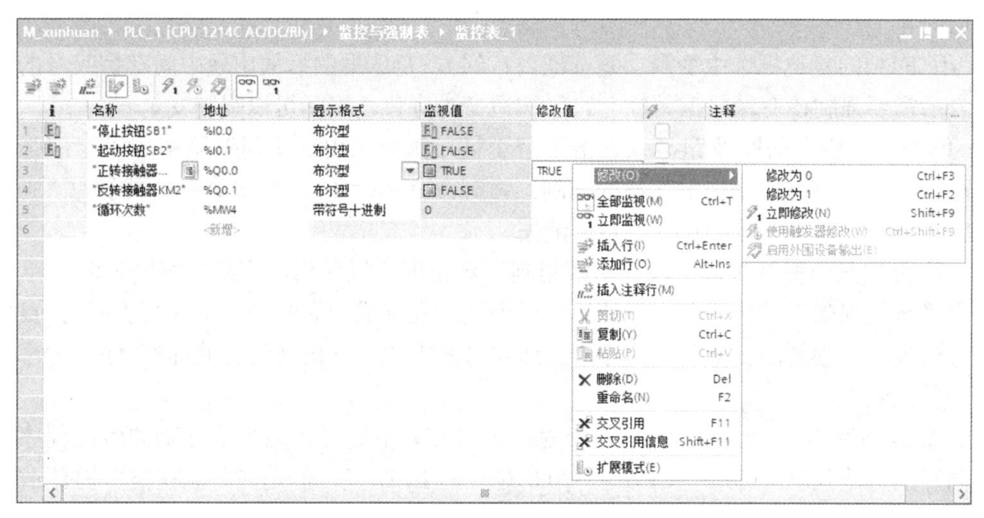

图 3-84　在“STOP”模式改变物理输出的状态

在执行用户程序之前，强制值被用于输入过程映像，在处理程序时，使用的是输入点的强制值。

写物理输出点时，强制值被送给输出过程映像，输出值被强制覆盖。强制值在物理输出点出现，并且被用于过程中。

变量被强制的值不会因为用户程序的执行而改变。被强制的变量只能读取，不能用写访问来改变其强制值。

输入/输出点被强制后，即使编程软件被关闭，或编程计算机与 CPU 的在线连接断开，或 CPU 断电，强制值都被保持在 CPU 中，直到在线时用编程软件停止强制功能。

用存储卡将带有强制点的程序装载到别的 CPU 时，将继续程序中的强制功能。

2）强制的操作步骤。

① 生成强制表，打开项目树中 PLC 的“监视与强制表”文件夹，双击其中的“强制表”，如图 3-82 所示，生成一个新的监控表，并在工作区自动打开它。

② 在监控表中输入物理输入点 I0.1:P 和物理输出点 Q0.0:P，如图 3-85 所示。

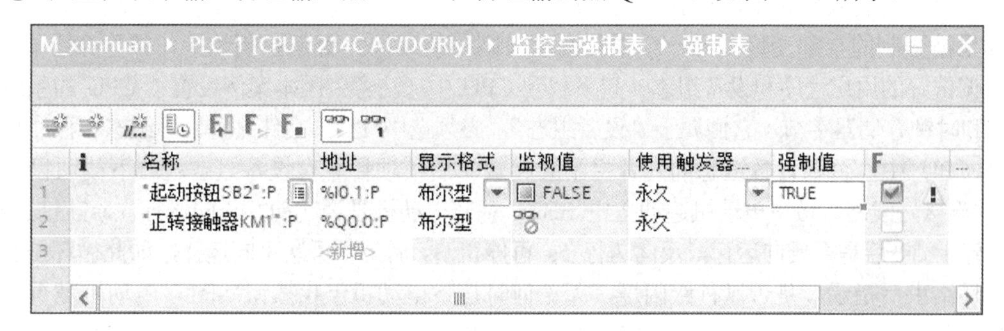

图 3-85　用强制表强制 I/O 变量

③ 将 CPU 切换到 RUN 模式。

④ 单击工具栏上的按钮，启动监视功能。

⑤ 单击工具栏上的按钮，如图 3-85 所示，切换到扩展模式。

⑥ 在 I0.1:P 的“强制值”列输入“1”，单击其他地方，“1”变为“TRUE”（本步也可以在下一步后面）。

⑦ 用 F 列的复选框选中变量（复选框内打勾），复选框的后面出现中间有惊叹号的黄色三角形，表示需要强制该变量。工具栏上的F按钮变为亮色，表示可以强制变量。

⑧ 单击工具栏上的F按钮，或右击某个变量，执行出现的快捷菜单中的“全部强制”命令，启动所有在 F 列强制功能的变量的强制。强制命令执行后，“监视值”列显示为“强制值”列中内容，并且 F 列惊叹号的黄色三角形消失。

第一次强制某个变量时，出现“全部强制”对话框，以后修改变量的强制值时，单击F按钮，出现“替换强制”信息，单击“是”按钮确认。强制成功后强制表中该行“F”列黄色的三角形符号消失，被强制的变量所在的行最左边和“监视值”列出现红色的标有“F”的小方框，表示该变量被强制。

I0.1 被强制为“1”状态时，CPU 上对应的 LED 不会亮，但是被强制的值在程序中起作用。用同样的方法强制 Q0.0:P，CPU 上 Q0.0 对应的 LED 亮，但是在“监视值”仍显示（无法监视外围设备输出）。

也可以右击要强制的位变量，执行出现的快捷菜单中的“强制 0”或“强制 1”命令，单击出现的对话框中的“是”按钮确认，将选中的输入点变量的值强制为“0”或“1”。

3）停止强制。

单击工具栏F按钮，或执行快捷菜单中的命令“强制”→“停止强制”，停止对所有地址的强制。被强制的变量最左边和输入点的“监视值”列标有红色“F”的方框消失，表示强制被停止。复选框后面的黄色三角形符号重新出现，表示该地址被选择强制，但是 CPU 中的变量没有被强制。

为了停止对单个变量的强制，可以清除该变量的强制列的复选框，然后重新启动强制。

4）显示 CPU 所有被强制的变量。

在调试结束后，程序正式运行之前，必须停止对所有强制的变量的强制，否则会影响程序的正常运行，甚至造成事故。

上述停止强制的操作只能停止当前打开的强制表中被强制的变量。如果强制表不止一个，在别的强制表中也有变量被强制，强制表的表头最左边有F符号闪动。单击工具栏上的F按钮（更新所有强制的操作数和值），将在当前强制表中显示所有的强制表中被强制了的地址，此时可以用当前的强制表停止全部被强制的变量。

如果被强制的全部变量在同一个强制表内，则不能使用“更新强制的操作数”命令。

将调试好的用户程序和设备组态一起下载到 CPU 中（注意：因本案例设置了 CPU 的系统存储器字节和时钟存储器字节，它们属于“设备组态”，必须选中 PLC 文件夹将设备组态和程序块一起下载到 CPU 中，否则设备组态的内容将不会起效。后续项目若有设备组态项，下载项目同本案例），并连接好线路。按下电动机起动按钮 SB2，观察电动机是否起动并正向运行，5s 后是否停止运行，停止 3s 后是否反向运行，反向运行 5s 再停止 3s 后是否再次正向运行，如此循环是否为 5 次。循环结束后指示灯是否以秒级闪烁，无论何时按下电动机停止按钮 SB1，电动机是否立即停止，且循环结束指示灯熄灭。若上述调试现象与控制要求一致，则说明本案例任务已实现。

3.12.4 训练

1）训练 1：用 PLC 实现组合吊灯三档亮度控制，即第 1 次按下按钮只有 1 盏灯点亮，第 2

次按下按钮第 1、2 盏灯点亮，第 3 次按下按钮第 1、2、3 盏灯全部点亮，第 4 次按下按钮 3 盏灯全部熄灭。

2）训练 2：用 PLC 实现电动机延时停止控制，要求使用计数器和定时器实现在电动机运行时按下停止按钮 5s 后电动机停止运行。

3）训练 3：用 PLC 实现地下车库有无空余车位显示控制，设地下车库共有 100 个停车位。要求有车辆入库时，空余车位数少 1，有车辆出库时，空余车位数多 1，当有空余车位时绿灯亮，无空余车位时红灯亮并以秒级闪烁，以提示车库已无空余车位。

3.12.5 进阶

任务 1：维修电工中级（四级）职业资格考核中，有一考题要求 PLC 控制小车自动往返运动控制装调，所提供的继电器-接触器控制电路如图 3-54 所示。要求小车起动后能实现自动循环运动，循环 3 次后自动停止运行，在发生过载时报警指示灯以秒级闪烁，直至按下停止按钮。

请读者根据图 3-54 电路及控制功能自行绘制 PLC 的 I/O 接线图并编写相应控制程序。

任务 2：维修电工中级（四级）职业资格考核中，有一考题要求由 PLC 实现三组限时抢答器的控制，并对其进行装调。在主持人按下开始按钮 10s 内可以抢答，3 组抢答按钮中按下任意一个按钮后，显示器能立即显示该组的编号，同时锁住抢答器，使其他组按下抢答按钮无效。如果在主持人按下开始按钮之前进行抢答，则显示器显示该组编号并以秒级闪烁，以示该组违规抢答，直至主持人按下复位按钮。如主持人按下停止按钮，则不能进行抢答，且显示器无显示。

请读者根据上述控制功能自行绘制 PLC 的 I/O 接线图、安装控制线路并编写相应控制程序。

任务 3：维修电工中级（四级）职业资格考核中，有一考题要求由 PLC 实现手动切换交通灯信号灯的控制，并对其进行装调。当转换开关处在“自动”模式时，系统启动后，东西方向绿灯亮 25s，闪烁 3s，黄灯亮 3s，红灯亮 31s；南北方向红灯亮 31s，绿灯亮 25s，闪烁 3s，黄灯亮 3s，如此循环。当转换开关处于“手动”模式时，东西南北方向交通灯切换方式由人工控制，每操作一次“单步”按钮，交通灯切换一次，即东西方向亮绿灯，南北方向亮红灯，按下单步按钮，东西方向绿灯闪烁 3s，黄灯闪烁 3s，然后东西方向红灯亮，同时，南北方向绿灯亮；再次按下单步按钮，南北方向绿灯闪烁 3s，黄灯闪烁 3s，然后南北方向红灯亮，同时，东西方向绿灯亮，如此循环。无论何时按下停止按钮，交通灯全部熄灭。

请读者根据上述控制功能自行绘制 PLC 的 I/O 接线图、安装控制线路并编写相应控制程序。

3.13 习题与思考

1．美国数字设备公司于________年研制出世界上第一台 PLC。

2．PLC 主要由________、________、________、________等组成。

3．PLC 的常用语言有________、________、________、________、________等，而 S7-1200 的编程语言有________、________。

4．PLC 是通过周期扫描工作方式来完成控制的，每个周期包括________、________、________。

5．输出指令（对应于梯形图中的线圈）不能用于过程映像________寄存器。

6．若设置系统存储器字节，则第________位在首次扫描时为 ON，第________位一直为 ON。

7．接通延时定时器 TON 的使能（IN）输入电路________时开始定时，当前值大于或等于预设值时其输出端 Q 为________状态。使能输入电路________时定时器的当前值被复位。

8．保持型接通延时定时器 TONR 的使能输入电路________时开始定时，使能输入电路断开时，当前值________。使能输入电路再次接通时________。当________输入为“1”时，TONR 被复位。

9．关断延时定时器 TOF 的使能输入电路接通时，定时器输出端 Q 立即变为________，当前值被________。使能输入电路断开时，当前值从 0 开始________。当前值大于或等于预设值时，定时器输出端 Q 变为________。

10．若加计数器的计数输入电路 CU________、复位输入电路 R________，计数器的当前值加 1。当前值 CV 大于或等于预设值 PV 时，输出 Q 变为________状态。复位输入电路为________时，计数器被复位，复位后的当前值________。

11．PLC 内部的“软继电器”能提供多少个触点供编程使用？

12．输入继电器有无输出线圈？

13．如何防止正反转直接切换或星-三角切换时短路现象的发生？

14．用一个转换开关控制两盏直流 24V 指示灯，指示控制系统运行时所处的“自动”或“手动”状态，即向左旋转转换开关，其中一盏灯亮表示控制系统当前处于“自动”状态；向右旋转转换开关，另一盏灯亮表示控制系统当前处于“手动”状态。

15．使用 CPU 1214C DC/DC/DC 型 PLC 设计两地均能控制同一台电动机的起动和停止。

16．用 R、S 指令或 RS 指令编程实现电动机的正反转运行控制。

17．要求将热继电器的常开或常闭触点作为 PLC 的输入信号实现案例 12 的控制任务。

18．用两个按钮控制一盏直流 24V 指示灯的亮灭，要求同时按下两个按钮，指示灯方可点亮。

19．用 PLC 实现小车往复运动控制，系统启动后小车前进，行驶 15s，停止 3s，再后退 15s，停止 3s，如此往复运动 20 次，循环结束后指示灯以秒级闪烁 5 次后熄灭（使用时钟存储器实现指示灯秒级闪烁功能）。

20．用 PLC 实现按第一次按钮，第 1 盏灯亮，按第二次按钮，第 2 盏灯亮。按第三次按钮，第 3 盏灯亮，按第四次按钮，第 1、2、3 盏灯亮，按第五次按钮，第 1、2、3 盏灯全部熄灭。

第 4 章　功能指令及应用

本章重点介绍西门子 S7-1200 PLC 中的数据类型、数据处理指令（包括移动指令、比较指令、移位指令、转换指令、数学运算指令、逻辑运算指令和程序控制指令），并通过 4 个以灯光为控制对象的案例详细介绍 S7-1200 PLC 功能指令及其应用，通过本章学习，读者应能快速掌握 S7-1200 PLC 的数据处理指令、运算指令及程序控制指令在工程项目中的应用。

4.1 数据类型

数据类型用来描述数据的长度（即二进制的位数）和属性。S7-1200 PLC 使用下列数据类型：基本数据类型、复杂数据类型、参数类型、系统数据类型和硬件数据类型。在此，只介绍基本数据类型和复杂数据类型。

码 4-1
基本数据类型

4.1.1 基本数据类型

表 4-1 给出了基本数据类型的属性。

表 4-1　基本数据类型

数据类型	位数	取值范围	举例
位（Bool）	1	1/0	1、0 或 TRUE、FALSE
字节（Byte）	8	16#00～16#FF	16#08、16#27
字（Word）	16	16#0000～16#FFFF	16#1000、16#F0F2
双字（DWord）	32	16#00000000～16#FFFFFFFF	16#12345678
字符（Char）	8	16#00～16#FF	‘A’ 、’@’
有符号短整数（SInt）	8	-128～127	-111、108
整数（Int）	16	-32768～+32767	-1011、1088
双整数（DInt）	32	-2 147 483 648～2 147 483 647	-11100、10080
无符号短整数（USInt）	8	0～255	10、90
无符号整数（UInt）	16	0～65535	110、990
无符号双整数（UDInt）	32	0～4 294 967 295	100、900
浮点数（Real）	32	±1.1 755 494e-38～±3.402 823e+38	12.345
双精度浮点数（LReal）	64	±2.2 250 738 585 072 020e-308～ ±1.7 976 931 348 623 157e+308	123.45
时间（Time）	32	T#-24d20h31m23s648ms～ T#24d20h31m23s647ms	T#1D_2H_3M_4S_5MS

1. 位

位（Bool）数据长为 1 位，数据格式为布尔文本，只有两个取值 TRUE/FALSE（真/假），对应二进制数中的“1”和“0”，常用于开关量的逻辑计算，存储空间为1位。

2．字节

字节（Byte）数据长度为8位，16#表示十六进制数，取值范围为16#00～16#FF。

3．字

字（Word）数据长度为16位，由两个字节组成，位号低的字节为高位字节，位号高的字节为低位字节，取值范围为16#0000～16#FFFF。

4．双字

双字（Double Word）数据长度为32位，由两个字组成，即4个字节组成，位号低的字为高位字节，位号高的字为低位字节，取值范围为16#00000000～16#FFFFFFFF。

5．整数

整数（Int）数据类型长度为8、16、32位，又分带符号整数和无符号整数。带符号十进制数，最高位为符号位，最高位是0表示正数，最高位是1表示负数。整数用补码表示，正数的补码就是它的本身，将一个正数对应的二进制数的各位数求反码后加1，可以得到绝对值与它相同的负数的补码。

6．浮点数

浮点数（Real）又分为32位和64位浮点数。浮点数的优点是用很少的存储空间可以表示非常大和非常小的数。PLC输入和输出的数据大多数为整数，用浮点数来处理这些数据需要进行整数和浮点数之间的相互转换。需要注意的是，浮点数的运算速度比整数运算慢得多。

7．时间

时间数据类型长度为32位，其格式为T#天数（day）小时数（hour）分钟数（minute）秒数（second）毫秒数（millisecond）。时间数据类型以表示毫秒时间的有符号双整数形式存储。

4.1.2 复杂数据类型

复杂数据类型由基本数据类型组合而成，这对于组织复杂数据十分有用，主要有以下几种。

1．数组型

数组（Array）数据类型是由相同类型的数据组成的。后续章节将介绍在数据块中生成数组的方法。

2．字符串型

字符串（String）是由字符组成的一维数组，每个字节存放1个字符。第1个字节是字符串的最大字符长度，第2个字节是字符串当前有效字符的个数，字符从第3个字节开始存放，一个字符串最多有254个字符。

用单引号表示字符串常数，例如‘ABCDEFG’是有7个字符的字符串常数。

3．日期时间型

日期时间（DTL）数据类型表示由日期和时间定义的时间点，它由12B组成。可以在全局数据块或块的接口区中定义 DTL 数据类型变量。每个数据需要的字节数及取值范围如表 4-2 所示。

表 4-2　DTL 数据类型

数据	字节数	取值范围	数据	字节数	取值范围
年	2	1970～2554	h	1	0～23
月	1	1～12	min	1	0～59
日	1	1～31	s	1	0～59
星期	1	1～7（星期日～星期六）	ms	4	0～999 999 999

4．结构型

结构（Struct）数据类型是由不同数据类型组合而成的复杂数据，通常用来定义一组相关的数据，如电动机的额定数据可以定义如下：

```
Motor: STRUCT
   Speed: INT
   Current: REAL
END_STRUCT
```

其中，STRUCT 为结构的关键词；Motor 为结构类型名（用户自定义）；Speed 和 Current 为结构的两个元素，INT 和 REAL 是这两个元素的类型关键词；END_STRUCT 是结构的结束关键词。

4.2　数据处理指令

在西门子 S7 系列 PLC 的梯形图中，用方框表示某些指令、函数（FC）和函数块（FB），输入信号均在方框的左边，输出信号均在方框的右边。梯形图中有一条提供“能流”的左侧垂直线，当其左侧逻辑运算结果 RLO 为“1”时能流流到方框指令的左侧使能输入端 EN（Enable input），“使能”有允许的意思。使能输入端有能流时，方框指令才能执行。

如果方框指令 EN 端有能流流入，而且执行时无错误，则使能输出 ENO（Enable Output）端将能流流入下一个软元件，如图 4-1 所示。如果执行过程中有错误，能流在出现错误的方框指令处终止。

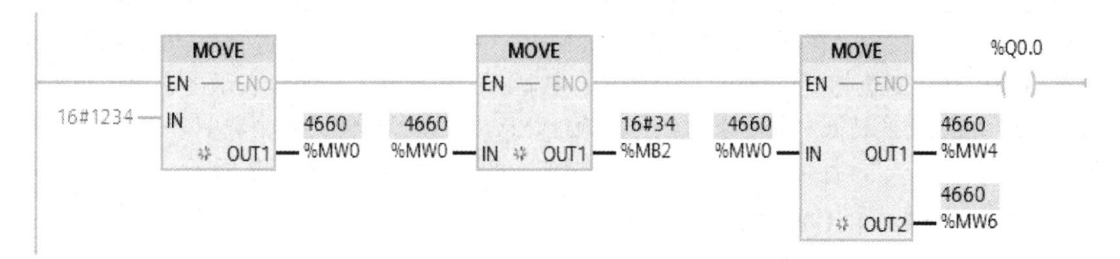

图 4-1　方框指令

4.2.1 移动指令

1. MOVE 指令

码 4-2
移动指令

MOVE（移动）指令是用于将 IN 输入端的源数据传送（复制）给 OUT1 输出端的目的地址，并且转换为 OUT1 指定的数据类型，源数据保持不变，如图 4-1 所示。IN 和 OUT1 可以是 Bool 之外的所有基本数据类型和 DTL、Struct 和 Array 等数据类型。IN 还可以是常数。

同一条指令的输入参数和输出参数的数据类型可以不相同，如 MB0 中的数据传送到 MW10。如果将 MW4 中超过 255 的数据传送到 MB6，则只将 MW4 的低字节（MB5）中的数据传送到 MB6，应避免出现这种情况。

如果想把一个数据同时传给多个不同的存储单元，可单击 MOVE 指令方框中的图标来添加输出端，如图 4-1 最右侧所示。若添加多了，可选中输出端 OUT，然后按键盘上的〈Delete〉键进行删除。

在图 4-1 中，将十六进制数 1234（十进制为 4660），传送给 MW0；若将超过 255 的 1 个字中的数据（MW0 中的数据 4660）传送给 1 个字节（MB2），此时只将低字节（MB1）中的数据（16#34）传送给目标存储单元（MB2）；将同一个数据（4660）通过使用增加 MOVE 指令的输出端（OUT2）传送给 MW4 和 MW6 这两个不同存储单元。在 3 个 MOVE 指令执行无误时，能流流入 Q0.0。

2. SWAP 指令

SWAP（交换）指令用于调换 2 字节和 4 字节数据元素的字节顺序，但不改变每个字节中位顺序，需要指定数据类型。

IN 和 OUT 为 Word 数据类型时，SWAP 指令交换 IN 输入的高、低字节后，保存到 OUT 指定的地址，如图 4-2 所示。

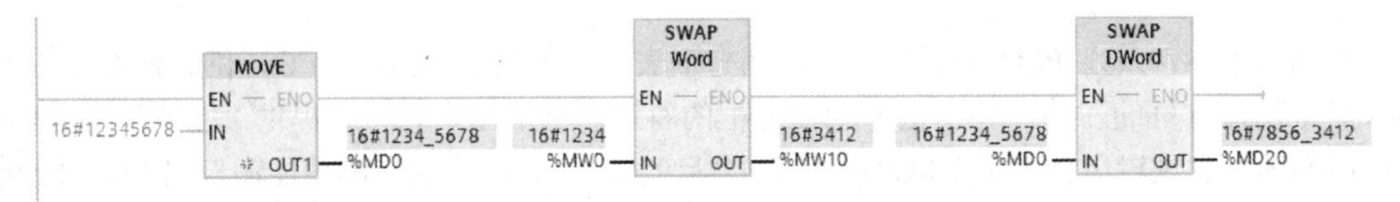

图 4-2　SWAP 指令

IN 和 OUT 为 DWord 数据类型时，SWAP 指令交换 4B 中数据的顺序，交换后保存到 OUT 指定的地址，如图 4-2 所示。

在监控状态下，可以通过改变数据的显示格式，使其观察的数据一目了然，数据可在十进制和十六进制之间转换。在图 4-2 中，若数据 MW0 中显示的数据是十进制数 4660 而不是十六进制数 16#1234，则执行交换指令后，MW10 中显示的数据就不能明显表示出它是由十六进制数 16#1234 通过交换高低字节而来的。右击地址 MW0，在弹出的菜单中选中“修改”，然后单击其中的“显示格式”，便可在十进制和十六进制之间相互转换，如图 4-3 所示。

3. MOVE_BLK 和 UMOVE_BLK 指令

存储区移动 MOVE_BLK（Move Block）指令也称为块移动指令，是将一个存储区（源区域）的内容复制到另一个存储区（目标区域）。非中断的存储区移动 UMOVE_BLK

（Uninterruptible Move Block）指令功能与存储区移动 MOVE_BLK 指令的功能基本相同，其区别在于前者的移动操作不会被其他操作系统的任务打断。执行该指令时 CPU 的报警响应时间将会增大。

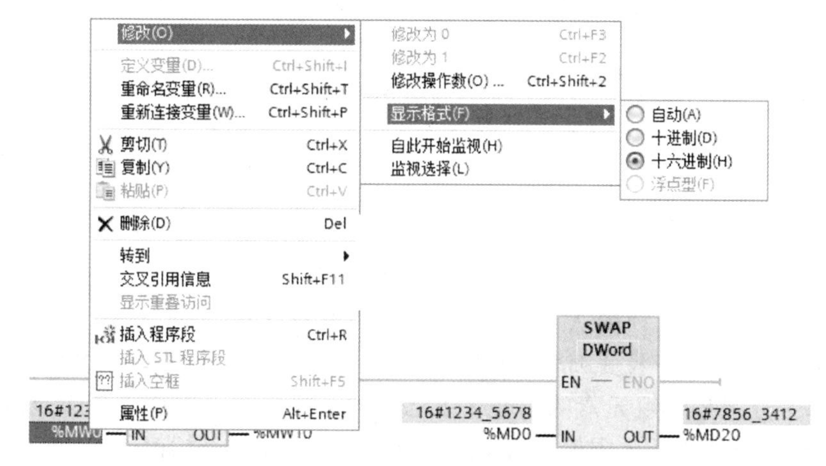

图 4-3 数据显示格式的转换

IN 和 OUT 必须是 DB、L（数据块、块的局部数据）中的数组元素，IN 不能为常数。COUNT 为移动的数组元素的个数，数据类型为 DInt 或常数。

既然存储区移动指令是用于移动（传送）数据块中的数组的多个元素。为此应先生成全局数据块和数组，因此有必要先介绍全局数据块和数组的生成方法。

单击项目树中 PLC 的“程序块”文件夹中的“添加新块”，添加一个新的块。在“添加新块”对话框中，如图 4-4 所示，单击“数据块（DB）”按钮，生成一个数据块，可以修改其名称或采用默认的名称，其数据为系统默认的“全局 DB”，生成方式为系统默认的“自动”。单击“确定”按钮后自动生成数据块。

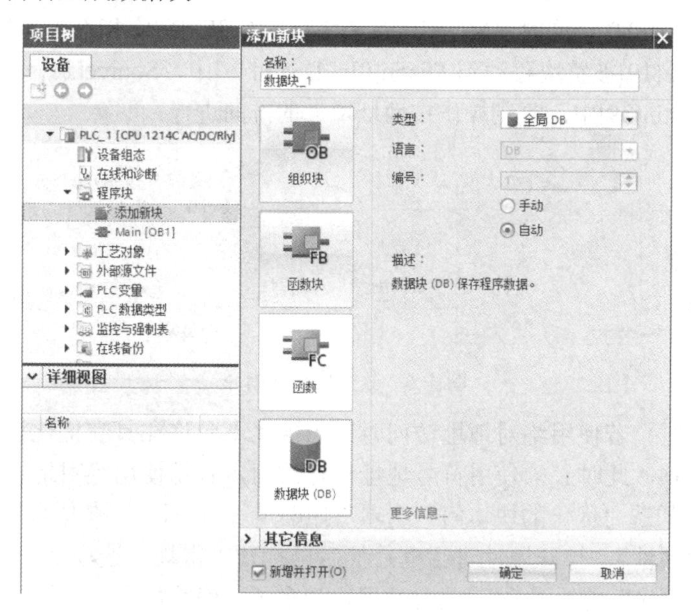

图 4-4 添加数据块

如果用单选框选中“手动”，可以修改块的编号（数据块的数目和数据块的最大块长度依赖于 CPU 的型号，CPU 1214C 数据块的编号为 DB1～DB59999）。如果选中下面的复选框“新增并打开”，生成新的块之后，将会自动打开它，数据块对话框如图 4-5 所示。

... ▸ PLC_1 [CPU 1214C AC/DC/Rly] ▸ 程序块 ▸ 数据块_1 [DB1]

数据块_1

	名称	数据类型	偏移量	启动值	保持性	可从...
1	▼ Static					
2	▼ Source	Array[0..39] ...	0.0		☐	☑
3	Source[0]	Int	0.0	1	☐	☑
4	Source[1]	Int	2.0	2	☐	☑
5	Source[2]	Int	4.0	3	☐	☑
6	Source[3]	Int	6.0	4	☐	☑

图 4-5　数据块对话框

在数据块的“名称”列输入数组（Array）的名称“Source”，单击“数据类型”列“Source”后的按钮，选中下拉式列表中的数据类型“Array[lo..hi]of type”。其中的“lo（low）”和“hi（high）”分别是数组元素的编号（下标）的下限值和上限值，最大范围为-32768～32767，下限值应小于或等于上限值。“启动值”列为用户定义的初始值，“保持性”列如果被勾选，则相应的数据具备掉电保持特性。

将“Array[lo..hi]of type”修改为“Array[0..39]of Int”，如图 4-5 所示，其元素的数据类型为 Int，元素的编号 0～39，在“启动值”列分别赋值为 1～40。S7-1200 PLC 只能生成一维数组。单击工具栏中的扩展模式按钮或“名称”列“Source”名称前的三角形按钮，可以打开新建数组中的各元素。

用同样的方法生成数据块 DB2，在 DB2 中生成有 40 个单元的数组 Distin。

注意：数组生成后，按下数据块窗口右上角的“保存窗口设备”按钮进行保存。

在用户程序中，可以用符号地址"数据块_1".Source [4]或绝对地址 DB1.DBW8 访问数组中下标为 2 的元素。至于用位、字节、字还是双字访问，依赖于定义数组的元素类型。

在图 4-6 中，当 I0.0 接通时，MOVE_BLK 和 UMOVE_BLK 指令被执行，则 DB1 中的数组 Source[0]～Source[19]被整块移动到 Distin[0]～Distin[19]中，Source[20]～Source[39]被整块移动到 Distin[20]～Distin[39]中。复制操作按地址增大的方向进行。

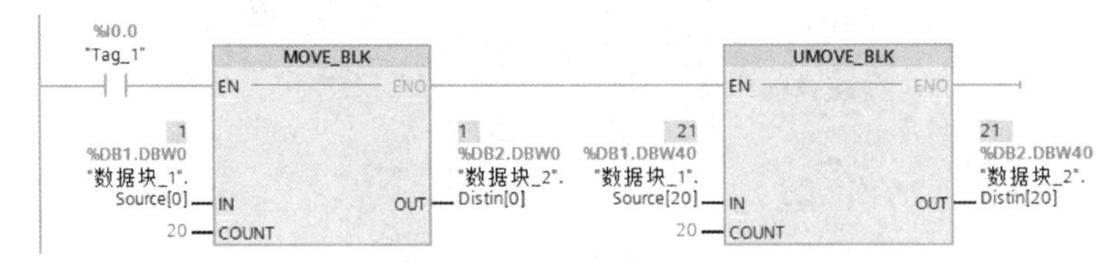

图 4-6　数据块移动指令

在访问数据块时，若使用绝对地址访问时则出现“不允许在具有优化访问的块中对数据进行绝对寻址”提示项，此时必须使用符号地址进行访问，若想使用绝对地址访问，则需在相应的 DB 属性中取消勾选“优化的块访问”选项，如图 4-7 所示。即在项目树中选中相应的数据块，右击后选中“属性”，打开属性对话框，然后再打开“常规”选项下的“属性”，取消其窗口右侧“优化的块访问”前的“√”，此时数据块列多了“偏移量”列，如图 4-9 所示。

在图 4-7 中，如果勾选“仅存储在装载内存中”选项，DB 下载后只存储于 CPU 的装载存储区，如果程序需要访问 DB 的数据，通过调用 MOV_BLK 指令将装载于存储区的数据复制到工作存储区中。如果勾选“在设备中写保护数据块”选项，可以将 DB 作为只读属性存储。

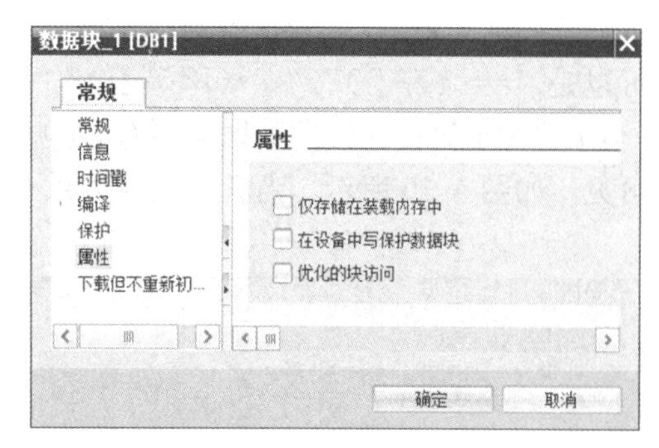

图 4-7　修改数据块访问属性

将图 4-6 的程序及数据块 DB1 和 DB2 下载到 CPU，或选中 PLC 下载，双击打开指令树中的 DB1 和 DB2。单击工具栏上的按钮，启动扩展模式，显示数组中的各数组元素。单击按钮，启动监视，“监视值”列是 CPU 中的变量值。

4．FILL_BLK 和 UFILL_BLK 指令

存储区填充 FILL_BLK（Fill Block）指令是将 IN 输入的值填充到输出参数 OUT 指定起始地址的目标存储区。非中断的存储区填充 UFILL_BLK（Uninterruptible Fill Block）指令是将 IN 输入的值不中断地填充到输出参数 OUT 指定起始地址的目标存储区。IN 和 OUT 必须是 DB、L（数据块、块的局部数据）中的数组元素，IN 还可以为常数。COUNT 为移动的数组元素的个数，数据类型为 DInt 或常数。

在图 4-8 中，I0.1 接通时，常数 30211 被填充到 DB3 的 DBW0 开始的 10 个字中；DB1.DBW6 中的内容被不中断地填充到 DB3 的 DBW20 开始的 20 个字中。值得注意的是，DB3.DBW20 中的 20 是数据块中字节的编号，而输入参数 COUNT 是以字为单位的数组元素的个数。指令 FILL_BLK 已占用了 20B（即 10 个字）的数据，因此 UFILL_BLK 指令的输出 OUT 指定的地址区从 DBW20 开始。而 UFILL_BLK 指令左侧的“4”表示从第 4 个数组元素开始。

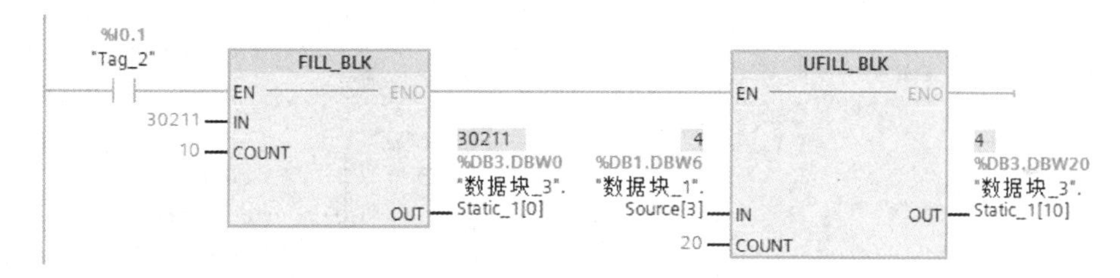

图 4-8　数据块填充指令

执行完图 4-8 所示的程序后，从图 4-9 中可以看出 DB3.DBW0～DB3.DBW18 这 10[㊀]个字单元均被填充为常数 30211，而从 DB3.DBW20～DB3.DBW58 中 20 个字单元中均为 DB1.DBW6 中的数，即为 4。

4.2.2　比较指令

1．比较指令

码 4-3
比较指令

比较指令用来比较数据类型相同的两个数 IN1 和 IN2 的大小，相比较的两个数 IN1 和 IN2 分别在触点的上面和下面，它们的数据类型必须相同。操作数可以是 I、Q、M、L、D 存储区中的变量或常数。比较两个字符串时，实际上比较的是它们各自对应字符的 ASCII 码的大小，第一个不相同的字符决定了比较的结果。

㊀ 因版面所限，图 4-9 中并未完整显示 10 个字单元（显示为 30211）和“4”的 20 个字单元（显示为 4）。

在图 4-10 中，比较指令的运算符号及数据类型比较指令可视为一个等效的触点，比较符号可以是“==（等于）”“<>（不等于）”“>（大于）”“>=（大于或等于）”“<（小于）”和“<=（小于或等于）”，比较的数据类型有多种，比较指令的运算符号及数据类型在指令的下拉列表中可见，如图 4-10 所示。当满足比较关系式给出的条件时，等效触点接通。

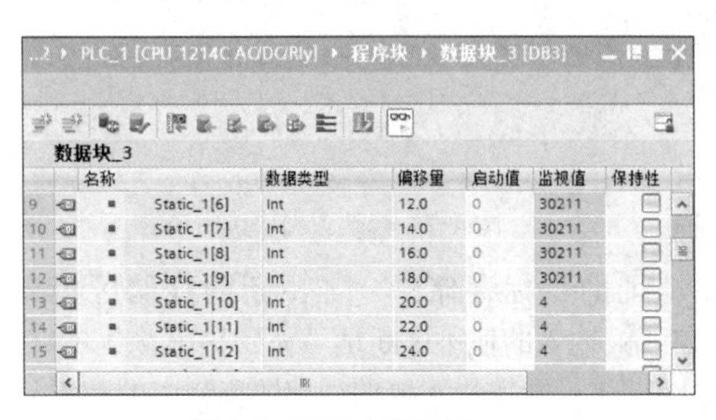
...2 ▸ PLC_1 [CPU 1214C AC/DC/Rly] ▸ 程序块 ▸ 数据块_3 [DB3]

数据块_3

	名称	数据类型	偏移量	启动值	监视值	保持性
9	Static_1[6]	Int	12.0	0	30211	
10	Static_1[7]	Int	14.0	0	30211	
11	Static_1[8]	Int	16.0	0	30211	
12	Static_1[9]	Int	18.0	0	30211	
13	Static_1[10]	Int	20.0	0	4	
14	Static_1[11]	Int	22.0	0	4	
15	Static_1[12]	Int	24.0	0	4	

图 4-9　DB3 中的数据

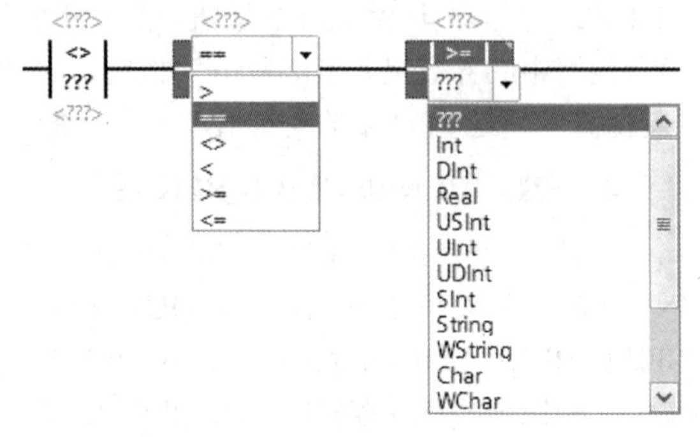

图 4-10　比较指令的运算符号及数据类型

生成比较指令后，双击触点中间比较符号下面的问号，单击出现的▾按钮，用下拉式列表设置要比较的数的数据类型。如果想修改比较指令的比较符号，只要双击比较符号，然后单击出现的▾按钮，可以用下拉列表修改比较符号。

【例 4-1】 用比较指令实现一个周期振荡电路，如图 4-11 所示。

图 4-11　使用比较指令产生振荡电路

MD10 用于保存定时器 TON 的已耗时间值 ET，其数据类型为 Time。输入比较指令上面的操作数后，指令中的数据类型自动变为“Time”。IN2 输入 5 后，不会自动变为 5s，而是显示 5，表示 5ms，它是以 ms 为单位的，要么直接输入“T#5s”，否则容易出错。

【例 4-2】 要求用 3 盏灯，分别为红、绿、黄灯表示地下车库车位数的显示。系统工作时若空余车位大于 10 个，绿灯亮；空余车位在 0～10 个，黄灯亮；无空余车位，红灯亮。空余车位显示控制程序如图 4-12 所示。

2. 范围内与范围外比较指令

范围内比较指令 IN_RANGE（也称值在范围内）与范围外比较指令 OUT_RANGE（也称值在范围外）可以等效为一个触点。如果有能流流入指令框，则执行比较。图 4-13 中，IN_RANGE 指令的参数 VAL 满足 MIN≤VAL≤MAX（-123≤MW2≤3579），或 OUT_RANGE

指令的参数 VAL 满足 VAL< MIN 或 VAL>MAX（MB5<28 或 MB5>118）时，等效触点闭合，有能流流出指令框的输出端。如果不满足比较条件，没有能流流出。如果没有能流流入指令框，则不执行比较，也没有能流流出。

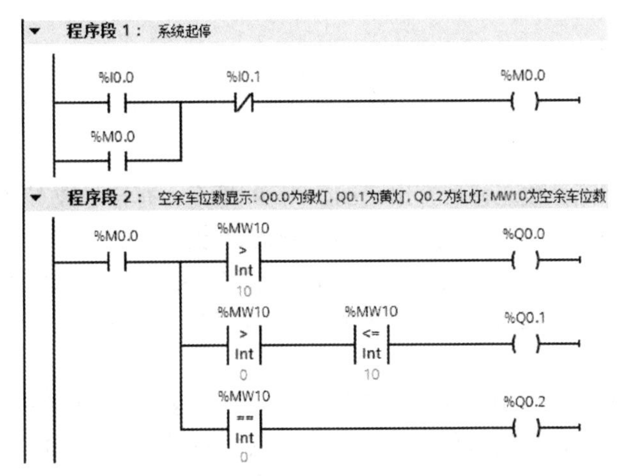

图 4-12　空余车位显示控制程序

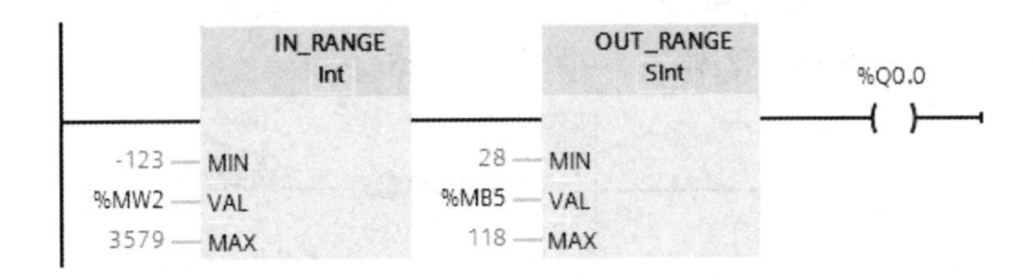

图 4-13　范围内与范围外比较指令

指令的 MIN、MAX 和 VAL 的数据类型必须相同，可选 SInt、Int、DInt、USInt、UInt、UDInt、Real，可以是 I、Q、M、L、D 存储区中的变量或常数。双击指令名称下面的问号，点击出现的按钮▾，用下拉列表框设置要比较的数据的数据类型。

读者可使用范围内和范围外比较指令实现【例 4-1】的控制要求。

3. OK 与 NOT_OK 指令

OK 与 NOT_OK 指令用来检测输入数据是否为实数（即浮点数）。如果是实数，OK 触点接通，反之 NOT_OK 指令触点接通。触点上面变量的数据类型为 Real，如图 4-14 所示。

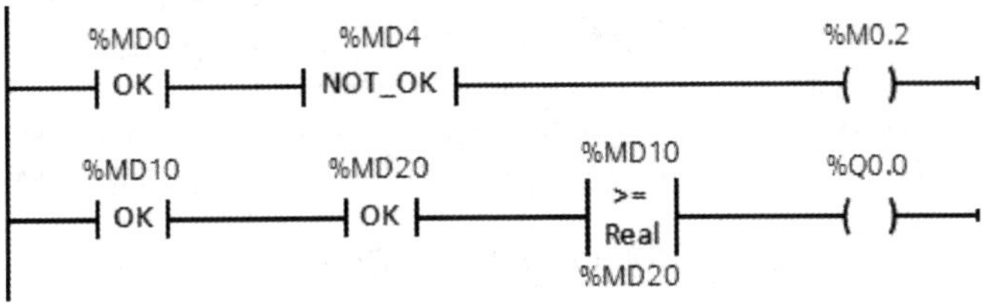

图 4-14　OK 与 NOT_OK 指令及使用

在图 4-14 中，当 MD10 和 MD20 中为有效的实数时，会激活“实数比较指令”，如果结果为真，则 Q0.0 接通。

4.2.3 移位指令

码 4-4
移位指令

移位指令包括移位指令和循环移位指令。

1. 移位指令

移位指令 SHL/SHR 将输入参数 IN 指定的存储单元的整个内容逐位左移（右移）若干位，移位的位数用输入参数 N 来定义，移位的结果保存在输出参数 OUT 指定的地址。

无符号数移位和有符号数左移后空出来的位用 0 填充。有符号数右移后空出来的位用符号位（原来的最高位填充），正数的符号位为 0，负数的符号位为 1。

移位位数 N 为 0 时不会发生移位，但是 IN 指定的输入值被复制给 OUT 指定的地址。如果 N 大于被移位的存储单元的位数，所有原来的位都被移出后，全部被 0 或符号位取代。移位操作的 ENO 总是为“1”状态。

将基本指令列表中的移位指令拖放到梯形图后，单击移位指令后将在方框指令中名称下面问号的右侧和名称的右上角出现黄色三角符号，将鼠标移至（或单击）方框指令中名称下面和右上角出现的黄色三角符号，会出现按钮▾；单击方框指令名称下面问号右侧的按钮▾，可以用下拉列表设置变量的数据类型和修改操作数的数据类型，单击方框指令名称右上角的按钮▾，可以用下拉列表设置移位指令类型，如图 4-15 所示。

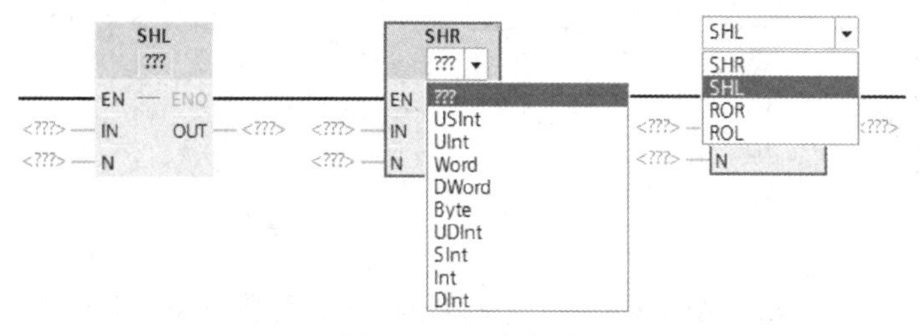

图 4-15　移位指令

执行移位指令时应注意，如果要将移位后的数据送回原地址，应使用边沿检测触点（P 触点或 N 触点），否则在能流流入的每个扫描周期都要移位一次。

左移 n 位相当于乘以 2^n，右移 n 位相当于除以 2^n，当然得在数据存在的范围内，如图 4-16 所示。整数 200 左移 3 位，相当于乘以 8，等于 1600；整数-200 右移 2 位，相当于除以 4，等于-50。

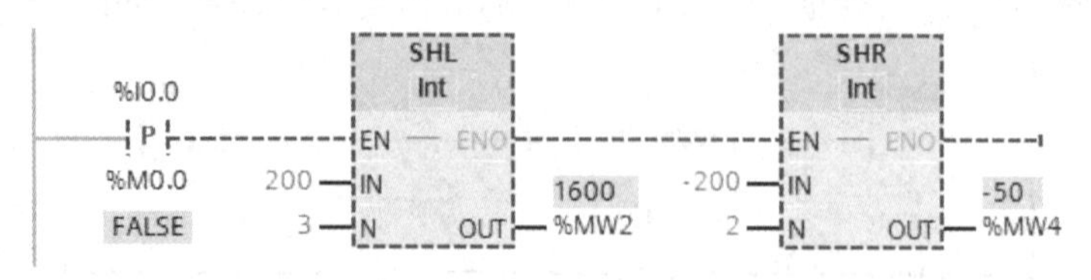

图 4-16　移位指令的应用

2. 循环移位指令

循环移位指令 ROL/ROR 将输入参数 IN 指定的存储单元的整个内容逐位循环左移/循环右移若干位，即移出来的位又送回存储单元另一端空出来的位，原始的位不会丢失。N 为移位的位数，移位的结果保存在输出参数 OUT 指定的地址。N 为 0 时不会发生移位，但是 IN 指定的输入值复制给 OUT 指定的地址。移位位数 N 可以大于被移位的存储单元的位数，执行指令后，ENO 总是为“1”状态。

在图 4-17 中，M1.0 为系统存储器，首次扫描为“1”，即首次扫描时将 125（16#7D）赋给 MB10，将-125（16#83，负数用补码形式表示，即原码取反后加 1 且符号位不变，-125 的原码的二进制形式为 2#1111 1101，反码为 2#1000 0010，补码为 2#1000 0011，即 16#83）赋给 MB20。

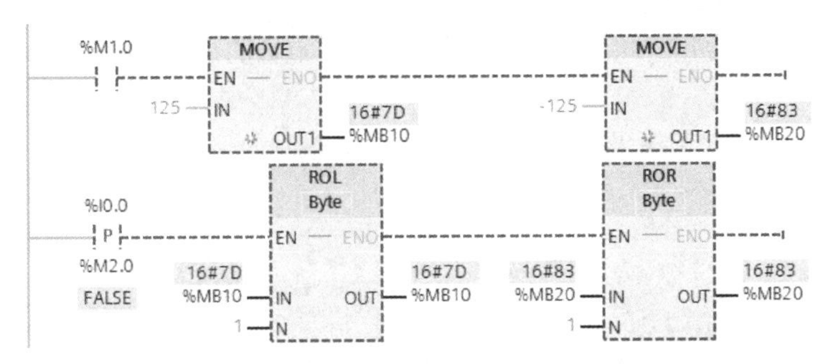

图 4-17　循环移位指令的应用——指令执行前

在图 4-17 中，当 I0.0 出现一次上升沿时，循环左移和循环右移指令各执行一次，都循环移一位，MB10 的数据 16#7D（2#0111 1101）向左循环移一位后为 2#1111 1010，即为 16#FA；MB20 的数据 16#83（2#1000 0011）向右循环移一位后为 2#1100 0001，即 16#C1，如图 4-18 所示。从图 4-18 中可以看出，循环移位时最高位移入最低位，或最低位移入最高位，即符号位跟着一起移，始终遵循“移出来的位又送回存储单元另一端空出来的位”的原则，可以看出，带符号的数据进行循环移位时，容易发生意想不到的结果，因此要谨慎使用循环移位。

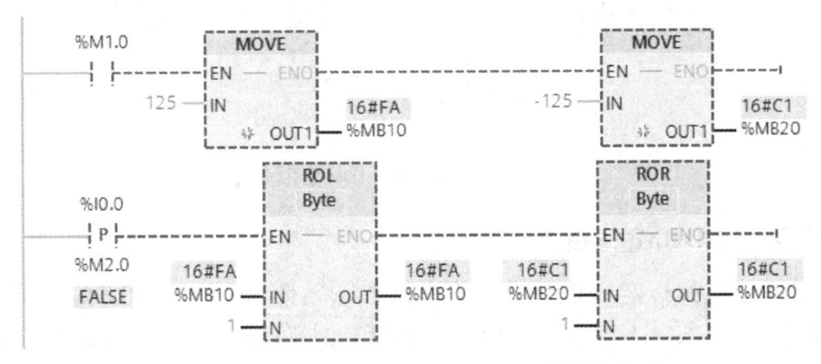

图 4-18　循环移位指令的应用——指令执行后

4.2.4　转换指令

1．CONV 指令

CONV（Convert，转换）指令将数据从一种数据类型转换为另一种数据类型，如图 4-19 所示，使用时单击一下指令的“问号”位置，可以从下拉列表中选择输入数据类型和输出数据类型。

参数 IN 和 OUT 的数据类型可以为 Byte、Word、DWord、SInt、Int、DInt、USInt、UInt、UDInt、BCD16、BCD32、Real、LReal、Char、WChar。

EN 输入端有能流流入时，CONV 指令将 IN 输入指定的数据转换为 OUT 指定的数据类型。数据类型 BCD16 只能转换为 Int，BCD32 只能转换为 DInt。

2．ROUND 和 TRUNC 指令

ROUND（取整）指令用于将浮点数转换为整数。浮点数的小数点部分舍入为最接近的整数值。如果浮点数刚好是两个连续整数的一半，则实数舍入为偶数。如 ROUND（10.5）=10，ROUND（11.5）=12，如图 4-20 所示。

TRUNC（截取）指令用于将浮点数转换为整数，浮点数的小数部分被截取成零，如图 4-20 所示。

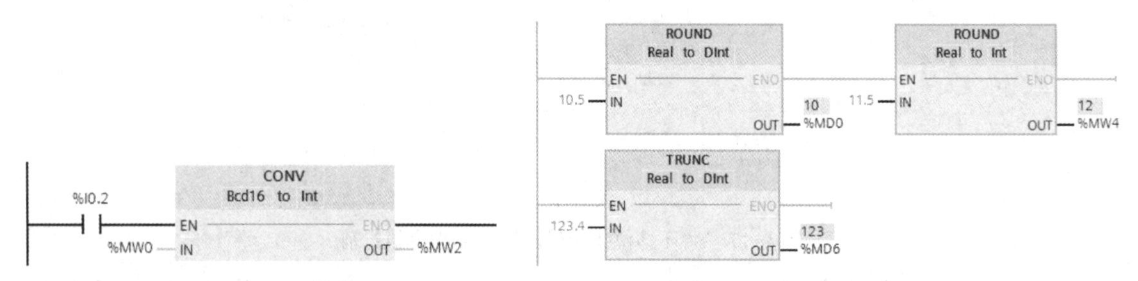

图 4-19　转换指令

图 4-20　取整和截取指令

3．CEIL 和 FLOOR 指令

CEIL（上取整）指令用于将浮点数转换为大于或等于该实数的最小整数，如图 4-21 所示。

FLOOR（下取整）指令用于将浮点数转换为小于或等于该实数的最大整数，如图 4-21 所示。

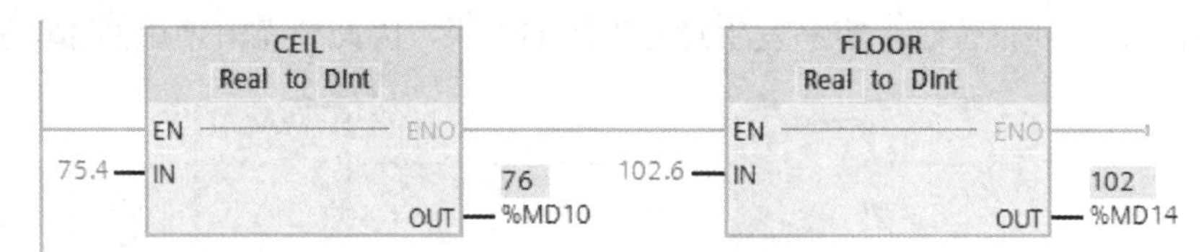

图 4-21　上取整和下取整指令

4．SCALE_X 和 NORM_X 指令

SCALE_X（缩放或称标定）指令用于将浮点数输入值 VALUE（0.0≤VALUE≤1.0）线性转换（映射）为参数 MIN（下限）和 MAX（上限）定义的数值范围之间的整数。转换结果保存在 OUT 指定的地址，如图 4-22 所示。

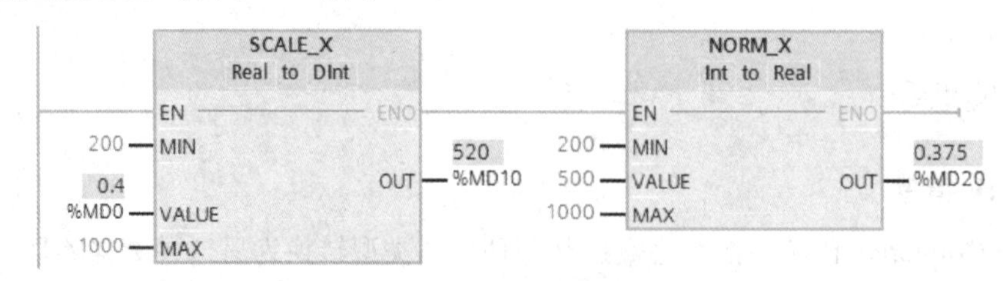

图 4-22　SCALE_X 和 NORM_X 指令

单击方框指令名称下面的问号，用下拉列表设置变量的数据类型。参数 MIN、MAX 和 OUT 的数据类型应相同，可以是 SInt、Int、Dint、USInt、UInt、UDInt 和 Real，MIN 和 MAX 可以是常数。

各变量之间的线性关系如图 4-23 所示。将图 4-22 中参数代入该线性关系公式后可求得 OUT 的值：

OUT=VALUE×(MAX−MIN)+MIN=0.4×(1000−200)=320

如果参数 VALUE 小于 0.0 或大于 1.0，可以生成小于 MIN 或大于 MAX 的 OUT，此时 ENO 为“1”状态。

满足下列条件之一时，ENO 为“0”状态。

1）EN 输入为“0”状态。

2）MIN 的值大于或等于 MAX 的值。

3）实数值超出 IEEE 754 规定的范围。

4）有溢出。

5）输入 VALUE 为 NaN（无效的算术运算结果）。

NORM_X 指令是将整数输入 VALUE（MIN≤VALUE≤MAX）线性转换（标准化或称规格化）为 0.0～1.0 之间的浮点数，转换结果保存在 OUT 指定的地址，如图 4-22 所示。

NORM_X 的输出 OUT 的数据类型为 Real，单击方框指令名称下面的问号，用下拉列表设置输入 VALUE 变量的数据类型。输入参数 MIN、MAX 和 VALUE 的数据类型应相同，可以是 SInt、Int、DInt、USInt、UInt、UDInt 和 Real，也可以是常数。

各变量之间的线性关系如图 4-24 所示。将图 4-22 中参数代入该线性关系公式后可求得 OUT 的值：

OUT=(VALUE−MIN)/(MAX−MIN)=(500−200)/(1000−200)=0.375

如果参数 VALUE 小于 MIN 或大于 MAX，可以生成小于 0.0 或大于 1.0 的 OUT，此时 ENO 为“1”状态。

使 ENO 为“0”状态的条件与指令 SCALE_X 相同。

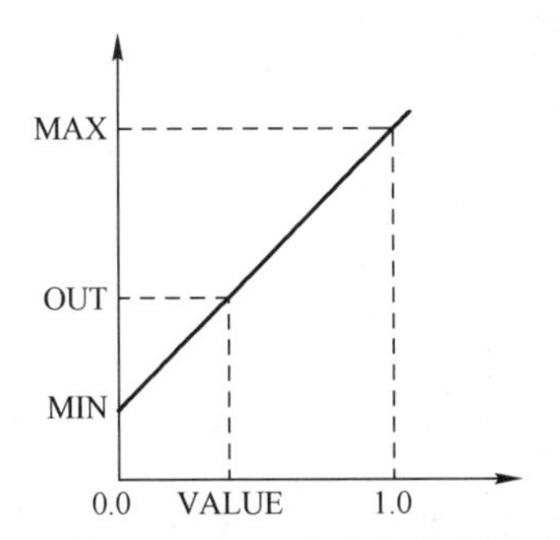

图 4-23　SCALE_X 指令的线性关系

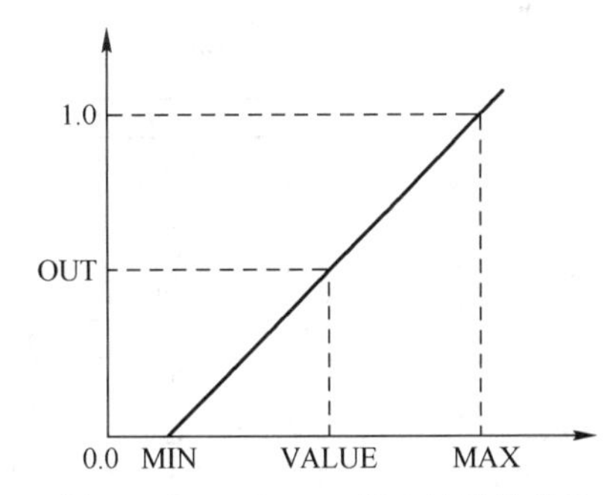

图 4-24　NORM_X 指令的线性关系

4.3　案例 15　跑马灯的 PLC 控制

4.3.1　目的

1）掌握移动值指令的应用。

2）掌握比较指令的应用。

4.3.2 任务

使用 S7-1200 PLC 实现一个 8 盏灯的跑马灯控制，要求按下开始按钮后，第 1 盏灯亮，1s 后第 2 盏灯亮，同时第 1 盏灯熄灭；再过 1s 后第 3 盏灯亮，同时第 2 盏灯熄灭，直到第 8 盏灯亮（即每一时刻只有 1 盏灯亮）；再过 1s 后，第 1 盏灯再次亮起，如此循环。无论何时按下停止按钮，8 盏灯全部熄灭。

4.3.3 步骤

1．I/O 分配

根据 PLC 输入/输出点分配原则及本案例控制要求，进行 I/O 地址分配，如表 4-3 所示。

表 4-3 跑马灯的 PLC 控制 I/O 分配表

输 入		输 出	
输入继电器	元器件	输出继电器	元器件
I0.0	起动按钮 SB1	Q0.0～Q0.7	灯 HL1～灯 HL8
I0.1	停止按钮 SB2		

2．I/O 接线图

根据控制要求及表 4-3，跑马灯 PLC 控制的 I/O 接线图如图 4-25 所示。

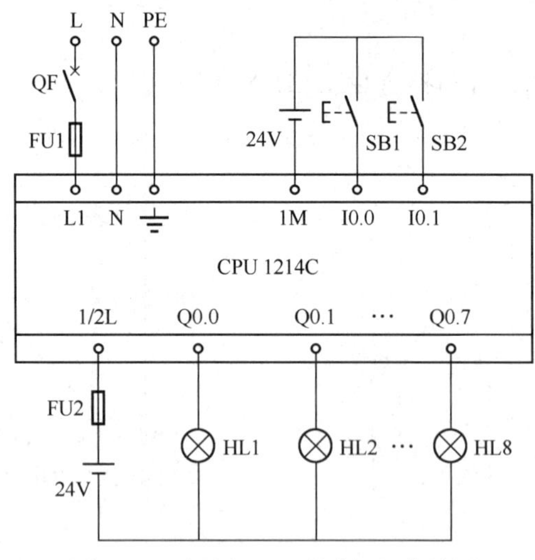

图 4-25 跑马灯 PLC 控制 I/O 接线图

3．创建工程项目

双击桌面上的图标，打开博途编程软件，在 Portal 视图中选择“创建新项目”，输入项目名称“D_pm”，选择项目保存路径，然后单击“创建”按钮创建项目完成。

4．编辑变量表

本案例变量表如图 4-26 所示。

D_pm ▸ PLC_1 [CPU 1214C AC/DC/Rly] ▸ PLC 变量 ▸ 默认变量表 [38]

变量　用户常量　系统常量

默认变量表

	名称	数据类型	地址	保持	在 H...	可从...
1	起动按钮SB1	Bool	%I0.0	☐	☑	☑
2	停止按钮SB2	Bool	%I0.1	☐	☑	☑
3	灯HL1	Bool	%Q0.0	☐	☑	☑
4	灯HL2	Bool	%Q0.1	☐	☑	☑
5	灯HL3	Bool	%Q0.2	☐	☑	☑
6	灯HL4	Bool	%Q0.3	☐	☑	☑
7	灯HL5	Bool	%Q0.4	☐	☑	☑
8	灯HL6	Bool	%Q0.5	☐	☑	☑
9	灯HL7	Bool	%Q0.6	☐	☑	☑
10	灯HL8	Bool	%Q0.7	☐	☑	☑

图 4-26　跑马灯的 PLC 控制变量表

5．编写程序

本案例要求每 1s 接在 QB0 端口的 8 盏灯以跑马灯的形式流动。在此时间信号由定时器产生，使用移动值和比较指令编写程序，这样程序通俗易懂，如图 4-27 所示。

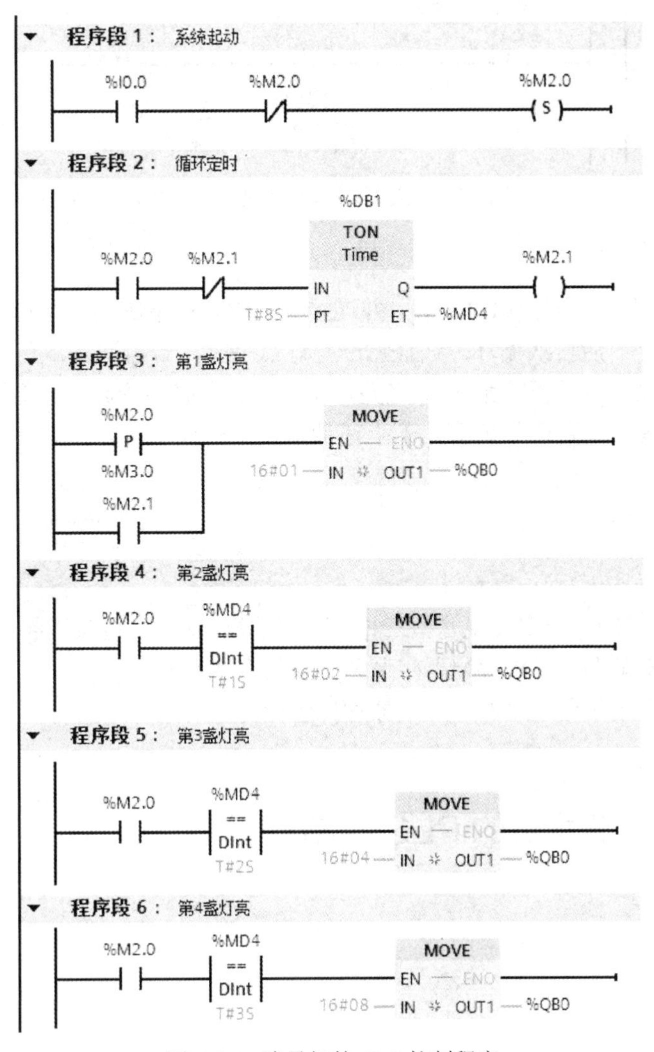

图 4-27　跑马灯的 PLC 控制程序

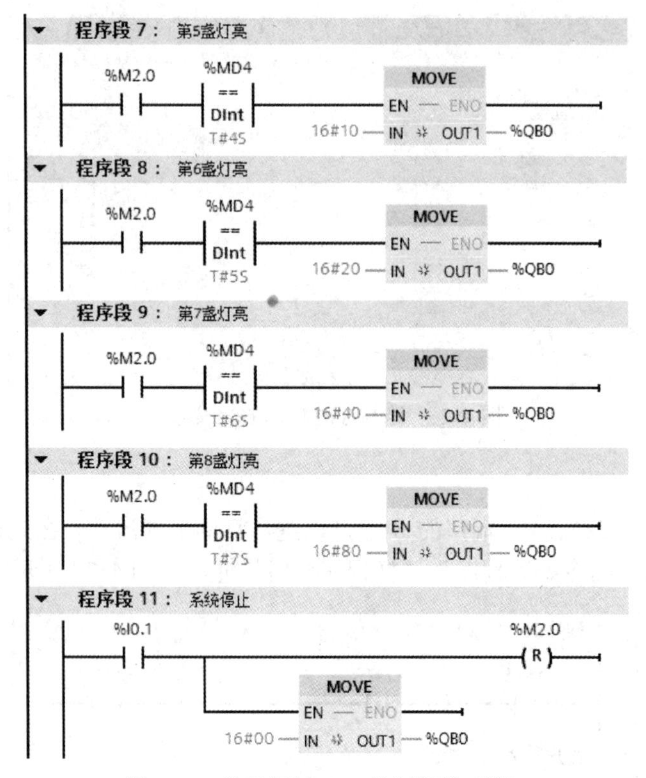

图 4-27　跑马灯的 PLC 控制程序（续）

6. 调试程序

将调试好的用户程序下载到 CPU 中，并连接好线路。按下跑马灯起动按钮 SB1，观察 8 盏灯，是否逐一点亮，8s 后再次循环。在任意一盏灯点亮时，若再次按下跑马灯起动按钮 SB1，观察 8 盏灯亮的情况，是重新从第 1 盏点亮，还是灯的点亮不受起动按钮影响，无论何时按下停止按钮 SB2，8 盏灯是否全部熄灭。若上述调试现象与控制要求一致，则说明本案例任务已实现。

4.3.4 训练

1）训练 1：用 MOVE 指令实现笼型三相异步电动机的星-三角减压起动控制。

2）训练 2：将本案例用时钟存储器字节和比较指令实现。

3）训练 3：将本案例用定时器、计数器和比较指令实现。

4.4 案例 16　流水灯的 PLC 控制

4.4.1 目的

1）掌握移位指令的应用。

2）掌握循环移位指令的应用。

4.4.2 任务

使用 S7-1200 PLC 实现一个 8 盏灯的流水灯控制，要求按下起动按钮后，第 1 盏灯亮，1s 后第 1、2 盏灯亮，再过 1s 后第 1、2、3 盏灯亮，直到 8 盏灯全亮；再过 1s 后，第 1 盏灯再次亮起，如此循环。无论何时按下停止按钮，8 盏灯全部熄灭。同时，系统还要求无论何时按下起动按钮，都从第 1 盏灯亮起。

4.4.3 步骤

1. I/O 分配

根据 PLC 输入/输出点分配原则及本案例控制要求，进行 I/O 地址分配，如表 4-4 所示。

表 4-4　流水灯的 PLC 控制 I/O 分配表

输　入		输　出	
输入继电器	元器件	输出继电器	元器件
I0.0	起动按钮 SB1	Q0.0～Q0.7	灯 HL1～灯 HL8
I0.1	停止按钮 SB2		

2. I/O 接线图

根据控制要求及表 4-4，流水灯 PLC 控制的 I/O 接线图如图 4-28 所示。

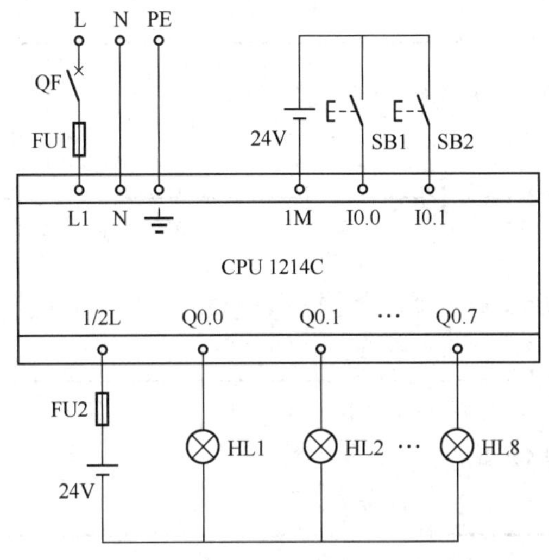

图 4-28　流水灯 PLC 控制 I/O 接线图

3. 创建工程项目

双击桌面上的图标，打开博途编程软件，在 Portal 视图中选择“创建新项目”，输入项目名称“D_ls”，选择项目保存路径，然后单击“创建”按钮创建项目完成，并进行时钟存储器字节的参数设置。

4．编辑变量表

本案例变量表如图 4-29 所示。

D_ls ▸ PLC_1 [CPU 1214C AC/DC/Rly] ▸ PLC变量 ▸ 默认变量表 [38]

变量　用户常量　系统常量

默认变量表

	名称	数据类型	地址	保持	在 H...	可从 ...
1	起动按钮SB1	Bool	%I0.0	☐	☑	☑
2	停止按钮SB2	Bool	%I0.1	☐	☑	☑
3	灯HL1	Bool	%Q0.0	☐	☑	☑
4	灯HL2	Bool	%Q0.1	☐	☑	☑
5	灯HL3	Bool	%Q0.2	☐	☑	☑
6	灯HL4	Bool	%Q0.3	☐	☑	☑
7	灯HL5	Bool	%Q0.4	☐	☑	☑
8	灯HL6	Bool	%Q0.5	☐	☑	☑
9	灯HL7	Bool	%Q0.6	☐	☑	☑
10	灯HL8	Bool	%Q0.7	☐	☑	☑

图 4-29　流水灯 PLC 控制的变量表

5．编写程序

本案例要求每 1s 接在 QB0 端口的 8 盏灯以流水灯的形式流动。在此秒时间信号使用系统时钟存储器字节（采用默认字节 MB0），使用移动值指令编写的程序如图 4-30 所示。

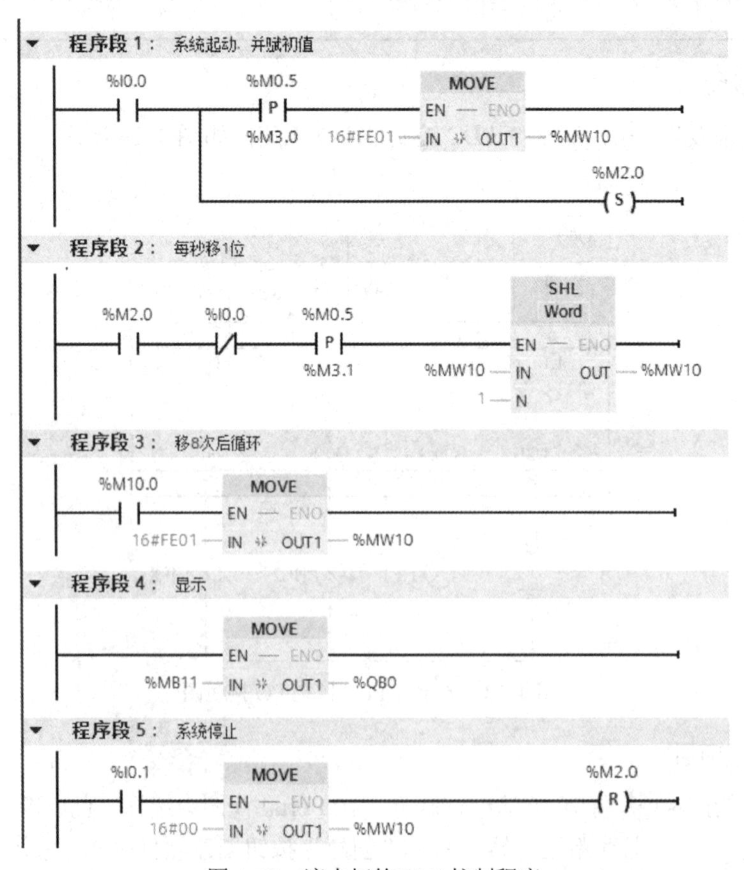

图 4-30　流水灯的 PLC 控制程序

6．调试程序

将调试好的用户程序及设备组态一起下载到 CPU 中，并连接好线路。按下流水灯起动按钮 SB1，观察 8 盏灯亮的情况，灯是否每秒增加 1 盏点亮，直到 8 盏灯全部点亮后再次循环。在任意一盏灯点亮时，若再次按下流水灯起动按钮 SB1，观察 8 盏灯亮的情况，是重新从第 1 盏点亮，还是灯的点亮不受起动按钮影响，无论何时按下停止按钮 SB2，8 盏灯是否全部熄灭。若上述调试现象与控制要求一致，则说明本案例任务已实现。

读者可以将程序段 1 和程序段 2 中 M0.5 的存储位 M3.0 和 M3.1 使用同一个位存储器，观察一下程序运行现象。再想一想，程序段 2 中为何设置 I0.0 的常闭触点，删掉后又会出现什么现象？

4.4.4　训练

1）训练 1：用循环移位指令实现本案例控制要求。

2）训练 2：用移位指令实现 16 盏灯的流水灯控制。

3）训练 3：用移位指令或循环移位指令实现案例 15 中跑马灯的控制。

4.5　运算指令

4.5.1　数学运算指令

数学运算指令包括整数运算和浮点数运算指令，有加、减、乘、除、余数、取反、加 1、减 1、绝对值、最大值、最小值、平方、平方根、自然对数、指数、正弦、余弦、正切、反正弦、反余弦、反正切、求小数、取幂和计算等指令，如表 4-5 所示。

表 4-5　数学运算指令

梯形图	功能	梯形图	功能
ADD Auto (???) EN ENO IN1 OUT IN2	IN1+IN2=OUT	SUB Auto (???) EN ENO IN1 OUT IN2	IN1−IN2=OUT
MUL Auto (???) EN ENO IN1 OUT IN2	IN1×IN2=OUT	DIV Auto (???) EN ENO IN1 OUT IN2	IN1 / IN2=OUT
MOD Auto (???) EN ENO IN1 OUT IN2	求整数除法的余数	NEG ??? EN ENO IN OUT	将输入值的符号取反

（续）

梯形图	功能	梯形图	功能
INC ??? EN ENO IN/OUT	IN/OUT+1	DEC ??? EN ENO IN/OUT	IN/OUT−1
ABS ??? EN ENO IN OUT	求有符号数的绝对值	LIMIT ??? EN ENO MN OUT IN MX	将输入 IN 的值限制在指定的范围内
MIN ??? EN ENO IN1 OUT IN2	求两个及以上输入中最小的数	MAX ??? EN ENO IN1 OUT IN2	求两个及以上输入中最大的数
SQR ??? EN ENO IN OUT	求输入 IN 的平方	SQRT ??? EN ENO IN OUT	求输入 IN 的平方根
LN ??? EN ENO IN OUT	求输入 IN 的 自然对数	EXP ??? EN ENO IN OUT	求输入 IN 的 指数值
SIN ??? EN ENO IN OUT	求输入 IN 的 正弦值	COS ??? EN ENO IN OUT	求输入 IN 的 余弦值
TAN ??? EN ENO IN OUT	求输入 IN 的 正切值	ASIN ??? EN ENO IN OUT	求输入 IN 的 反正弦值
ACOS ??? EN ENO IN OUT	求输入 IN 的 反余弦值	ATAN ??? EN ENO IN OUT	求输入 IN 的 反正切值
FRAC ??? EN ENO IN OUT	求输入 IN 的 小数值（小数点后面的值）	EXPT ??? ** ??? EN ENO IN1 OUT IN2	求输入 IN1 为底，IN2 为幂的值
CALCULATE ??? EN ENO OUT := <???> IN1 OUT IN2		求自定义的表达式的值（根据所选数据类型计算数学运算或复杂逻辑运算）	

码 4-5
加法指令

码 4-6
减法指令

码 4-7
乘法指令

码 4-8
除法指令

1．四则运算指令

数学运算指令中的 ADD、SUB、MUL、DIV 分别是加、减、乘、除指令。它们执行的操作见表 4-5。操作数的数据类型可选 SInt、Int、DInt、USInt、UInt、UDInt、Real 和 LReal，输入参数 IN1 和 IN2 可以是常数。IN1、IN2 和 OUT 的数据类型应该相同。

整数除法指令将得到的商截位取整后，作为整数格式的输出参数 OUT。

单击输入参数（或称变量）IN2 后面的符号✲可增加输入参数的个数，也可以右击 ADD 或 MUL（方框指令中输入变量后面或输出变量前面带有✲符号的都可以增加输入变量或输出变量的数量）指令，执行出现的快捷菜单中的“插入输入”命令，ADD 或 MUL 指令将会增加一个输入变量。选中输入变量（如 IN3）或输入变量前的短横线，这时短横线将变粗，若按下键盘上的〈Delete〉键（或右击输入变量或短横线，选择快捷菜单中的“删除”命令）对已选中的输入变量进行删除。

【例 4-3】 编程计算 [(12+26+47) −56]×35÷26.5，把结果保存在 MD20 中。根据要求编写的运算程序如图 4-31 所示。

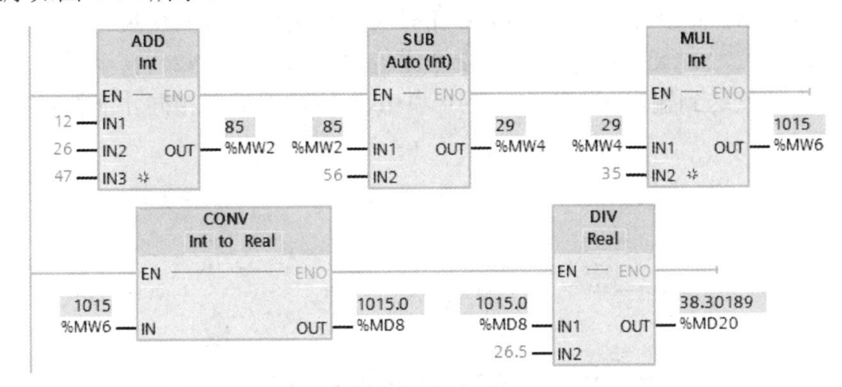

图 4-31　四则运算指令的应用示例

将 ADD 和 SUB 指令拖放到梯形图后，单击指令方框指令名称下面的问号，再单击出现的按钮，用下拉列表框设置操作数的数据类型，或采用指令的“Auto”数据类型，如图 4-31 中的 SUB 指令。输入变量后，自动出现指令运算数据类型。

编程需要注意的是，要将整数转换成浮点数后方可进行最后一步（除法）运算。

2．其他整数数学运算指令

（1）MOD（除法）指令

DIV 指令只能得到商，余数被丢掉。可以使用 MOD 指令来求除法的余数。输出 OUT 中的运算结果为除法运算 IN1/IN2 的余数，如图 4-32 所示。

（2）NEG（取反）指令

NEG（Negation）将输入 IN 的值的符号取反后，保存在输出 OUT 中，IN 和 OUT 的数据类型可以是 SInt、Int、DInt、Real 和 LReal，输入 IN 还可以是常数，如图 4-32 所示。

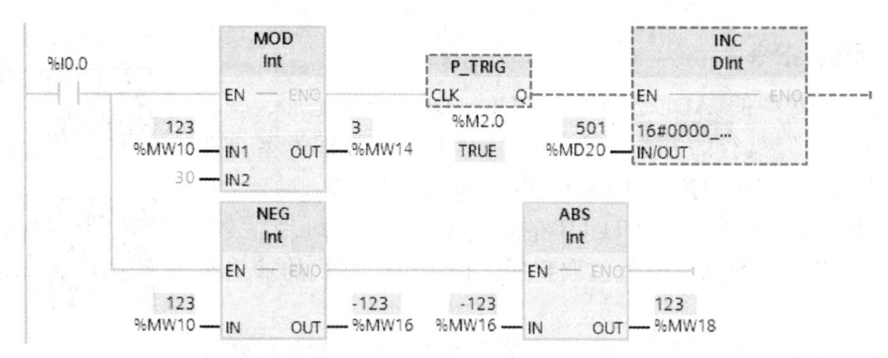

图 4-32　其他常用数学运算指令的应用示例 1

（3）INC（加 1）和 DEC（减 1）指令

INC（Increase）指令将变量 IN/OUT 的值加 1 后还保存的自己的变量中，DEC 指令（Decrease）将变量 IN/OUT 的值减 1 后还保存在自己的变量中。IN/OUT 的数据类型可以是 SInt、Int、DInt、USInt、UInt、UDInt，即为有符号或无符号的整数，如图 4-32 所示。

（4）ABS（绝对值）指令

ABS 指令用来求 IN 输入中的有符号整数或实数的绝对值，将结果保存在输出 OUT 中，IN 和 OUT 的数据类型应相同，如图 4-32 所示。

（5）MIN（最小值）和 MAX（最大值）指令

MIN（Minimum）指令比较输入 IN1 和 IN2（甚至更多的输入变量）值，将其中最小的值送到输出 OUT 中。MAX（Maximum）指令比较输入 IN1 和 IN2（甚至更多的输入变量）值，将其中最大的值送到输出 OUT 中。IN1 和 IN2 的数据类型相同才能执行指定的操作，如图 4-33 所示。

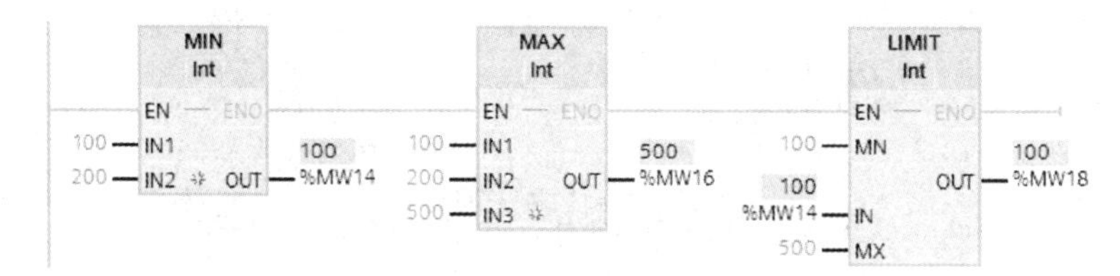

图 4-33　其他常用数学运算指令的应用示例 2

（6）LIMIT（限制值）指令

LIMIT 指令检查 IN 输入的值是否在参数 MIN 和 MAX 指定的范围内，如果 IN 的值没有超出范围，将它直接保存在 OUT 指定的地址中。如果 IN 的值小于 MIN 的值或大于 MAX 的值，将 MIN 或 MAX 的值送给输出 OUT，如图 4-33 所示。

3．浮点数运算指令

浮点数（实数）数学运算指令的操作数 IN 和 OUT 的数据类型均为 Real。

（1）SQR（平方）和 SQRT（平方根）指令

SQR 指令是将输入 IN 浮点值进行平方运算，并将结果写入输出 OUT。

如果满足下列条件之一，则使能输出 ENO 的信号状态为“0”：使能输入 EN 的信号状态为“0”；IN 输入的值不是有效浮点数。

SQRT 指令是将输入 IN 的浮点值进行平方根运算，并将结果写入输出 OUT。如果输入值大于零，则该指令的结果为正数。如果输入值小于零，则输出 OUT 返回一个无效浮点数。如果

IN 输入的值为“0”，则结果也为“0”。

如果满足下列条件之一，则使能输出 ENO 的信号状态为“0”：使能输入 EN 的信号状态为“0”；输入 IN 的值不是有效浮点数；输入 IN 的值为负值。

（2）LN（自然对数）和 EXP（指数）指令

LN 指令是将 IN 输入值以 e（e=2.718282）为底求自然对数，计算结果存储在输出 OUT 中。如果输入值大于零，则该指令的结果为正数。如果输入值小于零，则输出 OUT 返回一个无效浮点数。

EXP 指令是以 e 为底计算输入 IN 的指数，并将结果存储在输出 OUT 中（$OUT=e^{IN}$）。

（3）三角函数及反三角函数指令

三角函数 SIN、COS 和 TAN 指令用于求输入 IN 的正弦值、余弦值和正切值，角度值在输入 IN 处以弧度的形式指定，指令结果送到输出 OUT 中。

反三角函数 ASIN 指令根据输入 IN 指定的正弦值，计算与该值对应的角度值。输入 IN 的值只能为-1～+1 内的有效浮点数。计算出的角度值以弧度为单位，在输出 OUT 中输出，范围在-π/2～+π/2 之间。

反三角函数 ACOS 指令根据输入 IN 指定的余弦值，计算与该值对应的角度值。输入 IN 的值只能为-1～+1 内的有效浮点数。计算出的角度值以弧度为单位，在输出 OUT 中输出，范围在 0～+π 之间。

反三角函数 ATAN 指令根据输入 IN 指定的正切值，计算与该值对应的角度值。输入 IN 的值只能是有效的浮点数或-NaN～+NaN。计算出的角度值以弧度形式在输出 OUT 中输出，范围在-π/2～+π/2 之间。

（4）FRAC（求小数，或称提取小数）指令

FRAC 指令用于求 IN 输入值的小数部分，结果存储在输出 OUT 中并可供查询。例如，如果 IN 输入值为 2.555，则 OUT 输出返回值为 0.555，如图 4-34 所示，图中显示 0.555001 是浮点数类型的表达。

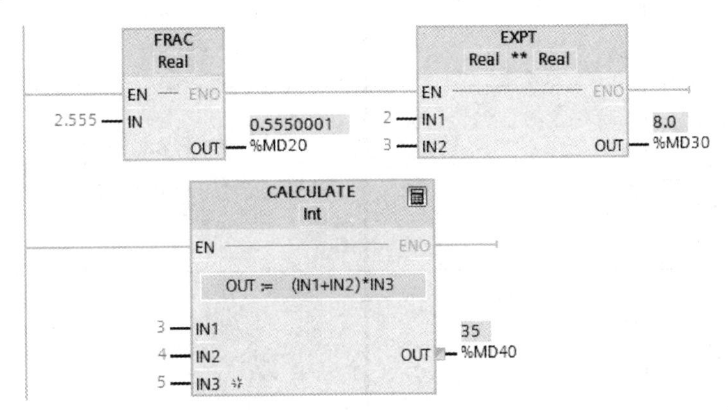

图 4-34　FRAC、EXPT、CALCULATE 指令的应用示例

（5）EXPT（取幂）指令

EXPT 指令用于求以 IN1 输入的值为底、以 IN2 输入的值为幂的结果，结果放在输出 OUT（$OUT=IN1^{IN2}$）中，如图 4-34 所示。

IN1 输入必须为有效的浮点数，IN2 输入可以是整数。

（6）CALCULATE（计算）指令

CALCULATE 指令用于求用户自定义的表达式值，根据所选数据类型进行数学运算或复杂逻辑运算，如图 4-34 所示。

可以从指令框的“<???>”下拉列表中选择该指令的数据类型。根据所选的数据类型，可以组合某些指令的函数以执行复杂计算。单击指令方框上方的“计算器”（Calculator）图标将打开一个待指定计算表达式的对话框，在该对话框中输入待计算的表达式。表达式可以包含输入参数的名称和指令的语法，但不能指定操作数名称和操作数地址。

在初始状态下，指令方框至少包含两个输入（IN1 和 IN2），可以扩展输入数量。在指令方框中按升序对插入的输入编号。

使用输入的值执行指定表达式。表达式中不一定会使用所有的已定义的输入。该指令的结果将传送到输出 OUT 中。

4.5.2 逻辑运算指令

逻辑运算指令包括与、或、异或、取反、解码、编码、选择、多路复用和多路分用指令，如表 4-6 所示。

表 4-6 逻辑运算指令

梯形图	描述	梯形图	描述
AND ??? EN ENO IN1 OUT IN2	与逻辑运算	OR ??? EN ENO IN1 OUT IN2	或逻辑运算
XOR ??? EN ENO IN1 OUT IN2	异或逻辑运算	INV ??? EN ENO IN OUT	取反
DECO UInt to ??? EN ENO IN OUT	解码	ENCO ??? EN ENO IN OUT	编码
SEL ??? EN ENO G OUT IN0 IN1	选择	MUX ??? EN ENO K OUT IN0 IN1 ELSE	多路复用
DEMUX ??? EN ENO K OUT0 IN OUT1 ELSE	多路分用		

1. 与、或、异或、取反指令

与、或、异或、取反指令用于对两个输入（或多个）IN1 和 IN2 逐位进行逻辑运算，逻辑运算的结果存放在输出 OUT 指定的地址中，如图 4-35 所示。

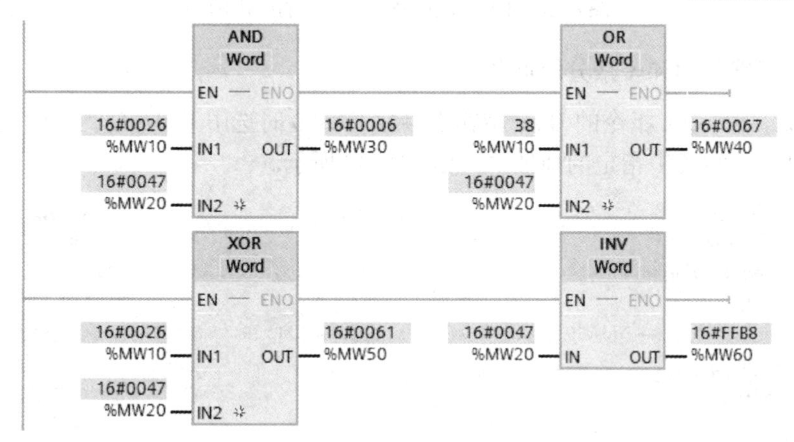

图 4-35　AND、OR、XOR 和 INV 指令的应用示例

与（AND）运算时两个（或多个）操作数的同一位如果均为 1，则运算结果的对应位为 1，否则为 0。

或（OR）运算时两个（或多个）操作数的同一位如果均为 0，则运算结果的对应位为 0，否则为 1。

异或（XOR）运算时两个（若有多个输入，则两两运算）操作数的同一位如果不相同，则运算结果的对应位为 1，否则为 0。

与、或、异或指令的操作数 IN1、IN2 和 OUT 的数据类型为十六进制的 Byte、Word 和 DWord。

取反（INV）指令用于将 IN 输入中的二进制数逐位取反，即二进制数的各位由 0 变 1，由 1 变 0，运算结果存放在输出 OUT 指定的地址中。

2. 解码和编码指令

假设输入参数 IN 的值为 n，解码（DECO，Decode）指令将输出参数 OUT 的第 n 位置位为 1，其余各位置 0。利用解码指令可以用 IN 输入的值来控制 OUT 中某一位。如果 IN 输入的值大于 31，将 IN 的值除以 32 以后，用余数来进行解码操作。

IN 的数据类型为 UInt，OUT 的数据类型可选 Byte、Word 和 DWord。

IN 的值为 0～7（3 位二进制数）时，OUT 输出的数据类型为 8 位的字节。

IN 的值为 0～15（4 位二进制数）时，OUT 输出的数据类型为 16 位的字。

IN 的值为 0～31（5 位二进制数）时，OUT 输出的数据类型为 32 位的双字。

例如，IN 的值为 7 时，OUT 输出为 2#1000 0000（16#80），仅第 7 位为 1，如图 4-36 所示。

编码（ENCO，Encode）指令与解码指令相反，将 IN 中为 1 的最低位的位数送给输出参数 OUT 指定的地址，IN 的数据类型可选 Byte、Word 和 DWord，OUT 的数据类型为 Int。

如果 IN 为 2#0100 1000，OUT 指定的 MW20 中的编码结果为 3，如图 4-36 所示。如果 IN 为 1 或 0，MW20 中的值为 0。

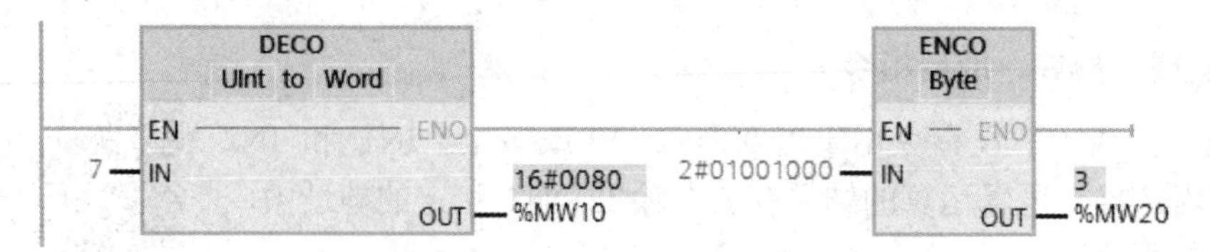

图 4-36 DECO 和 ENCO 指令的应用示例

3．选择、多路复用和多路分用指令

选择（SEL，Select）指令的 Bool 型输入参数 G 为 0 时选中 IN0，G 为 1 时选中 IN1，并将它们保存在输出参数 OUT 指定的地址中，如图 4-37 所示。

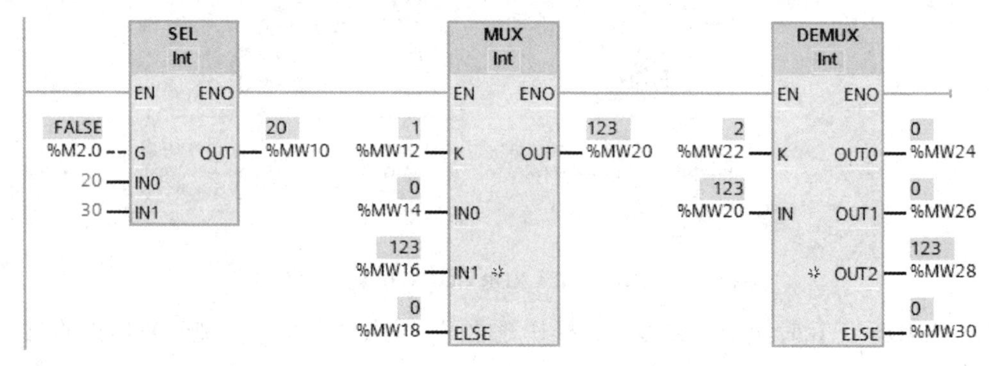

图 4-37 SEL、MUX 和 DEMUX 指令的应用示例

多路复用（MUX，Multiplex）指令（又称为多路开关选择器）根据输入参数 K 的值，选中某个输入数据（指令默认只有 IN0、IN1 和 ELSE 三个，通过单击指令左下角的添加输入图标，可增加 IN 的数目），并将它传送到输出参数 OUT 指定的地址中，如图 4-37 所示。K=m 时，将选中 INm。如果 K 的值超过允许的范围，将选中输入参数 ELSE。参数 K 的数据类型为 DInt。INm、ELSE 和 OUT 可以取 12 种数据类型，它们的数据类型应相同。

多路分用（DEMUX，Demultiplex）指令根据输入参数 K 的值，将 IN 输入的内容传送到选定的输出（可增加输出 OUT 的数目）地址中，如图 4-37 所示，其他输出则保持不变。K=m 时，将 IN 输入的内容传送到输出 OUTm 中。如果参数 K 的值大于可用输出数，IN 输入的内容将被传送到 ELSE 指定的地址中，同时输出 ENO 的信号状态将为“0”。

只有当所有 IN 输入与所有 OUT 输出具有相同数据类型时，才能执行指令“多路分用”。参数 K 的数据类型只能为整数。

4.6 案例 17 9s 倒计时的 PLC 控制

4.6.1 目的

1）掌握数学运算指令的应用。
2）掌握数码管与 PLC 的连接方法。
3）掌握数码管的显示方法。

4.6.2 任务

使用 S7-1200 PLC 实现 9s 倒计时控制，要求按下起动按钮后，数码管上显示 9，松开起动按钮后数码管上显示值每秒递减，减到 0 时停止。无论何时按下停止按钮，数码管都显示 0，再次按下开始按钮，数码管上的显示值依然从数字 9 开始递减。

4.6.3 步骤

1. I/O 分配

根据 PLC 输入/输出点分配原则及本案例控制要求，可知本案例的输入点为起动和停止按钮，输出为一个数码管，在此使用七段共阴极数码管，因此可对本案例进行 I/O 地址分配，如表 4-7 所示。

表 4-7　9s 倒计时的 PLC 控制 I/O 分配表

输　入		输　出	
输入继电器	元器件	输出继电器	元器件
I0.0	起动按钮 SB1	Q0.0	数码管显示 a 段
I0.1	停止按钮 SB2	Q0.1	数码管显示 b 段
		Q0.2	数码管显示 c 段
		Q0.3	数码管显示 d 段
		Q0.4	数码管显示 e 段
		Q0.5	数码管显示 f 段
		Q0.6	数码管显示 g 段

2. I/O 接线图

根据控制要求及表 4-7，9s 倒计时 PLC 控制的 I/O 接线图如图 4-38 所示。

3. 创建工程项目

双击桌面上的图标 TIA V16，打开博途编程软件，在 Portal 视图中选择“创建新项目”，输入项目名称“D_djs”，选择项目保存路径，然后单击“创建”按钮完成项目的创建，并进行项目的硬件组态。

4. 编辑变量表

本案例变量表如图 4-39 所示。

5. 编写程序

（1）按字符驱动

S7-1200 PLC 中没有段译码指令，在数码显示时只能使用按字符驱动或按段驱动。所谓按字符驱动，即需要显示什么字符就编写相应的显示代码，如显示“2”，则驱动代码为 2#01011011（共阴极接法，对应段为 1 时亮），本案例采用按字符驱动，具体程序如图 4-40 所示。

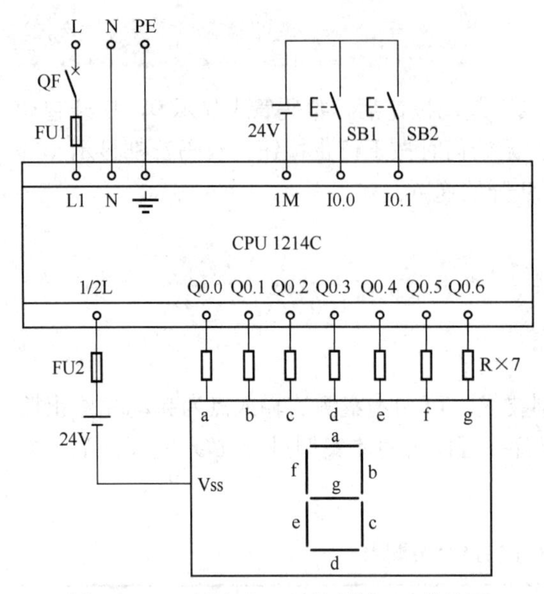

图 4-38　9s 倒计时 PLC 控制的 I/O 接线图

D_djs ▸ PLC_1 [CPU 1214C AC/DC/Rly] ▸ PLC 变量 ▸ 变量表_1 [9]

变量　用户常量

变量表_1

	名称	数据类型	地址	保持	在 HMI...	可从 ...
1	起动按钮SB1	Bool	%I0.0	☐	☑	☑
2	停止按钮SB2	Bool	%I0.1	☐	☑	☑
3	数码管显示a段	Bool	%Q0.0	☐	☑	☑
4	数码管显示b段	Bool	%Q0.1	☐	☑	☑
5	数码管显示c段	Bool	%Q0.2	☐	☑	☑
6	数码管显示d段	Bool	%Q0.3	☐	☑	☑
7	数码管显示e段	Bool	%Q0.4	☐	☑	☑
8	数码管显示f段	Bool	%Q0.5	☐	☑	☑
9	数码管显示g段	Bool	%Q0.6	☐	☑	☑

图 4-39　9s 倒计时 PLC 控制的变量表

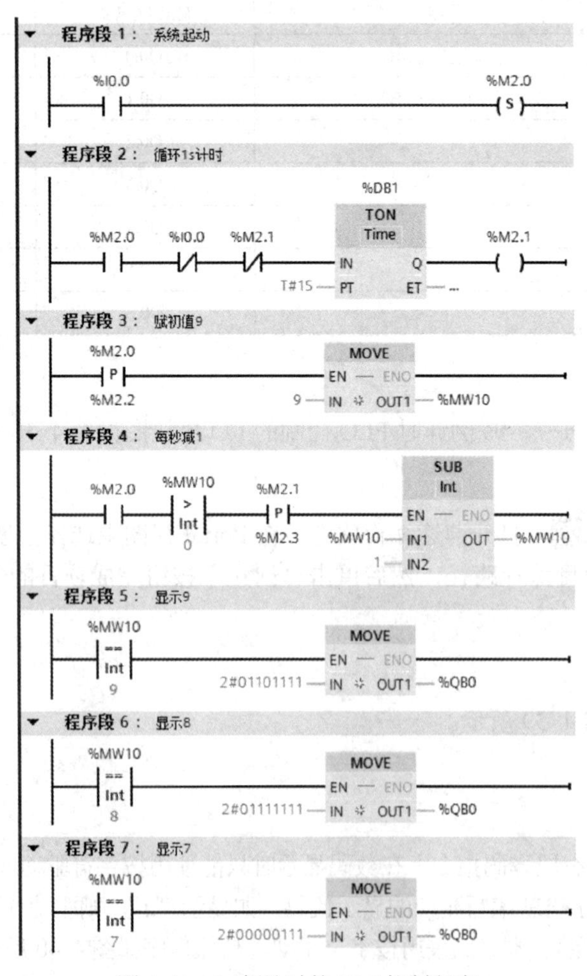

图 4-40　9s 倒计时的 PLC 控制程序

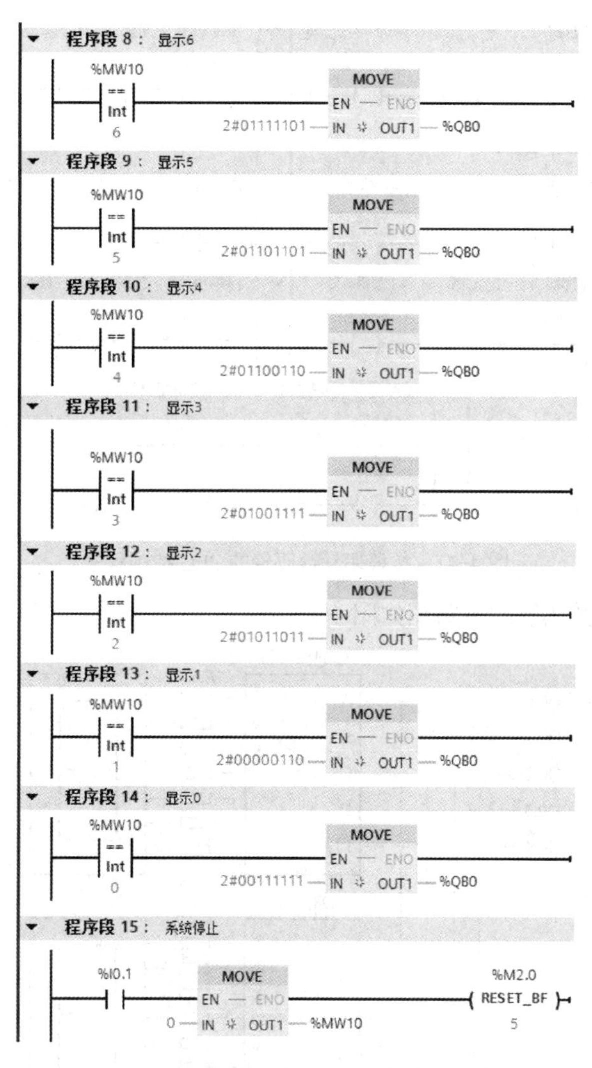

图 4-40　9s 倒计时的 PLC 控制程序（续）

（2）按段驱动

按段驱动数码管就是待显示的数字需要点亮数码管的哪几段，就直接以点动的形式驱动相应数码管所连接的 PLC 输出端，如 M2.2 接通时显示 2，即需要点亮数码管的 a、b、d、e 和 g 段，即需驱动 Q0.0、Q0.1、Q0.3、Q0.4 和 Q0.6（假设数码管连接在 QB0 端口）；同时 M2.5 接通时显示 5，即需要点亮数码管的 a、c、d、f 和 g 段，即需驱动 Q0.0、Q0.2、Q0.3、Q0.5 和 Q0.6（假设数码管连接在 QB0 端口），程序如图 4-41 所示。

（3）多位数码管的显示

如果需要将 N 位数通过数码管显示，若每个数码管都占用 PLC 的 7 个或 8 个（8 段数码管）输出端，那么需要扩展 PLC 的数字量模块，系统成本较高，可通过以下方法解决。

先将要显示的数据除以 10^{N-1} 以分离最高位（商），再将余数除以 10^{N-2} 以分离出次高位（商），如此往下分离，到除以 10 为止。这时如果仍用数码管显示，则必然要占用很多输出点。一方面可扩展 PLC 的输出，另一方面可采用 CD4513 芯片。通过扩展 PLC 的输出必然增加系统硬件成本，还会升高系统的故障率，用 CD4513 芯片为首选。

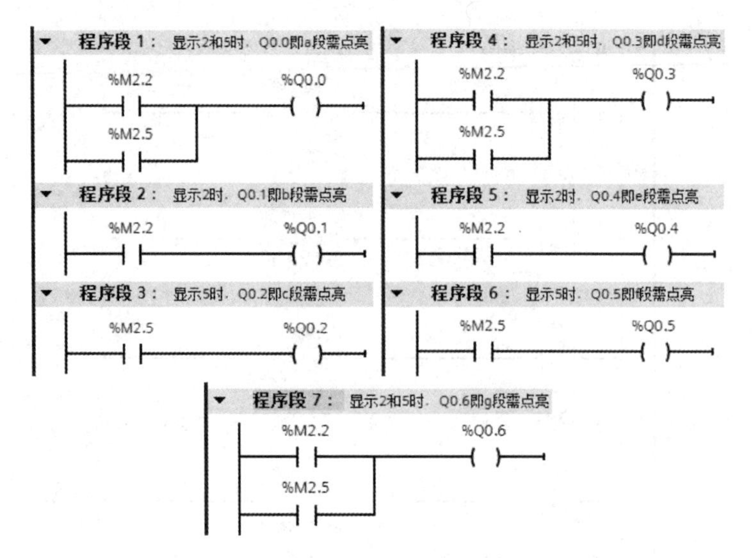

图 4-41　按段驱动数码管的 PLC 控制程序

CD4513 驱动多个数码管的电路图如图 4-42 所示。

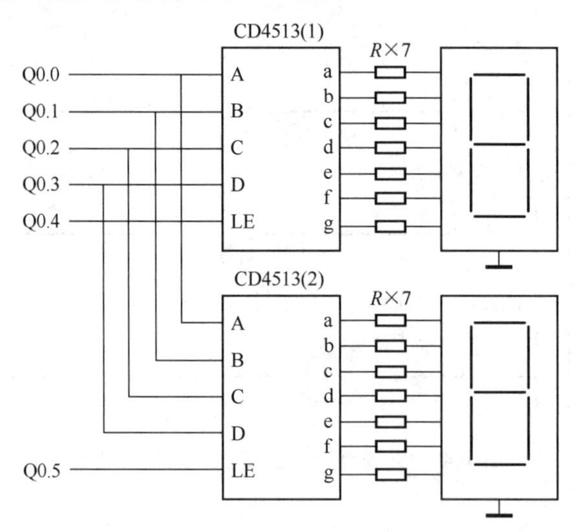

图 4-42　用 CD4513 减少输出点的电路图

数个 CD4513 的数据输入端 A～D 共用 PLC 的 4 个输出端，其中 A 为最低位，D 为最高位，LE 为高电平时，显示的数不受数据输入信号的影响。显然 N 个显示器占用的输出点可降到 $4+N$ 点。

如果使用继电器输出模块，最好在与 CD4513 相连的 PLC 各输出端与“地”之间分别接上一个几千欧的电阻，以免在输出继电器输出触点断开时 CD4513 的输入端悬空。输出继电器的状态变化时，其触点可能会抖动，因此应先将数据输出，待信号稳定后，再用 LE 信号的上升沿将数据锁存在 CD4513 中。

6．调试程序

将调试好的用户程序及设备组态一起下载到 CPU 中，并连接好线路。按下起动按钮 SB1 不松开，观察此时 Q0.0～Q0.6 灯灭情况，显示的数字是否为 9，松开起动按钮 SB1 后，数码管上显示的数字是否从 9 每隔 1s 依次递减，直到为 0。按下停止按钮 SB2 后，再次起动 9s 倒计时，观察在倒计时过程中，按下停止按钮 SB2 后，是否显示数字 0，若上述调试现象与控制要求一致，则说明本案例任务已实现。

4.6.4 训练

1）训练 1：用按段驱动法实现本案例控制要求。

2）训练 2：用共阳极数码管实现本案例控制要求。

3）训练 3：用按段驱动法实现 15s 倒计时的 PLC 控制。

4.7 程序控制指令

1. JMP（JMPN）及 LABEL 指令

在程序中设置跳转指令可提高 CPU 的程序执行速度。在没有执行跳转指令时，各个程序段按从上到下的先后顺序执行，这种执行方式称为线性扫描。跳转指令中止程序的线性扫描，跳转到指令中的地址标签所在的目的地址。跳转时不执行跳转指令与标签之间的程序，跳到目的地址后，程序继续按线性扫描的方式顺序执行。跳转指令可以往前跳，也可以往后跳。

只能在同一个代码块内跳转，即跳转指令与对应的跳转目的地址应在同一个代码块内。在一个块内，同一个跳转目的地址只能出现一次，即可以从不同的程序段跳转到同一个标签处，同一代码块内不能出现重复的标签。

JMP 是为 1 时的跳转指令，如果跳转条件满足（图 4-43 中 I0.0 的常开触点闭合），监控时 JMP（Jump，为“1”时块中跳转）指令的线圈通电（跳转线圈为绿色），跳转被执行，将跳转到指令给出的标签 abc 处，执行标签之后的第一条指令。被跳过的程序段的指令没有被执行，这些程序段的梯形图为灰色。标签在程序段的开始处（单击指令树“基本指令”文件夹中“程序控制操作”指令文件夹下的图标，便在程序段的下方梯形图的上方出现，然后双击问号可输入标签名），标签的第一个字符必须是字母，其余的可以是字母、数字和下划线。如果跳转条件不满足，将继续执行下一个程序段的程序。

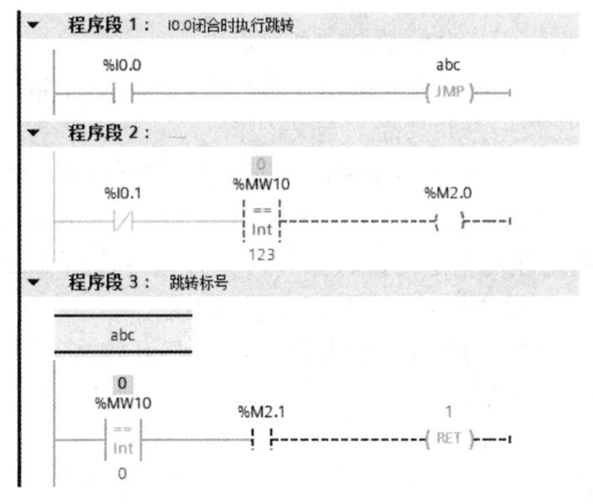

图 4-43　JMP 和 RET 指令应用示例

JMPN 是为 0 时的跳转指令，即为“0”时块中跳转，该指令的线圈断电时，将跳转到指令给出的标签处，执行标签之后的第一条指令。

2．RET 指令

RET（返回）指令的线圈通电时，停止执行当前的块，不再执行指令后面的程序，返回调用它的块后，执行调用指令后的程序，如图 4-43 所示。RET 指令的线圈断电时，继续执行它下面的程序。RET 线圈上面是块的返回值，数据类型是 Bool。如果当前的块是 OB，则返回值被忽略。如果当前是函数 FC 或函数块 FB，返回值作为函数 FC 或函数块 FB 的 ENO 的值传送给调用它的块。

一般情况下并不需要在块结束时使用 RET 指令来结束块，操作系统会自动完成这一任务。RET 指令用来有条件地结束块，一个块可以使用多条 RET 指令。

码 4-10
跳转及标签指令

3．JMP_LIST 及 SWITCH 指令

使用 JMP_LIST（定义跳转列表）指令可定义多个有条件跳转，执行由 K 参数值指定的程序段中的程序。

可使用跳转标签定义跳转，跳转标签可以用指令框的输出指定。可在指令框中增加输出的数量（默认输出只有两个），S7-1200 CPU 最多可以声明 32 个输出。

输出编号从“0”开始，每增加一个新输出，都会按升序连续递增。在指令的输出中只能指定跳转标签，而不能指定指令或操作数。

K 参数值将指定输出编号，因而程序将从跳转标签处继续执行。如果 K 参数值大于可用的输出编号，则继续执行块中下一个程序段中的程序。

在图 4-44 中，当 K 参数值为 1 时，程序跳转至目标输出 DEST1（Destination，目的地）所指定的标签 SZY 处开始执行。

使用 SWITCH（跳转分支，又称为跳转分配器）指令可根据一个或多个比较指令的结果，定义要执行的多个程序跳转。在参数 K 中指定要比较的值，将该值与各个输入值进行比较。可以为每个输入选择比较运算符。

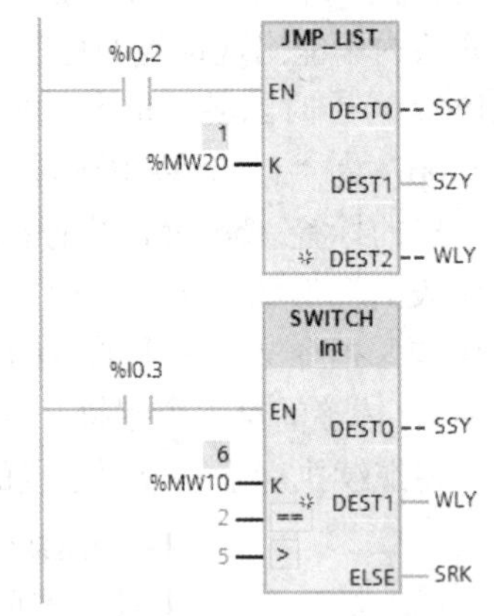

图 4-44　JMP_LIST 和 SWITCH 应用示例

各比较指令的可用性取决于指令的数据类型，可以从指令框的“<???>”下拉列表中选择该指令的数据类型。如果选择了一种比较指令并且尚未定义该指令的数据类型，则“<???>”下拉列表中仅提供所选比较指令允许的数据类型。

该指令从第一个比较开始执行，直至满足比较条件为止。如果满足比较条件，则将不考虑后续比较条件。如果不满足任何指定的比较条件，则将执行输出 ELSE 处的跳转，如果输出 ELSE 中未定义程序跳转，则程序从下一个程序段继续执行。

可在指令功能框中增加输出的数量。输出编号从“0”开始，每增加一个新输出，都会按升序连续递增。在指令的输出中指定跳转标签（LABEL）。不能在该指令的输出上指定指令或操作数。

每个增加的输出都会自动插入一个输入。如果满足输入的比较条件，则将执行相应输出处设定的跳转。

在图 4-44 中，参数 K 值为 6，满足大于 5 的条件，则程序跳转至目标输出 DEST1 所指定的标签 WLY 处开始执行。

4. RE_TRIGR 指令

监控定时器又称为看门狗（Watchdog），每次扫描循环它都被自动复位一次，正常工作时最大扫描循环时间小于监控定时器的时间设定值时，它不会起作用。

以下情况扫描循环时间可能大于监控定时器的设定时间，监控定时器将会起作用：

1）用户程序太长。

2）一个扫描循环内执行中断程序的时间很长。

3）循环指令执行的时间太长。

可以在程序中的任意位置使用 RE_TRIGR（重置周期监控时间，或称重新触发循环周期监控时间）指令，来复位监控定时器，如图 4-45 所示。该指令仅在优先级为 1 的程序循环 OB 和它调用的块中起作用；该指令在 OB80 中将被忽略。如果在优先级较高的块中（例如硬件中断、诊断中断和循环中断 OB）调用该指令，使能输出 ENO 被置为 0，不执行该指令。

在组态 CPU 时，可以用参数“周期”设置循环周期监控时间，即最大循环时间，默认值为 150ms，最大设置值为 6000ms。

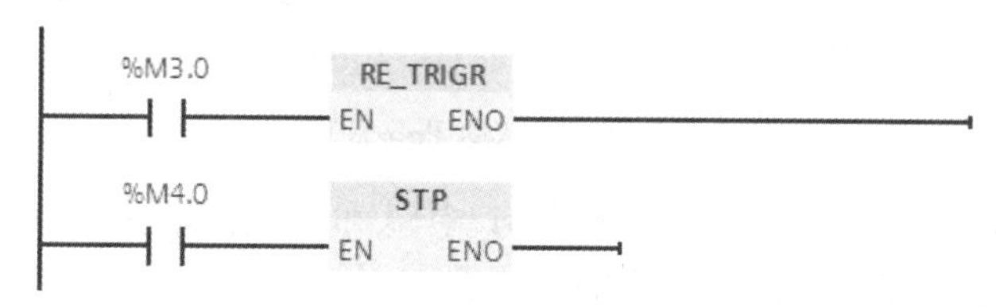

图 4-45　RE_TRIGR 和 STP 应用示例

5. STP 指令

STP 指令的 EN 输入为“1”状态时，使 PLC 进入 STOP 模式。执行 STP 指令后，将使 CPU 集成的输出、信号板和信号模块的数字量输出或模拟量输出进入组态时设置的安全状态。可以使输出冻结在最后的状态，或用替代值设置为安全状态，如图 4-46 所示，组态模拟量输出类似。默认的数字量输出状态为 FALSE，默认的模拟量输出为“0”。

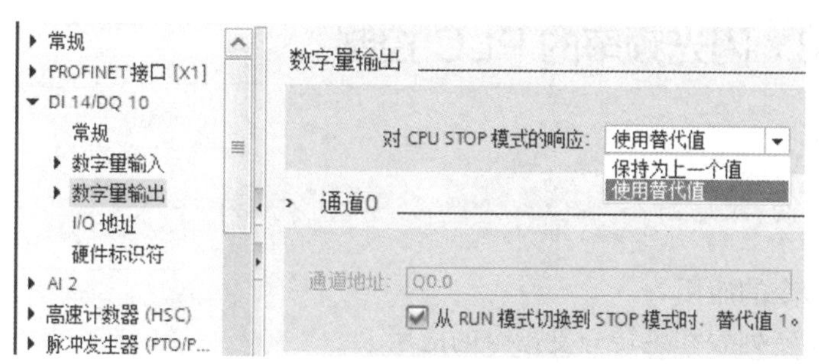

图 4-46　组态数字量输出点

6. GET_ERROR 和 GET_ERR_ID 指令

GET_ERROR 指令用来提供有关程序块执行错误的信息，用输出参数 ERROR（错误）显示程序块执行的错误，如图 4-47 所示，并且将详细的错误信息填入预定义的 ErrorStruct（错误结构）数据类型，可以用程序来分析错误信息，并做出适当的响应。第一个错误消失时，指令输出下一个错误的信息。

图 4-47　GET_ERROR 和 GET_ERR_ID 指令应用示例

在块的接口区定义一个名为 ERROR1 的变量作为参数 ERROR 的实参，用下拉列表设置其数据类型为 ErrorStruct。也可以在数据块中定义 ERROR 的实参。

GET_ERR_ID 指令用来报告产生错误的 ID（标识符），如果执行时出现错误，且指令的 EN 输入为“1”状态，出现的第一个错误的标识符保存在指令的输出参数“ID”中，ID 的数据类型为 Word。第一个错误消失时，指令输出下一个错误的 ID。

7. RUNTIME 指令

RUNTIME（测量程序运行时间）指令用于测量整个程序、单个块或命令序列的运行时间，如图 4-48 所示。

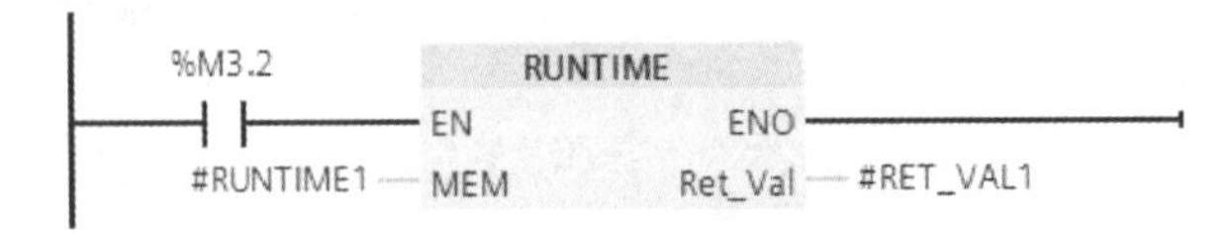

图 4-48　RUNTIME 指令应用示例

如果要测量整个程序的运行时间，可在 OB1 中调用“测量程序运行时间”指令。第一次调用时开始测量运行时间，在第二次调用后输出 Ret_Val 用以返回程序的运行时间。测量的运行时间包括程序执行过程中可能运行的所有 CPU 进程，例如由较高级别事件或通信引起的中断。

“测量程序运行时间”指令读取 CPU 内部计数器中的内容并将该值写入 IN-OUT 参数 MEM 中，该指令根据内部计数器的频率计算当前程序运行时间并将其写入输出 Ret_Val 参数中。

在块的接口区定义两个分别名为 RUNTIME1 和 RET_VAL1 的变量作为参数 MEM 和 Ret_Val 的实参，用下拉列表设置其数据类型为 LReal。

4.8 案例 18　闪光频率的 PLC 控制

4.8.1 目的

1）掌握跳转指令的应用。

2）掌握定义跳转列表和跳转分支指令的应用。

3）掌握分频电路的应用。

4.8.2 任务

使用 S7-1200 PLC 实现闪光频率的控制，要求根据选择的按钮，闪光灯以相应频率闪烁。若按下慢闪按钮，闪光灯以 2s 周期闪烁；若按下中闪按钮，闪光灯以 1s 周期闪烁；若按下快闪按钮，闪光灯以 0.5s 周期闪烁。无论何时按下停止按钮，闪光灯熄灭。

4.8.3　步骤

1. I/O 分配

根据 PLC 输入/输出点分配原则及本案例控制要求，I/O 地址分配如表 4-8 所示。

表 4-8　闪光频率的 PLC 控制 I/O 分配表

输　入		输　出	
输入继电器	元器件	输出继电器	元器件
I0.0	慢闪按钮 SB1	Q0.0	闪光灯 HL
I0.1	中闪按钮 SB2		
I0.2	快闪按钮 SB3		
I0.3	停止按钮 SB4		

2. I/O 接线图

根据控制要求及表 4-8，闪光频率 PLC 控制的 I/O 接线图如图 4-49 所示。

3. 创建工程项目

双击桌面上的图标，打开博途编程软件，在 Portal 视图中选择“创建新项目”，输入项目名称“D_sf”，选择项目保存路径，然后单击“创建”按钮完成创建，并进行项目的硬件组态。

4. 编辑变量表

本案例变量表如图 4-50 所示。

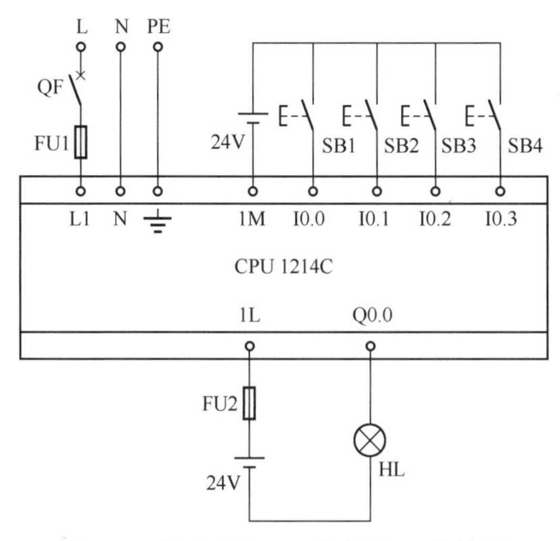

图 4-49　闪光频率 PLC 控制的 I/O 接线图

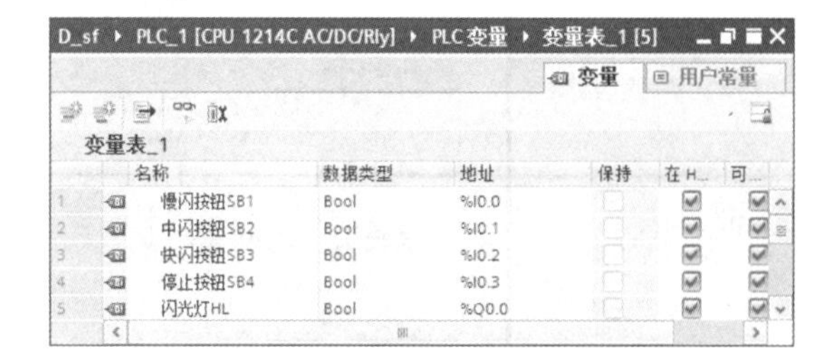

图 4-50　闪光频率 PLC 控制的变量表

5. 编写程序

（1）跳转指令编程

在此使用时钟存储字节 MB0 和系统存储字节 MB1，并使用跳转指令编写本案例程序，如图 4-51 所示。

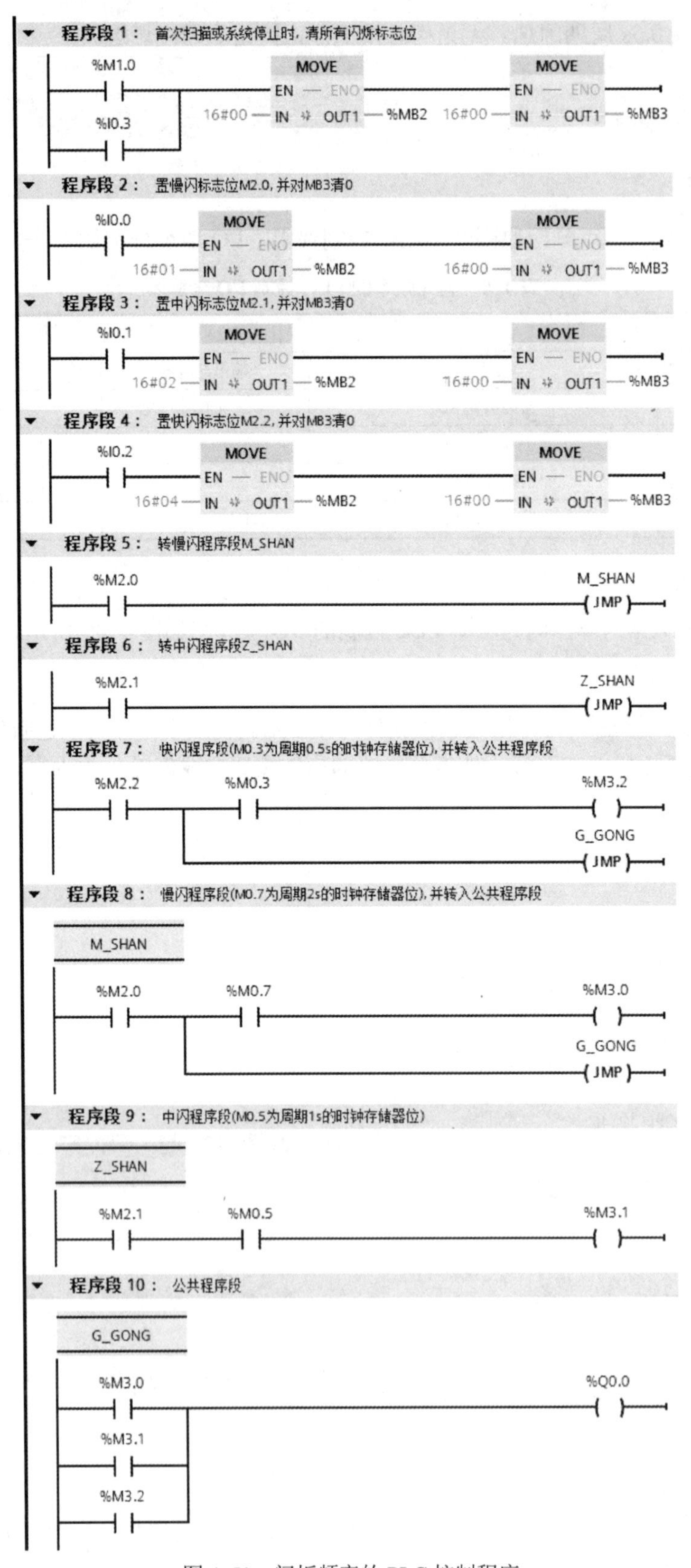

图 4-51 闪烁频率的PLC控制程序

（2）分频电路

本案例中 3 个闪烁频率成倍数关系，因此使用分频电路也能实现本案例功能。图 4-52 为二分频电路及时序图。

待分频的脉冲信号为 I0.0，设 M2.0 和 Q0.0 的初始状态为“0”。当 I0.0 的第一个脉冲信号的上升沿到来时，M2.0 接通一个扫描周期，即产生一个单脉冲，此时 M2.0 的常开触点闭合，与之相串联的 Q0.0 触点又为常闭，即 Q0.0 接通被置为“1”。在第二个扫描周期 M2.0 断电，M2.0 的常闭触点闭合，与之相串联的 Q0.0 常开触点因在上一扫描已被接通，即 Q0.0 的常开触点闭合，此时 Q0.0 的线圈仍然得电。当 I0.0 的第二个脉冲信号的上升沿到来时，M2.0 又接通一个扫描周期，此时 M2.0 的常开触点闭合，但与之相串联的 Q0.0 的常闭触点在前一扫描周期是断开的，两触点状态“逻辑与”的结果是“0”；与此同时，M2.0 的常闭触点断开，与之相串联的 Q0.0 常开触点虽然在前一扫描周期是闭合的，但两触点状态“逻辑与”的结果仍然是“0”，即 Q0.0 由“1”变为“0”，此状态一直保持到 I0.0 的第三个脉冲到来。当 I0.0 第三个脉冲到来时，又重复上述过程。

由此可见，I0.0 每发出两个脉冲，Q0.0 产生一个脉冲，完成对输入信号的二分频。

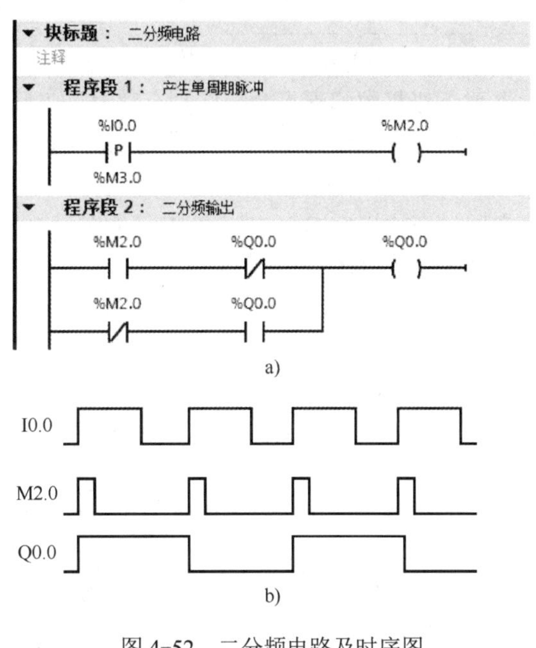

图 4-52　二分频电路及时序图

a) 二分频电路　b) 二分频时序图

6. 调试程序

将调试好的用户程序及设备组态一起下载到 CPU 中，并连接好线路。按下慢闪按钮 SB1，观察闪光灯的闪烁情况，然后按下中闪按钮 SB2，观察闪光灯的闪烁情况，再按下快闪按钮 SB3，观察闪光灯的闪烁情况。这 3 种情况下，闪光灯的闪烁频率是否有明显的变化？最后按下停止按钮 SB4，观察闪光灯是否熄灭。若上述调试现象与控制要求一致，则说明本案例任务已实现。

细心的读者会发现，图 4-51 中前 4 个程序段中都会对 MB3 清 0，如果不对其清 0，调试时会什么出现情况？从一个频率切换到另一个频率时，若正处在前一种频率点亮的情况下，则闪光灯将不会闪烁。出现这种情况的原因请读者自行分析。

4.8.4 训练

1）训练1：不用跳转指令实现本案例控制要求。

2）训练2：用定义跳转列表和跳转分支指令实现本案例控制要求。

3）训练3：用二分频法实现本案例控制要求。

4.9 习题与思考

1．I2.7是输入字节________的第________位。

2．MW0是由________、________两个字节组成；其中________是MW0的高字节，________是MW0的低字节。

3．QD10是由________、________、________、________字节组成。

4．Word（字）是16位________符号数，Int（整数）是16位________符号数。

5．字节、字、双字、整数、双整数和浮点数哪些是有符号的？哪些是无符号的？

6．使用定时器及比较指令编写占空比为1∶2、周期为1.2s的连续脉冲信号。

7．将浮点数12.3取整后传送至MB10。

8．使用循环移位指令实现接在输出字QB0端口8盏灯的跑马灯往复点亮控制。

9．使用数学运算指令实现［8+9×6/(12+10)］/(6−2)运算，并将结果保存在MW10中。

10．使用逻辑运算指令将MW0和MW10合并后分别送到MD20的低字和高字中。

11．测量远处物体的高度时，已知被测物体到测量点的距离L（L为实数，存放在MD10中）和以度为单位的夹角θ（以度为单位的实数存放在MD20中），求被测物体高度H，$H=L\tan\theta$，角度的单位为度。注：夹角θ为测量点分别到被测物顶点和底端所形成的两条边之间的夹角。

12．某设备有3台风机，当设备处于运行状态时，如果有两台或两台以上风机工作，则指示灯常亮，指示“正常”；如果仅有一台风机工作，则该指示灯以0.5Hz的频率闪烁，指示“一级报警”；如果没有风机工作，则指示灯以2Hz的频率闪烁，指示“严重报警”；当设备不运行时，指示灯不亮。

13．使用INC指令实现案例17的控制要求。

14．实现9s倒计时控制，要求按下开始按钮后，数码管上显示9，松开开始按钮后显示值按每秒递减，减到0时停止，然后再次从9开始倒计时，不断循环。无论何时按下停止按钮，数码管都显示当前值，再次按下开始按钮，数码管显示值从当前值继续递减。

15．实现3组抢答器控制，要求在主持人按下开始按钮后，3组抢答按钮中按下任意一个后，主持人前面的显示器能实时显示该组的编号，抢答成功组台前的指示灯亮起，同时锁住抢答器，使其他组按下抢答按钮无效。若主持人按下停止按钮，则不能进行抢答，且显示器无显示。

16．控制要求同第15题，另外系统还要求：如果在主持人按下开始按钮之前进行抢答，则显示器显示该组编号，同时该组号以秒级闪烁以示违规，直至主持人按下复位按钮。若主持人按下开始按钮10s后无人抢答，则蜂鸣器响起，表示无人抢答，主持人按下复位按钮可消除此状态。

第 5 章 程序结构及应用

本章重点介绍西门子 S7-1200 PLC 的函数、函数块及组织块（包括程序循环组织块、启动组织块、循环中断组织块、延时中断组织块、硬件中断组织块、时间错误组织块和诊断错误组织块等）的创建及组态，并通过 3 个案例将其应用加以详细介绍，通过本章学习，读者应能掌握 S7-1200 PLC 控制系统程序的结构化、模块化设计，提高程序的可读性、可移植性和可维护性。

5.1 函数与函数块

S7-1200 PLC 编程同 S7-300/400 PLC 一样，采用块的概念，即将程序分解为独立的、自成体系的各个部件，块类似于子程序的功能，但类型更多，功能更强大。在工业控制中，程序往往是非常庞大和复杂的，采用块的概念便于大规模的设计和程序阅读及理解，还可以设计标准化的块程序进行重复调用，使程序结构清晰、修改方便、调试简单。采用块结构显著提高了 PLC 程序的组织透明性、可理解性和易维护性。

码 5-1 用户程序及块的创建

S7-1200 PLC 程序提供了多种类型的块，如表 5-1 所示。

表 5-1 S7-1200 PLC 用户程序中的块

块（Block）	简要描述
组织块（OB）	操作系统与用户程序的接口，决定用户程序的结构
函数（FC）	用户编写的包含经常使用的功能的子程序，无专用的存储区
函数块（FB）	用户编写的包含经常使用的功能的子程序，有专用的存储区（即背景数据块）
数据块（DB）	存储用户数据的数据区域

函数（Function，FC，又称为功能）和函数块（Function Block，FB，又称为功能块）都是用户编写的程序块，类似于子程序功能，它们包含完成特定任务的程序。用户可以将具有相同或相近控制过程的程序，编写成 FC 或 FB，然后在主程序 OB1 或其他程序块（包括组织块、函数和函数块）中调用 FC 或 FB。

FC 或 FB 与调用它的块共享输入、输出参数，执行完 FC 和 FB 后，将执行结果返回给调用它的程序块。

FC 没有固定的存储区，功能执行结束后，其局部变量中的临时数据就丢失了，可以用全局变量来存储那些在功能执行结果后需要保存的数据。而 FB 是有自己的存储区（背景数据块）的块，FB 的典型应用是执行不能在一个扫描周期结束的操作。每次调用 FB 时，都需要指定一个背景数据块。后者随函数块的调用而打开，在调用结束时自动关闭。FB 的输入、输出参数和静态变量（Static）用指定的背景数据块保存，但是不会保存临时局部变量（Temp）中的数据。函数块执行完后，背景数据块中的数据不会丢失。

5.1.1 函数

1. 生成 FC

打开博途软件的项目视图，生成一个名为“FC_First”的新项目。双击项目树中的“添加新设备”，添加一个新设备，CPU 的型号选择为 CPU 1214C AC/DC/RLY。

打开项目视图中的文件夹“\PLC_1\程序块”，双击其中的“添加新块”，打开“添加新块”对话框，如图 5-1 所示，单击其中的“函数”按钮，FC 默认编号方式为“自动”，且编号为 1，编程语言为 LAD（梯形图）。设置函数的名称为“M_lianxu”，默认名称为“块_1”（也可以对其重命名，右击项目树中程序块文件夹下的 FC，选择弹出列表中的“重命名”，然后对其更改名称）。勾选左下角的“新增并打开”选项，然后单击“确定”按钮，自动生成 FC1，并打开其编程窗口，此时可以在项目树的文件夹“\PLC_1\程序块”中看到新生成的 FC1（M_lianxu [FC1]），如图 5-2 所示。

图 5-1　添加新块——函数

2. 生成 FC 的局部变量

将鼠标的光标放在 FC1 的程序区最上面的分隔条上，按住鼠标的左键，往下拉动分隔条，分隔条上面为块接口（Interface）区，如图 5-2 右侧所示，下面是程序编辑区。将水平分隔条拉至程序编程器视窗的顶部，系统不再显示块接口区，但是它仍然存在。或者通过单击块接口区与程序编辑区之间的 ▲ 和 ▼ 隐藏或显示块接口区。

在块接口区中生成局部变量，但只能在它所在的块中使用，且为符号寻址访问。块的局部变量的名称由字符（包括汉字）、下画线和数字组成，在编程时程序编辑器自动在局部变量名前加上#号来标识它们（全局变量或符号使用“”，绝对地址使用%）。由图 5-2 可知，函数主要使用以下 5 种局部变量。

图 5-2　FC1 的局部变量

1）Input（输入参数）：由调用它的块提供的输入数据。

2）Output（输出参数）：返回给调用它的块的程序执行结果。

3）InOut（输入/输出参数）：初值由调用它的块提供，块执行后将它的值返回给调用它的块。

4）Temp（临时数据）：暂时保存在局部堆栈中的数据。只是在执行块时使用临时数据，执行完后不再保存临时数据的数值，它可能被别的块的临时数据覆盖。

5）Return（返回）：Return 中的 M_lianxu（返回值）属于输出参数。

在函数 FC1 中实现两种电动机的连续运行控制，控制模式相同：按下起动按钮（电动机 1 对应 I0.0，电动机 2 对应 I0.2），电动机起动运行（电动机 1 对应 Q0.0，电动机 2 对应 Q0.2），按下停止按钮（电动机 1 对应 I0.1，电动机 2 对应 I0.3），电动机停止运行，电动机工作指示分别为 Q0.1 和 Q0.3。在此，电动机过载保护用的热继电器常闭触点接在 PLC 的输出回路中。

下面生成上述电动机连续控制的函数（局部变量）。

在 Input 下面的“名称”列生成变量“Start”和“Stop”，单击“数据类型”后的按钮，用下拉列表设置其数据类型为 Bool，系统默认为 Bool 型。

在 InOut 下面的“名称”列生成变量“Dispaly”，选择数据类型为 Bool。

在 Output 下面的“名称”列生成变量“Motor”，选择数据类型为 Bool。

生成局部变量时，不需要指定存储器地址。根据各变量的数据类型，程序编辑器自动地为所有局部变量指定存储器地址。

图 5-2 中，返回值 M_lianxu（函数 FC 的名称）属于输出参数，默认的数据类型为 Void，该数据类型不保存数据，用于函数不需要返回值的情况。在调用 FC1 时，看不到 M_lianxu。如果将它设置为 Void 以外的数据类型，在 FC1 内部编程时可以使用该变量，调用 FC1 时可以在方框的右边看到作为输出参数的 M_lianxu。

3. 编写FC程序

在自动打开的FC1程序编辑视窗中编写上述电动机连续运行控制的程序，程序编辑窗口与主程序Main［OB1］编辑窗口相同。电动机连续运行的程序设计如图5-3所示，并对其进行编译。

编程时单击触点或线圈上方的<??.?>时，可手动输入其名称，或再次单击<??.?>通过弹出的按钮，用下拉列表选择其变量。

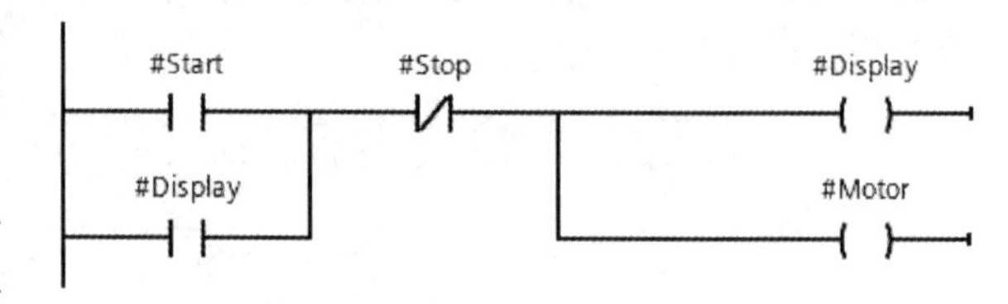

图5-3 FC1的电动机连续运行程序

注意： *如果定义变量“Dispaly”为“Output”参数，则在编写FC1程序的自锁常开触点时，系统会提示‘"# Display"变量被声明为输出，但是可读’的警告！并且此处触点无法显示黑色而为棕色。在主程序编译时也会提出相应的警告。在执行程序时，电动机只能点动，不能连续转动，即线圈得电，而自锁触点不能闭合。*

4. 在OB1中调用FC

在OB1程序编辑视窗中，将项目树中的FC1拖放到右边的程序区的水平“导线”上，如图5-4所示。FC1的方框中左边的“Start”等是FC1接口区中定义的输入参数和输入/输出参数，右边的“Motor”是输出参数。它们被称为FC的形式参数，简称为形参。形参在FC内部的程序中使用，在其他逻辑块（包括组织块、函数和函数块）调用FC时，需要为每个形参指定实际的参数，简称为实参。实参与它对应的形参应具有相同的数据类型。

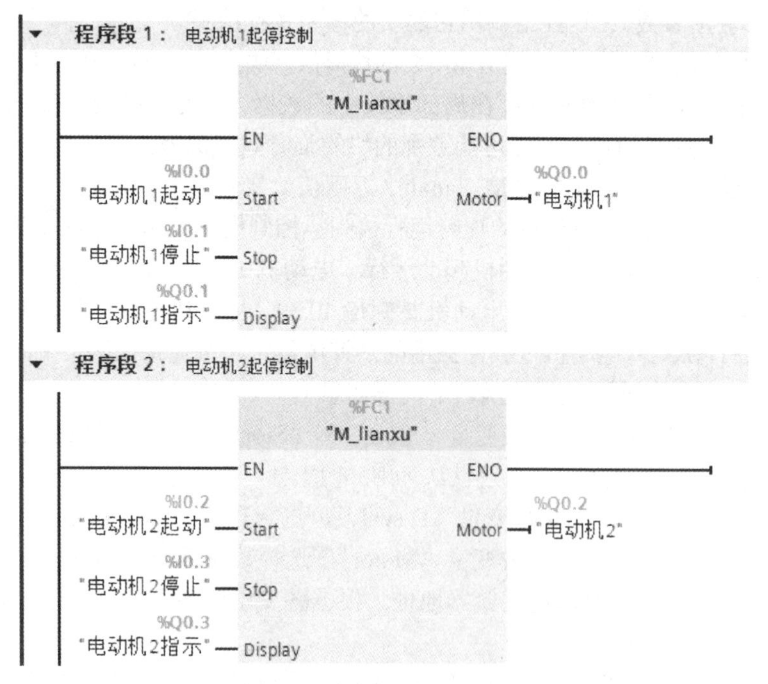

图5-4 在OB1中调用FC1

指定形参时，可以使用变量表和全局数据块中定义的符号地址或绝对地址，也可以是调用FC1的块（例如OB1）的局部变量。

如果在FC1中未使用局部变量，直接使用绝对地址或符号地址进行编程，则如同在主程序中编程一样，若使用一些程序段，必须在主程序或其他逻辑块加以调用。若上述控制要求在 FC1 中未使用局部变量（无形参），则编程如图 5-5 所示。

程序段 1：电动机1起停控制
%I0.0
"电动机1起动"
%I0.1
"电动机1停止"
%Q0.1
"电动机1指示"
%Q0.1
"电动机1指示"
%Q0.0
"电动机1"
程序段 2：电动机2起停控制
%I0.2
"电动机2起动"
%I0.3
"电动机2停止"
%Q0.3
"电动机2指示"
%Q0.3
"电动机2指示"
%Q0.2
"电动机2"

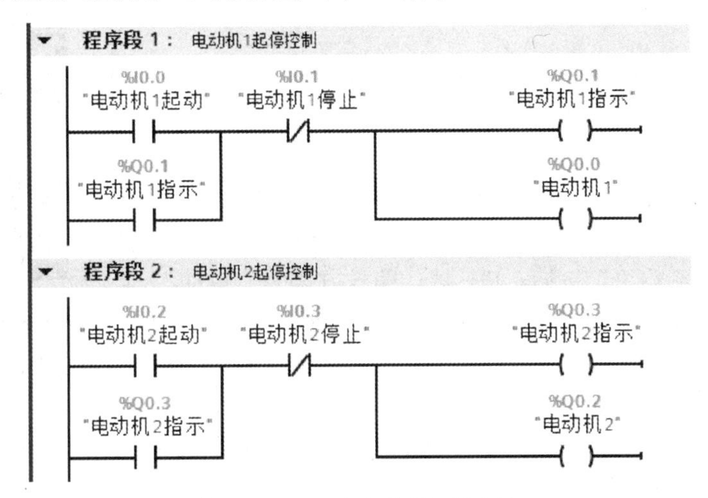

图 5-5　FC1 中未使用局部变量

在 OB1 中调用 FC1（有形参），如图 5-6 所示。

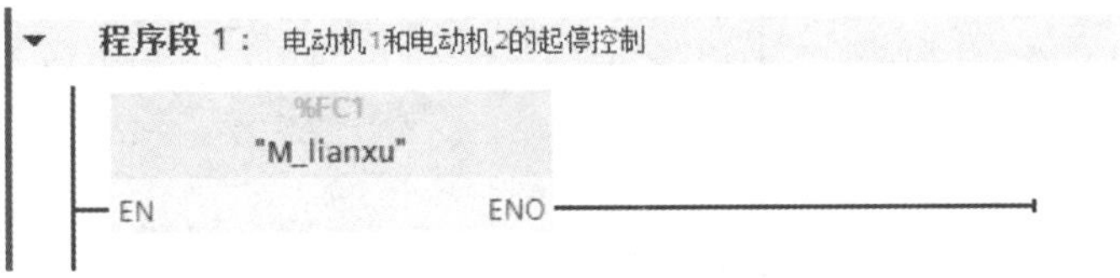

程序段 1：电动机1和电动机2的起停控制
%FC1
"M_lianxu"
EN
ENO

图 5-6　有形参 FC1 的调用

从上述使用形参和未使用形参进行 FC1 的编程及调用来看，使用形参编程比较灵活，使用比较方便，特别是对于功能相同或相近的程序来说，只需要在调用的逻辑块中改变 FC 的实参即可，便于用户阅读及程序的维护，而且能做到模块化和结构化的编程，比线性化方式编程更易理解控制系统的各种功能及各功能之间的相互关系。建议用户使用有形参的 FC 的编程方式，同时 5.1.2 节中对 FB 的编程也建议用户使用这种方式。

5. 调试 FC 程序

选中项目 PLC_1，将组态数据和用户程序下载到 CPU，将 CPU 切换到 RUN 模式。单击巡视窗口编辑器栏上相应的 FC 按钮打开 FC 的程序编辑视窗，单击工具栏上的按钮，启动程序状态监控功能，监控方法同主程序。

6. 为块提供密码保护

选中需要密码保护的 FC（或 FB、OB 等其他逻辑块），执行菜单命令“编辑”→“专有技术保护”→“定义”，在打开的“定义密码”对话框中输入新密码和确认密码，单击“确定”按钮后，项目树中相应的 FC 的图标上出现一把锁的符号，表示相应的 FC 受到保护。

单击巡视窗口编辑器栏上相应的 FC 按钮，打开 FC 程序编辑视窗，此时可以看到接口区的变量，但是看不到程序区的程序。若双击项目树中程序块文件夹下带保护的 FC，会弹出“访问保护”对话框，要求输入 FC 的保护密码，密码输入正确后，单击“确定”按钮，可以看到程序区的程序。

5.1.2 函数块

1. 生成 FB

码 5-2
无形参函数的创建与调用

码 5-3
带形参函数的创建与调用

打开博途软件的项目视图，生成一个名为“FB_First”的新项目。双击项目树中的“添加新设备”，添加一个新设备，CPU 的型号选择为 CPU 1214C AC/DC/RLY。

打开项目视图中的文件夹“\PLC_1\程序块”，双击其中的“添加新块”，如图 5-2 左侧所示，打开“添加新块”对话框，如图 5-1 所示，单击其中的“函数块”按钮，FB 默认编号方式为“自动”，且编号为 1，编程语言为 LAD（梯形图）。设置函数块的名称为“M_baozha”，默认名称为“块_1”（也可以对其重命名，右击程序块文件夹下的 FB，选择弹出列表中的“重命名”，然后对其更改名称）。勾选左下角的“新增并打开”选项，然后单击“确定”按钮，自动生成 FB1，并打开其编程窗口，此时可以在项目树的文件夹“\PLC_1\程序块”中看到新生成的 FB1（M_baozha［FB1］），如图 5-7 左侧区域所示。

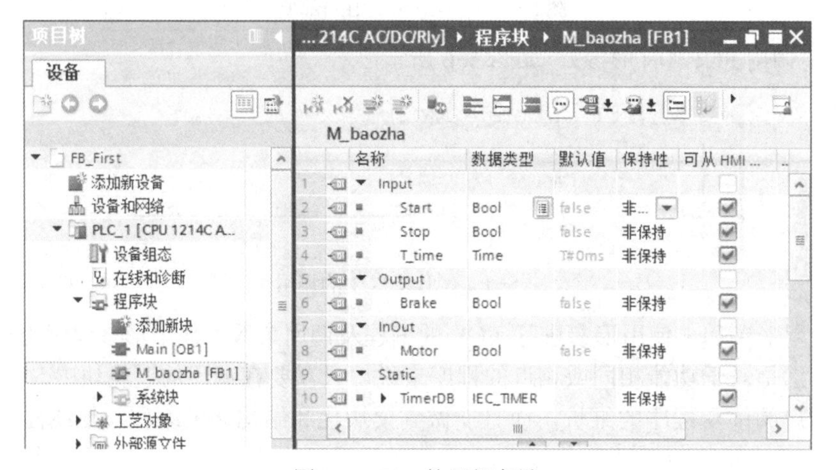

图 5-7 FB1 的局部变量

2. 生成 FB 的局部变量

将鼠标的光标放在 FB1 的程序区最上面的分隔条上，按住鼠标的左键，往下拉动分隔条，分隔条上面的功能接口（Interface）区，如图 5-7 右侧区域所示，下面是程序编辑区。将水平分隔条拉至程序编程器视窗的顶部，不再显示接口区，但是它仍然存在。

与函数相同，函数块的局部变量中也有 Input（输入）参数、Output（输出）参数、InOut（输入/输出）参数和 Temp（临时）等参数。

函数块执行完后，下一次重新调用它时，其 Static（静态）变量中的值保持不变。

背景数据块中的变量就是其函数块变量中的 Input、Output、InOut 参数和 Static 变量，如图 5-7 和图 5-8 所示。函数块的数据永久性地保存在它的背景数据块中，在函数块执行完后也不会丢失，以供下次使用。其他代码块可以访问背景数据块中的变量。不能直接删除和修改背景数据块中的变量，只能在它的函数块的功能接口区中删除和修改这些变量。

函数块中的每个输入、输出参数和静态变量，都会自动获得一个默认值，可以修改这些默认值。变量的默认值被传送给 FB 的背景数据块，作为同一变量的初始值。可以在背景数据块中修改变量的初始值。调用 FB 时没有指定实参的形参使用背景数据块中的初始值。

FB_First ▸ PLC_1 [CPU 1214C AC/DC/Rly] ▸ 程序块 ▸ M_baozha [FB1]

M_baozha

	名称	数据类型	默认值	保持性	可从 HMI ...	在 HMI ...	设置值
1	▼ Input				☐	☐	☐
2	Start	Bool	false	非保持	☑	☑	☐
3	Stop	Bool	false	非保持	☑	☑	☐
4	T_time	Time	T#0ms	非保持	☑	☑	☐
5	▼ Output				☐	☐	☐
6	Brake	Bool	false	非保持	☑	☑	☐
7	▼ InOut				☐	☐	☐
8	Motor	Bool	false	非保持	☑	☑	☐
9	▼ Static				☐	☐	☐
10	▸ TimerDB	IEC_TIMER		非保持	☑	☑	☐

图 5-8 FB1 的背景数据块

3. 编写 FB 程序

在此，FB 程序的控制要求为：用输入参数 Start 和 Stop 控制输出参数 Motor。按下 Start 按钮，断电延时定时器（TOF）开始定时，输出参数 Brake 为“1”状态，经过输入参数 T_time 设置的时间预置值后，停止制动。

在自动打开的 FB1 程序编辑视窗中编写上述电动机及抱闸控制的程序，程序编辑窗口与主程序 Main［OB1］编辑窗口相同。其控制程序如图 5-9 所示，并对其进行编译。

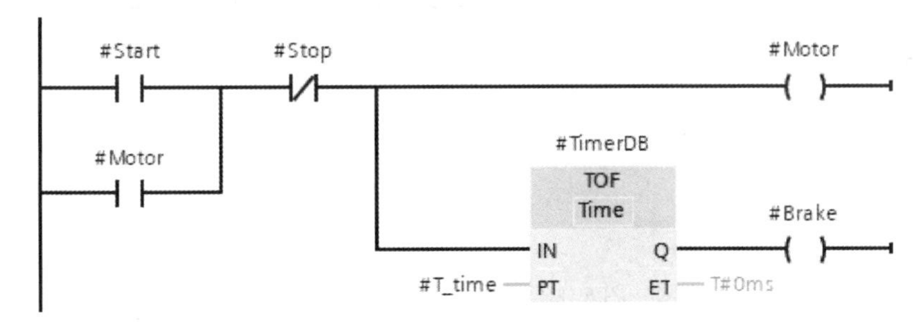

图 5-9 FB1 中的程序

注意：将定时器 TOF 指令拖放到 FB 的程序区时，在出现“调用选项”对话框中单击选中“多重背景”，在“接口参数中的名称”栏用选择框选中列表中的“TimerDB”，用 FB 的静态变量“TimerDB”提供定时器的背景数据块，即定时器的背景数据块不能用实参，而要用静态变量中形参（如 TimerDB），其数据类型为 IEC_TIMER。这样做的好处是含有定时器的 FB 可被多次调用，而且在每次调用时，都会有独立的 DB 块存放单独的定时器数据用于定时。如果定时器指令的背景数据块用实参，则在多次被调用时，定时器不能独立工作，会相互影响导致程序执行错误，除非含有定时器的 FB 只被调用 1 次。

4. 在 OB1 中调用 FB

在 OB1 程序编辑视窗中，将项目树中的 FB 拖放到右边的程序区的水平“导线”上，松开鼠标左键时，在弹出的“调用选项”对话框中，输入 FB1 背景数据块名称，在此采用系统默认名称，如图 5-10 所示，单击“确定”按钮后，自动生成 FB1 的背景数据块 DB1。在 FB1 的方框中，左边的“Start”等是 FB1 的接口区中定义的输入参数和输入/输出参数，右边的“Brake”是输出参数。它们是 FB1 的形参，在此为它们的实参分别赋值为 I0.0、I0.1、T#15S、Q0.0、Q0.1，如图 5-11 所示。

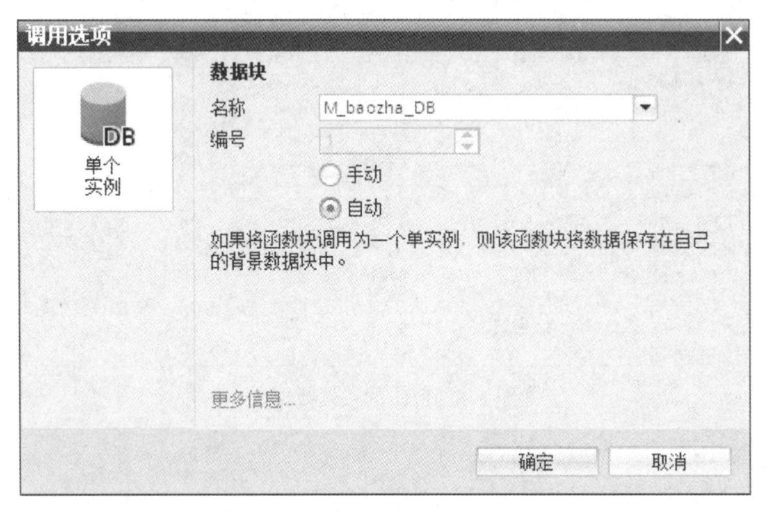

图 5-10　创建 FB1 的背景数据块

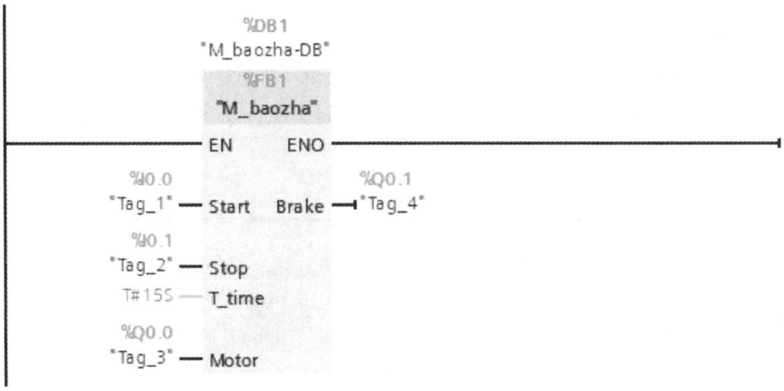

%DB1
"M_baozha-DB"
%FB1
"M_baozha"
EN　ENO
%I0.0 "Tag_1" — Start　Brake — %Q0.1 "Tag_4"
%I0.1 "Tag_2" — Stop
T#15S — T_time
%Q0.0 "Tag_3" — Motor

图 5-11　在 OB1 中调用 FB1

5. 处理调用错误

在 OB1 中已经调用完 FB1，若在 FB1 中增/减某个参数、修改了某个参数名称、修改某个参数默认值，在 OB1 中被调用的 FB1 的方框、字符、背景数据块将变为红色，这时单击程序编辑器的工具栏上的按钮（用于更新不一致的块的调用），此时 FB1 中的红色错误标记消失。或在 OB1 中删除 FB1，重新调用便可。

5.1.3　多重背景数据块

若一个程序需要使用多个 IEC 定时器指令或 IEC 计数器指令，则需要为每一个定时器或计数器指定一个背景数据块（IEC 定时器和计数器指令实际上是函数块）。因为这些指令的多次使用，将会生成大量的数据块“碎片”。为了解决这个问题，在函数块中使用定时器、计数器指令时，可以在函数块的接口区定义数据类型为 IEC_TIMER 或 IEC_COUNTER 的静态变量，用这些静态变量来提供定时器和计数器的背景数据，这种函数块的背景数据块被称为多重背景数据块。

用于定时器或计数器的多重背景数据块已在 5.1.2 节中介绍，本节介绍用于用户生成函数块的多重背景数据块，即多个函数块共用一个背景数据块。在此，在 5.1.2 节项目的基础上再生成一个名称为“多台电动机抱闸控制”的函数块 FB10。在 FB10 的接口区生成两个数据类型为“M_baozha”的静态变量“1 号电动机抱闸”和“1 号电动机抱闸”（见图 5-12 左图）。每个静态变量内部的输入、输出参数等局部变量是系统自动生成的，与 FB1 的“M_baozha”相同。

双击打开 FB10，调用 FB1“M_baozha”，在出现的“调用选项”对话框（见图 5-12 右图）中，单击选中“多重实例 DB”，再单击“接口参数中的名称”选择框右边的按钮，选中列表中的“1 号电动机抱闸”，用 FB10 的静态变量“1 号电动机抱闸”提供数据类型为“M_baozha”的 FB1 的背景数据。用同样的方法在 FB10 中再次调用 FB1，用 FB10 的静态变量“2 号电动机抱闸”提供数据类型为“M_baozha”的 FB1 的背景数据。

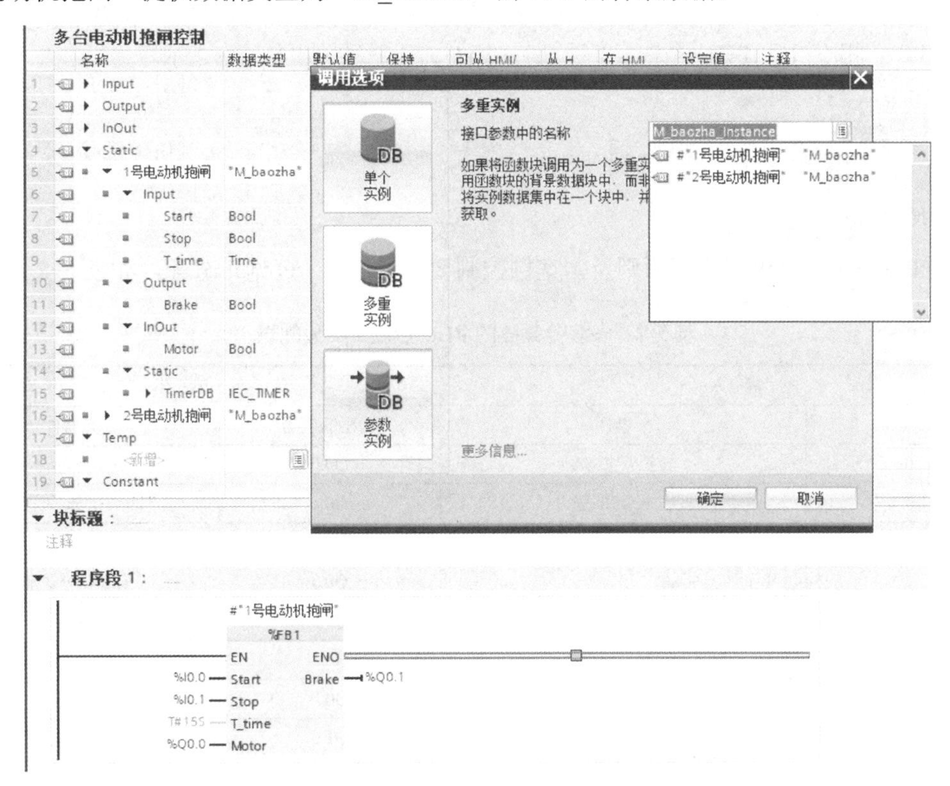

图 5-12　FB10 接口区与调用 FB1 示例

在 OB1 中调用 FB10“多台电动机抱闸控制”时，其背景数据块默认名称为“多台电动机抱闸控制_DB（DB2）”，如果在 OB1 中没有调用过 FB1，则此时产生和背景数据块为 DB1。FB10 的背景数据块与图 5-12 中 FB10 的接口区均只有静态变量“1 号电动机抱闸”和“1 号电动机抱闸”。两次调用 FB1 的背景数据都在 FB10 的背景数据块 DB2 中。

注意：只能以多重背景数据块方式调用博途编程软件提供的库中所包含的函数块，不能以多重背景数据块方式调用用户创建的函数块。

5.2 案例19　多级分频器的PLC控制

5.2.1 目的

1）掌握无形参函数的应用。

2）掌握有形参函数的应用。

5.2.2 任务

使用S7-1200 PLC实现多级分频器的控制，要求当转换开关SA接通时，从Q0.0、Q0.1、Q0.2和Q0.3输出频率分别为1Hz、0.5Hz、0.25Hz和0.125Hz的脉冲信号，同时接在输出端Q0.5、Q0.6、Q0.7和Q1.0的相应指示灯亮。当转换开关SA关断时，无脉冲输出且所有指示灯全部熄灭。

5.2.3 步骤

1．I/O分配

根据PLC输入/输出点分配原则及本案例控制要求，进行I/O地址分配，如表5-2所示。

表5-2　多级分频器的PLC控制I/O分配表

输　入		输　出	
输入继电器	元器件	输出继电器	元器件
I0.0	转换开关SA	Q0.0	1Hz脉冲输出
		Q0.1	0.5Hz脉冲输出
		Q0.2	0.25Hz脉冲输出
		Q0.3	0.125Hz脉冲输出
		Q0.5	1Hz脉冲指示灯HL1
		Q0.6	0.5Hz脉冲指示灯HL2
		Q0.7	0.25Hz脉冲指示灯HL3
		Q1.0	0.125Hz脉冲指示灯HL4

2．硬件原理图

根据控制要求及表5-2的I/O分配表，多级分频器PLC控制的I/O接线图如图5-13所示。

注意：本案例采用CPU 1214C DC/DC/DC型PLC，除非将PLC的输出频率降低，确保最高输出频率为1Hz，否则不宜采用AC/DC/RLY型CPU。

3．创建工程项目

双击桌面上的图标TIA V16，打开博途编程软件，在Portal视图中选择“创建新项目”，输入项目名称“F_duofen”，选择项目保存路径，然后单击“创建”按钮完成创建，并进行项目的硬件组态。

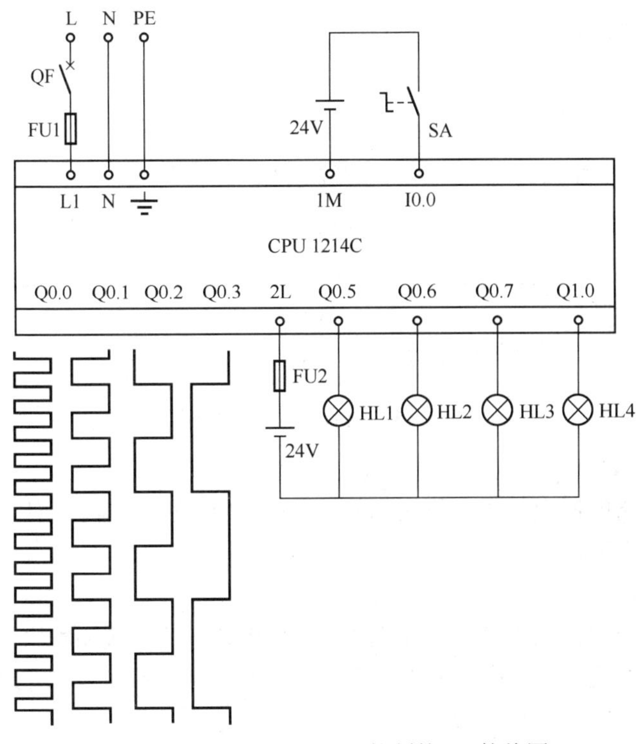

图 5-13 多级分频器 PLC 控制的 I/O 接线图

4. 编辑变量表

本案例变量表如图 5-14 所示。

F_duofen ▸ PLC_1 [CPU 1214C AC/DC/Rly] ▸ PLC 变量 ▸ 变量表_1 [9]

变量　用户常量

变量表_1

	名称	数据类型	地址	保持	在 H...	可从 HMI...
1	转换开关SA	Bool	%I0.0	☐	☑	☑
2	1Hz脉冲	Bool	%Q0.0	☐	☑	☑
3	0.5Hz脉冲	Bool	%Q0.1	☐	☑	☑
4	0.25Hz脉冲	Bool	%Q0.2	☐	☑	☑
5	0.125Hz脉冲	Bool	%Q0.3	☐	☑	☑
6	1Hz指示HL1	Bool	%Q0.5	☐	☑	☑
7	0.5Hz指示HL2	Bool	%Q0.6	☐	☑	☑
8	0.25Hz指示HL3	Bool	%Q0.7	☐	☑	☑
9	0.125Hz指示HL4	Bool	%Q1.0	☐	☑	☑

图 5-14 多级分频器 PLC 控制的变量表

5. 编写程序

（1）创建无形参 FC1

当转换开关 SA 未接通时，主要是将 PLC 的输出端口清 0，程序比较简单，在此采用无形参函数 FC1。

1）生成函数 FC1。

打开项目视图中的文件夹“\PLC_1\程序块”，双击其中的“添加新块”，打开“添加新块”

对话框，单击其中的“函数”按钮，生成FC1，设置函数块的名称为“清零”。

2）编写FC1的程序。

无形参FC1程序如图5-15所示。

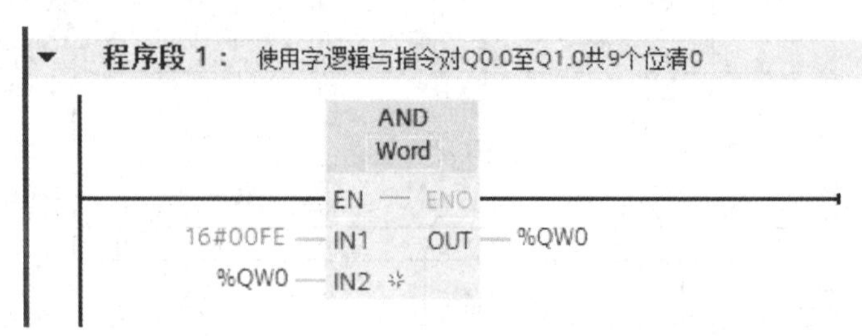

图5-15 无形参的FC1程序

（2）创建有形参FC2

4个分频输出电路的原理一样，但它们的输入/输出参数不一样，所以只要生成一个有参函数FC2，分4次调用即可。

1）生成函数FC2。

打开项目视图中的文件夹“\PLC_1\程序块”，双击其中的“添加新块”，打开“添加新块”对话框，单击其中的“函数”按钮，生成FC2，设置函数块的名称为“二分频器”。

2）编辑FC2的局部变量。

在FC2中需要定义4个局部变量，如表5-3所示。

表5-3 函数FC2的局部变量

接口类型	变量名	数据类型	注 释	接口类型	变量名	数据类型	注 释
Input	S_IN	BOOL	脉冲输入信号	Output	LED	BOOL	输出状态指示
Input	F_P	BOOL	边沿检测标志	InOut	S_OUT	BOOL	脉冲输出信号

3）编写FC2程序。

二分频电路时序图如图5-16所示。可以看到，输入信号每出现一次上升沿，输出便改变一次状态，据此可以采用上升沿检测指令实现。

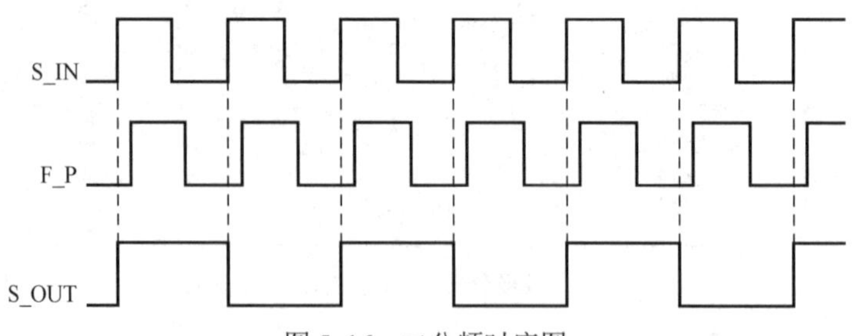

图5-16 二分频时序图

使用跳转指令实现的二分频电路的FC2程序如图5-17所示。

如果输入信号“S_IN”出现上升沿，则对“S_OUT”取反，然后将信号“S_OUT”状态送“LED”显示，否则程序直接跳转到“SSY”处执行，将“S_OUT”信号状态送“LED”显示。

（3）在OB1中调用FC1和FC2程序

本案例需要启用系统储存器字节和时钟存储器字节，均采用默认字节。首次“S_IN”信号取自时钟存储器字节中位 M0.3，即提供 2Hz 脉冲信号；同时还需要使用首次循环位 M1.0，调用 FC1 清零函数，OB1 程序如图 5-18 所示。

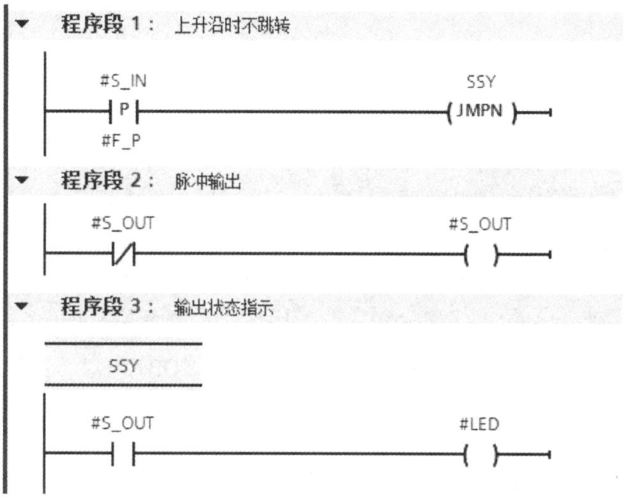

程序段 1： 上升沿时不跳转
#S_IN
P
#F_P
SSY
JMPN
程序段 2： 脉冲输出
#S_OUT
#S_OUT
程序段 3： 输出状态指示
SSY
#S_OUT
#LED

图 5-17　二分频电路的 FC2 程序

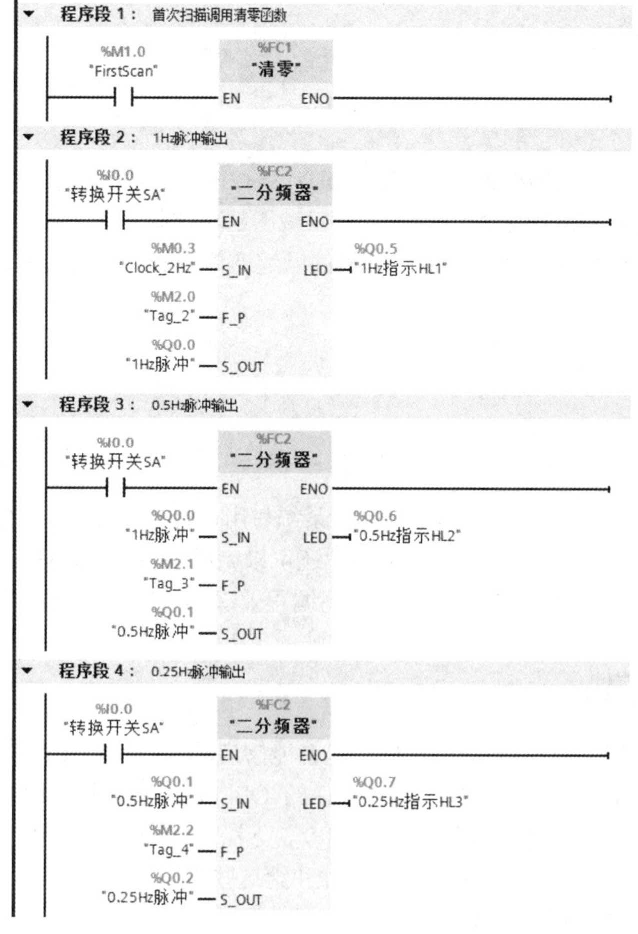

图 5-18　多级分频器的 PLC 控制程序（OB1）

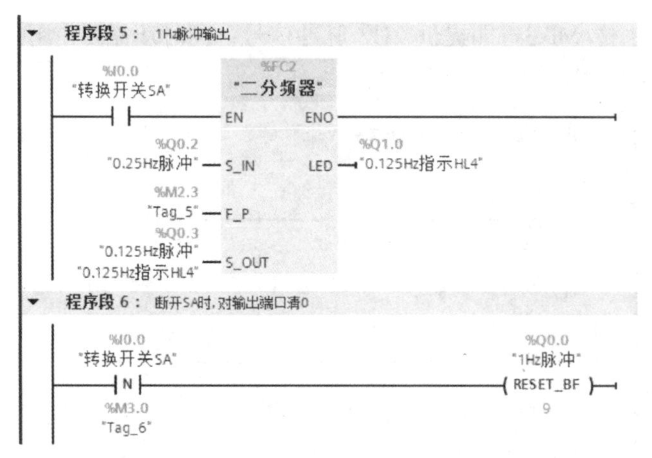

图 5-18　多级分频器的 PLC 控制程序（OB1）（续）

6. 调试程序

将调试好的用户程序及设备组态下载到 CPU 中，并连接好线路。接通转换开关 SA，观察 PLC 输出端 Q0.0～Q0.3 的 LED 闪烁情况及输出端 Q0.5～Q0.7 以及 Q1.0 上 4 盏指示灯亮灭情况，若断开转换开关 SA，PLC 的输出端是否均停止输出。若上述调试现象与控制要求一致，则说明本案例任务已实现。

5.2.4　训练

1）训练 1：用二级分频器电路实现 3Hz、6Hz 和 12Hz 的脉冲输出。

2）训练 2：用函数 FC 实现电动机的星-三角减压起动控制。

3）训练 3：用函数块 FB 实现两台电动机的顺起逆停控制，延时时间均为 5s，在 FB 的输入参数中设置初始值或使用静态变量。

5.3　组织块

组织块（Organization Block，OB）是操作系统与用户程序的接口，由操作系统调用。组织块除了可以用来实现 PLC 扫描循环控制以外，还可以完成 PLC 的起动、中断程序的执行和错误处理等功能。熟悉各类组织块的使用对于提高编程效率和程序的执行速率有很大的帮助。

5.3.1　事件和组织块

事件是 S7-1200 PLC 操作系统的基础，包含能够启动 OB 和无法启动 OB 两种类型的事件。能够启动 OB 的事件会调用已分配给该事件的 OB 或按照事件的优先级将其输入队列，如果没有为该事件分配 OB，则会触发默认系统响应。无法启动 OB 的事件会触发相关事件类别的默认系统响应。因此，用户程序循环取决于事件和给这些事件分配的 OB，以及包含在 OB 中的程序代码或在 OB 中调用的程序代码。

表 5-4 所示为能够启动 OB 的事件，其中包括相关的事件类别。无法启动 OB 的事件如

表 5-5 所示，其中包括操作系统的相应响应。

表 5-4　能够启动 OB 的事件

事件类别	OB 编号	OB 数目	启动事件	OB 优先级	优先级组
程序循环	1 或≥123	≥1	启动或结束上一个循环 OB	1	1
启动	100 或≥123	≥0	STOP 到 RUN 的转换	1	
延时中断	20～23 或≥123	≥0	延时时间到	3	2
循环中断	30～38 或≥123	≥0	固定的循环时间到	4	
硬件中断	40～47 或≥123	≤50	上升沿数量≤16 个，下降沿数量≤16 个	5	
			HSC：计数值=参考值（最多 6 次） HSC：计数方向变化（最多 6 次） HSC：外部复位（最多 6 次）	6	
中断错误中断	82	0 或 1	模块检测到错误	9	
时间错误中断	80	0 或 1	超过最大循环时间，调用的 OB 正在执行，队列溢出，因中断负载过高而丢失中断	26	3

表 5-5　无法启动 OB 的事件

事件类型	事件	事件优先级	系统响应
插入/卸下	插入/卸下模块	21	STOP
访问错误	刷新过程映像的 I/O 访问错误	22	忽略
编程错误	块内的编程错误	23	STOP
I/O 访问错误	块内的 I/O 访问错误	24	STOP
超过最大循环时间两倍	超过最大循环时间的两倍	27	STOP

每个 CPU 事件都有它的优先级，不同优先级的事件分为 3 个优先级组。优先级的编号越大，优先级越高。时间错误中断具有最高的优先级 26 和 27。

事件一般按优先级的高低来处理，先处理高优先级的事件。优先级相同的事件按“先来先服务”的原则处理。

高优先级组的事件可以中断低优先级组的事件的 OB 的执行，例如第 2 优先级组所有的事件都可以中断程序循环 OB 的执行，第 3 优先级组的时间错误 OB 可以中断所有其他的 OB。

一个 OB 正在执行时，如果出现了另一个具有相同或较低优先级组的事件，后者不会中断正在处理的 OB，将根据它的优先级添加到对应的中断队列排队等待。当前的 OB 被处理完后，再处理排队的事件。

当前的 OB 执行完后，CPU 将执行队列中优先级最高的事件的 OB，优先级相同的事件按出现的先后次序处理。如果高优先级组中没有排队的事件了，CPU 将返回较低的优先级组被中断的 OB，从被中断的地方开始继续处理。

不同的事件或不同的 OB 均有它自己的中断队列和不同的队列深度。对于特定的事件类型，如果队列中的事件个数达到上限，下一个事件将使队列溢出，新的中断事件被丢弃，同时产生时间错误中断事件。

有的 OB 用它的临时局部变量提供触发它的启动事件的详细信息，可以在 OB 中编程，做出相应的反应，例如触发报警。

中断的响应时间是指从 CPU 得到中断事件出现的通知，到 CPU 开始执行该事件 OB 中第一条指令之间的时间。如果在事件出现时只是在执行循环程序 OB，中断响应时间小于 175μs。

5.3.2 程序循环组织块

需要连续执行的程序放在程序循环组织块 OB1 中，因此 OB1 也常被称为主程序（Main），CPU 在 RUN 模式下循环执行 OB1，可以在 OB1 中调用 FC 和 FB。一般用户程序都写在 OB1 中。

如果用户程序生成了其他程序循环 OB，CPU 按 OB 编号的顺序执行它们，首先执行主程序 OB1，然后执行编号大于或等于 123 的循环程序 OB。一般只需要一个程序循环组织块。

打开博途编程软件的项目视图，生成一个名为“组织块例程”的新项目。双击项目树中的“添加新设备”，添加一个新设备，CPU 的型号为 CPU 1214C。

打开项目视图中的文件夹“\PLC_1\程序块”，双击其中的“添加新块”，单击打开的对话框中的“组织块”按钮，如图 5-19 所示，选中列表中的“Program cycle”，生成一个程序循环组织块，OB 默认的编号为 123（可手动设置 OB 的编号，最大编号为 32767），语言为 LAD（梯形图）。块的名称为默认的 Main_1。单击右下角的“确认”按钮，OB 块被自动生成，可以在项目树的文件夹“\PLC_1\程序块”中看到新生成的 OB123。

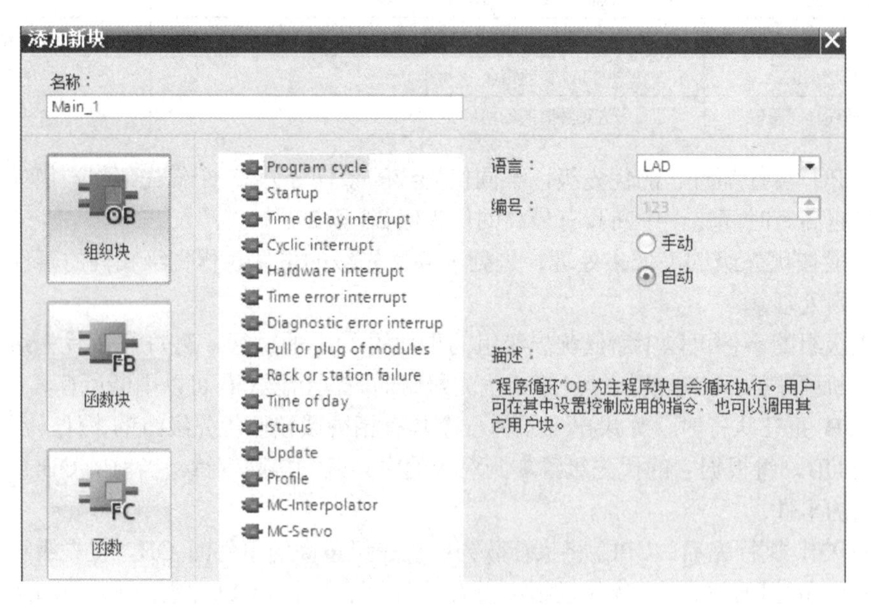

图 5-19 生成程序循环组织块

分别在 OB1 和 OB123 中输入简单的程序，如图 5-20 和图 5-21 所示，将它们下载到 CPU，将 CPU 切换到 RUN 模式后，可以用 I0.0 和 I0.1 分别控制 Q0.0、Q0.1 和 Q0.2，说明 OB1 和 OB123 均被循环执行。

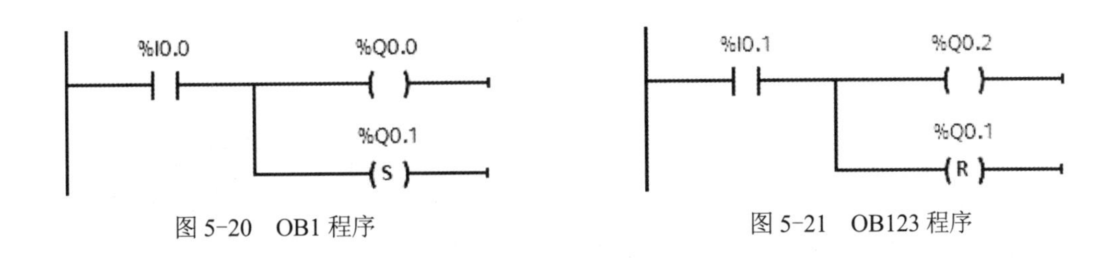

图 5-20 OB1 程序　　　　图 5-21 OB123 程序

5.3.3 启动组织块

接通 CPU 电源后，S7-1200 PLC 在开始执行用户程序循环组织块之前首先执行启动组织块。通过编写启动组织块 OB，可以在启动程序中为程序循环组织块指定一些初始的变量，或给某些变量赋值，即初始化。对启动组织块 OB 数量没有要求，允许生成多个启动组织块 OB，系统默认的是 OB100，其他启动组织块 OB 的编号应大于等于 123，一般只需要一个启动组织块 OB，或不使用。

S7-1200 PLC 支持 3 种启动模式：不重新启动模式、暖启动-RUN 模式、暖启动-断电前的操作模式。无论选择哪种启动模式，已编写的所有启动组织块 OB 都会执行，并且 CPU 是按 OB 编号顺序执行它们，即首先执行启动组织块 OB100，然后执行编号大于或等于 123 的启动组织块 OB，如图 5-22 所示。

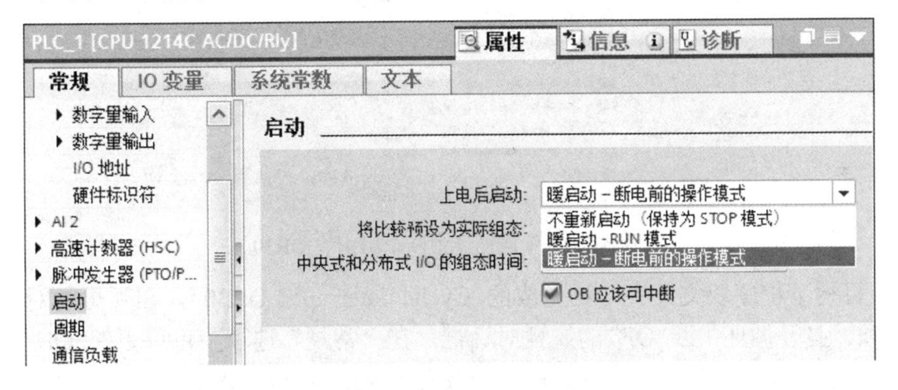

图 5-22 S7-1200 PLC 的启动模式

在“组织块例程”中，用上述方法生成启动组织块 OB100 和 OB124。分别在启动组织块 OB100 和 OB124 中生成初始化程序，分别如图 5-23 和图 5-24 所示。将它们下载到 CPU，并切换到 RUN 模式后，可以看到 QB100 被初始化为 16#F0，再经过执行 OB124 中的程序，最后 QB0 被初始化为 16#FF。

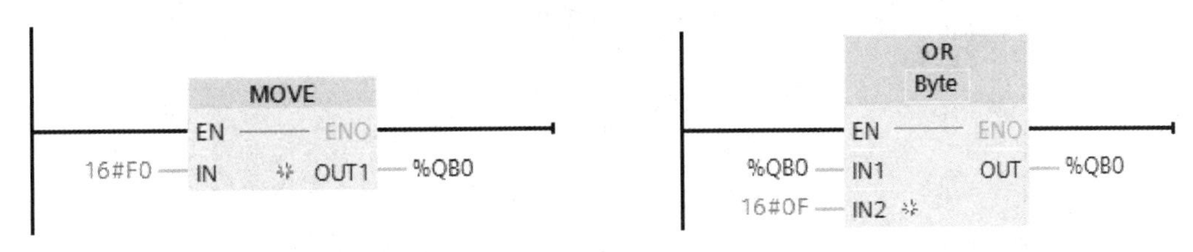

图 5-23 OB100 程序　　　　图 5-24 OB124 程序

5.3.4 循环中断组织块

中断在计算机技术中应用较为广泛。中断功能是用中断程序及时地处理中断事件，中断事件与用户程序的执行时序无关，有的中断事件不能事先预测何时发生。中断程序不是由用户程序调用，而在中断事件发生时由操作系统调用。中断程序是用户编写的。中断程序应该优化，在执行完某项特定任务后应返回被中断的程序。应使中断程序尽量短小，以减少中断程序的执行时间，减少对其他处理的延迟，否则可能引起主程序控制的设备操作异常。设计中断程序时应遵循“越短越好”的原则。

S7-1200 PLC 提供了表 5-4 中所述的中断组织块。下面首先介绍循环中断组织块。

在设定的时间间隔，循环中断（Cyclic interrupt）组织块被周期性地执行，例如周期性地定时执行闭环控制系统的 PID 运算程序等，循环中断 OB 的编号为 30～38 或不小于 123。

用上述介绍的方法生成循环中断组织块 OB30，如图 5-25 所示。可以看出循环中断的时间间隔（循环时间）的默认值为 100ms（是基本时钟周期 1ms 的整数倍），可将它设置为 1～60000ms。

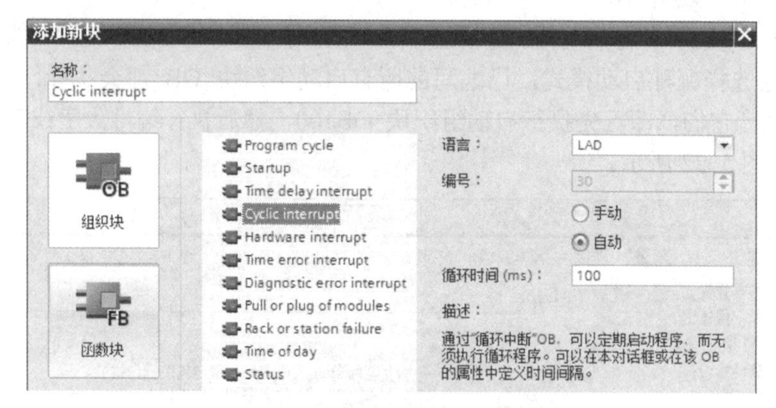

图 5-25 生成循环中断个组织块 OB30

右击项目树下程序块文件夹中已生成的 Cyclic interrupt［OB30］，在弹出的对话框中单击“属性”选项，打开循环中断 OB 的属性对话框，在“常规”选项中可以更改 OB 的编号，在“循环中断”选项中，如图 5-26 所示，可以修改已生成循环中断 OB 的循环时间及相移。

图 5-26 循环中断组织块 OB 的属性对话框

相移（相位偏移，默认值为 0）是基本时间周期相比启动时间所偏移的时间，用于错开不同时间间隔的几个循环中断 OB，使它们不会被同时执行，即如果使用多个循环中断 OB，当这些循环中断 OB 的时间基数有公倍数时，可以使用该相移来防止它们同时被启动。相移的设置范围为 1～100（单位是 ms），其数值必须是 0.001 的整数倍。

下面给出使用相位偏移的实例：假设已在用户程序中插入两个循环中断 OB，循环中断 OB30 和 OB31。对于循环中断 OB30，已设置循环时间为 500ms，用来使接在 QB0 端口的 8 个彩灯循环点亮（以跑马灯的形式点亮）；而对于循环中断 OB31，设置循环时间为 1000ms，相移量为 50ms，使 MW10 的数每隔 1s 加 1。当循环中断 OB31 的循环时间 1000ms 到后，循环中断 OB30 第 2 次到达启动时间，而循环中断 OB31 是第 1 次到达启动时间，此时需要执行循环中断 OB31 的相移，使得两个循环中断不同时执行。使用监控表在监控状态下可以看到 QB0 和 MW10 数据的变化。

5.3.5 延时中断组织块

码 5-7
延时中断组织块

定时器指令的定时误差较大，如果需要高精度的延时，可以使用时间延时中断。在过程事件出现后，延长一定的时间再执行时间延时（Time delay）中断 OB。在指令 SRT_DINT 的 EN 使能输入的上升沿，启动延时过程。用该指令的参数 DTIME（1～60000ms）来设置延时时间，如图 5-27 所示。图 5-27 中 SRT_DINT 和 CAN_DINT 指令在时间延时中断 OB 中配合使用计数器，可以得到比 60s 更长的延时时间。用参数 OB_NR 来指定延时时间到时调用的 OB 的编号，S7-1200 PLC 未使用参数 SIGN，因此可以设置任意的值。REN_VAL 是指令执行的状态代码。

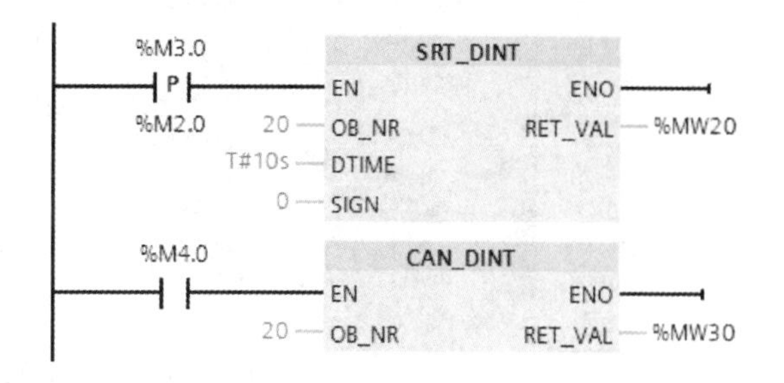

图 5-27 SRT_DINT 和 CAN_DINT 指令

延时中断启用完后，若不再需要使用延时中断，则可使用 CAN_DINT 指令来取消已启动的延时中断 OB，还可以在超出所组态的延时时间之后取消调用待执行的延时中断 OB。在 OB_NR 参数中，可以指定将取消调用的组织块编号。

用上述方法生成的时间延时中断 OB，其编号为 20～23 或不小于 123。要使用延时中断 OB，需要调用指令 SRT_DINT 且将延时中断 OB 作为用户程序的一部分下载到 CPU。只有在 CPU 处于“RUN”模式时才会执行延时中断 OB。暖启动时将清除延时中断 OB 的所有启动事件。

5.3.6 硬件中断组织块

码 5-8
硬件中断组织块

1. 硬件中断事件与硬件中断组织块

硬件中断（Hardware interrupt）组织块用来处理需要快速响应的过程事件。出现 CPU 内置的数字量输入的上升沿、下降沿或高速计数器事件时，要立即中止当前正在执行的程序，改为执行对应的硬件中断 OB。硬件中断组织块没有启动信息。

最多可以生成 50 个硬件中断 OB，在硬件组态时定义中断事件，硬件中断 OB 的编号为 40～47 或不小于 123。S7-1200 PLC 支持下列中断事件：

1）上升沿事件，CPU 内置的数字量输入（根据 CPU 型号而定，最多为 12 个）和 4 点信号板上的数字量输入由 OFF 变为 ON 时，产生的上升沿事件。

2）下降沿事件，上述数字量由 ON 变为 OFF 时，产生的下降沿事件。

3）高速计数器 1～6 的实际计数值等于设置值（CV=PV）。

4）高速计数器 1～6 的方向改变，计数值由增大变为减小，或由减小变为增大。

5）高速计数器 1～6 的外部复位，某些高速计数器的数字量外部复位输入由 OFF 变为 ON 时，将计数值复位为 0。

2．生成硬件中断组织块

用上述方法生成硬件中断 OB40，如图 5-28 所示。可以看出硬件中断 OB 默认的编号是 40，名称为 Hardware interrupt，编程语言为 LAD（梯形图），若再生成一个硬件中断 OB，则编号为 41，名称为 Hardware interrupt_1。

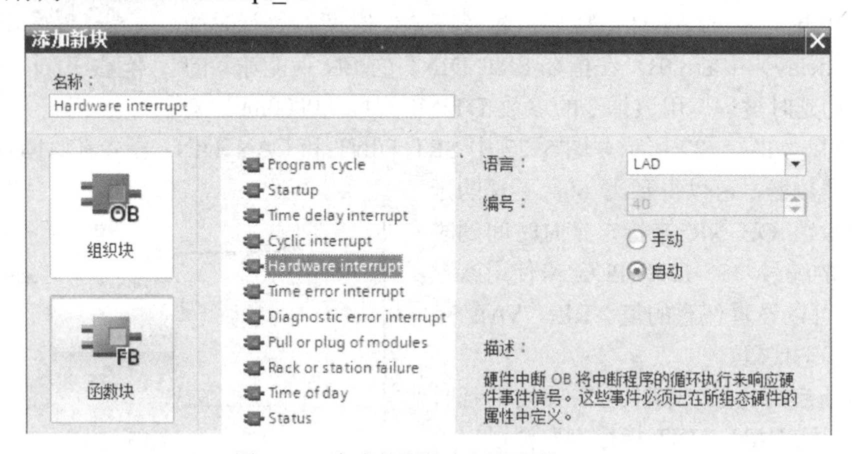

图 5-28　生成的硬件中断组织块 OB40

3．组态硬件中断 OB40

双击项目树的文件夹“PLC_1”中的“设备组态”，打开设备视图，首先选中 CPU，打开工作区下面的巡视窗口的“属性”选项卡，选中左边的“数字量输入”的通道 0，即 I0.0，如图 5-29 所示，选中复选框激活“启用上升沿检测”功能。单击“硬件中断”右边的 ... 按钮，在弹出的 OB 列表中选择 Hardware interrupt [OB40]，如图 5-30 所示，然后单击按钮 ✓ 以确定，如果单击 ✕ 按钮，则取消当前选择的中断 OB，如果单击 新增 按钮，则说明弹出的 OB 列表中没有需要选中的硬件中断组织块，需要新增一个硬件中断组织块。如果选择 OB 列表中的“—”，表示没有 OB 连接到 I0.0 的上升沿中断事件。在此将 OB40 指定给 I0.0 的上升沿中断事件，出现该中断事件后，将会调用 OB40。

4．编写硬件中断 OB 程序

根据控制要求，在硬件中断 OB 中编写相应的控制程序，其程序编辑视窗同主程序及其他程序块，编程内容根据控制要求而定。

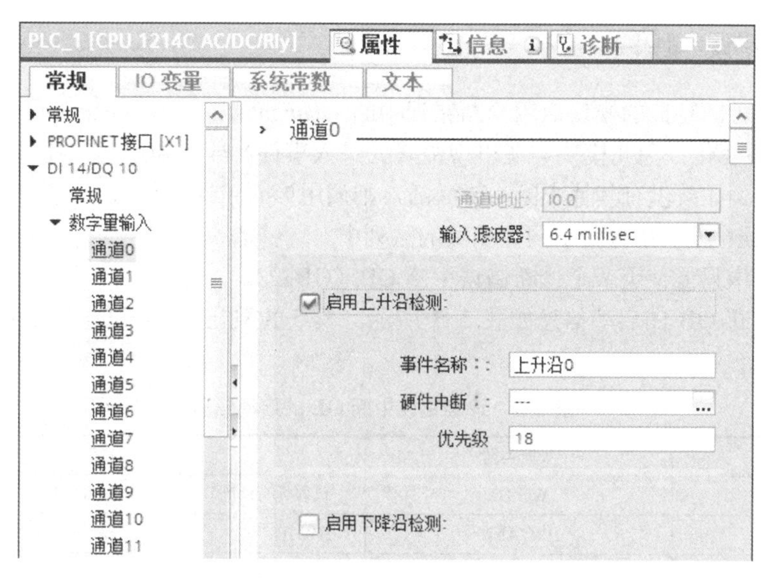

图 5-29　组态硬件中断组织块

图 5-30　为中断事件选择硬件中断组织块

5.3.7　时间错误组织块

如果发生以下事件之一，操作系统将调用时间错误中断（Time error interrupt）OB。

1）循环程序超出最大循环时间。

2）被调用的 OB（如延时中断 OB 和循环中断 OB）当前正在执行。

3）中断 OB 队列发生溢出。

4）由于中断负载过大而导致中断丢失。

在用户程序中只能使用一个时间错误中断 OB（OB80）。

时间错误中断 OB 的启动信息含义如表 5-6 所示。

表 5-6　时间错误中断 OB 的启动信息

变量	数据类型	描述
fault_id	BYTE	0x01：超出最大循环时间 0x02：仍在执行被调用的 OB 0x07：队列溢出 0x09：中断负载过大导致中断丢失
csg_OBnr	OB_ANY	出错时要执行的 OB 的编号
csg_prio	UINT	出错时要执行 OB 的优先级

5.3.8 诊断错误组织块

可以为具有诊断功能的模块启用诊断错误中断（Diagnostic error interrupt）功能，使模块能检测到 I/O 状态变化，因此模块会在出现故障（进入事件）或故障不再存在（离开事件）时触发诊断错误中断。如果没有其他中断 OB 激活，则调用诊断错误中断 OB。若已经在执行其他中断 OB，诊断错误中断 OB 将置于同优先级的队列中。

在用户程序中只能使用一个诊断错误中断 OB（OB82）。

诊断错误中断 OB 的启动信息如表 5-7 所示。表 5-8 列出了局部变量 IO_state 所包含的可能的 I/O 状态。

表 5-7 诊断错误中断 OB 的启动信息

变量	数据类型	描述
IO_state	WORD	包含具有诊断功能的模块的 I/O 状态
laddr	HW_ANY	HW-ID
Channel	UINT	通道编号
Multi_error	BOOL	为 1 表示有多个错误

表 5-8 IO_state 状态

IO_state	含义
位 0	组态是否正确，为 1 表示组态正确
位 4	为 1 表示存在错误，如断路等
位 5	为 1 表示组态不正确
位 6	为 1 表示发生了 I/O 访问错误，此时 laddr 包含存在访问错误 I/O 的硬件标识符

5.4 案例 20 电动机断续运行的 PLC 控制

5.4.1 目的

1）掌握启动组织块的应用。

2）掌握循环中断组织块的应用。

5.4.2 任务

使用 S7-1200 PLC 实现电动机断续运行的控制，要求电动机在起动后，工作 3h，停止 1h，再工作 3h，停止 1h，如此循环；当按下停止按钮后立即停止运行。系统要求使用循环中断组织块实现上述工作和停止时间的延时功能。

5.4.3 步骤

1. I/O 分配

根据 PLC 输入/输出点分配原则及本案例控制要求，进行 I/O 地址分配，如表 5-9 所示。

表 5-9　电动机断续运行的 PLC 控制 I/O 分配表

输入		输出	
输入继电器	元器件	输出继电器	元器件
I0.0	起动按钮 SB1	Q0.0	电动机运行 KM
I0.1	停止按钮 SB2		
I0.2	过载保护 FR		

2. I/O 接线图

根据控制要求及表 5-9 的 I/O 分配表，电动机断续运行 PLC 控制的 I/O 接线图如图 5-31 所示。

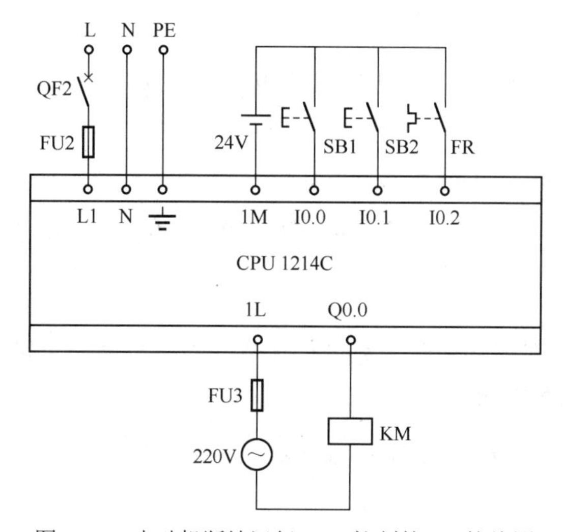

图 5-31　电动机断续运行 PLC 控制的 I/O 接线图

3. 创建工程项目

双击桌面上的图标，打开博途编程软件，在 Portal 视图中选择“创建新项目”，输入项目名称“M_duanxu”，选择项目保存路径，然后单击“创建”按钮完成创建。

4. 编辑变量表

本案例变量表如图 5-32 所示。

M_duanxu ▸ PLC_1 [CPU 1214C AC/DC/Rly] ▸ PLC 变量 ▸ 变量表_1 [4]

变量　用户常量

变量表_1

	名称	数据类型	地址	保持	在 H...	可从 ...	注释
1	起动按钮SB1	Bool	%I0.0	☐	☑	☑	
2	停止按钮SB2	Bool	%I0.1	☐	☑	☑	
3	过载保护FR	Bool	%I0.2	☐	☑	☑	
4	电机运行KM	Bool	%Q0.0	☐	☑	☑	

图 5-32　电动机断续运行 PLC 控制的变量表

5. 编写程序

（1）生成 OB100

打开项目视图中的文件夹“\PLC_1\程序块”，双击其中的“添加新块”，单击打开的对话框中的“组织块”按钮，选中列表中的“Startup”，生成一个启动 OB100。

（2）编写 OB100 程序

在启动组织块中对循环中断计数值 MW10 清 0，其程序如图 5-33 所示。

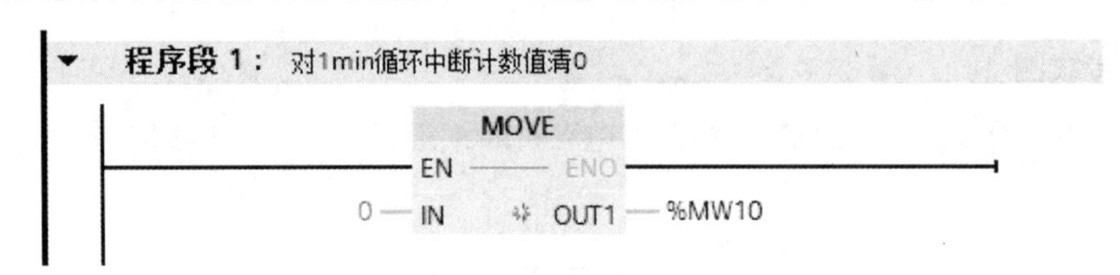

图 5-33 电动机断续运行 PLC 控制的 OB100 程序

（3）生成 OB30

打开项目视图中的文件夹“\PLC_1\程序块”，双击其中的“添加新块”，单击打开的对话框中的“组织块”按钮，选中列表中的“Cyclic interrupt”，生成一个循环中断 OB30，循环时间设置为 60000ms，即 1min。

（4）编写 OB30 程序

在循环中断组织块中对循环中断次数进行计数，当计数值为 240 次（即 4h），对计数值 MW10 清 0，其程序如图 5-34 所示。

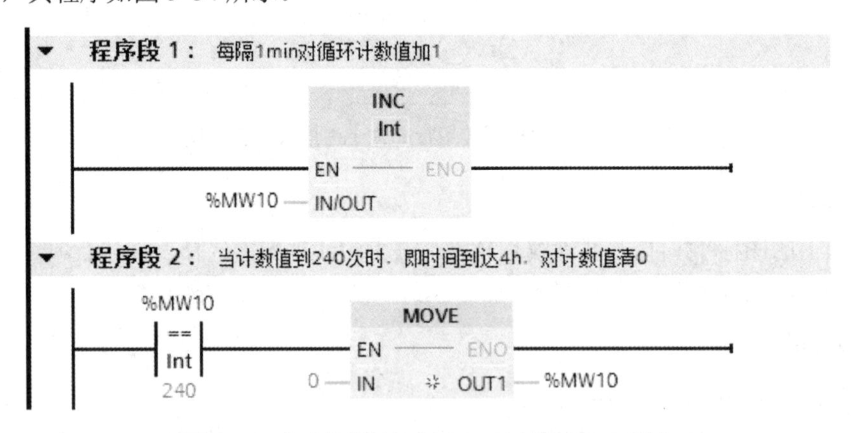

图 5-34 电动机断续运行 PLC 控制的 OB30 程序

（5）编写 OB1 程序

在主程序 OB1 中完成电动机的连续运行控制，即系统起动后时间小于 3h 时电动机运行，时间在 3h～4h 之间时电动机停止运行，如此循环工作，其程序如图 5-35 所示。

6. 调试程序

将调试好的用户程序下载到 CPU 中，并连接好线路。按下起动按钮 SB1，观察电动机是否按系统设置时间进行断续运行（建议调试时将时间设置短些）；若按下停止按钮 SB2，电动机是否立即停止运行。若上述调试现象与控制要求一致，则说明本案例任务已实现。

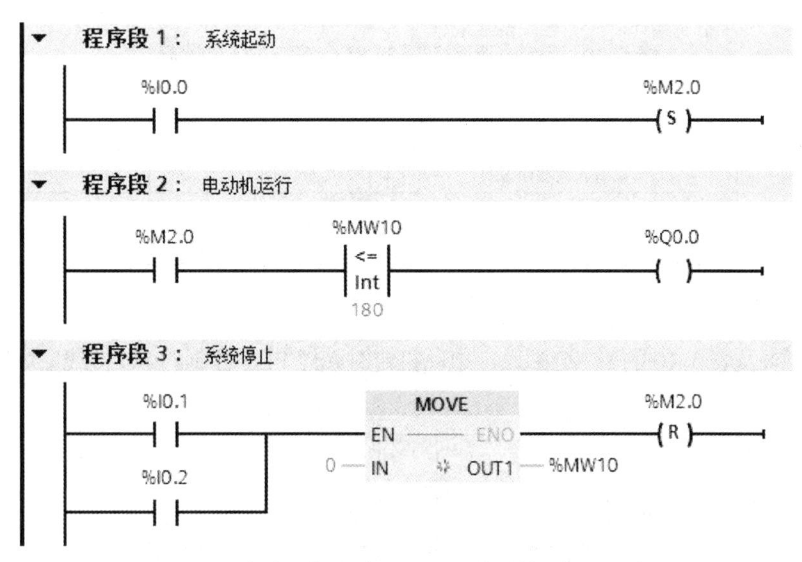

图 5-35　电动机断续运行 PLC 控制的 OB1 程序

5.4.4　训练

1）训练 1：用循环中断实现两台电动机的顺起顺停控制。
2）训练 2：用循环中断实现 QB0 端口 8 盏彩灯以流水灯形式的点亮控制。
3）训练 3：用两个循环中断实现本案例控制。

5.5　案例 21　电动机定时起停的 PLC 控制

5.5.1　目的

1）掌握延时中断组织块的应用。
2）掌握硬件中断组织块的应用。
3）掌握 PLC 的时间读/写指令的应用。

5.5.2　任务

使用 S7-1200 PLC 实现电动机定时起停的控制，要求系统起动后，每天 6 点电动机起动，工作 3h 后自动停止运行；若按下停止按钮，电动机延时 1 分钟后停止运行，若电动机过载则电动机立即停止运行。系统要求使用延时中断和硬件中断实现停机功能。

5.5.3　步骤

1. I/O 分配

根据 PLC 输入/输出点分配原则及本案例控制要求，进行 I/O 地址分配，如表 5-10 所示。

表 5-10　电动机定时起停的 PLC 控制 I/O 分配表

输入		输出	
输入继电器	元器件	输出继电器	元器件
I0.0	系统起动按钮 SB1	Q0.0	电动机运行 KM
I0.1	电动机停止按钮 SB2		
I0.2	过载保护 FR		

2. I/O 接线图

根据控制要求及表 5-10 的 I/O 分配表，电动机定时起停 PLC 控制的 I/O 接线图如图 5-36 所示。

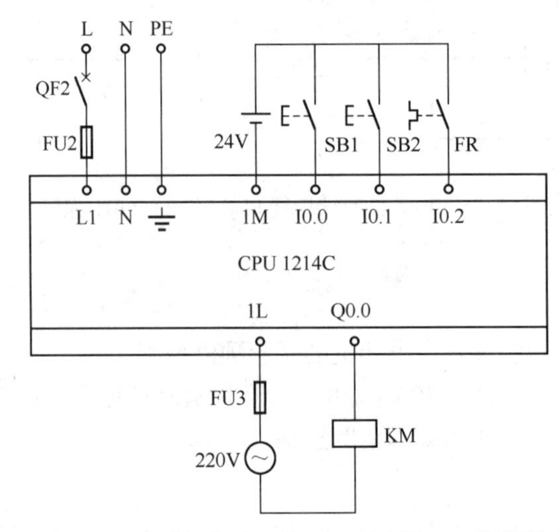

图 5-36　电动机定时起停 PLC 控制的 I/O 接线图

3. 创建工程项目

双击桌面上的图标，打开博途编程软件，在 Portal 视图中选择“创建新项目”，输入项目名称“M_dingqt”，选择项目保存路径，然后单击“创建”按钮完成创建。

4. 编辑变量表

本案例变量表如图 5-37 所示。

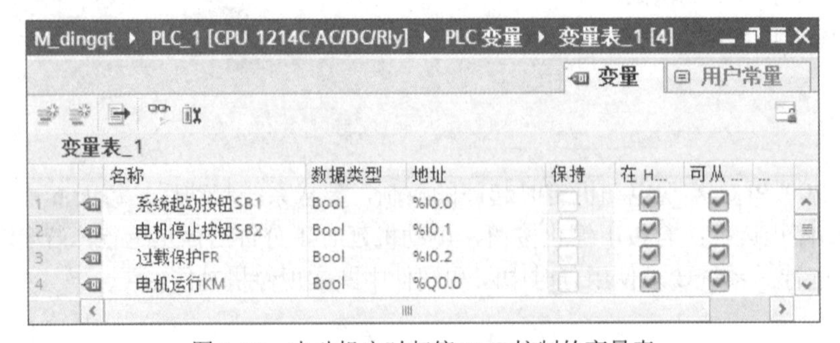

图 5-37　电动机定时起停 PLC 控制的变量表

5. 编写程序

（1）生成 OB40

打开项目视图中的文件夹“\PLC_1\程序块”，双击其中的“添加新块”，单击打开的对话框中的“组织块”按钮，选中列表中的“Hardware interrupt”，生成一个硬件中断 OB40。

（2）组态硬件中断 OB40

双击项目树的文件夹“PLC_1”中的“设备组态”，打开设备视图，首先选中 CPU，打开工作区下面的巡视窗口的“属性”选项卡，选中左边的“数字量输入”的通道 2，即 I0.2，可参考图 5-29，选中复选框激活“启用上升沿检测”功能。单击“硬件中断”右边的...按钮，在弹出的 OB 列表中选择 Hardware interrupt［OB40］，然后单击✓按钮以确定。在此，将 OB40 指定给 I0.2 的上升沿中断事件。出现该中断事件（电动机过载）后，将会调用 OB40。

（3）编写 OB40 程序

在硬件中断 OB40 程序中需要对系统起动标志位 M2.0 和电动机运行位 Q0.0 进行复位以及取消延时中断功能，如图 5-38 所示。

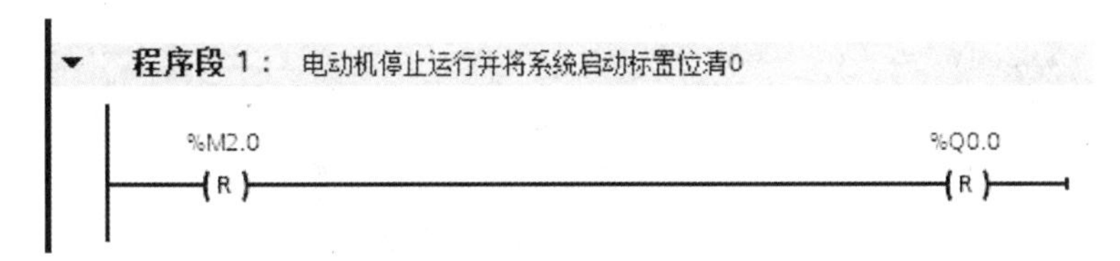

图 5-38　电动机定时起停 PLC 控制的 OB40 程序

（4）生成 OB20

打开项目视图中的文件夹“\PLC_1\程序块”，双击其中的“添加新块”，单击打开的对话框中的“组织块”按钮，选中列表中的“Time delay interrupt”，生成一个延迟中断 OB20，延时时间设置为 T#3H。

（5）编写 OB20 程序

延时中断组织块程序如图 5-39 所示。

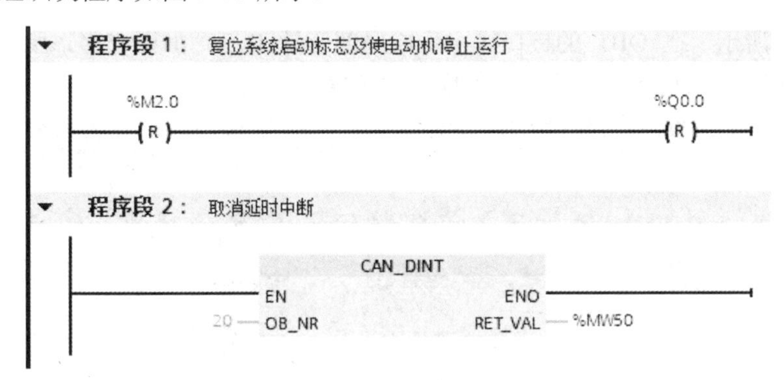

图 5-39　电动机定时起停 PLC 控制的 OB20 程序

（6）编写 OB1 程序

在主程序 OB1 中主要完成系统起动、CPU 时间的读取、电动机起动及启动延时中断功能。为了读取正确的 CPU 时间，首先对 CPU 进行时间设置。

1）设置 CPU 系统时间。

双击项目树中“PLC_1”文件夹中的“设备组态”，然后双击“CPU”，选择常规属性下的“时间”，将本地时间改为“北京时间”，取消夏令时。这样设置后，将 CPU 转入“在线”（单击工具栏上的“在线”按钮 在线）状态，在项目树下的“在线访问\网卡（Realtek PCIE GBE Family Controller）\更新可访问的设备\ plc_1\在线和诊断”中，打开图 5-40 所示系统设置时间的对话框，选中复选框“从 PG/PC 获取”后，单击“应用”按钮，可使 CPU 的时间与 PC 同步（当然 PC 日期和时间必须为准确的北京时间，否则为 PLC 出厂默认日期 DTL#1970-01-01-00：00：00）。

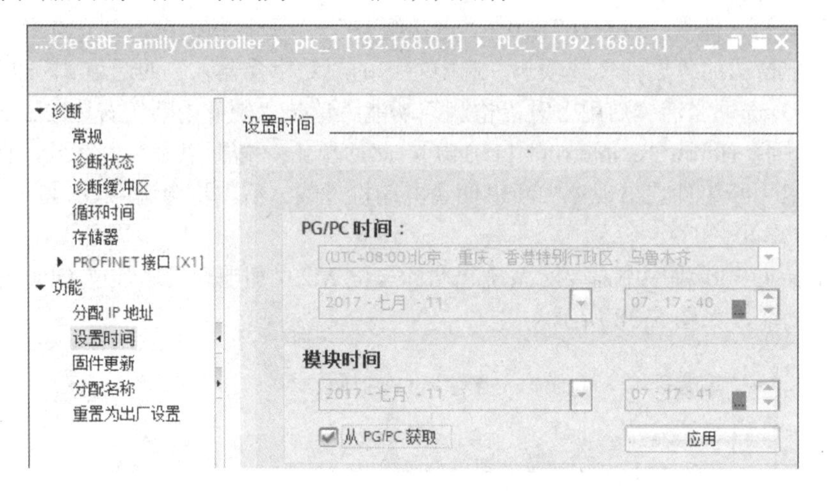

图 5-40　系统设置时间的对话框

当然也可以通过扩展指令中有关日期和时间的“WR_LOC_T（写入本地时间）和 WR_SYS_T（设置时间）”指令来设置 CPU 的本地时间和系统时间，用户可参考这两个指令的帮助功能来写入本地时间和系统时间。

这时就可以通过扩展指令中有关日期和时间的读取本地（或系统）时间指令来获得本地（或系统）时间。两个指令分别为“RD_LOC_T（读取本地时间，即带时差时间）和 RD_SYS_T（读取系统时间，即 UTC 时间）”。

2）读取 CPU 系统时间。

如图 5-41 所示，在 OB1 的接口区中生成局部变量 D_T，如图 5-41 所示，数据类型为 DTL，用来作为指令 RD_SYS_T 的输出参数 OUT 的实参。

M_dingqt ▸ PLC_1 [CPU 1214C AC/DC/Rly] ▸ 程序块 ▸ Main [OB1]

Main

	名称	数据类型	默认值	注释
2	Initial_Call	Bool		Initial call o...
3	Remanence	Bool		=True, if re...
4	▼ Temp			
5	▼ D_T	DTL		
6	YEAR	UInt		
7	MONTH	USInt		
8	DAY	USInt		
9	WEEKDAY	USInt		
10	HOUR	USInt		
11	MINUTE	USInt		
12	SECOND	USInt		
13	NANOSECOND	UDInt		
14	▼ Constant			
15	<新增>			

图 5-41　OB1 中定义的局部变量 D_T

3）编写 OB1 程序。

OB1 具体程序如图 5-42 所示。按下起动按钮 I0.0 后，系统启动（启动标志位 M2.0 置 1），系统启动后实时读取系统时间，当系统时间大于或等于 6 点时起动电动机，并触发延时中断。

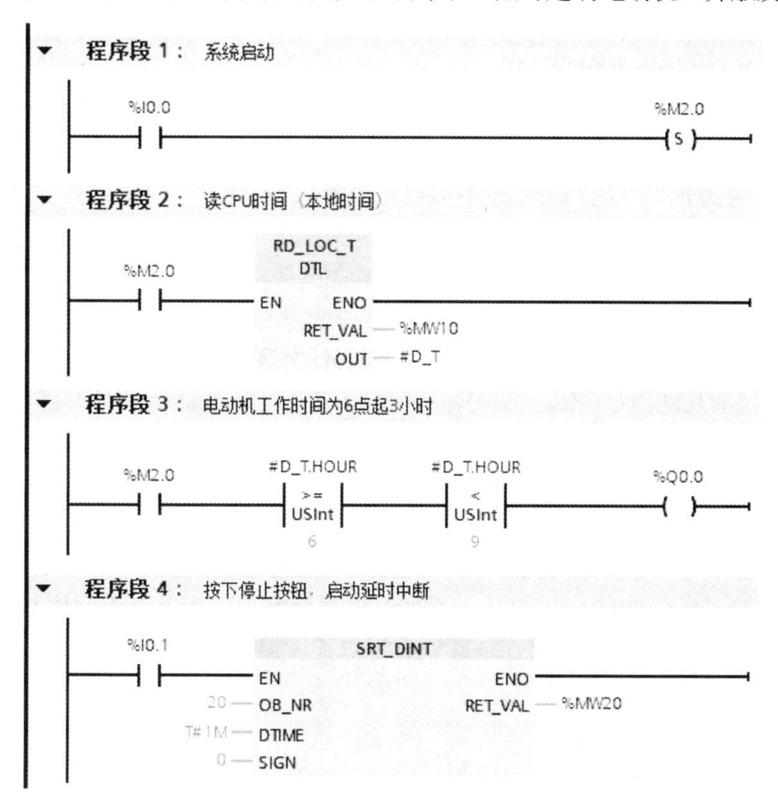

图 5-42　电动机定时起停 PLC 控制的 OB1 程序

6．调试程序

将调试好的用户程序及设备组态下载到 CPU 中，并连接好线路。按下起动按钮 SB1，观察电动机是否按系统设置的时间起动和延时停止（建议调试时将系统时间设置为“分”，而且电动机运行的时间也短些）；若按下停止按钮 SB2，电动机是否立即停止运行。若上述调试现象与控制要求一致，则说明本案例任务已实现。

5.5.4　训练

1）训练 1：用延时中断实现案例 12 的控制。

2）训练 2：用延时中断实现 QB0 口 8 盏彩灯以跑马灯形式的点亮控制。

3）训练 3：用两个延时中断和硬件中断实现两台电动机的顺起逆停控制。

5.6　习题与思考

1．S7-1200 PLC 的用户程序中的块包括________、________、________和________。

2．背景数据块是________的存储区。

3．调用________、________、________等指令及________块时需要指定其背景数据块。

4．在梯形图调用函数块时，方框内是函数块的________，方框外是对应的________。方框的左边是块的________参数和________参数，右边是块的________参数。

5．S7-1200 PLC 在起动时调用 OB________。

6．CPU 检测到故障或错误时，如果没有下载对应的错误处理组织块，CPU 将进入________模式。

7．什么是符号地址？采用符号地址有哪些优点？

8．函数和函数块有什么区别？

9．组织块可否调用其他组织块？

10．在变量声明表内，所声明的静态变量和临时变量有何区别？

11．延时中断与定时器都可以实现延时，它们有什么区别？

12．设计求圆周长的函数 FC，FC 的输入变量为直径 Diameter（整数），取圆周率为 3.14，用浮点数运算指令计算圆的周长，存放在双字输出变量 Circle 中。在 OB1 中调用 FC，直径的输入值为 100，存放圆周长的地址为 MD10。

13．用 I0.0 控制接在 Q0.0～Q0.7 上 8 个彩灯的循环移位，用定时器定时，每 0.5s 移 1 位，首次扫描时给 Q0.0～Q0.7 置初值，用 I0.1 控制彩灯移位的方向。

14．用 I0.0 控制接在 Q0.0～Q0.7 上 8 盏彩灯的循环移位，用循环组织块 OB35 定时，每隔 0.5s 增亮 1 盏，8 盏彩灯全亮后，反方向每隔 0.5s 熄灭 1 盏，8 盏彩灯全灭后再逐位增亮，如此循环。

第6章 通信指令及应用

本章重点介绍西门子 S7-1200 PLC 的自由口通信和以太网通信指令及其典型应用，并通过 2 个较为简单的两台 PLC 之间的通信案例详细地介绍其通信过程的创建和组态，旨在通过本章学习，使读者能尽快掌握 S7-1200 PLC 之间或 S7-1200 PLC 与其他型号 PLC 进行通信的组建，为搭建小型网络工程项目奠定基础。

6.1 通信简介

6.1.1 通信基础知识

通信是指一地与另一地之间的信息传递。PLC 通信是指 PLC 与计算机、PLC 与 PLC、PLC 与人机界面（触摸屏）、PLC 与变频器、PLC 与其他智能设备之间的数据传递。

1. 通信方式

（1）有线通信和无线通信

有线通信是指以导线、电缆、光缆和纳米材料等看得见的物质为传输介质的通信。无线通信是指以看不见的物质（如电磁波）为传输介质的通信，常见的无线通信有微波通信、短波通信、移动通信和卫星通信等。

（2）并行通信与串行通信

并行通信是指数据的各个位同时进行传输的通信方式，其特点是数据传输速度快，它由于需要的传输线多，故成本高，只适合近距离的数据通信。PLC 主机与扩展模块之间通常采用并行通信。

串行通信是指数据一位一位地传输的通信方式，其特点是数据传输速度慢，但由于只需要一条传输线，故成本低，适合远距离的数据通信。PLC 与计算机、PLC 与 PLC、PLC 与人机界面、PLC 与变频器之间通信采用串行通信。

（3）异步通信和同步通信

串行通信又可分为异步通信和同步通信。PLC 与其他设备通信主要采用串行异步通信方式。

在异步通信中，数据是一帧一帧地传送，一帧数据传送完成后，可以传下一帧数据，也可以等待。串行通信时，数据是以帧为单位传送的，帧数据有一定的格式，它由起始位、数据位、奇偶校验位和停止位组成。

在异步通信中，每一帧数据发送前要用起始位，在结束时要用停止位，这样会导致数据传输速度较慢。为了提高数据传输速度，在计算机与一些高速设备数据通信时，常采用同步通信。同步通信的数据后面取消了停止位，前面的起始位用同步信号代替，在同步信号后面可以跟很多数据，所以同步通信传输速度快，但由于同步通信要求发送端和接收端严格保持同步，这需要用复杂的电路来保证，所以 PLC 不采用这种通信方式。

（4）单工通信和双工通信

在串行通信中，根据数据的传输方向不同，可分为 3 种通信方式：单工通信、半双工通信和全双工通信。

1）单工通信：数据只能往一个方向传送的通信，即只能由发送端传输给接收端。

2）半双工通信：数据可以双向传送，但在同一时间内，只能往一个方向传送，只有一个方向的数据传送完成后，才能往另一个方向传送数据。

3）全双工通信：数据可以双向传送，通信的双方都有发送器和接收器，由于有两条数据线，所以双方在发送数据的同时可以接收数据。

2. 通信传输介质

有线通信采用传输介质主要有双绞线电缆、同轴电缆和光缆。

（1）双绞线电缆

双绞线电缆是将两根导线扭在一起，以减少电磁波的干扰，如果再加上屏蔽套层，则抗干扰能力更好。双绞线的成本低、安装简单，RS-232C、RS-422 和 RS-485 等接口多用双绞线电缆进行通信。

（2）同轴电缆

同轴电缆的结构是从内到外依次为内导体（芯线）、绝缘线、屏蔽层及外保护层。由于从截面看这四层构成了 4 个同心圆，故称为同轴电缆。根据通频带不同，同轴电缆可分为基带和宽带两种，其中基带同轴电缆常用于 Ethernet(以太网）中。同轴电缆的传送速度高、传输距离远，但价格较双绞线电缆高。

（3）光缆

光缆是由石英玻璃经特殊工艺拉成细丝结构，这种细丝的直径比头发丝还要细，但它能传输的数据量却是巨大的。它是以光的形式传输信号的，其优点是传输的为数字量的光脉冲信号，不会受电磁干扰，不怕雷击，不易被窃听，数据传输安全性好，传输距离长，且带宽宽、传输速度快。但由于通信双方发送和接收的都是光信号，因此都需要价格昂贵的光纤设备进行光电转换，另外光纤连接头的制作与光纤连接需要专门的工具和专门的技术人员。

6.1.2 RS-485 标准串行接口

RS-485 接口是在 RS-422 接口基础上发展起来的一种 EIA 标准串行接口，其采用“平衡差分驱动”方式。RS-485 接口满足 RS-422 接口的全部技术规范，可以用于 RS-422 通信。RS-485 接口常采用 9 引脚连接器。RS-485 接口的引脚功能如表 6-1 所示。

表 6-1 RS-485 接口的引脚分配

连接器	针	信号名称	信号功能
	1	SG 或 GND	机壳接地
	2	24V 返回逻辑地	逻辑接地
	3	RXD+或 TXD+	RS-485 信号 B，数据发送/接收+端
	4	发送申请	RTS（TTL）
	5	5V 返回	逻辑接地
	6	+5V	+5V、100Ω 串联电阻
	7	+24V	+24V
	8	RXD−或 TXD−	RS-485 信号 A，数据发送/接收−端
	9	不用	10 位协议选择（输入）
	连接器外壳	屏蔽	机壳接地

西门子 PLC 的自由口、PPI 通信、MPI 通信和 PROFIBUS-DP 现场总线通信的物理层都是 RS-485 通信，而且采用都是相同的通信线缆和专用网络接头。西门子提供两种网络接头，一是标准网络接头（用于连接 PROFIBUS 站和 PROFIBUS 电缆实现信号传输，一般带有内置的终端电阻，如果该站为通信网络节点的终端，则需将终端电阻连接上，即将开关拨至 ON 端），如图 6-1 所示；二是编程端口接头，可方便地将多台设备与网络连接，编程端口允许用户将编程站（或 HMI）与网络连接，且不会干扰任何现有的网络连接。标准网络接头和编程端口接头均有两套终端螺钉，用于连接输入和输出网络电缆。

图 6-1 标准网络接头——网络总线连接器

6.1.3 S7-1200 支持的通信类型

S7-1200 PLC 本体上集成了一个 PROFINET 通信接口，支持以太网和基于 TCP/IP 的通信标准。使用这个通信口可以实现 S7-1200 PLC 与编程设备的通信、与 HMI 触摸屏的通信，以及与其他 CPU 之间的通信。这个 PROFINET 物理接口支持 10Mbit/s、100Mbit/s 的 RJ-45 口，并能自适应电缆的交叉连接。同时，S7-1200 PLC 通信扩展通信模块可实现串口通信。S7-1200 PLC 串口通信模块有 3 种型号，分别为 CM1241 RS232 接口模块、CM1241 RS485 接口模块和 CM1241 RS422/485 接口模块。

1）CM1241 RS232 接口模块支持基于字符的点到点（PtP）通信，如自由口协议和 MODBUS RTU 主从协议。

2）CM1241 RS485 接口模块支持基于字符的点到点（PtP）通信，如自由口协议、MODBUS RTU 主从协议及 USS 协议。两种串口通信模块都必须安装在 CPU 模块的左侧，且数量之和不能超过 3 块，它们都由 CPU 模块供电，无须外部供电。模块上都有一个 DIAG（诊断）LED 灯，可根据此 LED 灯的状态判断模块状态。模块上部盖板下有 Tx（发送）和 Rx（接收）两个 LED 灯指示数据的收发。

6.2 自由口通信

6.2.1 S7-1200 PLC 之间的自由口通信

1. 通信模块的组态方法

可以用下列两种方法组态通信模块。

1）使用博途的设备视图组态接口参数，组态的参数永久保存在 CPU 中，CPU 进入 STOP 模式时不会丢失组态参数。

2）在用户程序中用下列指令来组态：PORT_CFG（用于组态通信接口）、SEND_CFG（用于组态发送数据的属性）、RCV_CFG（用于组态接收数据的属性）。设置的参数仅在 CPU 处于 RUN 模式时有效。切换到 STOP 模式或断电后又上电，这些参数恢复为设备组态时设置的参数。

2．组态通信模块

生成一个“Z_mokuai”项目，CPU 型号为 CPU 1214C。打开设备视图，将右边的硬件目录窗口的文件夹“\通信模块\点到点\CM 1214（RS232）\6ES7 241-1AH32-0XB0”的模块拖放到 CPU 左边的 101 槽。选中该模块后，选中下面的巡视窗口的“属性”选项卡中窗口左侧的“常规”项下的“RS-232 接口”，如图 6-2 所示，可以在窗口中右侧区域设置通信接口的参数，例如传输速率、奇偶校验、数据位的位数、停止位的位数和等待时间等。

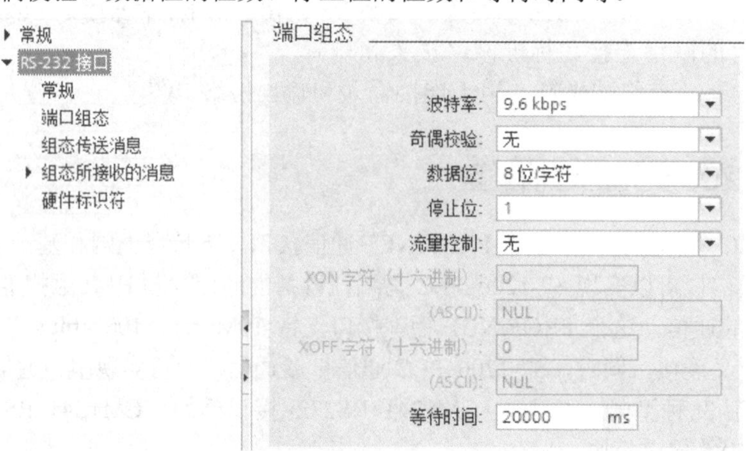

图 6-2　组态通信模块

奇偶校验的默认值是无奇偶校验，还可以选择偶校验、奇校验、Mark 校验（传号检验，奇偶校验位始终为 1）、Space 校验（空号检验、奇偶校验位始终为 0）和任意奇偶校验（将奇偶校验位设置为 0 进行传输，在接收时忽略奇偶校验错误）。

选中窗口中的“组态传送消息”和“组态所接收的消息”，可以组态发送报文和接收报文的属性。详细的介绍可查阅 S7-1200 PLC 的系统手册。

3．自由口通信指令

S7-1200 的点到点（Point-to-Point，PtP）通信指令在右边指令树的“通信”指令窗口的“通信处理器”文件夹下“点到点”文件夹中，这些指令分为用于组态的指令和用于通信的指令。

SEND_PTP 指令用于发送报文，如图 6-3 所示；RCV_PTP 指令用于接收报文，如图 6-4 所示。所有的 PtP 指令的操作是异步的，用户程序可以使用轮询方式确认发送和接收的状态，这两条指令可以同时执行。通信模块发送和接收报文的缓冲区最大为 1024B。

RCV_RST 用于清除接收数据的缓冲区，SGN_GET 用于读取 RS-232 通信信号的当前状态，SGN_SET 用于设置 RS-232 通信信号的状态。

发送指令如下所述。

1）REQ：发送请求，每个信号的上升沿发送一个消息帧。

2）PORT：串口通信模块的硬件标识符。

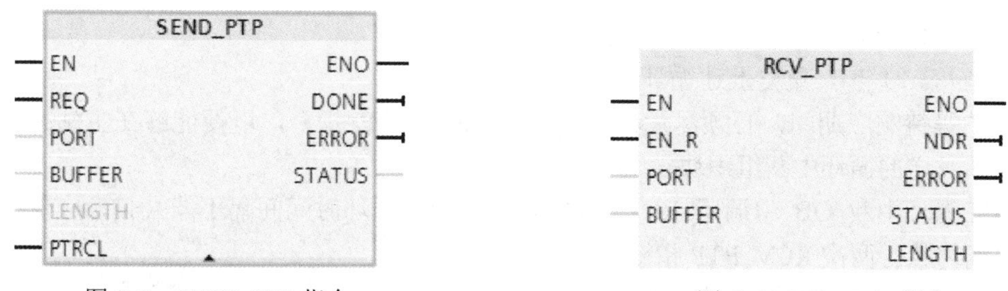

图 6-3　SEND_PTP 指令　　　图 6-4　RCV_PTP 指令

3）BUFFER：指定发送缓冲区。

4）LENGTH：发送缓冲区的长度，即指发送的消息帧中包含多少字节的数据。

5）PTRCL：等于 0 时表示使用用户定义的通信协议而非西门子官方定义的通信协议。

6）DONE：状态参数，为“0”时表示尚未启动或正在执行发送操作，为“1”时表示已执行发送操作，且无任何错误。

7）ERROR：状态参数，为“0”时表示无错误，为“1”时表示出现错误。

8）STATUS：执行指令操作的状态。

接收指令如下所述。

1）EN_R：接收请求，为“1”时，系统检测通信模块接收的消息，如果成功接收则将接收的数据传送到 CPU 中。

2）PORT：串口通信模块的硬件标识符。

3）BUFFER：接收数据存储的区域。

4）NDR：状态参数，为“0”时表示尚未启动或正在执行发送操作，为“1”时表示已接收到数据，且无任何错误。

5）ERROR：状态参数，为“0”时表示无错误，为“1”时表示出现错误。

6）STATUS：执行指令操作的状态。

7）LENGTH：接收缓冲区中消息的长度，即指接收的消息帧中包含多少字节的数据。

4. 通信程序的轮询结构

必须周期性调用 S7-1200 PLC 的点到点通信指令，检查接收的报文。主站的典型轮询顺序为：

1）在 SEND_PTP 指令的 REQ 信号的上升沿，启动发送过程。

2）继续执行 SEND_PTP 指令，完成报文的发送。

3）SEND_PTP 的输出位 DONE 为“1”时，指示发送完成，用户程序可以准备接收从站返回的响应报文。

4）反复执行 RCV_PTP，模块接收到响应报文后，RCV_PTP 指令的输出位 NDR 为“1”，表示已接收到新数据。

5）用户程序处理响应报文。

6）返回第 1）步，重复上述循环。

从站的典型轮询顺序为：

1）在 OB1 中调用 RCV_PTP 指令。

2）模块接收到请求报文后，RCV_PTP 指令的输出位 DONE 为“1”，表示新数据准备就绪。

3）用户程序处理请求报文，并生成响应报文。

4）用 SEND_PTP 指令将响应报文发送给主站。

5）反复执行 SEND_PTP，确保发送完成。

6）返回第 1）步，重复上述循环。

从站的等待响应期间，必须尽量频繁地调用 RCV_PTP 指令，以便能够在主站超时之前接到来自主站发送的循环中断组织块。

可以在循环中断 OB 中调用 RCV_PTP 指令，但是循环时间间隔不能太长，应保证在主站的超时时间内执行两次 RCV_PTP 指令。

5．S7-1200 PLC 之间的自由口通信

码 6-2 自由口通信指令的应用

两台 S7-1200 PLC 之间的自由口通信需增加通信模块，在此需增加 CM 1241 RS485 通信模块。两台 S7-1200 PLC 之间自由口通信的步骤如下。

1）控制要求：两台 S7-1200 PLC 的 CPU 均为 CPU 1214C，两者之间为自由口通信，实现按第一台 PLC 上电动机的起/停按钮能起/停第二台 PLC 上的电动机。

2）硬件组态。

① 新建项目。新建一个项目，名称为“1200 之间自由口通信”，在博途软件中添加两台 PLC 和两块 CM 1241 RS485 通信模块，如图 6-5 所示。

② 启用系统和时钟存储器字节。先选中 PLC_2 中的 CPU 1214C，再选中其属性中的“系统和时钟存储器”，在右边窗口中勾选“启用系统存储器字节”，在此采用系统默认的字节 MB1。M1.2 位始终为“1”。用同样的方法启用 PLC_1 中的时钟存储器字节，将 M0.5 设置成 1Hz 的周期脉冲。

③ 添加数据块。分别在 PLC_1 和 PLC_2 中添加新块，选中数据块，均命名为 DB1。然后分别右击新生成的数据块 DB1，在弹出的对话框中单击“属性”选项，去掉窗口右侧“优化的块访问”前面的“√”(见图 6-6)，再单击“确定”按钮。在弹出的“优化的块访问”对话框中，单击“确定”按钮。这样对该数据块中数据的访问就可采用绝对地址寻址，否则不能建立通信。

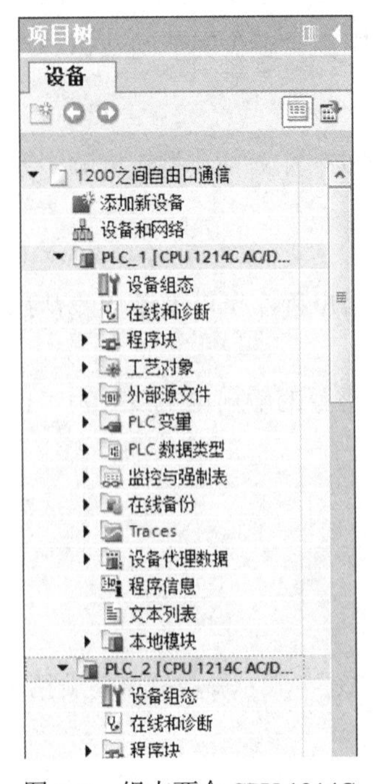

图 6-5　组态两个 CPU 1214C

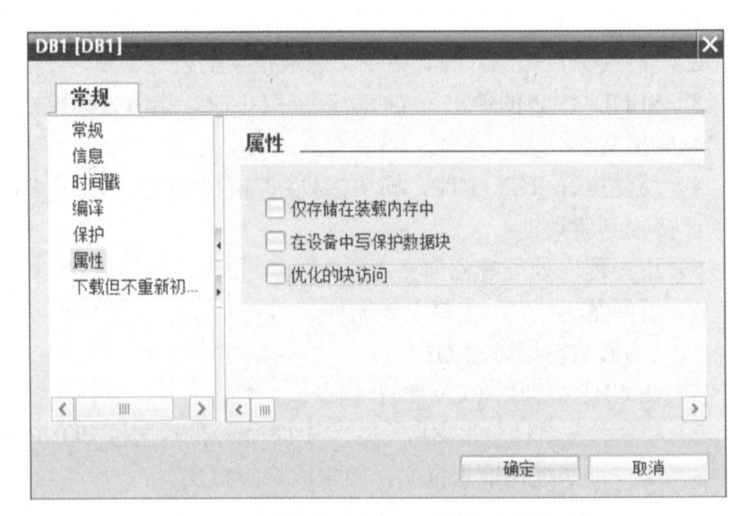

图 6-6　将数据块 DB1 设置为绝对地址寻址

④ 创建数组。打开 PLC_1 中的数据块，创建数组 A［0..1］，数组中有两个字节 A［0］和 A［1］，如图 6-7 所示。用同样的方法在 PLC_2 中创建数组 A［0..1］。

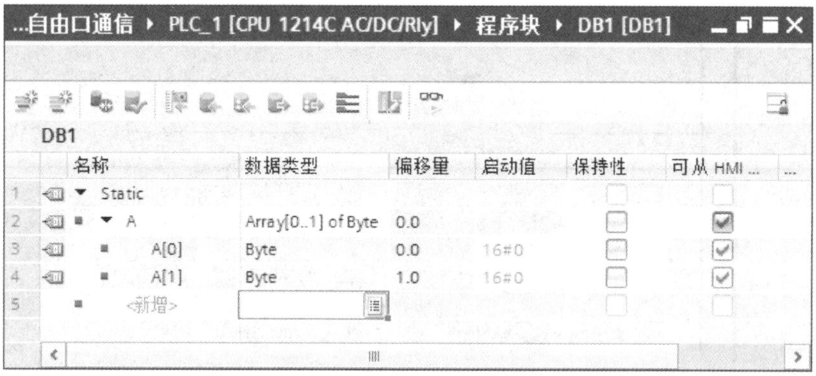

...自由口通信 ▸ PLC_1 [CPU 1214C AC/DC/Rly] ▸ 程序块 ▸ DB1 [DB1]

DB1

	名称	数据类型	偏移量	启动值	保持性	可从 HMI ...
1	▼ Static				☐	☐
2	▼ A	Array[0..1] of Byte	0.0		☐	☑
3	A[0]	Byte	0.0	16#0	☐	☑
4	A[1]	Byte	1.0	16#0	☐	☑
5	<新增>					

图 6-7　在数据块 DB1 中建立数组 A［0..1］

3）编写 S7-1200 的程序。

① PLC_1 中发送程序。

打开 PLC_1 下程序块中的主程序 OB1，编写的发送程序如图 6-8 所示。

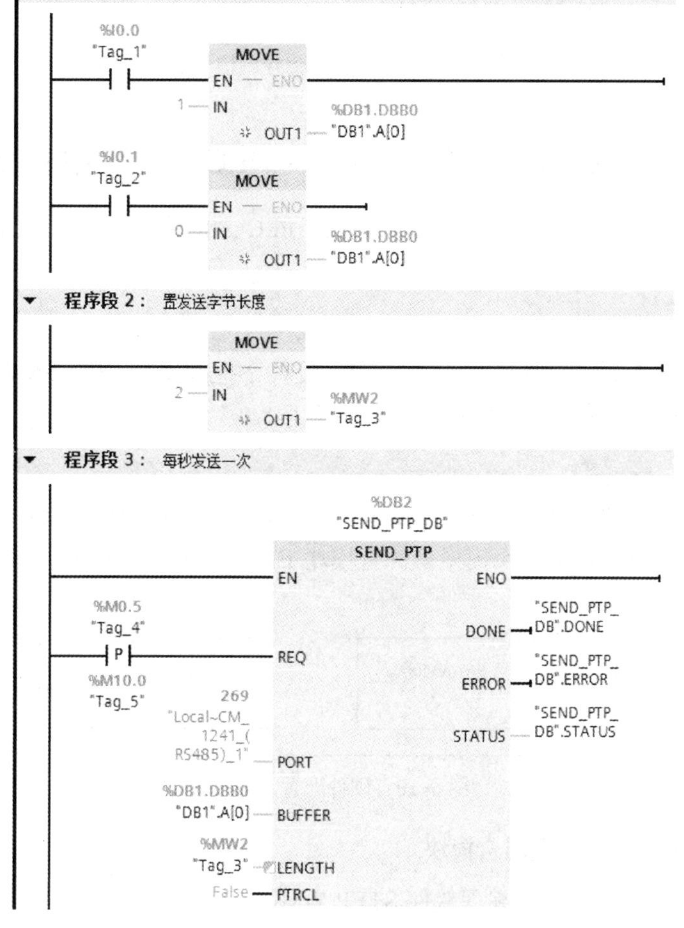

图 6-8　PLC_1 中发送起/停控制信号的程序

② PLC_2 中接收程序。

打开 PLC_2 下程序块中的主程序 OB1，编写的接收程序如图 6-9 所示。

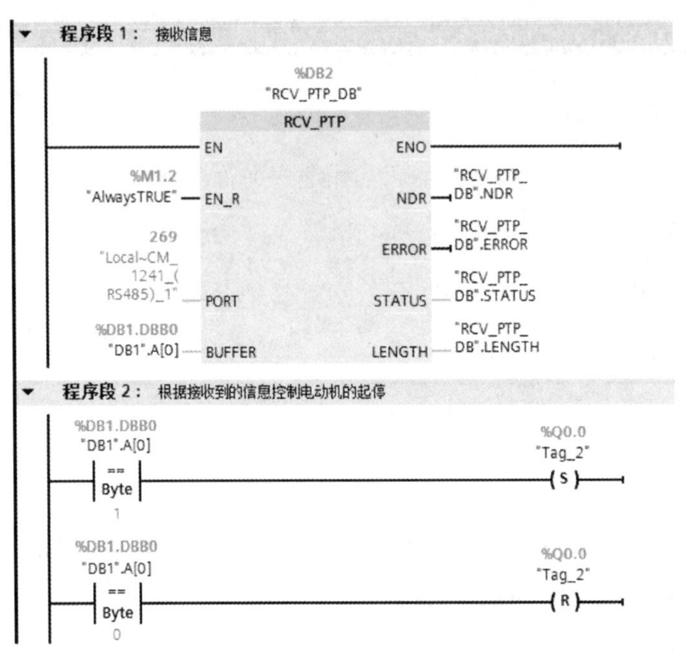

图 6-9　PLC_2 中接收起/停控制信号的程序

6.2.2　S7-1200 PLC 与 S7-200 SMART PLC 之间的自由口通信

本节主要介绍 S7-1200 PLC 与 S7-200 SMART PLC 之间的自由口通信的组建步骤及通信程序的编写。

1．控制要求

有两台设备，设备 1 控制器是 CPU 1214C，设备 2 控制器是 CPU SR40，两者之间为自由口通信，实现将设备 2 上采集的模拟量传送到设备 1 上。

2．硬件连接

在 S7-1200 PLC 的第 101 槽上添加一块 CM 1214（RS485）通信模块，在 S7-200 SMART PLC 的第 1 号扩展插槽上添加一个模拟量混合模块 EM AM06，两台 PLC 通过双绞线电缆相连接，如图 6-10 所示。

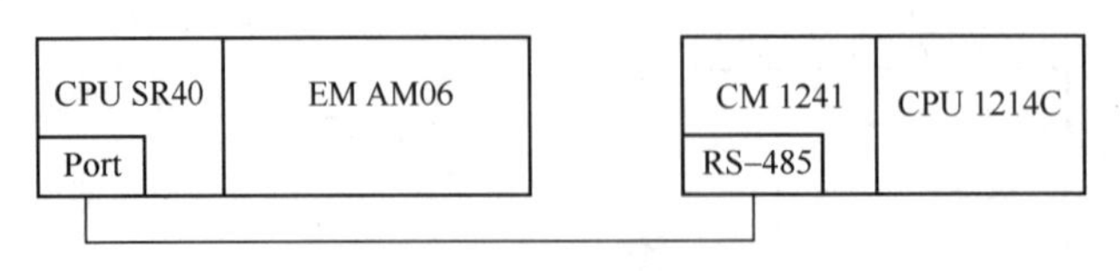

图 6-10　硬件配置及连接

3．组态 EM AM06 模拟量混合模块

打开 S7-200 SMART PLC 的编程软件 STEP 7-Micro/WIN SMART，打开其系统块，首先添加 CPU 和模拟量混合模块，然后选中 EM0 的扩展插槽上的 EM AM06 模拟量混合模块，选择通道 0，将其组态为：测量信号类型为电压、测量范围为-10～10V，其他采用系统默认设置，如图 6-11 所示。

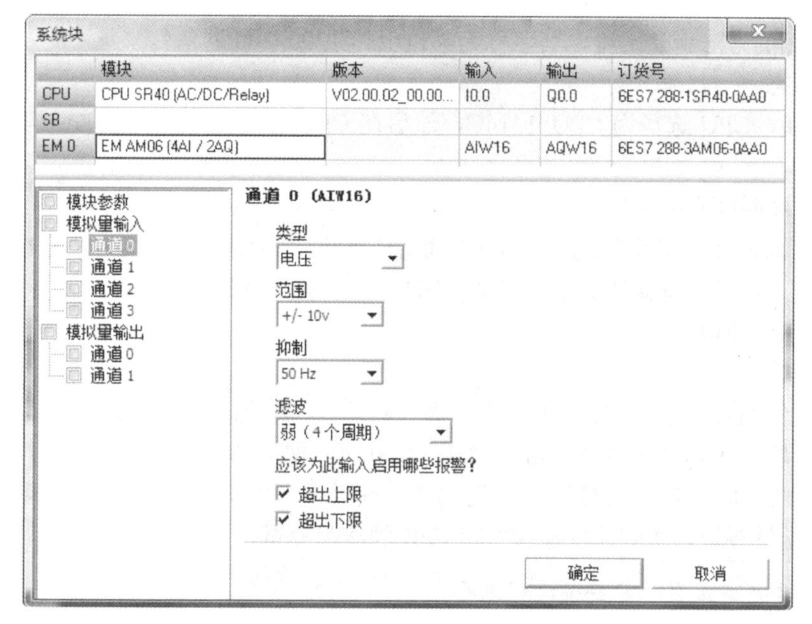

图 6-11　组态 S7-200 SMART PLC 模拟量输入通道

4．编写 S7-200 SMART PLC 程序

在主程序中将 S7-200 SMART PLC 的端口 0 设置为自由口通信，传送两个字节，使用 100ms 定时中断发送数据，建立中断连接并允许中断，具体程序如图 6-12 所示。

在中断程序中将模拟量混合模块的通道 0 中采集到的数据通过数据发送区发出，具体程序如图 6-13 所示。

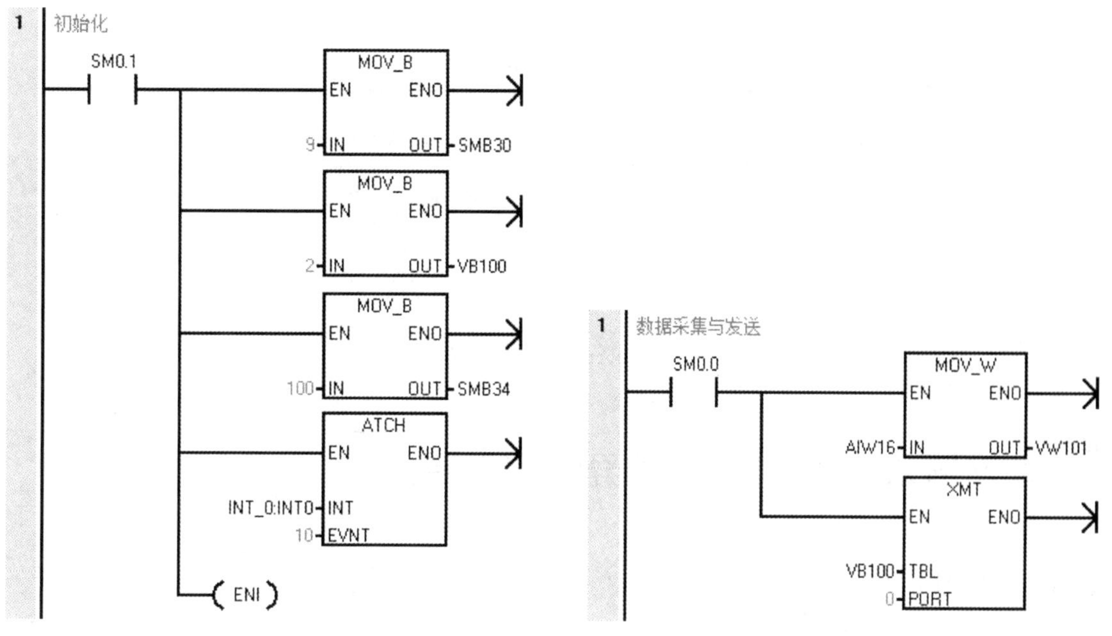

图 6-12　设备 2 上主程序

图 6-13　设备 2 上中断程序

5．S7-1200 PLC 硬件组态

1）新建工程。

按前面介绍的方法新建工程，其名称为“自由口 1200_200 通信”。

2）硬件组态。

添加新设备，CPU 选择为 CPU 1214C，然后在 CPU 右侧的 101 槽添加通信模块 CM 1241（RS485）。

3）启用系统时间存储字节。

选中 CPU 后，在“属性”窗口中选中“系统与时钟存储器”后，在右边窗口中勾选“启用系统存储字节”，使用系统默认的存储字节 MB1，其中的 M1.2 位始终为“1”，相当于 S7-200 SMART PLC 中的 SM0.0。

4）添加数据块。

在项目树的“程序块”文件夹中单击“添加新块”，然后选择“数据块”，添加一个名称为“DB1”的数据块。在项目树中，右击“DB1［DB1］”，然后单击“属性”选项，在弹出的对话框中选中“属性”后，在右边窗口中取消勾选“优化的块访问”复选框，即取消块的符号访问，改为绝对地址寻址，否则无法输入 BUFFER 的实参变量，通信不能建立。

注意：数据块建立后一定要编译和保存。

5）创建数组。

打开数据块 DB1，创建数组 A［0..1］，数据类型为 WORD，数组中有两个字 A［0］和 A［1］。

6．编写 S7-1200 PLC 程序

用 S7-1200 PLC 主要接收来自 S7-200 SMART PLC 的数据，其程序如图 6-14 所示。运行程序后，打开数组，再打开监控功能，可以看到数组 A［0］的数据随着设备 2 模拟量输入的变化而变化。

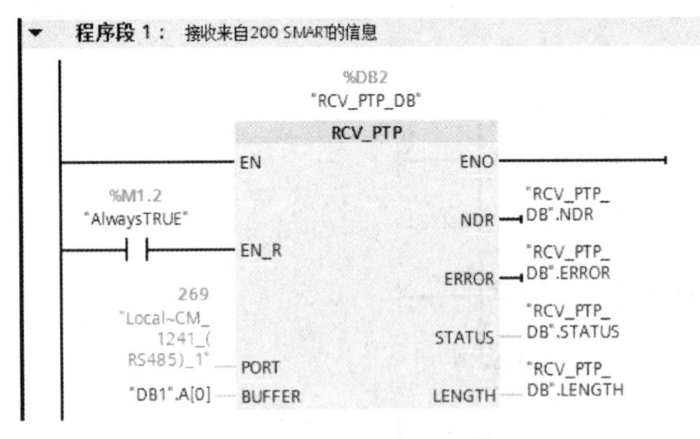

图 6-14　设备 1 上数据接收的程序

6.3 案例 22　两台电动机的异地起停控制

6.3.1 目的

1）掌握自由口通信的硬件组态。

2）掌握自由口通信指令的使用。

6.3.2　任务

使用 S7-1200 PLC 自由口通信方式实现两台电动机的异地起停控制。控制要求如下：按下本地的起动按钮 SB1 和停止按钮 SB2，本地电动机起动和停止。按下本地控制远程电动机的起动按钮 SB3 和停止按钮 SB4，远程电动机能起动和停止。

6.3.3　步骤

1. I/O 分配

根据 PLC 输入/输出点分配原则及本案例控制要求，进行 I/O 地址分配，如表 6-2 所示。

表 6-2　两台电动机异地起停的 PLC 控制 I/O 分配表

输入		输出	
输入继电器	元器件	输出继电器	元器件
I0.0	本地起动按钮 SB1	Q0.0	接触器 KM
I0.1	本地停止按钮 SB2		
I0.2	本地过载保护 FR		
I0.3	远程起动按钮 SB3		
I0.4	远程停止按钮 SB4		

2. I/O 接线图

根据控制要求及表 6-2 的 I/O 分配表，两台电动机异地起停 PLC 控制的 I/O 接线图如图 6-15 所示，两站原理图相同，在此只给出其中一站的接线，两台 PLC 均扩展出一个点到点通信模块 CM 1241（RS-485），并通过双绞线电缆相连接。

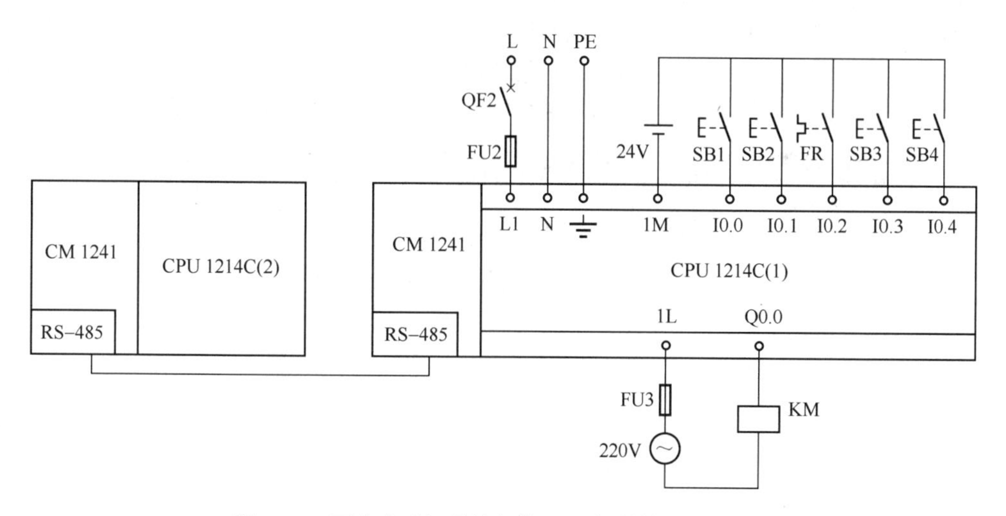

图 6-15　两台电动机异地起停 PLC 控制的 I/O 接线图

3. 创建工程项目

双击桌面上的图标，打开博途编程软件，在 Portal 视图中选择“创建新项目”，输入项目名称“M_yidiqiting”，选择项目保存路径，然后单击“创建”按钮完成创建。

4. 硬件组态

在项目视图的项目树中双击“添加新设备”图标，添加设备名称为 PLC_1 的设备 CPU 1214C 和点到点通信模块 CM 1241（RS485）；按上述方法再次双击“添加新设备”图标，添加设备名称为 PLC_2 的设备 CPU 1214C 和点到点通信模块 CM 1241（RS485）；分别启用系统和时钟存储字节 MB1 和 MB0，组态完成后分别对其进行保存和编译。

5. 编辑变量表

分别打开 PLC_1 和 PLC_2 下的“PLC 变量”文件夹，双击“添加新变量表”，均生成图 6-16 所示的变量表。

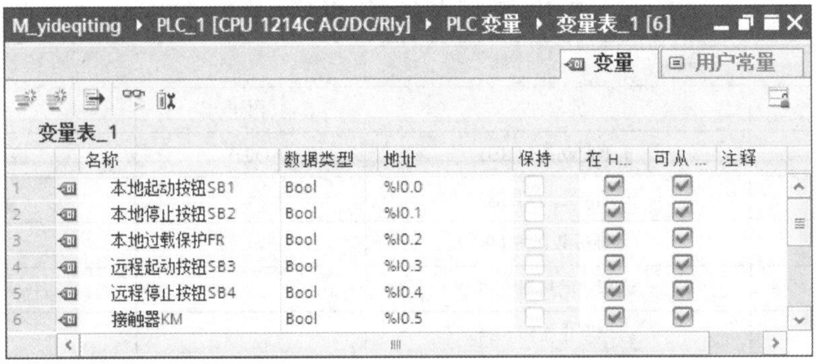

M_yideqiting ▸ PLC_1 [CPU 1214C AC/DC/Rly] ▸ PLC 变量 ▸ 变量表_1 [6]

变量 | 用户常量

变量表_1

	名称	数据类型	地址	保持	在 H...	可从 ...	注释
1	本地起动按钮SB1	Bool	%I0.0	☐	☑	☑	
2	本地停止按钮SB2	Bool	%I0.1	☐	☑	☑	
3	本地过载保护FR	Bool	%I0.2	☐	☑	☑	
4	远程起动按钮SB3	Bool	%I0.3	☐	☑	☑	
5	远程停止按钮SB4	Bool	%I0.4	☐	☑	☑	
6	接触器KM	Bool	%I0.5	☐	☑	☑	

图 6-16　两台电动机异地起停 PLC 控制的变量表

6. 添加数据块

分别打开 PLC_1 和 PLC_2 下的“程序块”文件夹，双击“添加新块”，均生成图 6-17 所示的数据块 DB1。然后在数据块 DB1 中分别创建数组 YIDEQT_S［0..1］和 YIDEQT_R［0..1］，数据类型均为 BOOL。最后在项目树中，右击“DB1［DB1］”，然后单击“属性”选项，在弹出的对话框中选中“属性”后，在窗口右侧区域中取消勾选“优化的块访问”选项，即取消块的符号访问，改为绝对地址寻址，然后对设置窗口进行编译和保存。

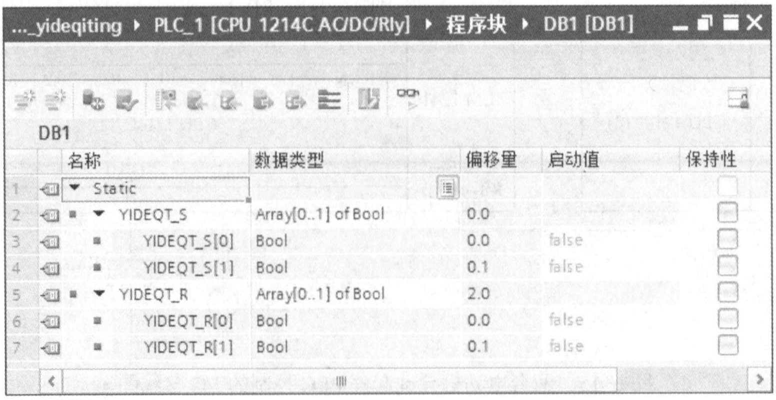

..._yideqiting ▸ PLC_1 [CPU 1214C AC/DC/Rly] ▸ 程序块 ▸ DB1 [DB1]

DB1

	名称	数据类型	偏移量	启动值	保持性
1	▼ Static				☐
2	▼ YIDEQT_S	Array[0..1] of Bool	0.0		☐
3	YIDEQT_S[0]	Bool	0.0	false	☐
4	YIDEQT_S[1]	Bool	0.1	false	☐
5	▼ YIDEQT_R	Array[0..1] of Bool	2.0		☐
6	YIDEQT_R[0]	Bool	0.0	false	☐
7	YIDEQT_R[1]	Bool	0.1	false	☐

图 6-17　两台电动机异地起停 PLC 控制的数据块

7. 编写程序

分别打开 PLC_1 和 PLC_2 下的“程序块”文件夹，双击“Main[OB1]”，分别在主程序中编写两台电动机的异地起/停控制程序（两站程序相似）。本案例采用 M0.3，即每秒发送两次对方的起/停信息，其程序如图 6-18 所示。

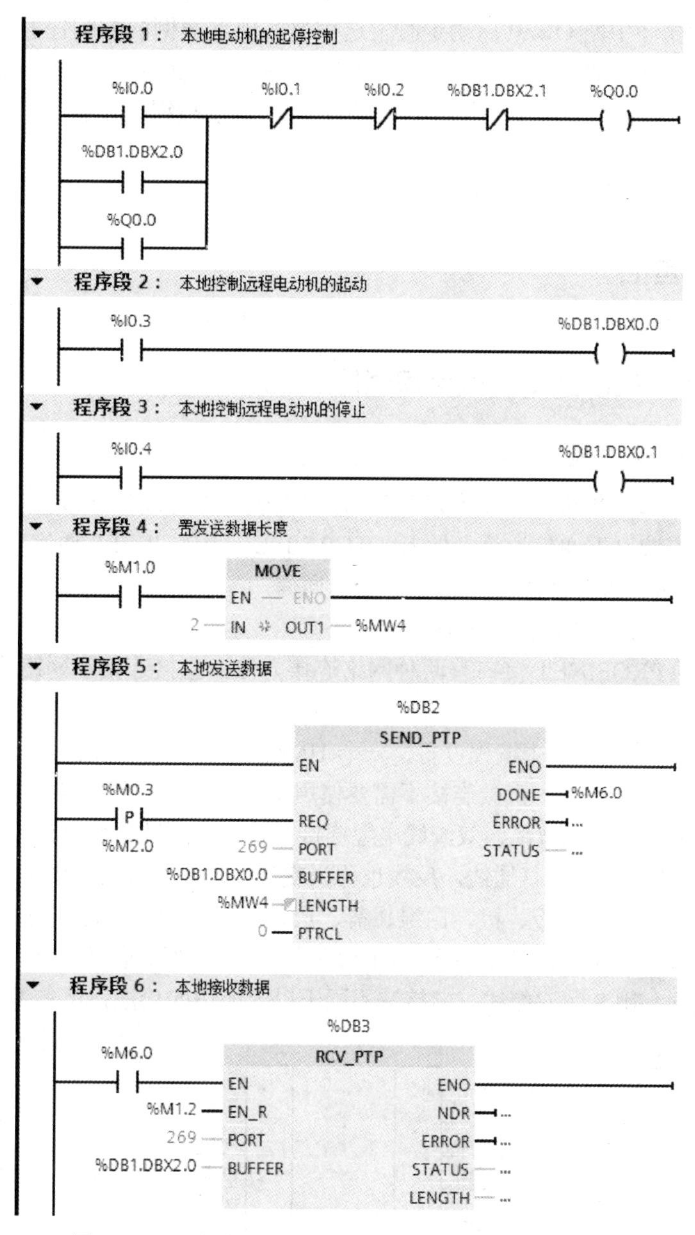

图 6-18　两台电动机异地起/停 PLC 控制的本地站程序

8. 调试程序

将调试好的用户程序及设备组态分别下载到各自 CPU 中，并连接好线路。按下本地电动机的起动和停止按钮，观察本地电动机是否能正常起动和停止。再按下本地控制远程站电动机的起动和停止按钮，观察远程站电动机是否能正常起动和停止。同样，在另一站调试本地电动机的起停和控制远程电动机的起停，若上述调试现象与控制要求一致，则说明本案例任务实现。

6.3.4 训练

1）训练 1：本案例同时还要求，在两站点均能显示两台电动机的工作状态。

2）训练 2：用循环中断 OB30 启动定时发送信息实现本案例的控制任务。

3）训练 3：用自由口通信实现设备 1 上的跑动按钮控制设备 2 上 QB0 输出端的 8 盏指示灯，使它们以跑马灯形式点亮，即每按一次设备 1 上的跑动按钮，设备 2 上指示灯向左或向右跑动 1 盏。

6.4 以太网通信

6.4.1 S7-1200 PLC 之间的以太网通信

1．S7-1200 PLC 以太网通信简介

S7-1200 PLC 本体上集成一个 PROFINET 接口，既可作为编程下载接口，也可作为以太网通信接口，该接口支持以下通信协议及服务：TCP、ISO on TCP、S7 通信。目前 S7-1200 PLC 只支持 S7 通信的服务器端，还不能支持客户端的通信。

（1）S7-1200 PLC 的以太网通信连接

S7-1200 PLC 的 PROFINET 接口有两种网络连接方法：直接连接和网络连接。

1）直接连接。

当一个 S7-1200 PLC 与一个编程设备、一个 HMI、一个 PLC 通信时，也就是说只有两个通信设备时，实现的是直接通信。直接连接不需要使用交换机，用网线直接连接两个设备即可。网线有 8 芯和 4 芯的两种双绞线电缆，双绞线电缆连接方式也有两种，即正线（标准 568B）和反线（标准 568A），其中正线也称为直通线，反线也称为交叉线。正线接线如图 6-19 所示，两端线序一样，从下至上的线序是：白橙、橙、白绿、蓝、白蓝、绿、白棕、棕。反线接线如图 6-20 所示，一端为正线的线序，另一端为从下至上的线序是：白绿、绿、白橙、蓝、白蓝、橙、白棕、棕。对于千兆以太网，用 8 芯双绞线，但接法不同于以上所述的接法，请参考有关文献。

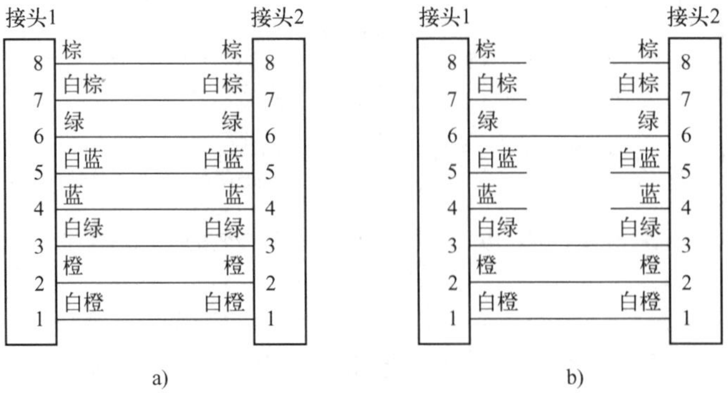

图 6-19 双绞线电缆正线接线图

a) 8 芯线 b) 4 芯线

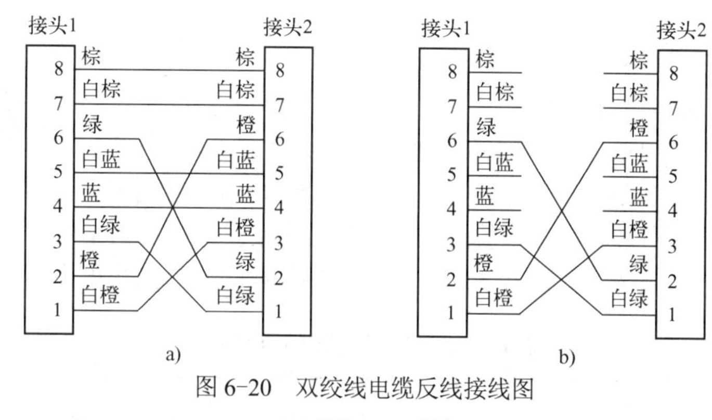

图 6-20 双绞线电缆反线接线图

a) 8 芯线 b) 4 芯线

2）网络连接。

当多个通信设备进行通信时，也就是说通信设备数量为两个以上时，实现的是网络连接。多个通信设备的网络连接需要使用以太网交换机来实现。可以使用导轨安装的西门子 CSM 1277 的 4 口交换机连接其他 CPU 或 HMI 设备。CSM 1277 交换机是即插即用的，使用前不用进行任何设置。

注意：如果使用交换机进行两个或多个通信设备的通信连接，可以是正线接线也可以是反线接线，原因在于交换机具有自动交叉功能。如果不使用交换机进行两个通信设备的通信连接，若是 S7-1200 PLC 与 S7-200 PLC 之间的以太网通信，因 S7-200 PLC 的以太网模块不支持交叉自适应功能，所以只能使用正线接线。S7-1200 PLC 和 S7-200 SMART PLC 的以太网接口具备交叉自适应功能。

（2）与 S7-1200 PLC 有关的以太网通信方法

1）S7-1200 PLC 与 S7-1200 PLC 之间的以太网通信方法。

它们之间的以太网通信可以通过 TCP 和 ISO on TCP 来实现。使用的指令是在双方 CPU 中调用 T_block 指令来实现。

2）S7-1200 PLC 与 S7-200 PLC 之间的以太网通信方法。

它们之间的以太网通信可以通过 S7 通信来实现。因为 S7-1200 PLC 的以太网模块只支持 S7 通信。由于 S7-1200 PLC 的 PROFINET 通信接口只支持 S7 通信的服务器，所以在编程方面，S7-1200 PLC 不用做任何工作，只需在 S7-200 PLC 一侧将以太网设置成客户端，并用 ETHx_XFR 指令编程通信。如果使用的是 S7-200 SMART PLC，则需要使用 PUT、GET 指令编程通信，双方都可以作为服务器。

3）S7-1200 PLC 与 S7-300/400 PLC 之间的以太网通信方法。

它们之间的以太网通信方式相对来说要多一些，可以采用 TCP、ISO on TCP 和 S7 通信。

使用 TCP 和 ISO on TCP 这两种协议进行通信所使用的指令是相同的，在 S7-1200 PLC 中使用 T_block 指令编辑通信。如果是以太网模块，在 S7-300/400 PLC 上使用 AG_SEND、AG_RECV 编程实现通信。如果是支持 Open IE 的 PN 口，则使用 Open IE 的通信指令实现。对于 S7 通信，由于 S7-1200 PLC 的 PROFINET 通信接口只支持 S7 通信的服务器，所以在编程方面，S7-1200 PLC 不用做任何工作，只需在 S7-300/400 PLC 一侧建立单边连接，并用 PUT、GET 指令进行通信。

2. S7-1200 PLC以太网通信指令

码6-3
以太网通信指令

S7-1200 PLC中所有需要编程的以太网通信都使用开放式以太网通信指令块T-block来实现，所有T-block通信指令必须在OB1中调用。调用T-block指令并配置两个CPU之间的连接参数，定义数据发送或接收的参数。博途软件提供两套通信指令：不带连接管理的通信指令和带连接管理的通信指令。

不带连接管理的通信指令如表6-3所示，带连接管理的通信指令如表6-4所示。

表6-3 不带连接管理的通信指令

指　令	功　能
TCON	建立以太网连接
TDISCON	断开以太网连接
TSEND	发送数据
TRCV	接收数据

表6-4 带连接管理的通信指令

指　令	功　能
TSEND_C	建立以太网连接并发送数据
TRCV_C	建立以太网连接并接收数据

实际上TSEND_C指令实现的是TCON、TDISCON和TSEND三个指令综合的功能，而TRCV_C指令是TCON、TDISCON和TRCV三个指令综合的功能。

3. S7-1200 PLC之间的以太网通信

码6-4
以太网通信指令的应用

S7-1200 PLC之间的以太网通信可以通过TCP或ISO on TCP，在双方CPU中调用T-block指令来实现。通信方式为双边通信，因此发送和接收指令必须成对出现。因为S7-1200 PLC目前只支持S7通信的服务器端，所以它们之间不能使用S7这种通信方式。下面通过一个例子介绍S7-1200 PLC之间的以太网通信的组态步骤及其编程。

（1）控制要求

将设备1的IB0中数据发送到设备2的接收数据区QB0中，设备1的QB0接收来自设备2发送的IB0中数据。

（2）硬件接线图

根据控制要求可绘制出图6-21所示的接线图，设备2上的输入端及设备1上的输出端未详细画出，两设备（PLC）通过带有水晶头的网线相连接。

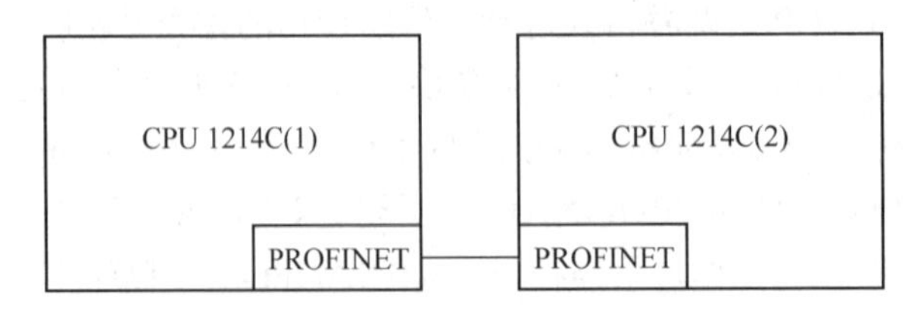

图6-21 S7-1200 PLC之间以太网通信硬件接线图

（3）组态网络

创建一个新项目，名称为 NET_1200-to-1200，添加两个 PLC，均为 CPU 1214C，分别命名为 PLC_1 和 PLC_2。分别启用两个 CPU 中的系统和时钟存储器字节 MB1 和 MB0。

在项目视图的“设备组态”中，单击 CPU 的属性的“PROFINET 接口[X1]”选项，可以设置 PLC 的 IP 地址，在此设置 PLC_1 和 PLC_2 的 IP 地址分别为 192.168.0.1 和 192.168.0.2，如图 6-22 所示。切换到“网络视图”（或双击项目树的“设备和网络”选项），要创建 PROFINET 的逻辑连接，首先进行以太网的连接。选中 PLC_1 的 PROFINET 接口的绿色小方框，拖动到另一台 PLC 的 PROFINET 接口上，松开鼠标，则连接建立，并保存窗口设置，如图 6-23 所示。

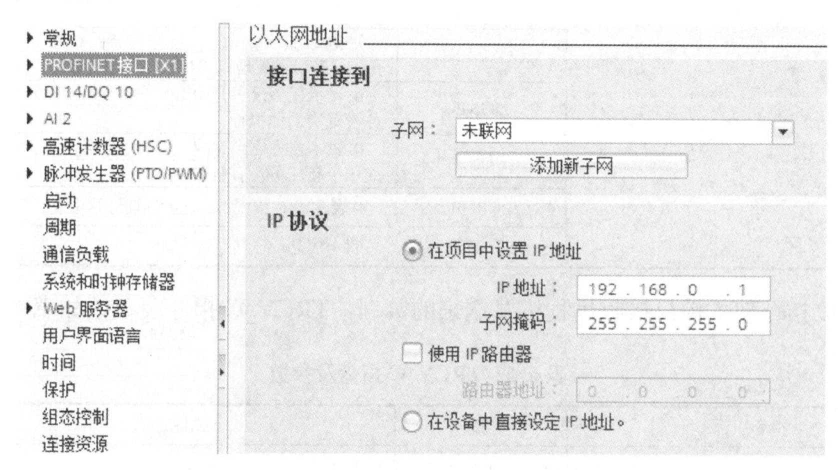

图 6-22　设置 PLC 的 IP 地址

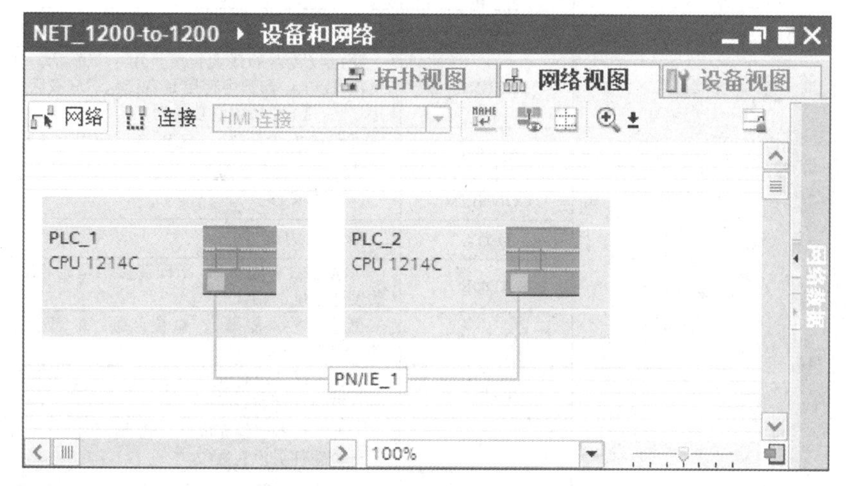

图 6-23　建立以太网连接

（4）PLC_1 通信编程

1）在 PLC_1 的 OB1 中调用 TSEND_C 通信指令。

打开 PLC_1 主程序 OB1 的编辑窗口，在右侧“通信”指令文件夹中，打开“开放式用户通信”文件夹，双击或拖动 TSEND_C 指令至某个程序段中，会自动生成名称为 TSEND_C_DB 的背景数据块。TSEND_C 指令可以用 TCP 或 ISO on TCP。它们均使本地机与远程机进行通信，TSEND_C 指令使本地机向远程机发送数据。TSEND_C 指令及参数如表 6-5 所示。

表 6-5　TSEND_C 指令及参数

指　令	参数	描述	数据类型
TSEND_C EN　ENO REQ　DONE CONT　BUSY LEN　ERROR CONNECT　STATUS DATA ADDR COM_RST	EN	使能	BOOL
	REQ	当上升沿时，启动向远程机发送数据	BOOL
	CONT	1 表示连接，0 表示断开连接	BOOL
	LEN	发送数据的最大长度，用字节表示	UDINT
	CONNECT	连接数据 DB	任何
	DATA	指向发送区的指针，包含要发送数据的地址和长度	任何
	ADDR	可选参数（隐藏），指向接收方地址的指针	任何
	COM_RST	可选参数（隐藏），重置连接：0 表示无关；1 表示重置现有连接	BOOL
	DONE	0 表示任务没有开始或正在运行；1 表示任务没有错误地执行	BOOL
	BUSY	0 表示任务已经完成；1 表示任务没有完成或一个新任务没有触发	BOOL
	ERROR	0 表示没有错误；1 表示处理过程中有错误	BOOL
	STATUS	状态信息	WORD

TRCV_C 指令使本地机接收远程机发送来的数据，TRCV_C 指令及参数如表 6-6 所示。

表 6-6　TRCV_C 指令及参数

指令	参数	描述	数据类型
TRCV_C EN　ENO EN_R　DONE CONT　BUSY LEN　ERROR ADHOC　STATUS CONNECT　RCVD_LEN DATA ADDR COM_RST	EN	使能	BOOL
	EN_R	为 1 时为接收数据做准备	BOOL
	CONT	1 表示连接，0 表示断开连接	BOOL
	LEN	要接收数据的最大长度，用字节表示。如果在 DATA 参数中使用具有优化访问权限的接收区，LEN 参数值必须为 0	UDINT
	ADHOC	可选参数（隐藏），TCP 选项使用 Ad-hoc 模式	BOOL
	CONNECT	连接数据 DB	任何
	DATA	指向接收区的指针	任何
	ADDR	可选参数（隐藏），指向连接类型为 UDP 的发送地址的指针	任何
	COM_RST	可选参数（隐藏），重置连接：0 表示无关；1 表示重置现有连接	BOOL
	DONE	0 表示任务没有开始或正在运行；1 表示任务没有错误地执行	BOOL
	BUSY	0 表示任务已经完成；1 表示任务没有完成或一个新任务没有触发	BOOL
	ERROR	0 表示没有错误；1 表示处理过程中有错误	BOOL
	STATUS	状态信息	WORD
	RCVD_LEN	实际接收到的数据量（以字节为单位）	UDINT

2）定义 PLC_1 的 TSEND_C 连接参数。

要设置 PLC_1 的 TSEND_C 连接参数，先选中该指令，右击该指令，在弹出的对话框中单击“属性”，打开属性对话框，然后选择其左上角的“组态”选项卡，单击其中的“连接参数”选项，如图 6-24 所示。在窗口右侧“伙伴”的“端点”中选择“PLC_2”，则接口、子网及地址等随之自动更新。此时“连接类型”和“连接 ID”两栏呈灰色，即无法进行选择和数据的输入。在“连接数据”栏中输入连接数据块“PLC_1_Connection_DB（所有的连接数据都会存于该 DB 块中）”，或单击“连接数据”栏后面的倒三角，单击“新建”生成新的数据块。单击本地 PLC_1 的“主动建立连接”复选框（即本地 PLC_1 在通信时为主动连接方），此时“连接类型”和“连接 ID”两栏呈现亮色，即可以选择“连接类型”，“连接 ID”系统默认是“1”。然后在“伙伴”的“连接数据”栏输入连接的数据块“PLC_2_Connection_DB”，或单击“连接数据”栏后面的倒三角，单击“新建”生成新的数据块，新的连接数据块生成后连接 ID 也自动生成，这个 ID 号在后面的编程中将会用到。

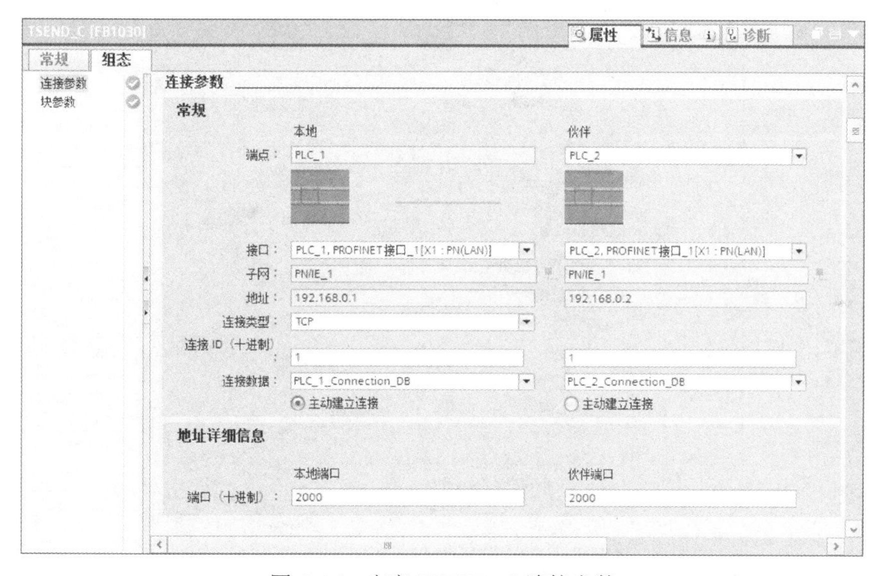

图 6-24　定义 TSEND_C 连接参数

“连接类型”可选择为“TCP”“ISO-on-TCP”和“UDP”，在此选择“TCP”，在“地址详细信息”栏可以看到通信双方的端口号为 2000。如果“连接类型”选择“ISO-on-TCP”，则需要设定 TSAP（Transport Service Access Poin，传输服务访问点）地址，此时本地 PLC_1 可以设置成“PLC1”，伙伴 PLC_2 可以设置成“PLC2”。使用 ISO-on-TCP 通信，除了连接参数的定义不同，其组态编程与 TCP 通信完全相同。

3）定义 PLC_1 的 TSEND_C 块参数。

要设置 PLC_1 的 TSEND_C 块参数，先选中指令，右击该指令，在弹出的对话框中单击“属性”，打开属性对话框，然后选择其左上角的“组态”选项卡，单击其中的“块参数”选项，如图 6-25 所示。在“输入”参数中，“启动请求（REQ）”使用“Clock_2Hz（M0.3）”，上升沿激发发送任务，“连接状态（CONT）”设置为常数 1，表示建立连接并一直保持连接。在“输入/输出”参数中，“相关的连接指针”是前面建立的连接数据块 PLC_1_Connection_DB，“发送区域（DATA）”中使用指针寻址或符号寻址，本例设置为“P#I0.0 BYTE 1”，即定义的是发送数据 IB0 开始的 1B 的数据。在此只需要在“起始地址”框中输入 P#I0.0，在“长度”框输入 1，在后面方框中选择“BYTE”即可。“发送长度（LEN）”设为 1，即最大发送的数据为 1B。“重新启动块（COM_RST）”为 1 时重新启动通信块，现存的连接会中断，在此不设置。在“输出”参数中，“请求完成（DONE）”“请求处理（BUSY）”“错误（ERROR）”“错误信息（STATUS）”可以不设置或使用数据块中的变量，如图 6-25 所示。

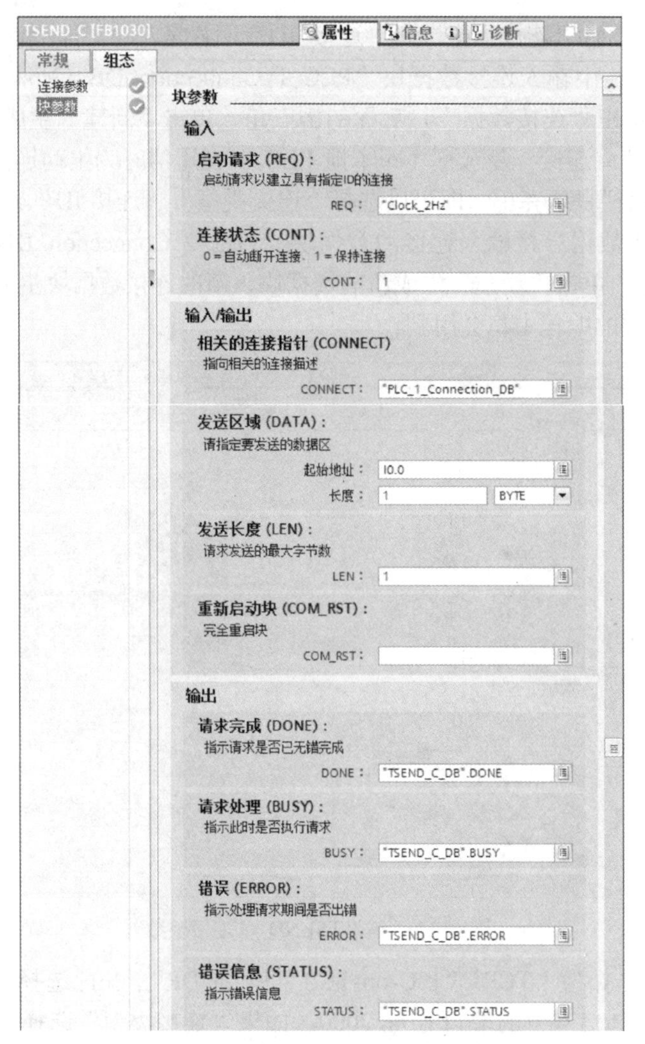

图 6-25　定义 TSEND_C 块参数

设置 TSEND_C 指令块参数后，程序编辑器中的指令将随之更新，也可以直接编辑指令，如图 6-26 所示。

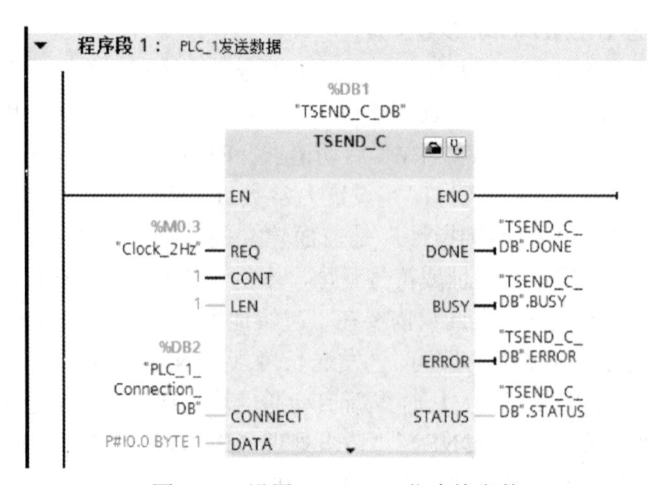

图 6-26　设置 TSEND_C 指令块参数

4）在 OB1 中调用接收指令 TRCV 并组态参数。

为了使 PLC_1 能接收到来自 PLC_2 的数据，在 PLC_1 中调用接收指令 TRCV 并组态其参数。

接收数据与发送数据使用同一连接，所以使用不带连接管理的 TRCV 指令（该指令在右侧指令树的“\通信\开放式用户通信\其他”文件夹中），其编程如图 6-27 所示。其中“EN_R”参数为 1，表示准备好接收数据；ID 号为 1，使用的是 TSEND_C 的连接参数中的“连接 ID”的参数地址；“DATA”为 QB0，表示接收的数据区；“RCVD_LEN”为实际接收到数据的字节数。

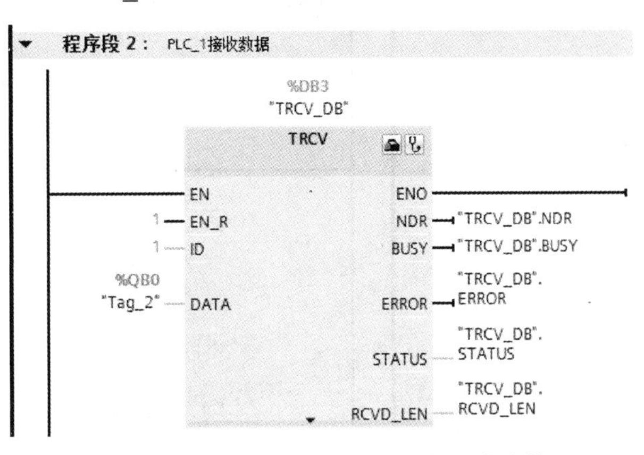

图 6-27　调用接收指令 TRCV 并组态参数

注意：本地站使用 TSEND_C 指令发送数据，则通信伙伴（远程站）就得使用 TRCV_C 指令接收数据。双向通信时，本地调用 TSEND_C 指令发送数据并用 TRCV 指令接收数据；在远程站调用 TRCV_C 指令接收数据并用 TSEND 指令发送数据。TSEND 和 TRCV 指令只有块参数需要设置，无连接参数需要设置。

（5）PLC_2 通信编程

要实现上述通信，还需要在 PLC_2 中调用 TRCV_C 和 TSEND 指令，并组态其参数。

1）在 PLC_2 中调用指令 TRCV_C 并组态参数。

打开 PLC_2 主程序 OB1 的编辑窗口，在右侧“通信”指令文件夹中，打开“开放式用户通信”文件夹，双击或拖动 TRCV_C 指令至某个程序段中，自动生成名称为 TRCV_C_DB 的背景数据块。定义的连接参数如图 6-28 所示，连接参数的组态与 TSEND_C 基本相似，各参数要与通信伙伴 CPU 对应设置。

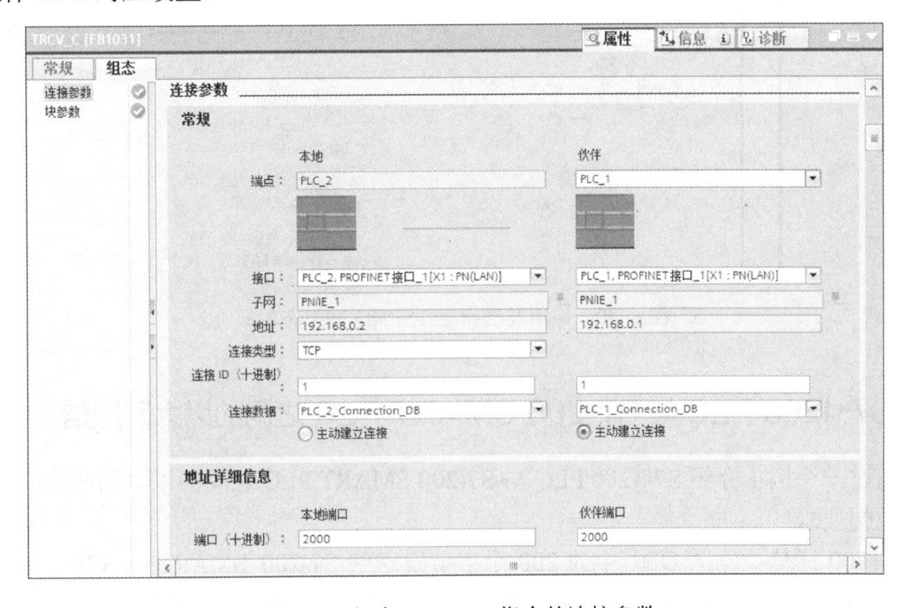

图 6-28　组态 TRCV_C 指令的连接参数

定义通信数据接收 TRCV 指令块参数，如图 6-29 所示。

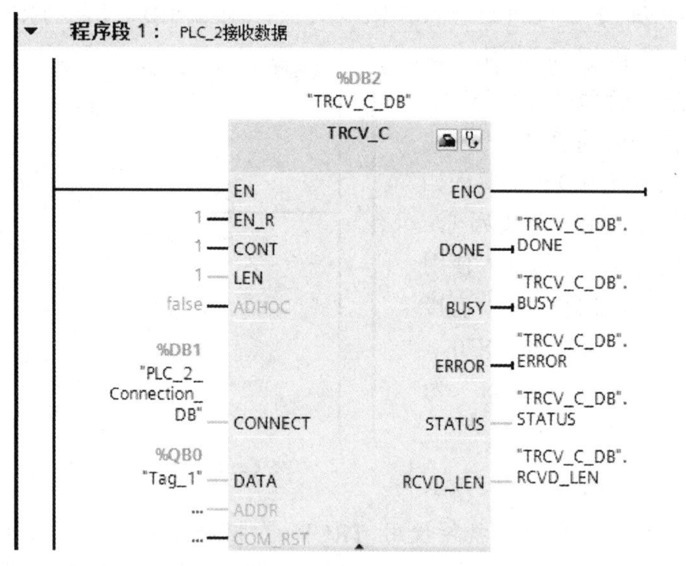

图 6-29　TRCV 指令块参数组态

2）在 PLC_2 中调用 TSEND 指令并组态参数。

PLC_2 是将 IB0 中数据发送到 PLC_1 的 QB0 中，则在 PLC_2 调用 TSEND 发送指令并组态相关参数，发送指令与接收指令使用同一个连接，所以也使用不带连接的发送指令 TSEND，其块参数组态如图 6-30 所示。

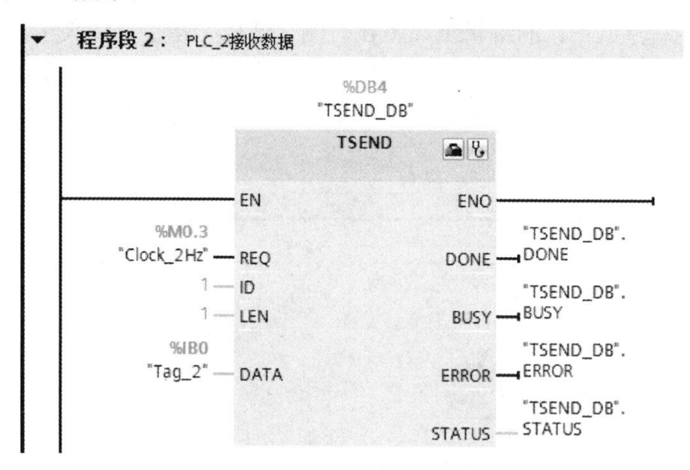

图 6-30　调用发送指令 TSEND 并组态参数

6.4.2　S7-1200 PLC 与 S7-200 SMART PLC 之间的以太网通信

下面通过一个例子介绍 S7-1200 PLC 与 S7-200 SMART PLC 之间的以太网通信。

（1）控制要求

将 S7-1200 通信数据区 DB1 中的 200 个字节发送到 S7-200 SMART 的 VB0～VB199 的数据区。S7-1200 读取 S7-200 SMART 中的 VB200～VB399 数据区，并将其存储到 S7-1200 的数据区 DB2 中。

（2）硬件接线图

根据控制要求可绘制出图 6-31 所示的接线图，两设备（PLC）通过带有水晶头的网线相连接。

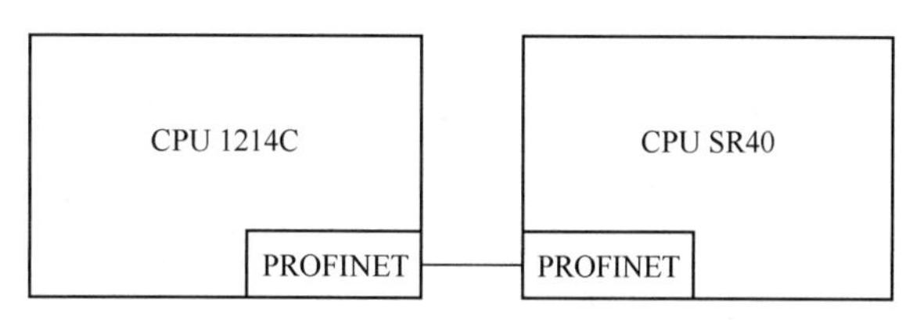

图 6-31　1200 与 200 SMART 以太网通信硬件接线图

（3）S7-1200 侧硬件组态和网络组态

1）创建一个新项目，并添加一个 S7-1200 PLC 站点。

打开博途编程软件，创建一个名称为 NET_1200-to-200 SMART 的项目，添加一个 PLC 型号为 CPU 1214C，命名为 PLC_1，采用默认的 IP 地址（192.168.0.1），同时启用 CPU 中的时钟存储器字节 MB0。

2）创建 S7 连接。

在博途编程软件的网络视图中，先单击连接图标创建一个新的连接，然后在其右边连接列表中选择“S7 连接”，如图 6-32 所示，然后单击网络视图中的 CPU，在弹出的菜单中选择“添加新连接”。在弹出的“创建新连接”对话框中将“连接类型”选择“S7 连接”，在左边选择“未指定”，指定本地 ID 为“100”，然后单击“添加”按钮，添加新连接，再单击“关闭”按钮，关闭创建新连接对话框，如图 6-33 所示。

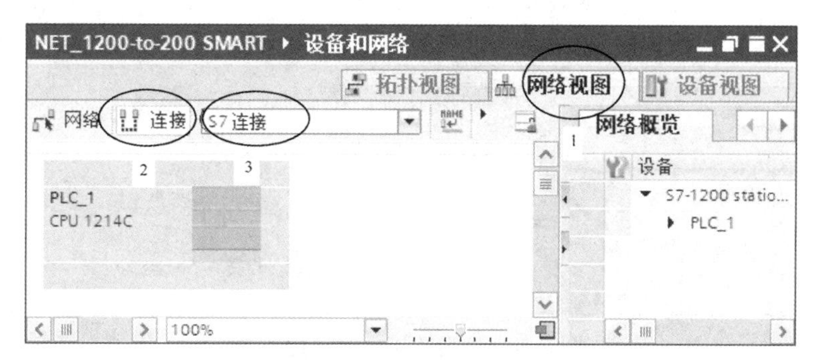

图 6-32　创建 S7 连接

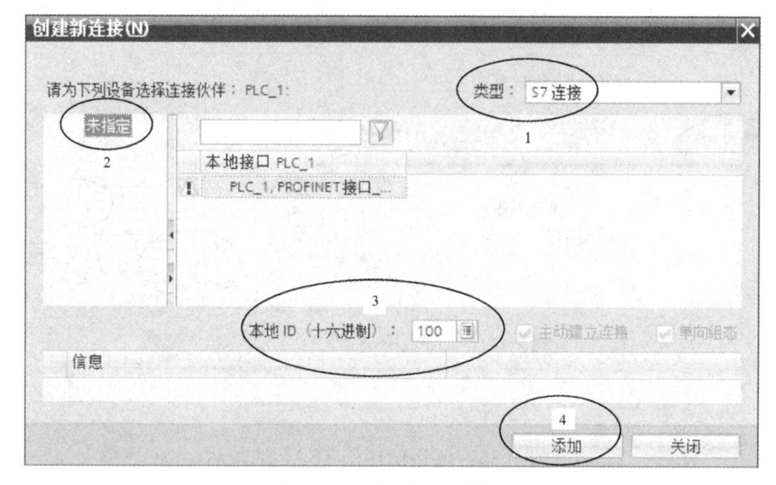

图 6-33　添加 S7 连接

3）添加子网。

添加完新连接后，在图 6-32 中，右击 CPU 右下方绿色的小方框，在弹出的菜单中单击

“添加子网”，然后生成一条 PN/IE_1 子网，如图 6-34 左上角所示。

4）组态连接参数。

选择图 6-34 中右上角的“连接”选项卡，在“本地连接”列中选中“S7_连接_1”，在该连接的“属性”中选择“常规”，然后设置伙伴方 S7-200 SMART 的 IP 地址，如 192.168.0.2。单击图 6-34 左侧“常规”属性下的“地址详细信息”，可以看出伙伴方 S7-200 SMART 的机架/插槽号和 TSAP 地址，如图 6-35 所示。

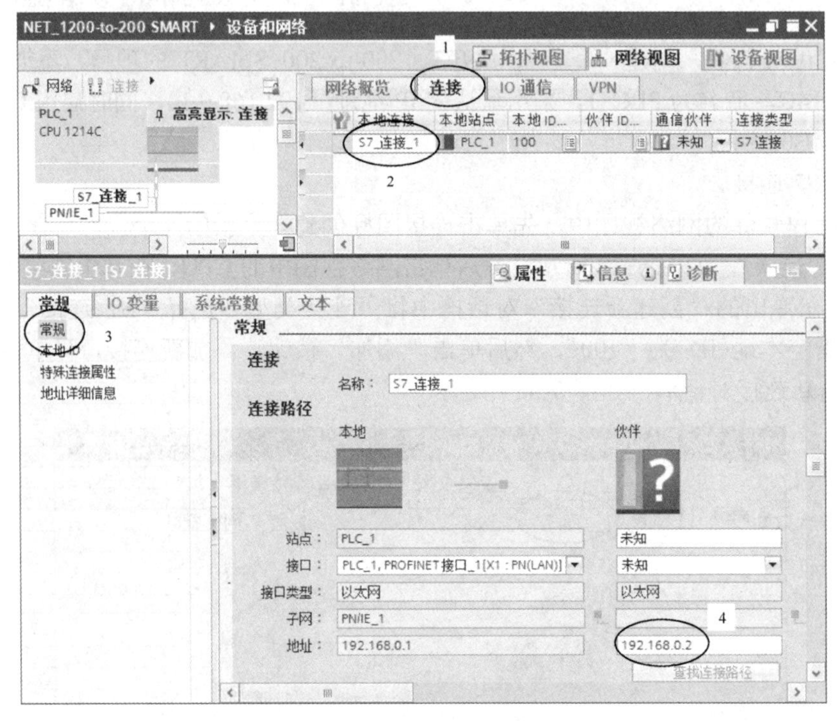

图 6-34　设置连接伙伴的 IP 地址

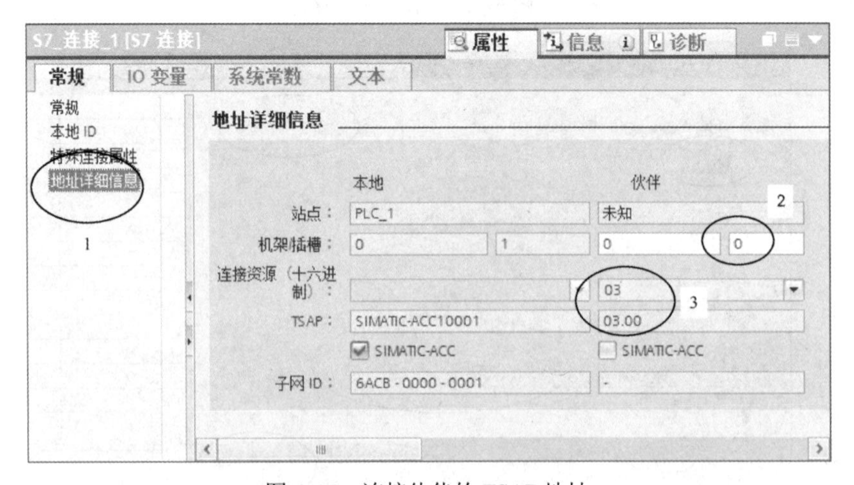

图 6-35　连接伙伴的 TSAP 地址

（4）S7-1200 通信编程

1）首先创建发送数据块 DB1（接收数据块 DB2 类似），数据块定义为 200 个字节的数组，且数据块的属性设置中需要取消“优化的块访问”选项。

2）在 PLC_1 的 OB1 中调用 PUT/GET 通信指令。

打开 PLC_1 主程序 OB1 的编辑窗口，在右侧“通信”指令文件夹中，打开“S7 通信”文件夹，双击或拖动 PUT/GET 指令至某个程序段中，自动生成名称为 PUT_DB 和 GET_DB 的背景数据块。PUT 指令及参数如表 6-7 所示，GET 指令及参数如表 6-8 所示。根据控制要求，编写的本例通信程序如图 6-36 所示。

表 6-7　PUT 指令及参数

指令	参数	描述	数据类型
PUT Remote - Variant EN　ENO REQ　DONE ID ERROR ADDR_1 STATUS SD_1	EN	使能	BOOL
	REQ	上升沿触发，可以使用系统时钟或自定义时钟，或使用通信状态触发	BOOL
	ID	连接号，要与连接配置中一致，创建连接时的连接号（为十六进制）	WORD
	ADDR_1	发送到通信伙伴数据区的地址，本例对应于 S7-200 SMART 的 VB0-VB199（最多可设置 4 个接收数据区）	任何
	SD_1	本地发送数据区（最多可设置 4 个发送数据区）	任何
	DONE	0 表示任务没有开始或正在运行；1 表示发送任务完成	BOOL
	ERROR	0 表示没有错误；1 表示处理过程中有错误	BOOL
	STATUS	状态信息	WORD

表 6-8　GET 指令及参数

指令	参数	描述	数据类型
GET Remote - Variant EN　ENO REQ　NDR ID ERROR ADDR_1 STATUS RD_1	EN	使能	BOOL
	REQ	上升沿触发，可以使用系统时钟或自定义时钟，或使用通信状态触发	BOOL
	ID	连接号，要与连接配置中一致，创建连接时的连接号（为十六进制）	WORD
	ADDR_1	从通信伙伴数据区读取数据的地址，对应于本例 S7-200 SMART 的 VB200-VB399（最多可设置 4 个读取数据区）	任何
	RD_1	本地接收数据地址（最多可设置 4 个接收数据区）	任何
	NDR	0 表示任务没有开始或正在运行；1 表示发送任务完成	BOOL
	ERROR	0 表示没有错误；1 表示处理过程中有错误	BOOL
	STATUS	状态信息	WORD

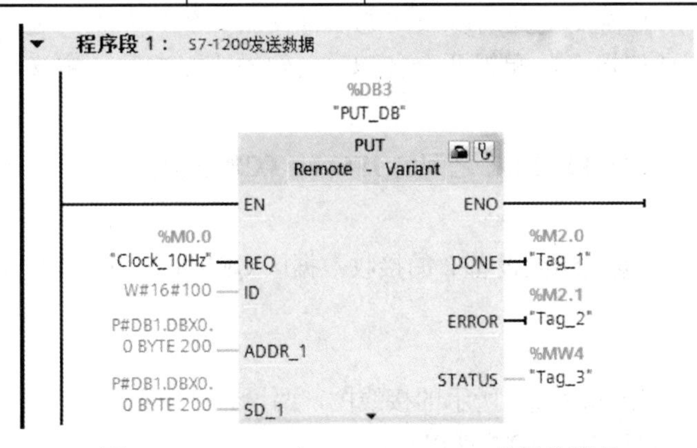

图 6-36　S7-1200 与 S7-200 SMART 的通信程序

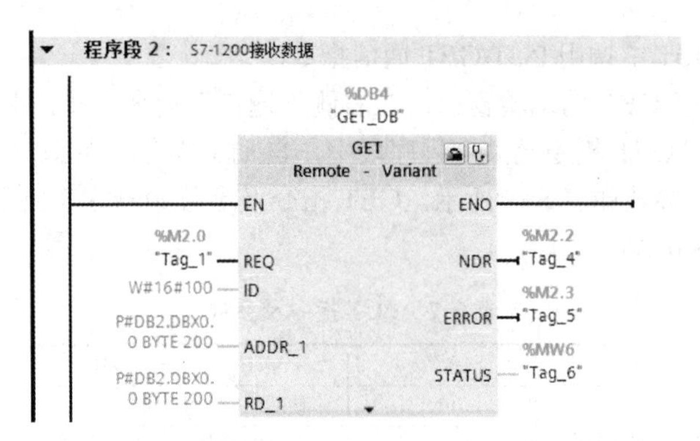

图 6-36 S7-1200 与 S7-200 SMART 的通信程序（续）

注意： S7-200 SMART PLC 中 V 区对应于 DB1，即在 PUT 指令中使用的通信伙伴数据区 ADDR_1=P#DB1.DBX0.0 BYTE 200 在 S7-200 SMART PLC 中对应地址为 VB0~VB199。本例中 S7-200 SMART PLC 作为 S7 通信的服务器，占用 S7-200 SMART PLC 的服务器连接资源，S7-200 SMART PLC 本身不需要编写通信程序。S7-1200 PLC 与 S7-200 SMART S7 通信的另外一种方法是 S7-200 SAMRT PLC 作为客户端，S7-1200 PLC 作为服务器。该方式需要 S7-200 SMART PLC 调用 PUT/GET 指令，S7-1200 PLC 则不需要编写通信程序。

6.4.3 S7-1200 PLC 与 S7-300 PLC 之间的以太网通信

S7-1200 PLC 与 S7-300/400 PLC 之间的以太网通信方式相对要多一些，可以采用 TCP、ISO on TCP 和 S7 通信。

采用 TCP 和 ISO on TCP 这两种协议通信所使用的指令是相同的，在 S7-1200 PLC 中使用 T-Block 指令通信进行编程。如果使用以太网模块，在 S7-300/400 PLC 使用 AG_SEND 和 AG_RECV 通信进行编程。如果使用 PROFINET 接口，则调用 OPEN IE 指令（如建立通信连接指令 TCON、断开通信连接指令 TDISCON、发送数据指令 TSEND、接收数据指令 TRCV 等）进行通信进行编程。

对于 S7 通信，S7-1200 PLC 的 PROFINET 接口只支持 S7 通信的服务器端，所以在组态编程和建立连接方面，S7-1200 PLC 不用做任何工作，只需在 S7-300/400 PLC 一侧建立单边连接，并使用单边编程方式的 PUT、GET 指令进行通信。

S7-1200 PLC 中所有需要编程的以太网通信都使用开放式以太网通信指令 T-Block 来实现，即调用 T-Block 通信指令，配置两个 CPU 之间的连接参数，定义数据发送和接收信息的参数。

1. S7-1200 PLC 与 S7-300 PLC 之间的 ISO on TCP 通信

（1）控制要求

将设备 1 的 IB0 中数据发送到设备 2 的接收数据区 QB0 中，设备 1 的 QB0 接收来自设备 2 发送的 IB0 中数据。

（2）硬件接线图

根据控制要求可绘制出图 6-37 所示的接线图，两设备（PLC）通过带有水晶头的网线相连接（在此 S7-300 选用 CPU 314C-2DP 型 PLC）。

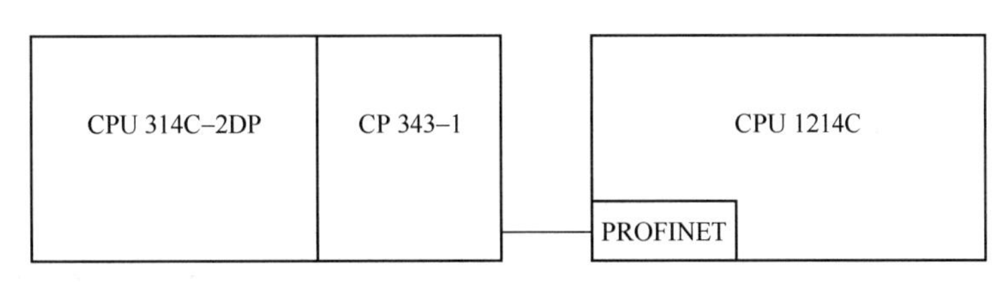

图 6–37　S7-1200 与 S7-300 之间的 ISO on TCP 通信硬件接线图

（3）S7-1200 PLC 的组态和编程

1）创建一个新项目，并添加一个 S7-1200 PLC 站点。打开博途编程软件，创建一个名称为 NET_1200-to-300 的项目，添加一个 PLC 型号为 CPU 1214C，命名为 PLC_1，采用默认的 IP 地址（192.168.0.1），同时启用 CPU 中的时钟存储器字节 MB0。

2）在 OB1 中调用 TSEND_C 和 TRCV_C 指令，将自动生成其背景数据块 TSEND_C_DB 和 TRCV_C_DB，配置其指令的连接参数和块参数，连接参数如图 6–38 所示，块参数与图 6–25 类似。在图 6–38 中，选择通信伙伴为“未指定”，在“连接数据”栏中新建一个连接数据块 PLC_1_Connection_DB，或单击“连接数据”栏右侧按钮，选择“新建”按钮，然后自动生成一个连接数据块，通信协议为“ISO-on-TCP”，选择 PLC_1 为主动连接方，要设置通信双方的 TSAP 地址，如 1200 和 300，为通信伙伴设置 IP 地址，如 192.168.0.1。

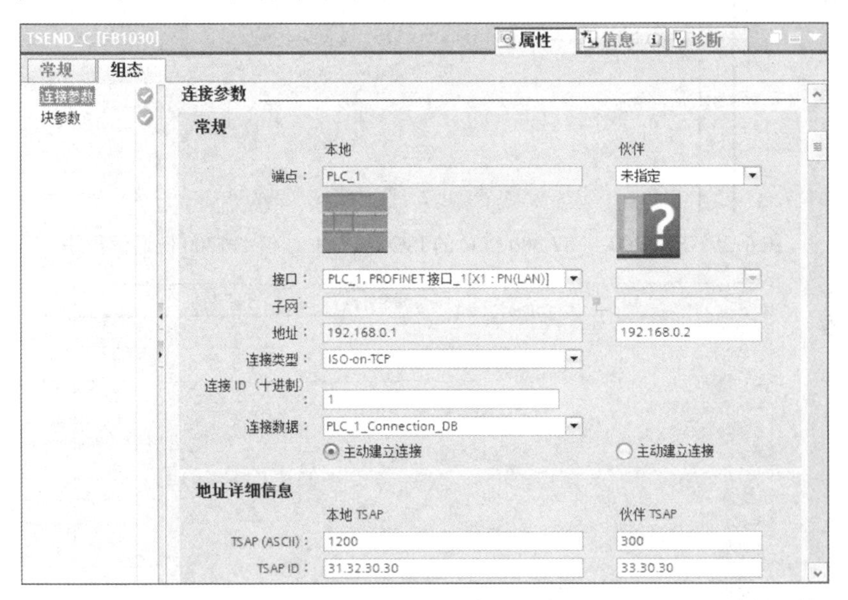

图 6–38　组态 S7-1200 PLC 与 S7-300 PLC 以太网通信的 ISO-on-TCP 连接参数

3）组态网络。打开 CPU 1214C 的“属性”对话框，选中“PROFINET 接口[X1]”选项，在其右侧的窗口单击“添加新子网”按钮，生成“PN/IE_1”子网。

4）S7-1200 PLC 编程。S7-1200 PLC 侧的通信程序如图 6–39 所示。

（4）S7-300 PLC 的组态和编程

其步骤如下所述。

1）添加新设备。

在项目 NET_1200-to-300 中双击项目树中的“添加新设备”，新添一个 CPU 314C-2DP 的 PLC_2 设备。并激活 MB0 为时钟存储器字节，如图 6–40 所示。在 4 号槽上添加一块 PROFINET/以太网模块 CP 343-1。

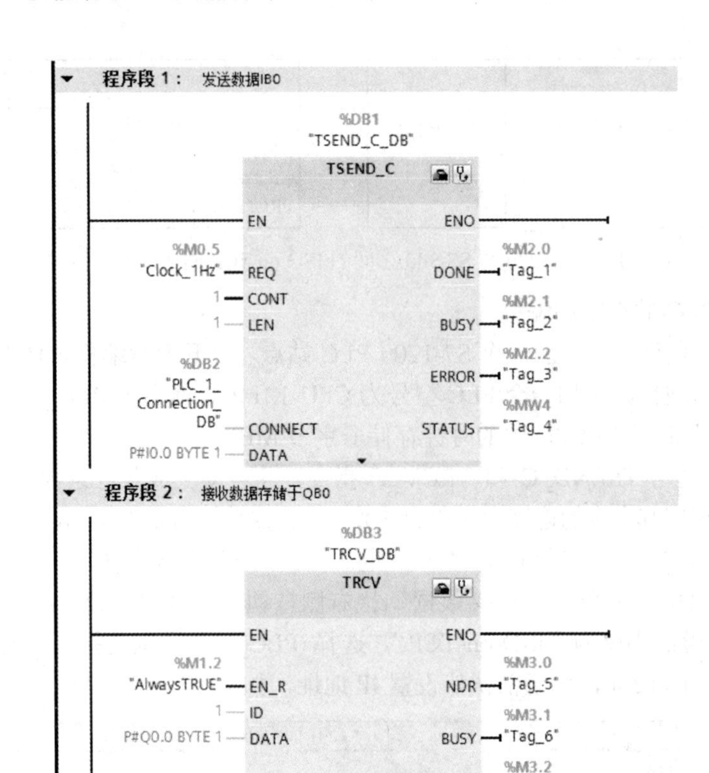

图6-39 S7-1200与S7-300 PLC的ISO-on-TCP通信中1200侧通信程序

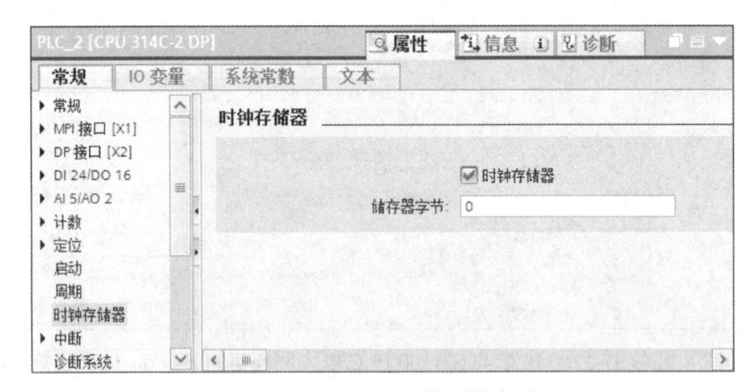

图6-40 S7-300 PLC的时钟存储器

2）配置以太网模块。

打开以太网模块的“属性”对话框，如图6-41所示，选中“PROFINET接口[X1]”选项，在其窗口右侧的“接口连接到”栏单击“子网”后面的图标▾，在弹出列表中选择PN/IE_1，即将CP 343-1模块连接到子网PN/IE_1上（若S7-1200 PLC硬件组态时未生成子网，可在此处单击“添加新子网”按钮，生成“PN/IE_1”子网），并将其IP地址设置为192.168.0.2。

3）网络组态。

打开网络视图，单击窗口左上角的“创建新连接”按钮 连接，然后在其右侧的列表中选择“ISO-on-TCP”通信方式，如图6-42所示。

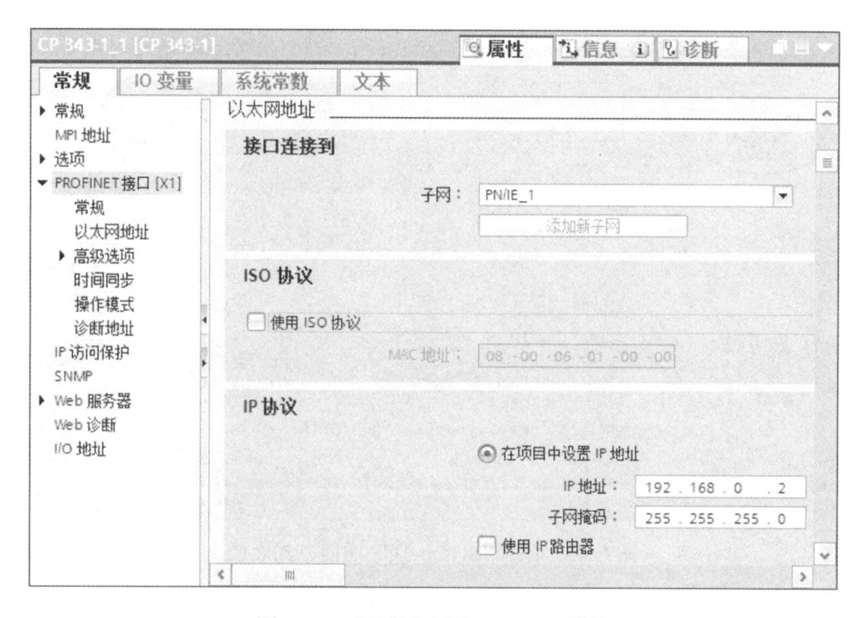

图 6-41　配置以太网 CP 343-1 模块

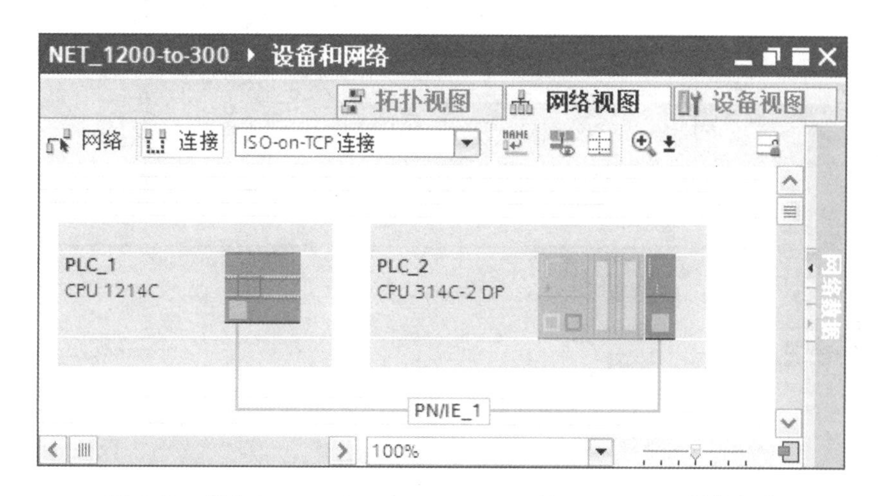

图 6-42　组态 S7-1200 PLC 与 S7-300 PLC 的 ISO-on-TCP 通信方式

选中 PLC_2 的 CPU 后右击，在弹出的对话框中单击“添加新连接”，弹出图 6-43 所示的“创建新连接”对话框，选中窗口右上角的“ISO-on-TCP”连接，选中左边的“未指定”，单击“添加”按钮，可以在图 6-43 中下面的信息窗口中看到连接信息。同时，在网络视图中显示“ISO on TCP_连接_1”连接。

选中网络视图中的“连接”，再选中“ISO on TCP_连接_1”，打开其“属性”，在其“常规”选项卡中添加通信伙伴的 IP 地址“192.168.0.1”。然后在其“本地 ID”中可以看到“标识 ID”是“1”，“LADDR（CP 的起始地址）”是“W#16#0100”，如图 6-44 所示，这些信息后面编程要用到。

单击图 6-44 左侧的“地址详细信息”选项，弹出图 6-45 所示的对话框，输入通信双方的 TSAP，它们应与图 6-38 中一致。

组态好连接后，单击“保存窗口设置”按钮进行 ISO-on-TCP 通信组态的保存。

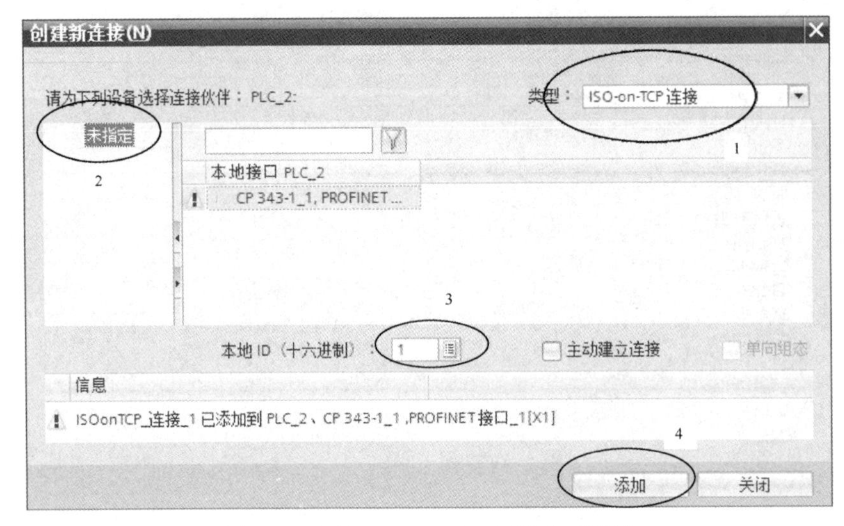

图 6-43　添加 ISO-on-TCP 通信方式连接

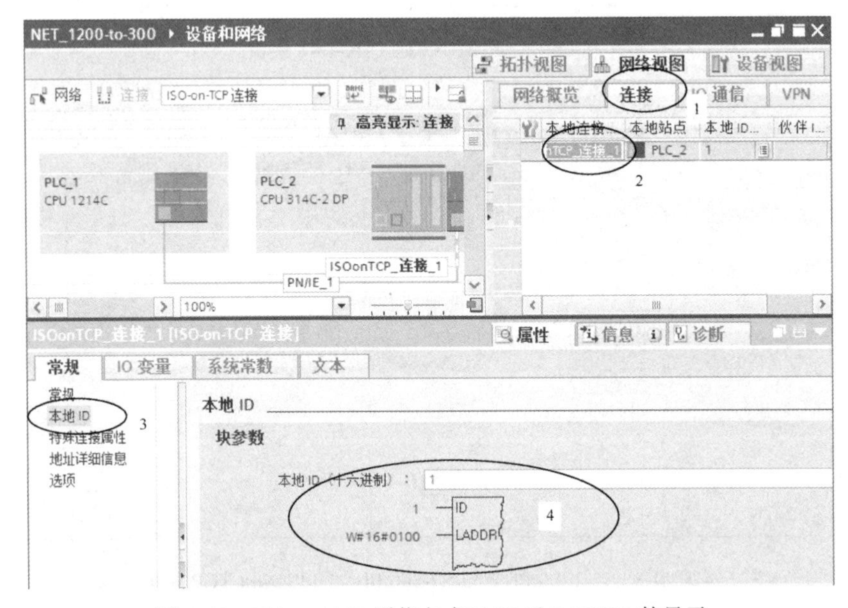

图 6-44　ISO-on-TCP 通信方式下 ID 及 LADDR 的显示

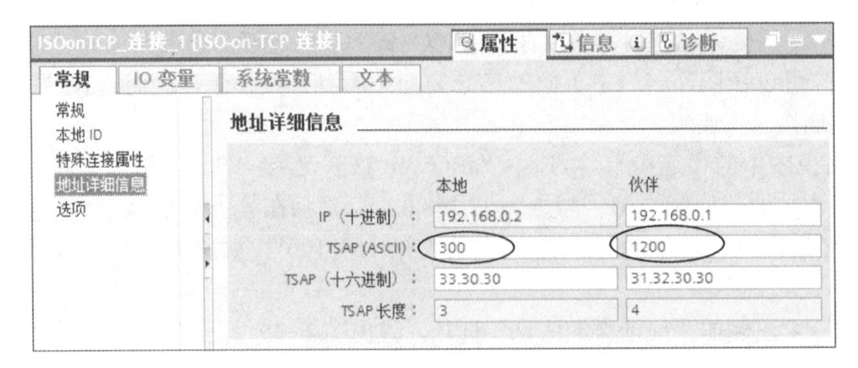

图 6-45　组态 ISO-on-TCP 通信双方的 TSAP

4）S7-300 编程。

在 OB1 程序编辑窗口中打开“通信”指令文件夹下“通信处理器”文件夹中的“SIMATIC NET CP”文件夹，将通信指令“AG_SEND”和“AG_RECV”拖放至程序段上，S7-300 侧的通信程序如图 6-46 所示。

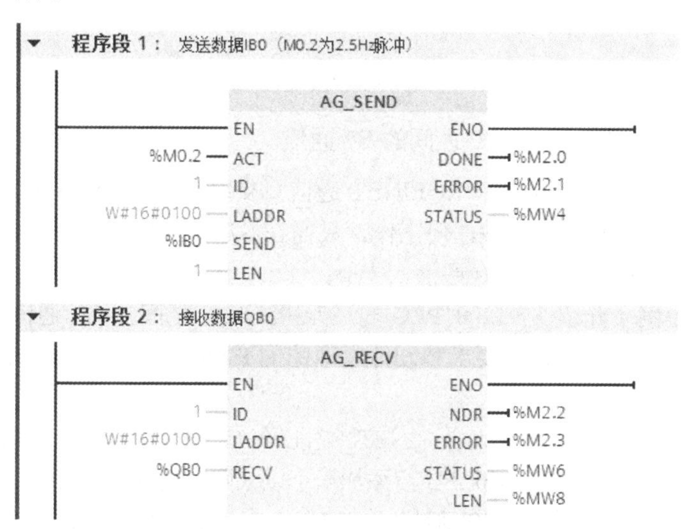

图 6-46　S7-1200 与 S7-300 的 ISO-on-TCP 通信的 300 通信程序

2. S7-1200 PLC 与 S7-300 PLC 之间的 TCP 通信

使用 TCP 通信，除了连接参数的定义不同，通信双方的其他组态及编程与前面的 ISO-on-TCP 通信完全相同。

S7-1200 PLC 中，使用 TCP 与 S7-300 PLC 通信时，设置 PLC_1 的连接参数如图 6-47 所示，设置通信伙伴 S7-300 PLC 的连接参数如图 6-48 所示。

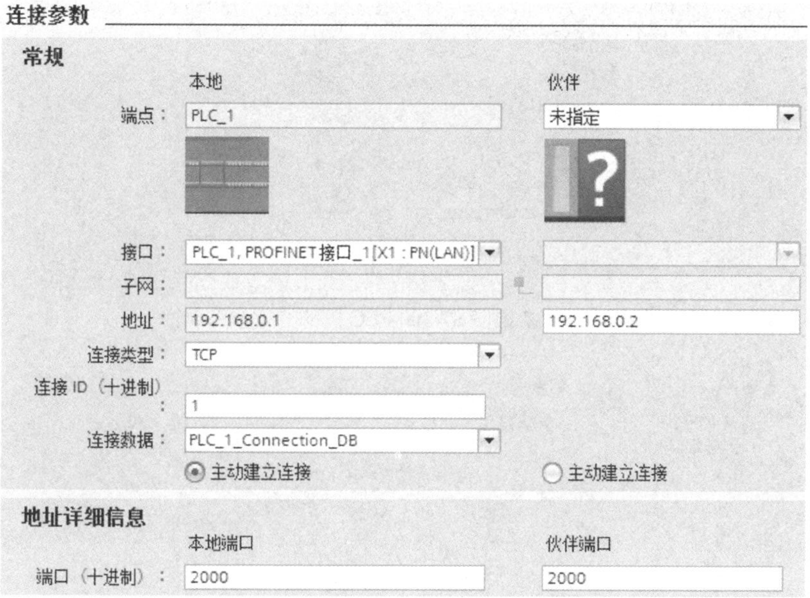

连接参数
常规
本地　伙伴
端点：PLC_1　未指定
接口：PLC_1, PROFINET接口_1[X1 : PN(LAN)]
子网：
地址：192.168.0.1　192.168.0.2
连接类型：TCP
连接 ID（十进制）：1
连接数据：PLC_1_Connection_DB
主动建立连接　主动建立连接
地址详细信息
本地端口　伙伴端口
端口（十进制）：2000　2000

图 6-47　使用 TCP 时 PLC_1 的连接参数

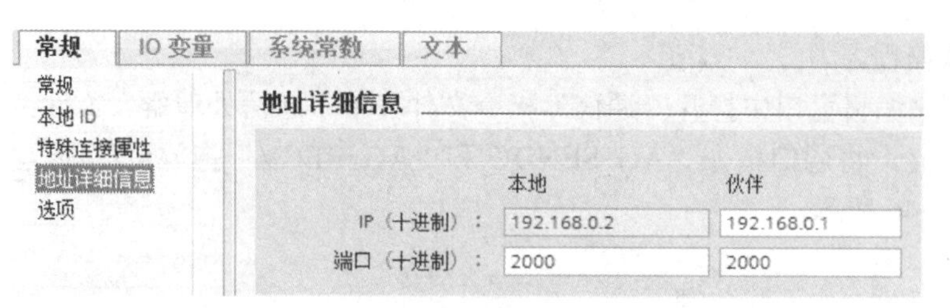

图 6-48　S7-300 PLC 的连接参数

3．S7-1200 PLC 与 S7-300 PLC 之间的 S7 通信

对于 S7 通信，S7-1200 PLC 的 PROFINET 通信只支持 S7 通信的服务器端，所以在编程和建立连接方面，S7-1200 PLC 不用做任何工作，只需在 S7-300 PLC 一侧建立单边连接，并使用单边编程方式的 PUT、GET 指令进行通信。

下面以一个简单例子介绍 S7-1200 PLC 与 S7-300 PLC 之间的 S7 通信，只需要在 S7-300 PLC 一侧进行配置和编程。其控制要求和硬件原理图同 ISO-on-TCP 连接。

（1）生成新项目

打开博途编程软件，新建一个名称为“NET_S7_1200-to-300”的项目。添加两个设备，分别为 CPU 1214C 和 CPU 314C-2DP，在 300CPU 后添加一个以太网通信模块 CP 341-1，设置其 IP 地址为 192.168.0.2，CPU 1214C 采用默认的 IP 地址为 192.168.0.1。在 S7-1200 PLC 中创建子网 PN/IE_1。

（2）S7-300 PLC 组态编程

打开“设备和网络”窗口，创建“S7 连接”，创建方法同 6.4.2 节，将 TCP 连接改为 S7 连接。其“属性”参数如图 6-49～图 6-51 所示。

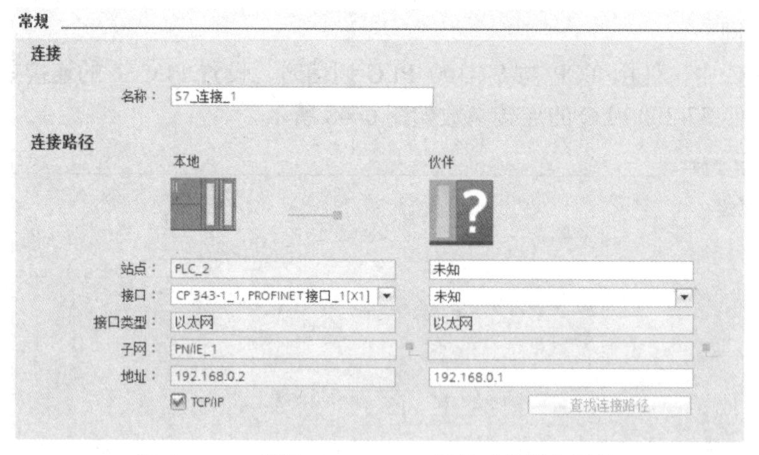

图 6-49　S7 通信 S7-300 PLC 侧的“常规”属性

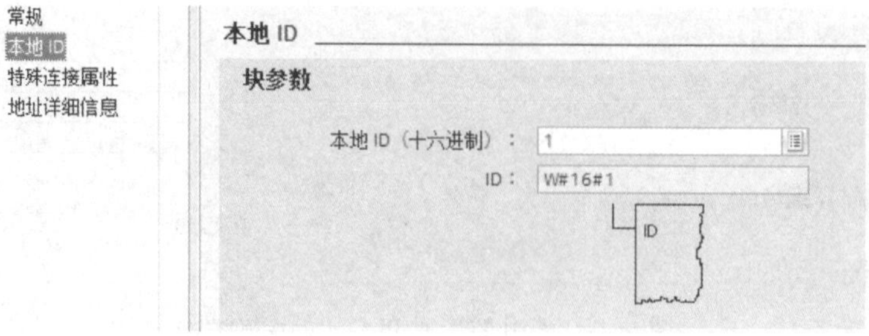

常规
本地 ID
特殊连接属性
地址详细信息

本地 ID

块参数

本地 ID（十六进制）：1

ID：W#16#1

图 6-50　S7 通信 S7-300 PLC 侧的“本地 ID”

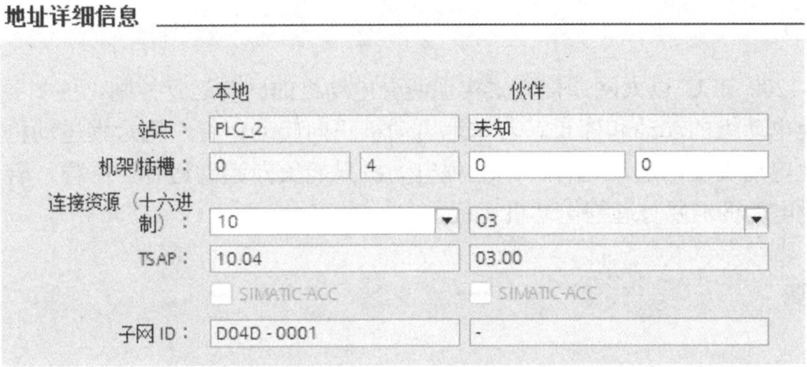

地址详细信息

	本地		伙伴	
站点：	PLC_2		未知	
机架/插槽：	0	4	0	0
连接资源（十六进制）：	10		03	
TSAP：	10.04		03.00	
	SIMATIC-ACC		SIMATIC-ACC	
子网 ID：	D04D - 0001		-	

图 6-51　S7 通信 S7-300 PLC 侧的地址详细信息

打开 PLC_2 的主程序 OB1，打开“通信”指令文件夹下的“S7 通信”文件夹、将 PUT 和 GET 指令拖放至程序段上，S7-300 PLC 侧的通信程序如图 6-52 所示。

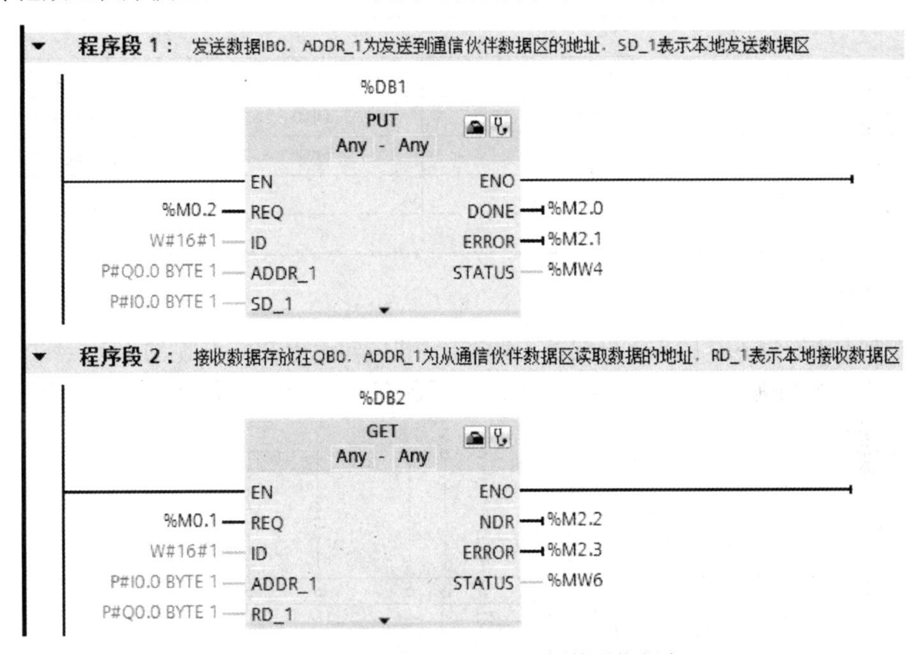

图 6-52　S7 通信 S7-300 PLC 侧的通信程序

使用发送指令 PUT 和接收指令 GET 可以同时发送或接收地址不连续的 4 个数据区域，只需单击 PUT 和 GET 指令块下方的图标▼，指令块便可显示 4 个发送区域和接收区域。

6.5 案例 23　两台电动机的同向运行控制

6.5.1 目的

1）掌握以太网通信的硬件组态。

2）掌握以太网通信指令的使用。

6.5.2 任务

使用 S7-1200 PLC 以太网通信方式实现两台电动机的同向运行控制。控制要求如下：本地按钮控制本地电动机的起动和停止。若本地电动机正向起动运行，则远程电动机只能正向起动运行；若本地电动机反向起动运行，则远程电动机只能反向起动运行。同样，若先起动远程电动机，则本地电动机也要与远程电动机运行方向一致。

6.5.3 步骤

1. I/O 分配

根据 PLC 输入/输出点分配原则及本案例控制要求，进行 I/O 地址分配，如表 6-9 所示。

表 6-9　两台电动机同向运行的 PLC 控制 I/O 分配表

输入		输出	
输入继电器	元器件	输出继电器	元器件
I0.0	本地正向起动 SB1	Q0.0	正转接触器 KM1
I0.1	本地反向起动 SB2	Q0.1	反转接触器 KM2
I0.2	本地停止按钮 SB3		
I0.3	本地过载保护 FR		

2. I/O 接线图

根据控制要求及表 6-9 的 I/O 分配表，两台电动机同向运行 PLC 控制的 I/O 接线图如图 6-53 所示，两站原理图相同，在此只给出其中一站，两台 PLC 均通过集成的 PN 接口相连接。

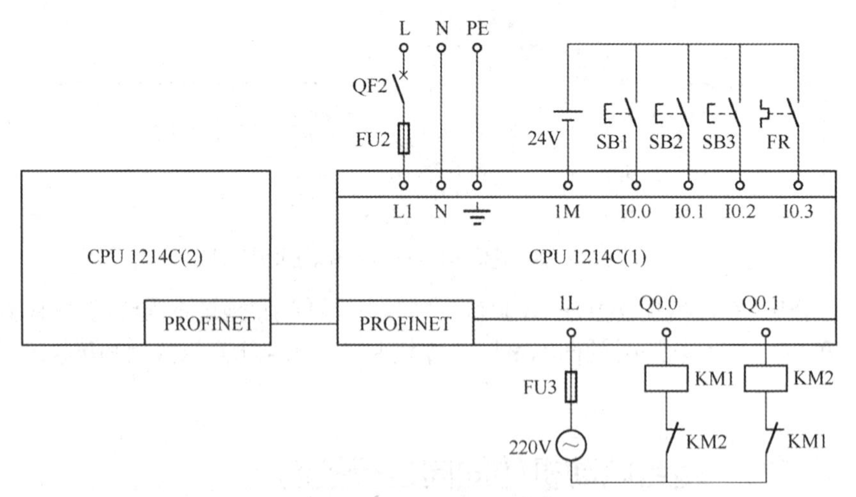

图 6-53　两台电动机同向运行 I/O 接线图 PLC 控制

3. 创建工程项目

双击桌面上的图标，打开博途编程软件，在 Portal 视图中选择“创建新项目”，输入项目名称“M_tongxiang”，选择项目保存路径，然后单击“创建”按钮创建项目。

4. 硬件组态

在项目视图的项目树中双击“添加新设备”图标，添加两台设备，设备名称分别为PLC_1和PLC_2，分别启用系统和时钟存储器字节MB1和MB0。

在项目视图的PLC_1的“设备组态”中，如图6-54所示，单击CPU属性的“PROFINET接口[X1]”选项，可以设置PLC的IP地址，在此设置PLC_1的IP地址为192.168.0.1，单击右侧“接口连接到”下的“子网”后的“添加新子网”按钮，生成子网“PN/IE_1”。

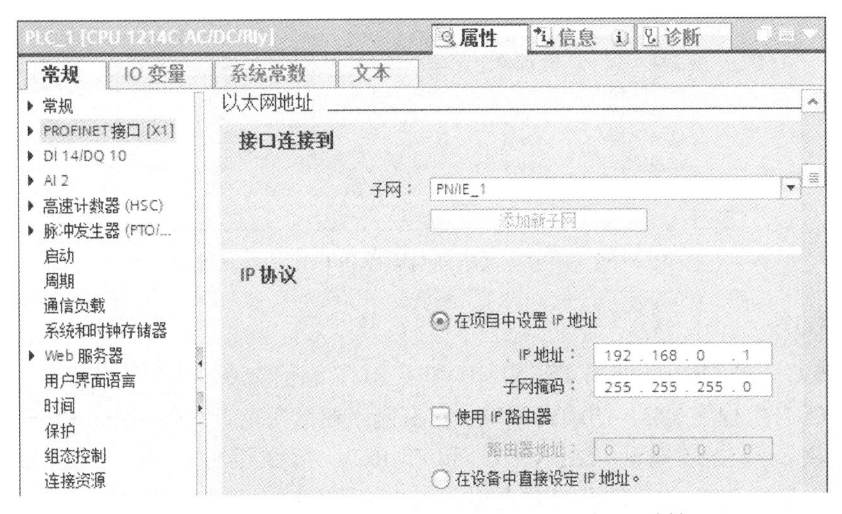

图6-54　创建PN/IE_1子网及设置PLC_1的IP地址

用同样的方法设置PLC_2的IP地址为192.168.0.2，单击“接口连接到”下的“子网”后面的“添加新子网”按钮，选择“PN/IE_1”子网名称，如图6-55所示。此时切换到“网络视图”可以看到两台PLC已经通过PN/IE_1子网连接起来，如图6-23所示。然后对上述的网络组态进行编译和保存。

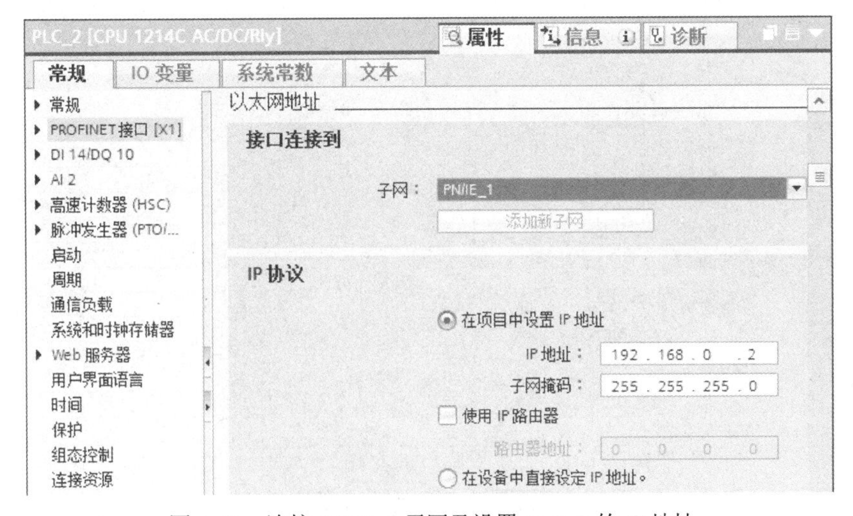

图6-55　连接PN/IE_1子网及设置PLC_2的IP地址

以太网的另一种创建方法为：在程序编辑窗口选中PLC_1的PROFINET接口的绿色小方框，拖动到另一台PLC的PROFINET接口上，松开鼠标，连接建立。

5．编辑变量表

分别打开 PLC_1 和 PLC_2 下的“PLC 变量”文件夹，双击“添加新变量表”，均生成图 6-56 所示的变量表。

M_tongxiang ▸ PLC_1 [CPU 1214C AC/DC/Rly] ▸ PLC 变量 ▸ 变量表_1 [6]

变量 用户常量

变量表_1

	名称	数据类型	地址	保持	在 H...	可从 ...	注释
1	本地正向起动SB1	Bool	%I0.0	☐	☑	☑	
2	本地反向起动SB2	Bool	%I0.1	☐	☑	☑	
3	本地停止按钮SB3	Bool	%I0.2	☐	☑	☑	
4	本地过载保护FR	Bool	%I0.3	☐	☑	☑	
5	正转接触器KM1	Bool	%Q0.0	☐	☑	☑	
6	反转接触器KM2	Bool	%Q0.1	☐	☑	☑	

图 6-56　两台电动机同向运行 PLC 控制的变量表

6．编写程序

（1）在 PLC_1 的 OB1 中调用 TSEND_C 和 T_RCV 通信指令

打开 PLC_1 主程序 OB1 的编辑窗口，在右侧“通信”指令文件夹中，打开“开放式用户通信”文件夹，双击或拖动 TSEND_C 和 T_RCV 指令至程序段中，自动生成名称为 TSEND_C_DB 和 T_RCV_DB 的背景数据块，在此使用 ISO on TCP。

（2）设置 TSEND_C 指令的连接参数和块参数

定义 TSEND_C 指令的连接参数和块参数的方法同 6.4.1 节。其连接参数设置如图 6-57 所示，块参数设置如图 6-58 所示（其他块参数可参考图 6-25 设置）。

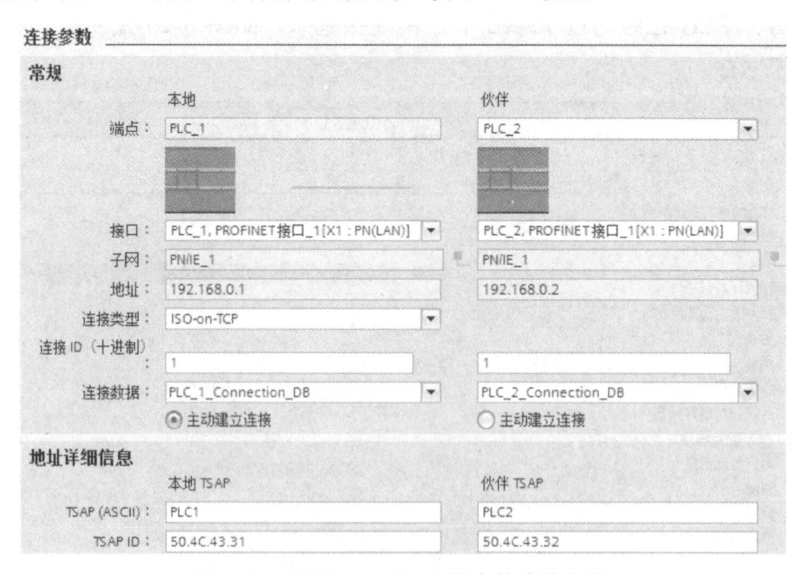

图 6-57　设置 TSEND_C 指令的连接参数

（3）PLC_1 的 OB1 编程

本地 PLC_1 的 OB1 编程如图 6-59 所示。程序中 M0.3 为 2Hz 脉冲，即每秒钟发送两次数据，M1.2 为始终接通位，在此也可以直接输入 1。

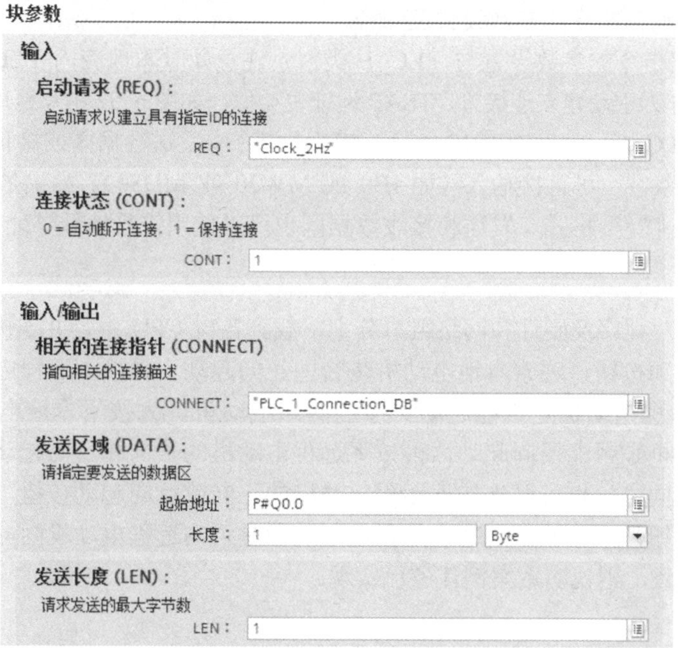

块参数
输入
启动请求 (REQ)：
启动请求以建立具有指定ID的连接
REQ： "Clock_2Hz"
连接状态 (CONT)：
0 = 自动断开连接，1 = 保持连接
CONT： 1
输入/输出
相关的连接指针 (CONNECT)
指向相关的连接描述
CONNECT： "PLC_1_Connection_DB"
发送区域 (DATA)：
请指定要发送的数据区
起始地址： P#Q0.0
长度： 1 Byte
发送长度 (LEN)：
请求发送的最大字节数
LEN： 1

图 6-58　设置 TSEND_C 指令的块参数

程序段 1： 将本地电动机运行状态发送给远程PLC_2
%DB1
TSEND_C
EN
ENO
%M0.3 REQ
DONE %M2.0
1 CONT
BUSY %M2.1
1 LEN
ERROR %M2.2
%DB3 CONNECT
STATUS %MW4
P#Q0.0 BYTE 1 DATA
程序段 2： 接收来自远程PLC_2的电动机运行状态
%DB2
TRCV
EN
ENO
%M1.2 EN_R
NDR %M2.3
1 ID
BUSY %M2.4
%MB20 DATA
ERROR %M2.5
STATUS %MW6
RCVD_LEN %MD8
程序段 3： 本地电动机正向起动并运行
%I0.0 %M20.1 %I0.1 %I0.2 %I0.3 %Q0.1 %Q0.0
%Q0.0
程序段 4： 本地电动机反向起动并运行
%I0.1 %M20.0 %I0.0 %I0.2 %I0.3 %Q0.0 %Q0.1
%Q0.1

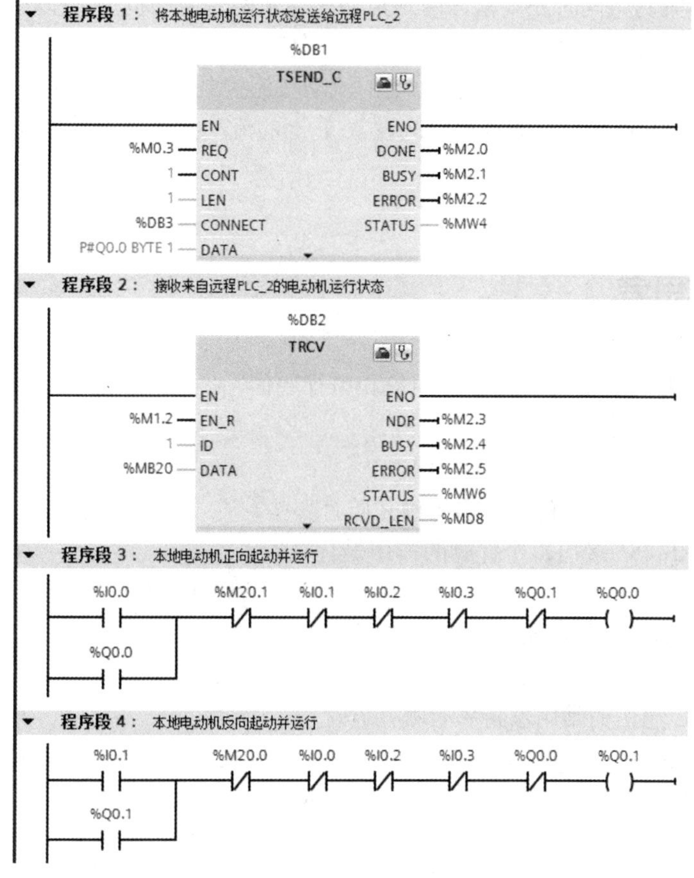

图 6-59　两台电动机同向运行 PLC 控制的本地站程序

（4）PLC_2 的通信指令的参数设置及编程

PLC_2 的通信指令的参数设置与 PLC_1 类似，注意此时本地应为 PLC_2，通信伙伴应为 PLC_1，通信伙伴作为主动建立连接方，TSAP 地址也类似，如图 6-57 中“地址详细信息”区。

编程方法同 PLC_1，注意 TSEND_C 和 TRCV 指令中发送数据区或接收数据区若为一个字节或一个字或一个双字，可直接输入（如 IB0 或 MW20 或 MD50），如果是超过 4 个字节的数据区域则必须使用“P#”格式。发送和接收数据区也可以使用符号地址寻址。

7．调试程序

将调试好的用户程序及硬件和网络组态分别下载到各自 CPU 中，并连接好线路。先按下本地电动机的正向起动按钮，观察本地电动机是否能正向起动，再按下远程电动机的反向和正向起动按钮，观察远程电动机是否能起动。停止两站电动机，先按下本地电动机的反向起动按钮，观察本地电动机是否能反向起动，再按下远程电动机的正向和反向起动按钮，观察远程电动机是否能起动。同样，也可以先按下远程电动机的正向或反向起动按钮，再按下本地电动机反向或正向起动按钮，观察本地电动机是否能起动及是否与远程电动机同向运行。若上述调试现象与控制要求一致，则说明本案例任务已实现。

6.5.4 训练

1）训练 1：本案例中同时还要求在两站点均能显示两台电动机的工作状态。

2）训练 2：用 TCP 通信协议实现本案例的控制任务。

3）训练 3：用以太网通信实现设备 1 上的流动按钮控制设备 2 上 QB0 输出端的 8 盏指示灯，使它们以流水灯形式点亮，即每按一次设备 1 上的流动按钮，设备 2 上指示灯向左或向右流动点亮 1 盏。

6.6 习题与思考

1．通信方式有哪几种？什么是并行通信和串行通信？

2．PLC 可与哪些设备进行通信？

3．什么是单工、半双工和全双工通信？

4．西门子 PLC 与其他设备通信的传输介质有哪些？

5．通信端口 RS-485 接口每个针脚的作用是什么？

6．RS-485 半双工通信串行字符通信的格式可以包括哪几位？

7．西门子 S7-1200 PLC 的常见通信方式有哪几种？

8．自由口通信涉及哪些通信指令？

9．西门子 PLC 通信的常用波特率有哪些？

10．S7-1200 PLC 常用的串口通信主要含有哪些通信协议？

11．S7-1200 PLC 常用的以太网通信主要含有哪些通信协议？

12．如何修改 CPU 的 IP 地址？

13．如何创建两台 PLC 的以太网连接？

14．S7-1200 PLC 的 S7 单向通信中什么是客户机，什么是服务器？

15．使用自由口通信实现两站点的两台电动机同时起/停的控制，若有一台电动机不能起动，或使用中停止运行，运行中的电动机延时 5s 后停止运行。

16．使用以太网的 TCP 通信协议实现第 15 题的控制任务。

17．使用以太网的 ISO-on-TCP 通信协议实现第 15 题的控制任务。

18．使用以太网的 S7 协议实现 S7-1200 PLC 与带 PN 接口的 S7-300 PLC 之间的通信，要求本地 QB0 接收远程 IB0 数据，本地发送数据为 IB0，远程使用 QB0 接收。

第 7 章　顺控系统及应用

本章重点介绍顺序控制系统的组成、顺序功能图的绘制、顺序控制系统的编程方法，并通过 2 个顺序控制系统应用案例较为详细地介绍顺序控制系统中单序列、选择序列及并行序列的编程方法。通过本章学习，读者应能熟练掌握顺序控制系统的顺序功能图的绘制及程序的编写和调试。

7.1　顺序控制系统

在工业应用现场诸多控制系统的加工工艺有一定的顺序性，即按照生产工艺预先规定的顺序，在各个输入信号的作用下，根据内部状态和时间的顺序，在生产过程中各个执行机构自动地、有秩序地进行操作，这样的控制系统称为顺序控制系统。采用顺序控制设计法容易被初学者接受，有经验的工程师也会因此而提高设计效率，因此使用它设计的程序、调试、修改和阅读都很方便。

图 7-1 为机械手搬运工件的动作过程：在初始状态下（步 S0）若在工作台 E 点检测到有工件，则机械手下降（步 S1）至 D 点，然后开始夹紧工件（步 S2），夹紧时间为 3s，机械手上升（步 S3）至 C 点，手臂向左伸出（步 S4）至 B 点，然后机械手下降（步 S5）至 D 点，释放工件（步 S6），释放时间为 3s，将工件放在工作台的 F 点，机械手上升（步 S7）至 C 点，手臂向右缩回（步 S8）至 A 点，一个工作循环结束。若再次检测到工作台 E 点有工件，则又开始下一工作循环，周而复始。

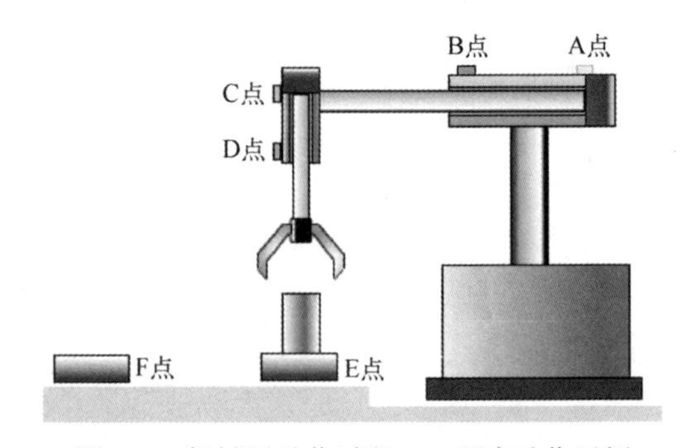

图 7-1　机械手动作过程——顺序动作示例

从以上描述可以看出，机械手搬运工件过程是由一系列步（S）或功能组成，这些步或功能按顺序由转换条件激活，这样的控制系统就是最为典型的顺序控制系统，也称为步进系统。

7.2　顺序功能图

7.2.1　顺序控制设计法

1．顺序控制设计法的基本思想

码 7-1
顺序功能图的构成与设计

将系统的一个工作周期划分为若干个顺序相连的阶段，这些阶段称为步（Step），并用编程软元件（如位存储器 M）来代表各步。

在任何一步之内，输出量的状态保持不变，这样使步与输出量的逻辑关系变得十分简单。

2．步的划分

根据输出量的状态来划分步，只要输出量的状态发生变化就在该处划出一步，如图 7-1 所示，共分为 9 步。

3．步的转换

系统不能总停在一步内工作，从当前步进入下一步称为步的转换，这种转换的信号称为转换条件。转换条件可以是外部输入信号，也可以是 PLC 内部信号或若干个信号的逻辑组合。顺序控制设计就是用转换条件去控制代表各步的编程软元件，让它们按一定的顺序变化，然后用代表各步的软元件去控制 PLC 的各输出位。

7.2.2　顺序功能图的结构

顺序功能图（Sequential Function Chart）是描述控制系统的控制过程、功能和特性的一种图形，也是设计 PLC 的顺序控制程序的有力工具。它涉及所描述的控制功能的具体技术，是一种通用的技术语言。在 IEC 的 PLC 编程语言标准（IEC 61131-3）中，顺序功能图被确定为居首位的 PLC 编程语言。现在还有相当多的 PLC（包括 S7-200 PLC）没有配备顺序功能图语言，但是可以用顺序功能图来描述系统的功能，根据它来设计梯形图程序。

顺序功能图主要由步、初始步、有向连线、转换、转换条件和动作（或命令）组成。

1．步

步表示系统的某一工作状态，用矩形框表示，方框中可以用数字表示该步的编号，也可以用代表该步的编程软元件的地址作为步的编号（如 M0.0），这样在根据顺序功能图设计梯形图时较为方便。

2．初始步

初始步表示系统的初始工作状态，用双线框表示，初始状态一般是系统等待启动命令的相对静止的状态。每一个顺序功能图至少应该有一个初始步。

3．与步对应的动作或命令

与步对应的动作或命令用于在每一步内把状态为 ON 的输出位表示出来。可以将一个控制系统划分为被控系统和施控系统。对于被控系统，在某一步要完成某些“动作”（action）；对于施控系统，在某一步要向被控系统发出某些“命令”（command）。

为了方便，以后将命令或动作统称为动作，也用矩形框中的文字或符号表示，该矩形框与对应的步相连表示在该步内的动作，并放置在步序框的右边。在每一步之内只标出状态为 ON 的输出位，一般用输出类指令（如输出、置位、复位等）。步相当于这些指令的子母线，这些动作命令平时不执行，只有当对应的步被激活才执行。

根据需要，指令与对象的动作响应之间可能有多种情况，如有的动作仅在指令激活的时间内有响应，指令结束后动作终止（点动动作）；而有的一旦发出指令，动作就一直继续（存储性动作），除非再发出停止或撤销指令，这就需要用不同的符号来进行修饰。动作的修饰词如表 7-1 所示。

表 7-1　动作的修饰词

修饰词	动作类型	说　明
N	非存储型	当步变为不活动步时动作终止
S	置位（存储型）	当步变为活动步时动作继续，直到动作被复位
R	复位（存储型）	被修饰词 S、SD、SL 和 DS 启动的动作被终止
L	时间限制	步或变为活动步时动作启动，直到步变为不活动步或设定时间到
D	时间延迟	步变为活动步时延时定时器启动，如果延迟之后步仍然是活动的，动作启动和继续，直到步变为不活动步
P	脉冲	当步变为活动步，动作启动并且只执行一次
SD	存储与时间延迟	在时间延迟之后动作启动，一直到动作被复位
DS	延迟与存储	在延迟之后如果步仍然是活动的，动作启动直到复位
SL	存储与时间限制	步变为活动步动作启动，一直到设定的时间到或动作复位

如果某一步有几个动作，可以用图 7-2 中的两种画法来表示，但是并不表示这些动作之间有任何顺序关系。

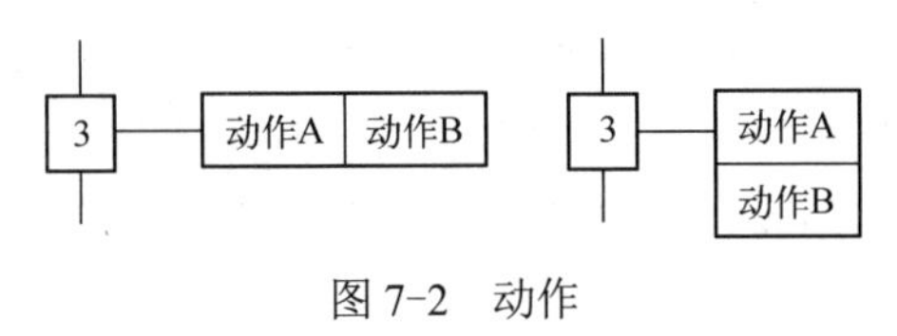

图 7-2　动作

4．有向连线

有向连线把每一步按照它们成为活动步的先后顺序用直线连接起来。

5．活动步

活动步是指系统正在执行的那一步。步处于活动状态时，相应的动作执行，即该步内的元件为 ON 状态；处于不活动状态时，相应的非存储型动作停止执行，即该步内的元件为 OFF 状态。有向连线的默认方向由上至下，凡与此方向不同的连线均应标注箭头表示方向。

6．转换

转换用有向连线上与有向连线垂直的短画线来表示，将相邻两步分隔开。步的活动状态的进展是由转换的实现来完成的，并与控制过程的发展相对应。

转换表示从一个状态到另一个状态的变化，即从一步到另一步的转移，用有向连线表示转移的方向。

转换实现的条件：该转换所有的前级步都是活动步，且相应的转换条件得到满足。

转换实现后的结果：使该转换的后续步变为活动步，前级步变为不活动步。

7．转换条件

使系统由当前步进入下一步的信号称为转换条件。转换是一种条件，当条件成立时，称为转换使能。该转换如果能够使系统的状态发生转换，则称为触发。转换条件是指系统从一个状态向一个状态转移的必要条件。

转换条件是与转换相关的逻辑命令，转换条件可以用文字语言、布尔代数表达式或图形符号标注在表示转换的短画线旁边，使用最多的是布尔代数表达式。

在顺序功能图中，只有当某一步的前级步是活动步时，该步才有可能变成活动步。如果用没有断电保持功能的编程软元件代表各步，进入 RUN 工作方式时，它们均处于“0”状态，必须在开机时将初始步预置为活动步，否则因顺序功能图中没有活动步，系统将无法工作。

绘制顺序功能图应注意以下几点。

1）步与步不能直接相连，要用转换隔开。

2）转换也不能直接相连，要用步隔开。

3）初始步描述的是系统等待启动命令的初始状态，通常在这一步里没有任何动作。但是初始步是不可缺少的，因为如果没有该步，无法表示系统的初始状态，系统也无法返回停止状态。

4）自动控制系统应能多次重复完成某一控制过程，要求系统可以循环执行某一程序，因此顺序功能图应是一个闭环，即在完成一次工艺过程的全部操作后，应从最后一步返回初始步，系统停留在初始状态（单周期操作）；在连续循环工作方式下，系统应从最后一步返回下一工作周期开始运行的第一步。

7.2.3 顺序功能图的类型

顺序功能图主要有单序列、选择序列、并行序列 3 种类型。

码 7-2
顺序功能图的类型

1. 单序列

单序列是由一系列相继激活的步组成，每一步的后面仅有一个转换，每一个转换的后面只有一个步，如图 7-3a 所示。

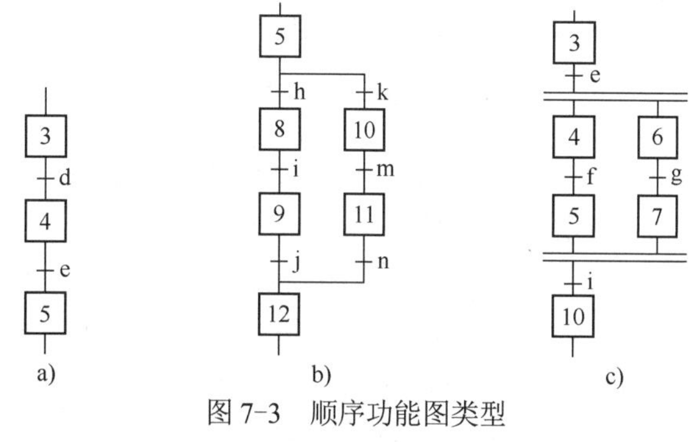

图 7-3　顺序功能图类型

a) 单序列　b) 选择序列　c) 并行序列

2. 选择序列

选择序列的开始称为分支，转换符号只能标在水平连线之下，如图 7-3b 所示。步 5 后有两个转换 h 和 k 所引导的两个选择序列，如果步 5 为活动步并且转换 h 使能，则步 8 被触发；如果步 5 为活动步并且转换 k 使能，则步 10 被触发。一般只允许选择一个序列。

选择序列的合并是指几个选择序列合并到一个公共序列。此时，用需要重新组合的序列相同数量的转换符号和水平连线来表示，转换符号只允许在水平连线之上。图 7-3b 中如果步 9 为活动步并且转换 j 使能，则步 12 被触发；如果步 11 为活动步并且转换 n 使能，则步 12 也被触发。

3. 并行序列

当转换的实现导致几个序列同时激活时，这些序列称为并行序列。并行序列用来表示系统的几个同时工作的独立部分情况，如图 7-3c 所示。并行序列的开始称为分支。当步 3 是活动步并且转换条件 e 为 ON，步 4、步 6 这两步同时变为活动步，同时步 3 变为不活动步。为了强调转换的实现，水平连线用双线表示。步 4、步 6 被同时激活后，每个序列中活动步的进展将是独立的。在表示同步的水平双线上，只允许有一个转换符号。并行序列的结束称为合并，在表示同步水平双线之下，只允许有一个转换符号。当直接连在双线上的所有前级步（步 5、步 7）都处于活动状态，并且转换状态条件 i 为 ON 时，才会发生步 5、步 7 到步 10 的进展，步 5、步 7 同时变为不活动步，而步 10 变为活动步。

7.3 顺序功能图的编程方法

根据控制系统的工艺要求画出系统的顺序功能图后，若 PLC 没有配备顺序功能图语言，则必须将顺序功能图转换成 PLC 执行的梯形图程序（S7-300 PLC 配备有顺序功能图语言）。将顺序功能图转换成梯形图的方法主要有两种，分别是采用起保停电路的设计方法和采用置位（S）与复位（R）指令的设计方法。

7.3.1 起保停设计法

起保停电路仅使用与触点和线圈有关的指令，任何一种 PLC 的指令系统都有这一类指令，因此这是一种通用的编程方法，可以用于任意型号的 PLC。

码 7-3
起保停顺控设计法

图 7-4a 给出了自动小车运动的示意图。当按下起动按钮时，小车由原点 SQ0 处前进（Q0.0 动作）到 SQ1 处，停留 2s 返回（Q0.1 动作）到原点，停留 3s 后前进至 SQ2 处，停留 2s 后回到原点。当再次按下起动按钮时，重复上述动作。

设计起保停电路的关键是找出它的启动条件和停止条件。根据转换实现的基本规则，转换实现的条件是它的前级步为活动步，并且满足相应的转换条件。在起保停电路中，则应将代表前级步的存储器位 Mx.x 的常开触点和代表转换条件的常开触点（如 Ix.x）串联，作为控制下一位的启动电路。

图 7-4b 给出了自动小车运动顺序功能图，当 M2.1 和 SQ1 的常开触点均闭合时，步 M2.2 变为活动步，这时步 M2.1 应变为不活动步，因此可以将 M2.2 为 ON 状态作为使存储器位 M2.1 变为 OFF 的条件，即将 M2.2 的常闭触点与 M2.1 的线圈串联。上述的逻辑关系可以用逻辑代数式表示如下：

$$M2.1=(M2.0 \cdot I0.0+M2.1) \cdot \overline{M2.2}$$

根据上述的编程方法和顺序功能图，很容易画出梯形图，如图 7-4c 所示。

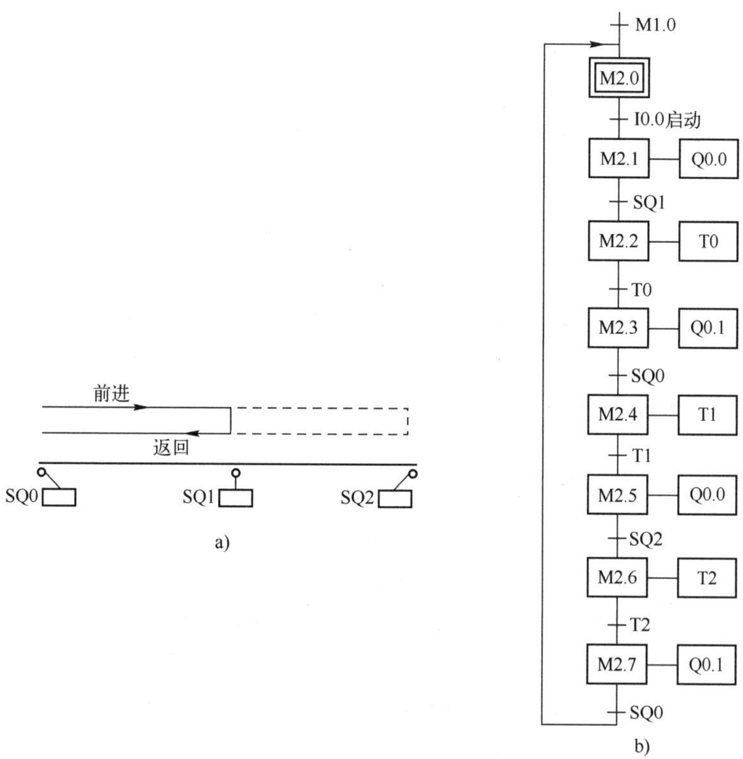

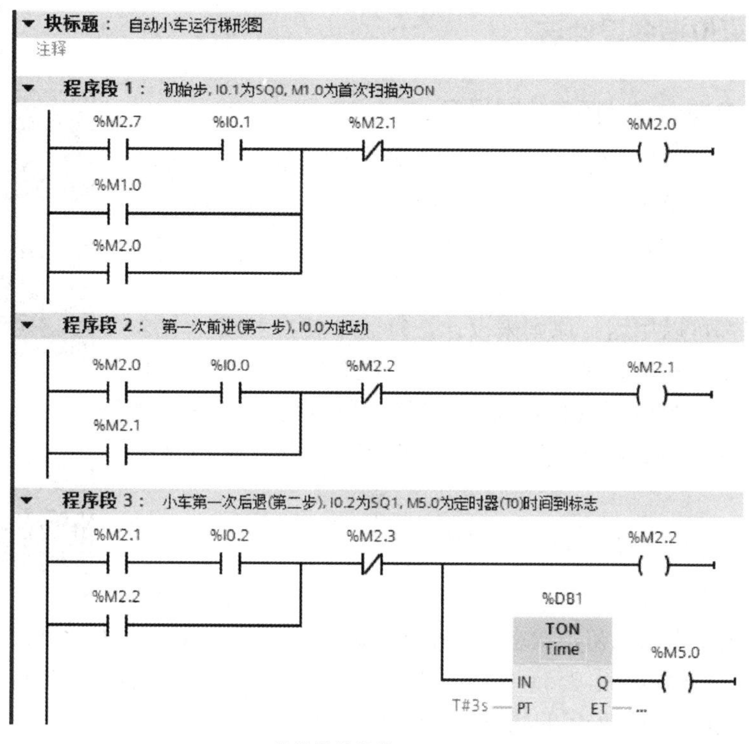

- - - - - -

图 7-4　自动小车运动 PLC 控制系统

a) 示意图　b) 顺序功能图

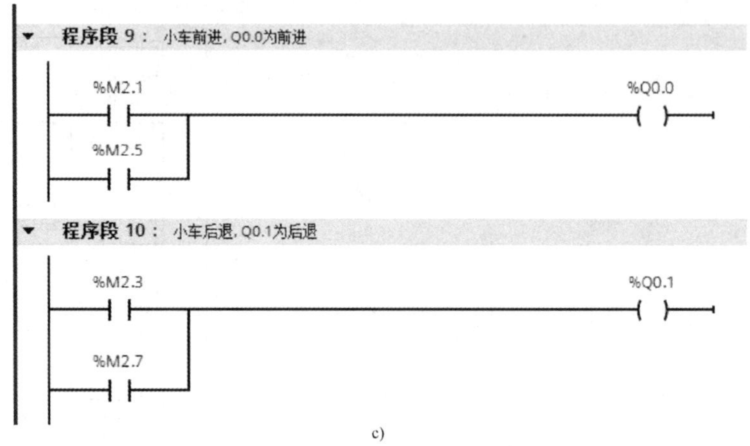

c)

图 7-4　自动小车运动 PLC 控制系统（续）

c) 梯形图

顺序控制梯形图输出电路部分的设计：由于步是根据输出变量的状态变化来划分的，它们之间的关系极为简单，可以分为两种情况来处理。其一，某输出量仅在某一步为 ON，则可以将它原线圈与对应步的存储器位 M 的线圈相并联；其二，如果某输出在几步中都为 ON，应将使用各步的存储器位的常开触点并联后，驱动其输出线圈，如图 7-4c 中程序段 9 和程序段 10 所示。

7.3.2　置位/复位指令设计法

码 7-4 置位/复位顺控设计法

1．使用 S、R 指令设计顺序控制程序

码 7-5 顺控序列的分支与合并的处理方法

在使用 S、R 指令设计顺序控制程序时，将各转换的所有前级步对应的常开触点与转换对应的触点或电路串联，该串联电路即为起保停电路中的启动电路，用它作为使所有后续步置位（使用 S 指令）和使所有前级步复位（使用 R 指令）的条件。在任何情况下，各步的控制电路都可以用这一原则来设计，每一个转换对应一个这样的控制置位和复位的电路块，有多少个转换就有多少个这样的电路块。这种设计方法特别有规律可循，梯形图与转换实现的基本规则之间有着严格的对应关系，在设计复杂的顺序功能图的梯形图时，既容易掌握，又不容易出错。

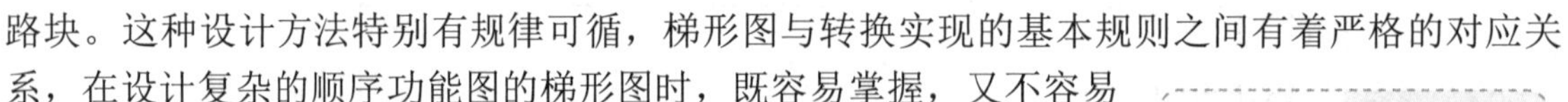

码 7-6 顺控序列仅有两步的闭环处理方法

2．使用 S、R 指令设计顺序功能图的方法

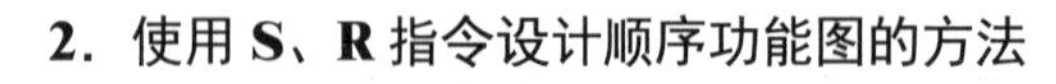

（1）单序列的编程方法

某组合机床的动力头在初始状态时停在最左边，限位开关 I0.1 为 ON 状态。按下起动按钮 I0.0，动力头的进给运动如图 7-5a 所示，工作一个循环后，返回并停在初始位置。控制电磁阀的 Q0.0、Q0.1 和 Q0.2 在各工步的状态为如图 7-5b 所示。

实现图 7-5 中 I0.2 对应的转换需要同时满足两个条件，即该步的前级步是活动步（M2.1 为 ON）和转换条件满足（I0.2 为 ON）。在梯形图中，可以用 M2.1 和 I0.2 的常开触点组成的串联电路来表示上述条件。该电路接通时，两个条件同时满足。此时应将该转换的后续步变为活动步，即用置位指令将 M2.2 置位；还应将该转换的前级步变为不活动步，即用复位指令将 M2.1 复位。图 7-5c 中 M1.0 为 CPU 首次扫描接通位，本章节中 M1.0 如不特殊说明均为此含义。

使用这种编程方法时，不能将输出位的线圈与置位/复位指令并联，这是因为图 7-5 中控制置位/复位的串联电路接通的时间只有一个扫描周期，转换条件满足后前级步马上被复位，该串联电路断开，而输出位的线圈至少应该在某一步对应的全部时间内被接通。所以应根据顺序功能图，用代表步的存储器位的常开触点或它们的并联电路来驱动输出位的线圈。

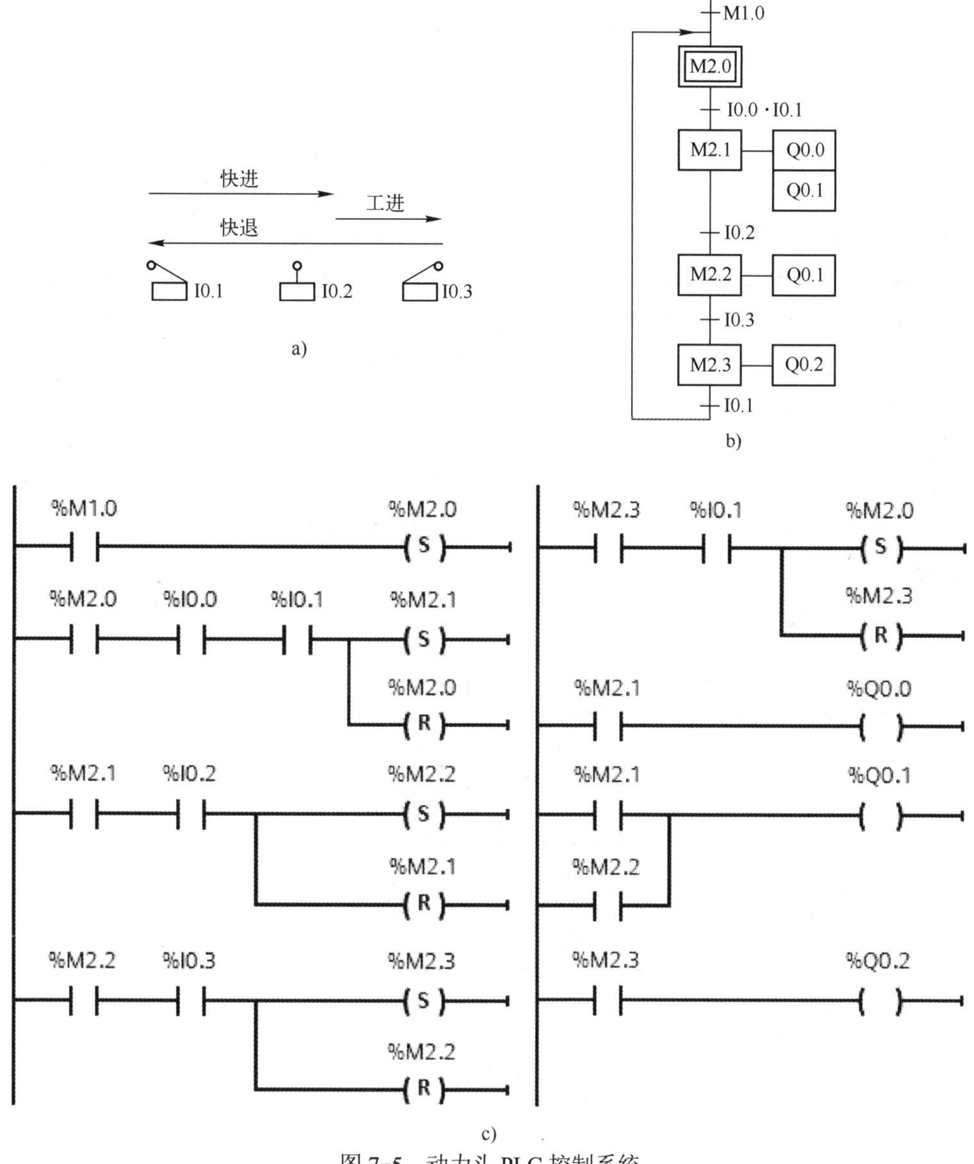

图 7-5　动力头 PLC 控制系统

a) 进给运动图　b) 顺序功能图　c) 梯形图

（2）并行序列的编程方法

图 7-6 所示是一个并行序列的顺序功能图，采用 S、R 指令进行并行序列控制程序设计的梯形图如图 7-7 所示。

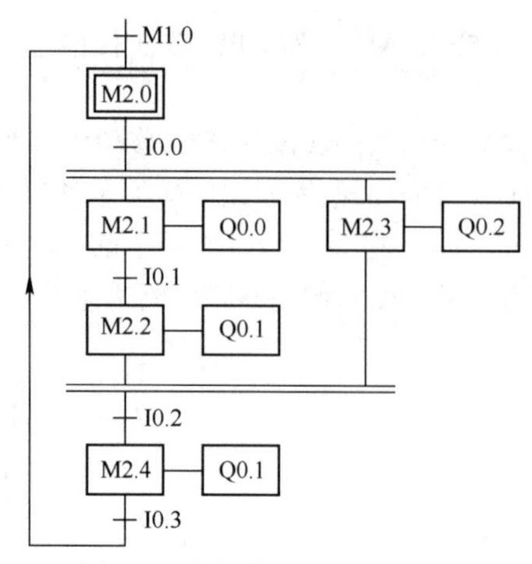

图 7-6　并行序列的顺序功能图

1）并行序列分支的编程。

在图 7-6 中，步 M2.0 之后有一个并行序列的分支。当 M2.0 是活动步，并且转换条件 I0.0 为 ON 时，步 M2.1 和步 M2.3 应同时变为活动步，这时用 M2.0 和 I0.0 的常开触点串联电路使 M2.1 和 M2.3 同时置位，用复位指令使步 M2.0 变为不活动步，编程如图 7-7 所示。

2）并行序列合并的编程。

在图 7-6 中，在转换条件 I0.2 之前有一个并行序列的合并。当所有的前级步 M2.2 和 M2.3 都是活动步，并且转换条件 I0.2 为 ON 时，实现并行序列的合并。用 M2.2、M2.3 和 I0.2 的常开触点串联电路使后续步 M2.4 置位，用复位指令使前级步 M2.2 和 M2.3 变为不活动步，编程如图 7-7 所示。

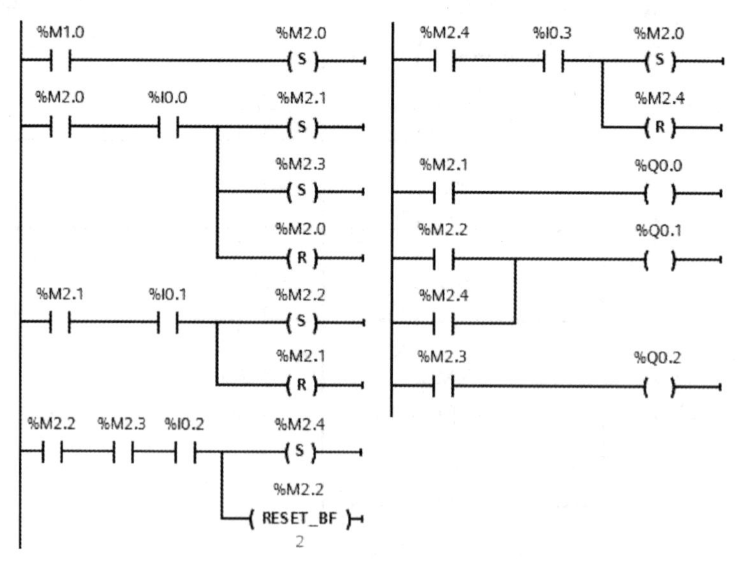

图 7-7　并行序列的梯形图

某些控制要求有时需要并行序列的合并和并行序列的分支由一个转换条件同步实现，如图 7-8a 所示。转换的上面是并行序列的合并，转换的下面是并行序列的分支，该转换实现的条件是所有的前级步 M2.0 和 M2.1 都是活动步且转换条件 I0.1 或 I0.3 为 ON。因此，应将 I0.1 的常开触点与 I0.3 的常开触点并联后再与 M2.0、M2.1 的常开触点串联，作为 M2.2、M2.3 置位和 M2.0、M2.1 复位的条件，其梯形图如图 7-8b 所示。

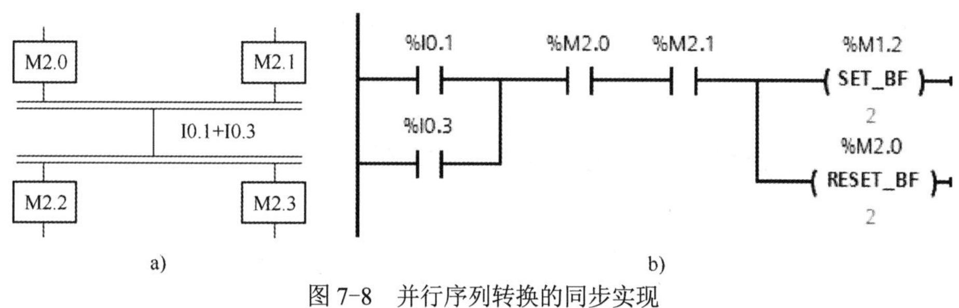

图 7-8　并行序列转换的同步实现

a) 并行序列合并顺序功能图　b) 梯形图

（3）选择序列的编程方法

图 7-9 是一个选择序列的顺序功能图，采用 S、R 指令进行选择序列控制程序设计的梯形图如图 7-10 所示。

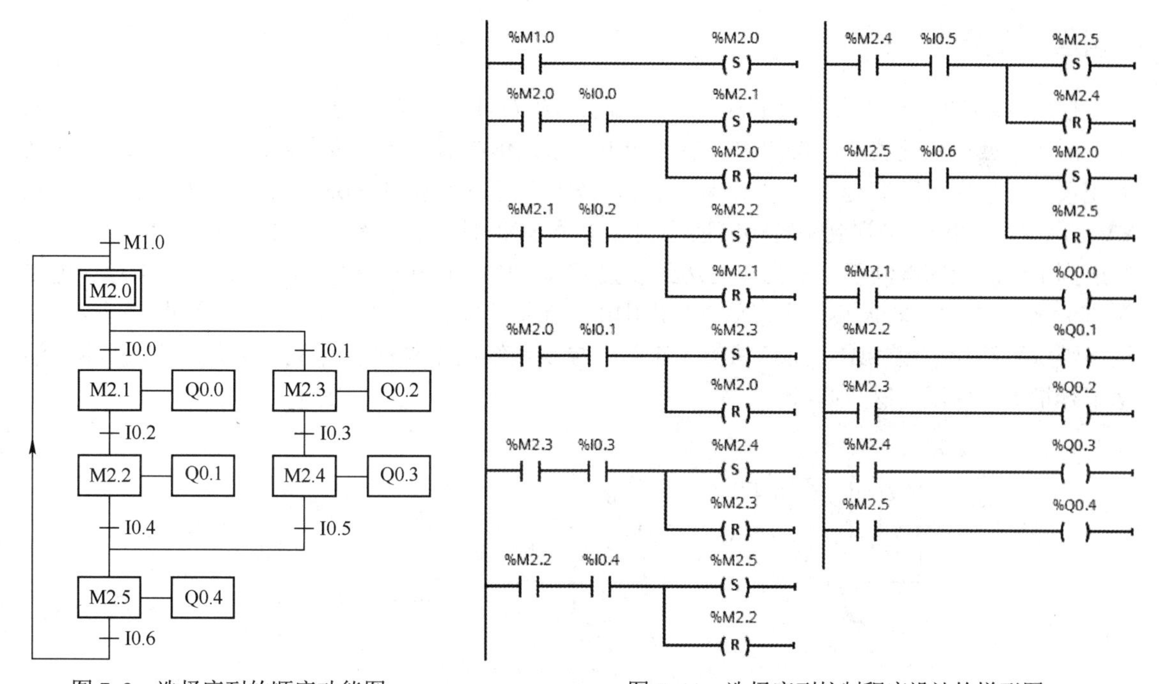

图 7-9　选择序列的顺序功能图　　　图 7-10　选择序列控制程序设计的梯形图

1）选择序列分支的编程。

在图 7-9 中，步 M2.0 之后有一个选择序列的分支。当 M2.0 为活动步时，可以有两种不同的选择，当转换条件 I0.0 满足时，后续步 M2.1 变为活动步，M2.0 变为不活动步；而当转换条件 I0.1 满足时，后续步 M2.3 变为活动步，M2.0 变为不活动步。

当 M2.0 被置为“1”时，后面有两个分支可以选择。若转换条件 I0.0 为 ON 时，执行程序段中置位 M2.1 指令，活动步将转换到步 M2.1，然后向下继续执行；若转换条件 I0.1 为 ON 时，执行程序段中置位 M2.3 指令后，将转换到步 M2.3，然后向下继续执行。

2）选择序列合并的编程。

在图 7-9 中，步 M2.5 之前有一个选择序列的合并，当步 M2.2 为活动步，并且转换条件 I0.4 满足，或者步 M2.4 为活动步，并且转换条件 I0.5 满足时，步 M2.5 应变为活动步。在步 M2.2 和步 M2.4 后续对应的程序段中，分别用 I0.4 和 I0.5 的常开触点驱动置位 M2.5 指令，就能实现选择序列的合并。

7.4 案例24 折弯机系统的PLC控制

7.4.1 目的

1）掌握顺序功能图的绘制方法。
2）掌握单序列顺序控制程序的设计方法。
3）掌握用起保停电路设计顺序控制程序的方法。

7.4.2 任务

使用 S7-1200 PLC 实现折弯机系统的控制。图 7-11 为折弯机将板材折成 U 形的工作示意图，活塞由液压系统驱动，具体控制要求如下：系统供电后，按下液压泵起动按钮 SB2，起动液压泵。当液压缸活塞处于原位 SQ1 处时，按下活塞下行按钮 SB3，活塞快速下行（电磁阀 YV1、YV2 得电），当遇到快转慢转换检测传感器 SQ2 时，活塞慢行（仅电磁阀 YV1 得电），在压到工件后活塞继续下行，当压力达到设置值时，压力继电器 KP 动作，即停止下行（电磁阀 YV1 失电），保压 3s 后，电磁阀 YV3 得电，活塞开始返回，当到达 SQ1 时停止。无论何时按下液压泵停止按钮 SB1，折弯机停止工作。控制系统还需要有：液压泵电动机工作指示，活塞下行指示、保压及返回指示。

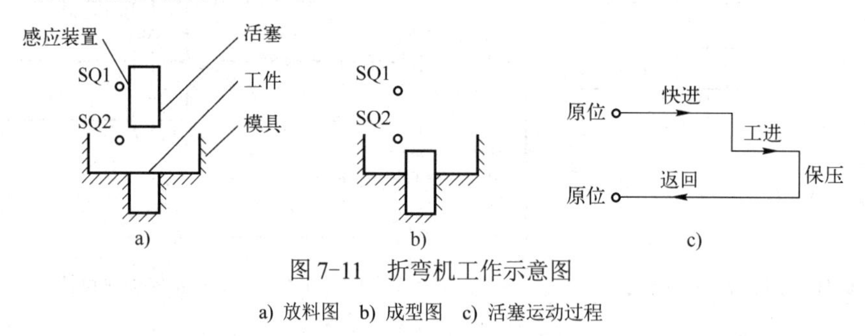

图 7-11 折弯机工作示意图

a) 放料图 b) 成型图 c) 活塞运动过程

7.4.3 步骤

1. I/O 分配

根据 PLC 输入/输出点分配原则及本案例控制要求进行 I/O 地址分配，如表 7-2 所示。

表 7-2 折弯机系统的 PLC 控制 I/O 分配表

输入		输出	
输入继电器	元器件	输出继电器	元器件
I0.0	液压泵停止 SB1	Q0.0	接触器 KM
I0.1	液压泵起动 SB2	Q0.1	电磁阀 YV1

（续）

输入		输出	
I0.2	活塞下行 SB3	Q0.2	电磁阀 YV2
I0.3	原位 SQ1	Q0.3	电磁阀 YV3
I0.4	快转慢 SQ2	Q0.5	工作指示 HL1
I0.5	压力继电器 KP	Q0.6	下行指示 HL2
I0.6	热继电器 FR	Q0.7	保压指示 HL3
		Q1.0	返回指示 HL4

2. I/O 接线图

根据控制要求及表 7-2，折弯机系统 PLC 控制的 I/O 接线图如图 7-12 所示。

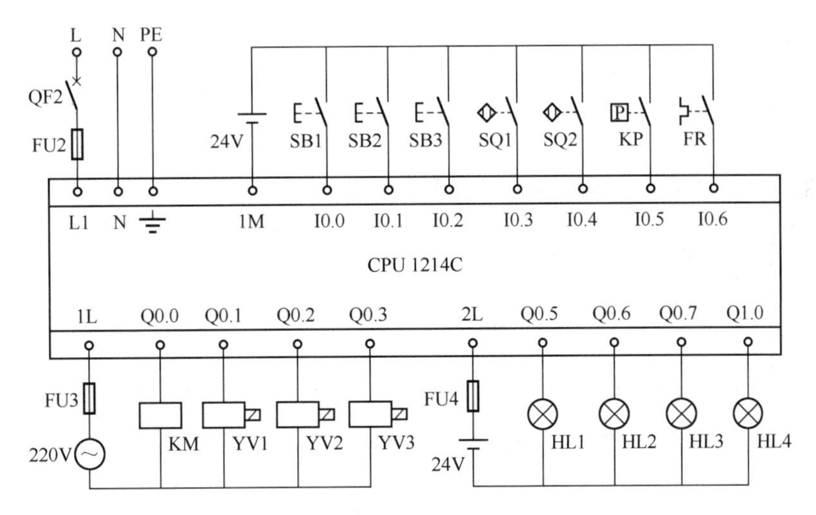

图 7-12 折弯机系统 PLC 控制的 I/O 接线图

3. 创建工程项目

双击桌面上的图标，打开博途编程软件，在 Portal 视图中选择“创建新项目”，输入项目名称“J_zhewan”，选择项目保存路径，然后单击“创建”按钮创建项目。

4. 硬件组态

在项目视图的项目树中双击“添加新设备”图标，添加设备名称为 PLC_1 的设备 CPU 1214C。启用系统存储器字节 MB1，位 M1.0 为首次扫描且为 ON。

5. 编辑变量表

打开 PLC_1 下的“PLC 变量”文件夹，双击“添加新变量表”，生成图 7-13 所示的折弯机系统 PLC 控制的变量表。

6. 编写程序

根据工作过程要求，画出折弯机动作的顺序功能图，如图 7-14 所示，并使用起保停电路编写程序，如图 7-15 所示。为了在按下停止按钮后，系统在不断电的情况下能再次起动运行，在程序段 8 设置了置位 M2.0，为了保证系统正常工作，在程序段 3 中设置了复位 M2.0。

J_zhewan ▸ PLC_1 [CPU 1214C AC/DC/Rly] ▸ PLC 变量 ▸ 变量表_1 [15]

变量 | 用户常量

变量表_1

	名称	数据类型	地址	保持	在 H...	可从 ...	注释
1	液压泵停止SB1	Bool	%I0.0	☐	☑	☑	
2	液压泵起动SB2	Bool	%I0.1	☐	☑	☑	
3	活塞下行SB3	Bool	%I0.2	☐	☑	☑	
4	原位SQ1	Bool	%I0.3	☐	☑	☑	
5	快转慢SQ2	Bool	%I0.4	☐	☑	☑	
6	压力继电器KP	Bool	%I0.5	☐	☑	☑	
7	热继电器FR	Bool	%I0.6	☐	☑	☑	
8	接触器KM	Bool	%Q0.0	☐	☑	☑	
9	电磁阀YV1	Bool	%Q0.1	☐	☑	☑	
10	电磁阀YV2	Bool	%Q0.2	☐	☑	☑	
11	电磁阀YV3	Bool	%Q0.3	☐	☑	☑	
12	工作指示HL1	Bool	%Q0.5	☐	☑	☑	
13	下行指示HL2	Bool	%Q0.6	☐	☑	☑	
14	保压指示HL3	Bool	%Q0.7	☐	☑	☑	
15	返回指示HL4	Bool	%Q1.0	☐	☑	☑	

图 7-13　折弯机系统 PLC 控制的变量表

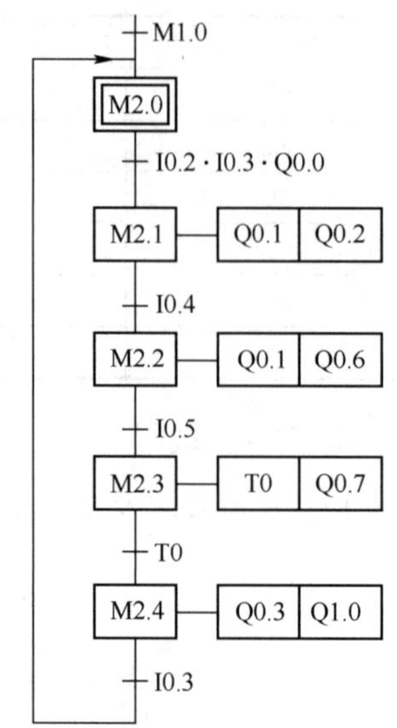

图 7-14　折弯机动作的顺序功能图

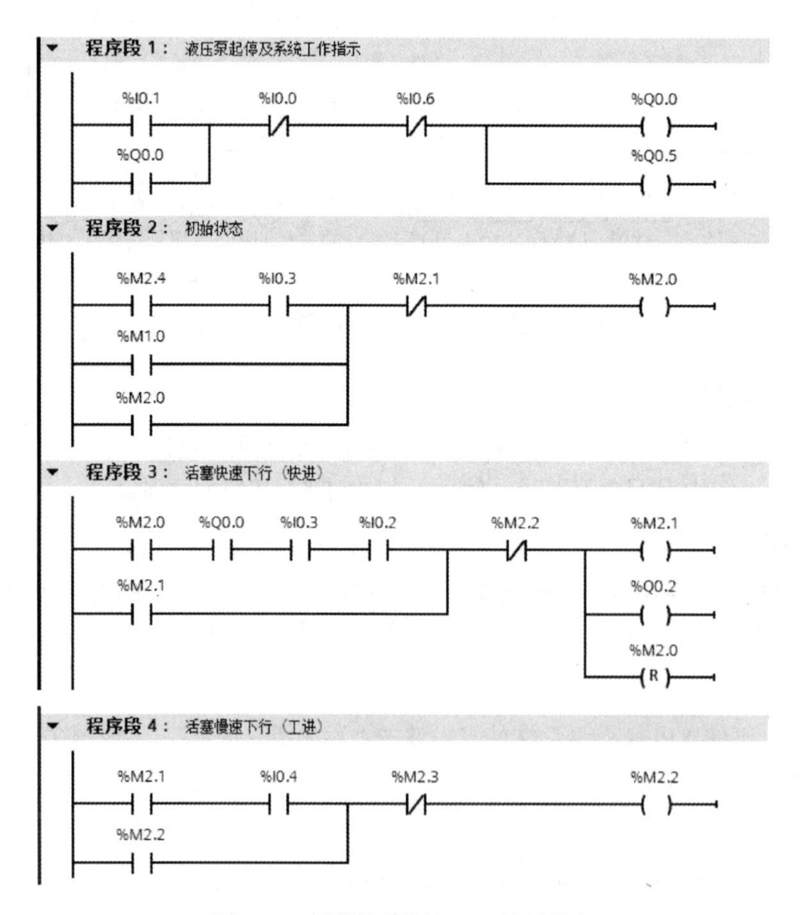

图 7-15　折弯机系统的 PLC 控制程序

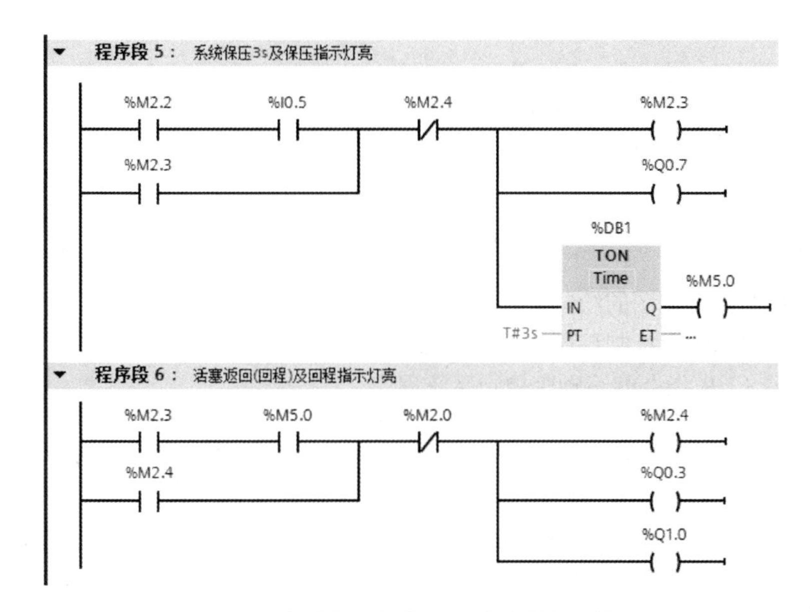

图 7-15　折弯机系统的 PLC 控制程序（续）

7．调试程序

将调试好的用户程序及设备组态分别下载到 CPU 中，并连接好线路。首先起动液压泵，观察液压泵是否起动，工作指示灯是否点亮；按下活塞下行按钮，观察折弯机是否进行以下动作：快进、工进、保压、返回，同时工作过程中相应指示灯是否点亮。按下停止按钮时液压泵是否立即停止运行。再次起动液压泵，按下活塞下行按钮后，观察折弯机能否再次投入运行，若上述调试现象与控制要求一致，则说明本案例任务功能已实现。

7.4.4　训练

1）训练 1：用起保停电路的顺控设计法实现交通灯的控制。系统起动后，东西方向绿灯亮 15s，闪烁 3s，黄灯亮 3s，红灯亮 18s，闪烁 3s；同时，南北方向红灯亮 18s，闪烁 3s，绿灯亮 15s，闪烁 3s，黄灯亮 3s。如此循环，无论何时按下停止按钮，东西南北方向交通灯全部熄灭。

2）训练 2：用起保停电路的顺控设计法实现 3 台电动机顺序起动逆序停止的控制。按下起动按钮后，第一台电动机立即起动，10s 后第二台电动机起动，15s 后第三台电动机起动，工作 2h 后第三台电动机停止，15s 后第二台电动机停止，10s 后第一台电动机停止。无论何时按下停止按钮，当前所运行的电动机中编号最大的电动机都立即停止（第三台电动机编号最大，第二台电动机编号次之，第一台电动机编号最小），然后按照逆停的方式依次停止运行，直到电动机全部停止运行。

3）训练 3：在本案例中增加计数控制，即首次按下活塞下行按钮后，折弯机连续进行折弯工作，当加工到 50 块板材后，折弯板材的工作停止，但液压泵不停止，若再次按下活塞下行按钮，折弯机再次进行 50 块板材的连续折弯工作。

7.5 案例 25　剪板机系统的 PLC 控制

7.5.1 目的

1）熟练掌握顺序功能图的绘制。

2）掌握并行序列顺序控制程序的设计方法。

3）掌握使用 S、R 指令编写顺序控制系统程序。

7.5.2 任务

使用 S7-1200 PLC 实现剪板机系统的控制。图 7-16 是某剪板机的工作示意图，具体控制要求如下：开始时压钳和剪刀都在上限位，限位开关 I0.0 和 I0.1 都为 ON。按下压钳下行按钮 I0.5 后，首先板料右行（Q0.0 为 ON）至限位开关 I0.3 动作，然后压钳下行（Q0.3 为 ON 并保持）压紧板料后，压力继电器 I0.4 为 ON，压钳保持压紧，剪刀开始下行（Q0.1 为 ON）。剪断板料后，剪刀限位开关 I0.2 变为 ON，Q0.1 和 Q0.3 为 OFF，延时 2s 后，剪刀和压钳同时上行（Q0.2 和 Q0.4 为 ON），它们分别碰到限位开关 I0.0 和 I0.1 后，分别停止上行，直至再次按下压钳下行按钮，方才进行下一个周期的工作。为简化程序工作量，在此液压泵及压钳驱动电动机相关控制已省略。

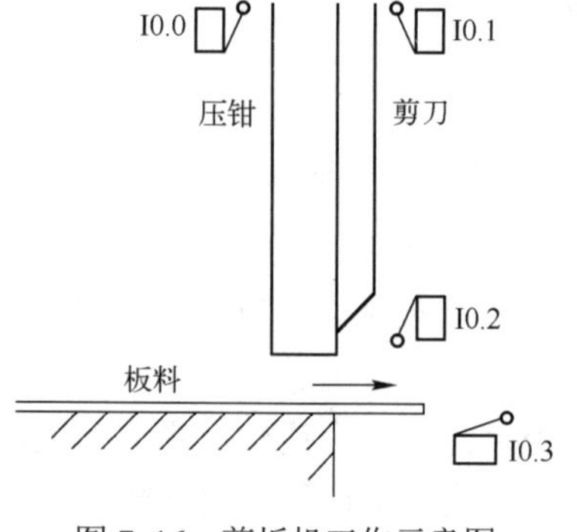

图 7-16　剪板机工作示意图

7.5.3 步骤

1. I/O 分配

根据 PLC 输入/输出点分配原则及本案例控制要求进行 I/O 地址分配，如表 7-3 所示。

表 7-3　剪板机系统的 PLC 控制 I/O 分配表

输入		输出	
输入继电器	元器件	输出继电器	元器件
I0.0	压钳上限位 SQ1	Q0.0	板料右行 KM1
I0.1	剪刀上限位 SQ2	Q0.1	剪刀下行 KM2
I0.2	剪刀下限位 SQ3	Q0.2	剪刀上行 KM3
I0.3	板料右限位 SQ4	Q0.3	压钳下行 YV1
I0.4	压力继电器 KP	Q0.4	压钳上行 YV2
I0.5	压钳下行 SB		

2. I/O 接线图

根据控制要求及表 7-3 的 I/O 分配表，剪板机系统的 PLC 控制的 I/O 接线图如图 7-17 所示。

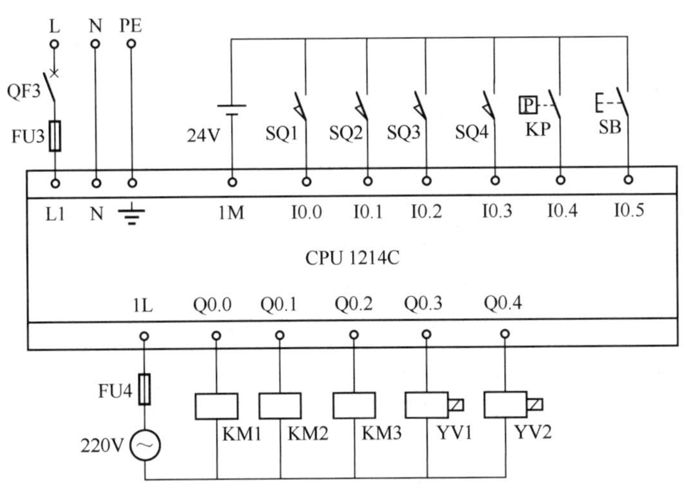

图 7-17　剪板机系统的 PLC 控制 I/O 接线图

3. 创建工程项目

双击桌面上的图标，打开博途编程软件，在 Portal 视图中选择“创建新项目”，输入项目名称“J_jianban”，选择项目保存路径，然后单击“创建”按钮创建项目。

4. 硬件组态

在项目视图的项目树中双击“添加新设备”图标，添加设备名称为 PLC_1 的设备 CPU 1214C。启用系统存储器字节 MB1，位 M1.0 为首次扫描且为 ON。

5. 编辑变量表

打开 PLC_1 下的“PLC 变量”文件夹，双击“添加新变量表”，生成图 7-18 所示变量表。

J_jianban ▸ PLC_1 [CPU 1214C AC/DC/Rly] ▸ PLC 变量 ▸ 变量表_1 [11]

变量　用户常量

变量表_1

	名称	数据类型	地址	保持	在 H...	可从 ...	注释
1	压钳上限位SQ1	Bool	%I0.0	☐	☑	☑	
2	剪刀上限位SQ2	Bool	%I0.1	☐	☑	☑	
3	剪刀下限位SQ3	Bool	%I0.2	☐	☑	☑	
4	板料右限位SQ4	Bool	%I0.3	☐	☑	☑	
5	压力继电器KP	Bool	%I0.4	☐	☑	☑	
6	压钳下行SB	Bool	%I0.5	☐	☑	☑	
7	板料右行KM1	Bool	%Q0.0	☐	☑	☑	
8	剪刀下行KM2	Bool	%Q0.1	☐	☑	☑	
9	剪刀上行KM3	Bool	%Q0.2	☐	☑	☑	
10	压钳下行YV1	Bool	%Q0.3	☐	☑	☑	
11	压钳上行YV2	Bool	%Q0.4	☐	☑	☑	

图 7-18　剪板机系统的 PLC 控制变量表

6. 编写程序

根据工作过程要求，画出的顺序功能图如图 7-19 所示，使用置位/复位指令编写的 PLC 控制程序如图 7-20 所示。

M1.0
M2.0
I0.0 · I0.1 · I0.5
M2.1
Q0.0
板料右行
I0.3 右行到位
M2.2
Q0.3
压钳下行
I0.4 压力到设置值
M2.3
Q0.1
Q0.3
剪刀下行
I0.2 本次剪完
I0.5
M2.4
T0
延时
T0 延时到
M2.5
Q0.4
压钳上升
M2.7
Q0.2
剪刀上升
I0.0 上升到位
I0.1 上升到位
M2.6
M3.0

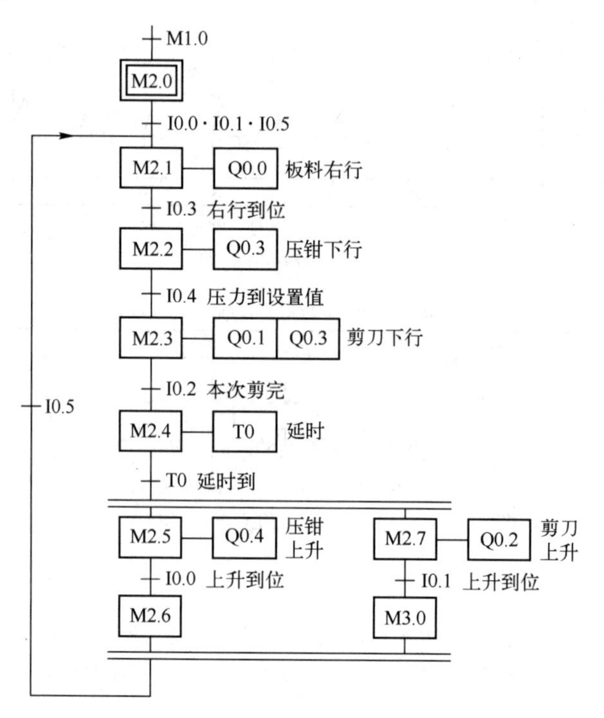

图 7-19　剪板机系统动作的顺序功能图

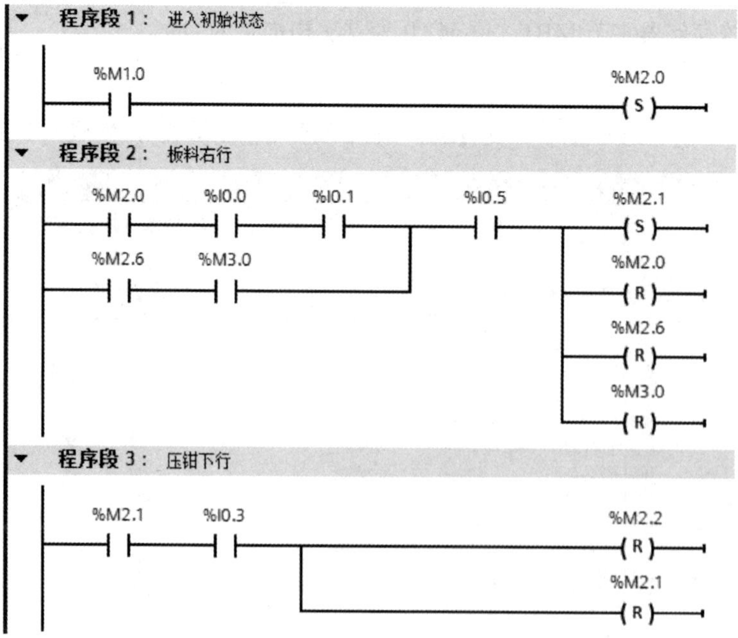

程序段 1： 进入初始状态
%M1.0
%M2.0
S
程序段 2： 板料右行
%M2.0
%I0.0
%I0.1
%I0.5
%M2.1
S
%M2.6
%M3.0
%M2.0
R
%M2.6
R
%M3.0
R
程序段 3： 压钳下行
%M2.1
%I0.3
%M2.2
R
%M2.1
R

图 7-20　剪板机系统的 PLC 控制程序

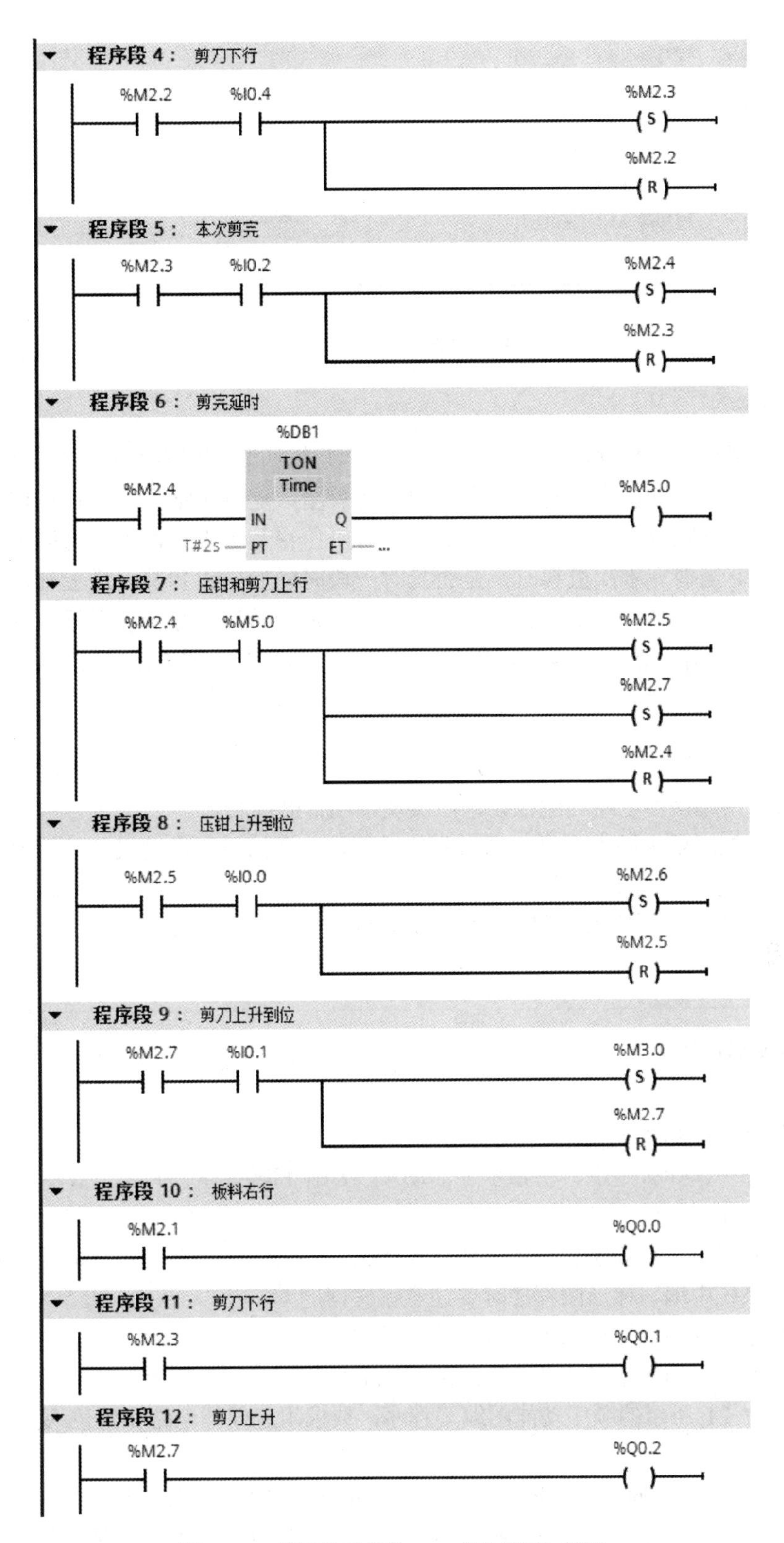

图 7-20　剪板机系统的 PLC 控制程序（续）

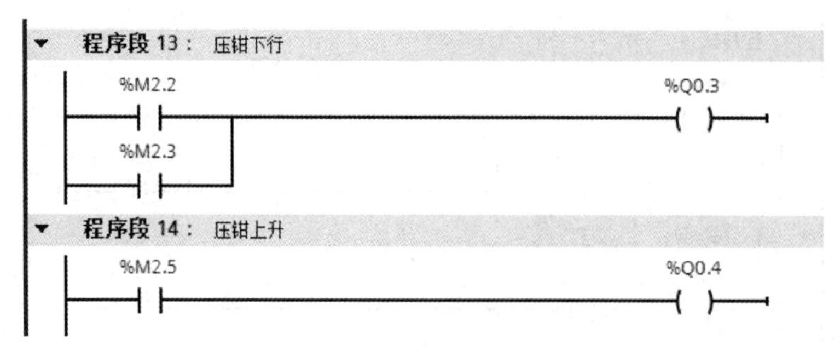

图 7-20 剪板机系统的 PLC 控制程序（续）

7. 调试程序

将调试好的用户程序及设备组态分别下载到 CPU 中，并连接好线路。首先观察压钳和剪刀上限位是否动作，若已动作说明它们已在原位准备就绪，这时按下压钳下行按钮，观察板料是否右行。若碰到右行限位开关，是否停止运行，同时压钳是否下行，当压力继电器动作时，观察剪刀是否下行。当剪完本次板料时，是否延时一段时间后压钳和剪刀均上升，各自上升到位后，是否停止上升。若再次按下压钳下行按钮，压钳是否再次下行，若下行，则说明剪板机系统能进行循环剪料工作，若上述调试现象与控制要求一致，则说明本案例任务已实现。

7.5.4 训练

1）训练 1：用起保停电路的顺控设计法实现本项目的控制。

2）训练 2：控制要求同本案例，同时系统还要求，在液压泵电动机起动情况下，方可进行剪板工作，并且对剪板数量进行计数。

3）训练 3：用置位/复位指令和并行序列实现交通灯系统的 PLC 控制。

7.6 习题与思考

1. 什么是顺序控制系统？
2. 在功能图中，什么是步、初始步、活动步、动作和转换条件？
3. 步的划分原则是什么？
4. 在顺控系统中设计顺序功能图时要注意什么？
5. 在顺控系统中编写梯形图程序时要注意哪些问题？
6. 编写顺序控制系统梯形图程序有哪些常用的方法？
7. 简述转换实现的条件和转换实现时应完成的操作。
8. 根据图 7-21 所示的顺序功能图编写程序，要求用起保停电路和置位/复位指令分别进行编写。
9. 用 PLC 设计液体混合装置控制系统，其装置如图 7-22 所示，上、中、下限位液位传感器被液体淹没时为 ON 状态，阀 A、阀 B 和阀 C 为电磁阀，线圈通电时打开，线圈断电时关闭。在初始状态时容器是空的，各阀门均关闭，所有传感器均为 OFF 状态。按下起动按钮后，打开阀 A，液体 A 流入容器，中限位开关变为 ON 状态时，关闭阀 A，打开阀 B，液体 B 流入容器。液面升到上限位开关时，关闭阀 B，电动机 M 开始运行，搅拌液体，60s 后停止搅拌，打开阀 C，放出混合液，当液面降至下限位开关之后 5s，容器放空，关闭阀 C，打开阀 A，又开始下一轮周期的操作，任意时刻按下停止按钮，当前工作周期的操作结束后，才停止操作，返回并停留在初始状态。

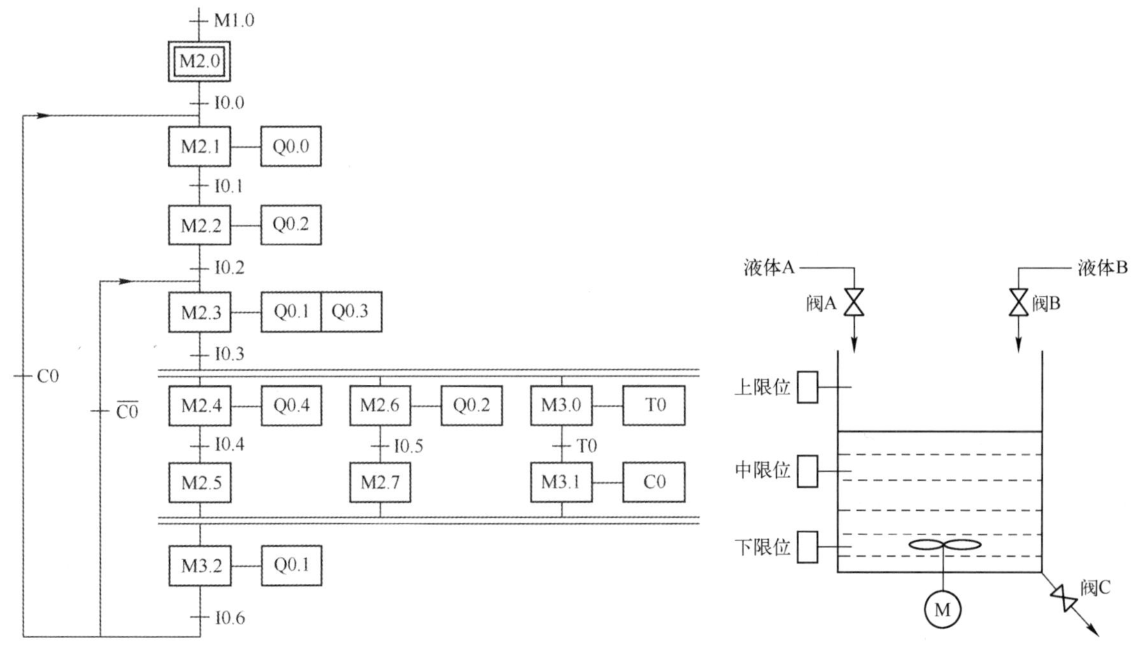

图 7-21　顺序功能图　　图 7-22　液体混合装置示意图

10. 用 PLC 对某专用钻床控制系统进行设计，其工作示意图如图 7-23 所示。此钻床用来加工圆盘状零件上均匀分布的 6 个孔，开始自动运行时两个钻头在最上面的位置，限位开关 I0.3 和 I0.5 均为 ON。操作人员放好工件后，按下起动按钮 I0.0，Q0.0 变为 ON，工件被夹紧，夹紧后压力继电器 I0.1 为 ON，Q0.1 和 Q0.3 使两只钻头同时开始工作，分别钻到由限位开关 I0.2 和 I0.4 设定的深度时，Q0.2 和 Q0.4 使两只钻头分别上行，升到由限位开关 I0.3 和 I0.5 设定的起始位置时，分别停止上行，设定值为 3 的计数器的当前值加 1。两个都上升到位后，若没有钻完 3 对孔，Q0.5 使工作旋转 120°旋转后又开始钻第 2 对孔。3 对孔都钻完后，计数器的当前值等于设定值 3，Q0.6 使工件松开，松开到位时，限位开关 I0.7 为 ON，系统返回初始状态。

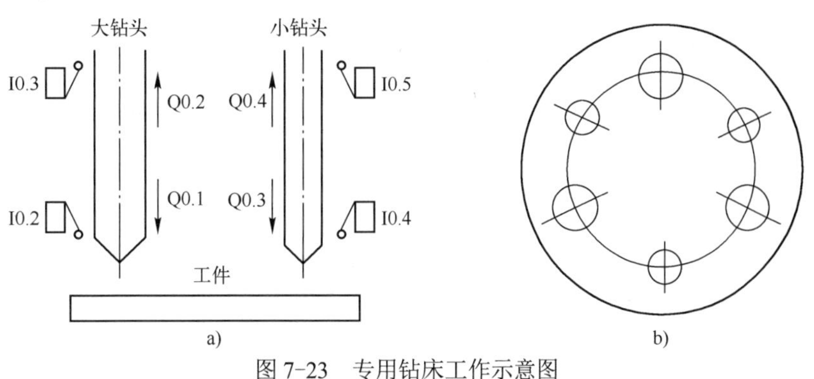

图 7-23　专用钻床工作示意图

a) 侧视图　b) 工件俯视图

参 考 文 献

[1] 侍寿永．S7-200 PLC 技术及应用[M]．北京：机械工业出版社，2020.

[2] 侍寿永．S7-300 PLC、变频器与触摸屏综合应用教程[M]．北京：机械工业出版社，2020.

[3] 侍寿永．西门子 S7-200 SMART PLC 编程及应用项目教程[M]．2 版．北京：机械工业出版社，2021.

[4] 侍寿永．西门子 S7-300 PLC 编程及应用项目教程[M]．北京：机械工业出版社，2020.

[5] 侍寿永．电气控制与 PLC 技术应用教程[M]．北京：机械工业出版社，2020.

[6] 侍寿永，史宜巧．FX_{3U} 系列 PLC 技术及应用[M]．北京：机械工业出版社，2021.

[7] 廖常初．S7-1200 PLC 应用教程[M]．2 版．北京：机械工业出版社，2020.

[8] 刘华波，刘丹，赵岩岭，等．西门子 S7-1200 PLC 编程及应用项目教程[M]．北京：机械工业出版社，2016.

[9] 西门子（中国）有限公司．深入浅出西门子 S7-1200 PLC[M]．北京：北京航空航天大学出版社，2009.

[10] 西门子（中国）有限公司．SIMATIC S7-1200 可编程控制器系统手册[Z]．2009.